개정3판

사례로 본

외식프랜차이즈 경영전략

김헌희 · 박인수 · 조성문 · 성기협 공저

FRANCHISE
Business Strategy

백산출판사

본서는 2003년에 처음 발간되어 외식프랜차이즈사업 본부창업 희망자, 프랜차이즈 체인본부를 운영하는 경영자, 외식프랜차이즈를 공부하는 학생 그리고 외식프랜차이즈 가맹점으로 생계를 유지하려고 창업을 준비하는 많은 독자들로부터 좋은 반응을 얻었다. 그리고 이 책자를 통해서 많은 분들과 알게 되었고 그분들로부터 많은 문의를 받고 의견을 나눌 수 있었으며, 또 우리나라 외식산업 현상에 대한 정보를 교환할 수 있는 기회를 가질 수도 있었다. 이것은 개인적으로 참으로 감사하고 기쁘고 영광스런 일이 아닐 수 없다.

처음 본서가 발간될 때 이미 설명하였지만, 본서의 서술내용은 어디까지나 현장경험과 현업종사자들과의 부단한 대화와 접촉을 통해서 얻은 정보 그리고 실제 외식프랜차이즈 기업을 진단하고 분석하는 컨설팅을 하면서 느낀 점과 문제점, 프랜차이즈 전문대학원에서 강의한 내용 및 학생들과 토론한 내용 그리고 프랜차이즈 협회나 관계기관과의 토론이나 회의시에 발견한 프랜차이즈 법규상의 문제점, 부실한 프랜차이즈 본부에 가맹한 뒤 사업에 실패한 사람들과의 대화를 통해 얻은 정보, 대중매체에 기사화되었거나 발표된 프랜차이즈 시스템에 관련된 각종 사건사고 내용 등을 분석 정리하여 필자 나름대로의 생각과 주장을 기록한 것이다.

따라서 학술적인 접근방법보다는 실제적인 문제에 접근하여〔이런 부분은 이러한 문제가 있다〕는 표현과 함께〔그런 문제에 관련된 이런 사례가 있다〕는 내용을 함께 기록함으로써 독자들이 쉽게 이해하도록 하였다.

또 각 장(章)과 절(節)의 제목도 대화하는 형식으로 서술함으로써 어떻게 보면 대학교재나 전공서적의 항목설정방법과는 많은 차이가 있다. 그래서 본서를 대할 때에는 편하게 읽고 정리하면 좋을 것이다.

그리고 최근 프랜차이즈 업계의 잘못된 관행을 고쳐보려는 정책당국의 노력은 인정하면서도 그 노력 자체가 한계가 있는 작업이라는 것과 법률상의 문제점도 지적해 보았다. 또 우리나라보다 먼저 프랜차이즈 시스템이 발전한 미국, 일본 등의 제도와 우리의 그것과의 차이 및 그에 따른 문제점도 파악하여 비교해 보았다.

또 본서는 프랜차이즈 사업의 전반적인 내용을 다룬 것이 아니고 외식산업에 관련된 내용만 다룬 것임으로, 경우에 따라서는 납득하기 어렵거나 반대되는 의견을 충분히 가질 수 있다는 점도 인정한다.

본서가 외식프랜차이즈 사업과 관계되는 학계, 산업계, 관계기관의 모든 분들에게 연구길잡이가 되고 운영에 참고하거나 보탬이 되기를 소망한다. 끝으로 출간에 애써주신 백산출판사의 진욱상 대표와 편집진 여러분의 노고에 다시 한 번 감사를 드린다.

대표저자 **김헌희**

이론편

P.A.R.T
01

Chapter 02 | 성공하는 외식프랜차이즈 본부 만들기의 기본방향

Chapter 03 | 점포운영의 기본 테마

Chapter 04 성공하는 가맹점포 만들기

P.A.R.T 02 실무편

Chapter 07 프랜차이즈 패키지 구성과 프랜차이즈계약서 작성포인트

Chapter 08 가맹점 개발업무

Part 01

이론편

FRANCHISE

CHAPTER

외식프랜차이즈 시스템의 본질

1-1. 프랜차이즈 시스템의 원론

프랜차이즈 체인시스템은 현재 우리나라의 유통채널 중 중요한 위치를 차지하고 있고, 정부의 유통시장 육성정책도 이 시스템의 연구에 많은 지원을 하고 있으며, 이 시스템의 발전을 위한 업무에 큰 비중을 두고 있다.

또 최근까지 미국이나 일본 등 선진국에서는 이 시스템으로 운영되는 여러 업종 중 외식프랜차이즈가 다른 업종의 프랜차이즈보다 조금은 높은 성장률을 보이고 있다.

그러면 우리가 프랜차이즈시스템을 말할 때 흔히 듣는 컨셉트, 매뉴얼, 슈퍼바이저, 정보공개서 등의 용어에 대한 풀이는 나중에 하기로 하고, 우선 이 시스템의 원론적인 이야기를 살펴보자.

우리는 상인(商人)이라는 말을 일상적으로 사용하면서도 그 어원(語源)에 대하여는 잘 모르고 있다.

상인이라는 말은 글자그대로 고대 중국의 상(商)나라 사람을 일컫는 말이다. 이는 우리나라 사람과 일본 사람들을 한인(韓人), 또는 일인(日人)으로 부르는 것과 같다. 옛날 중국의 주(周)나라가 천하를 통일하였을 때 상(商)이라는 나라가 있었는데, 이 나라 사람들은 독립심이 강하여 주나라에 굴복하지 않고 강 남북(양자강 남과 북)을 이동하고 다니면서 강남과 강북의 상품을 취급하는 장사로 생계를 이

어갔는데 이들을 보고 다른 중국인들이 상나라 사람 즉 상인(商人)이라고 부른 데서 유래되었다고 한다.

필자가 왜 이 상인이라는 말에 대하여 이런 장황한 설명을 한 것일까?

그것은 마치 상인이라는 말의 어원을 잘 모르면서 무심코 상인이라는 말을 사용하고 있는 것처럼 프랜차이즈에 대한 기본원리나 역사를 잘 모르면서도 이 시스템을 쉽게 입에 올려 말하고 있거나, 이 시스템이 무슨 대단한 마력을 갖고 있고 유통산업의 모든 문제점을 해결해주는 만병통치약인 것처럼 생각하는 사람들이 의외로 많은 것을 보아왔기 때문에 그러한 생각이 위험천만한 일이라는 것을 설명하려는 의도에서이다.

그러면 프랜차이즈란 말은 어디에서 유래된 것인가?

프랜차이즈란 말은 일반적으로 권리, 권한, 특권 등의 의미로 사용되고 넓은 의미로는 자유라는 의미로도 사용되는 말이라고 한다.

원래 franchising이라는 용어는 프랑스어(語)로서 노예상태로부터의 해방이라는 의미이다. 중세기 가톨릭의 교황청이 유럽사회를 지배할 당시에 성당이 세금징수관리에게 부여한 권한으로서 이들이 거두어들인 세금에서 일정액을 자신의 소득으로 삼고 나머지는 교황에게 납부한 데서 유래하였다고 한다.

현대적 의미에서 프랜차이즈란 용어는 여러 학자들의 정의가 있으나, 여기서 다시 한번 정리하고 넘어가기로 한다.

예컨대 A라는 기업이 획기적인 신제품을 개발하여 그것을 대량으로 판매하기 위하여서는 기존의 도매업자나 소매업자를 통하여 판매하는 방식으로서는 불충분하다고 생각하면서도 자신이 직접 소비자에게 판매할 힘이 없다고 가정하자. 이때 일정지역에 판매기능을 담당하는 점포를 선정하여 자기회사 상품을 판매하도록 하는 동시에 자기의 상표·상호를 사용할 권리를 주고 상품의 판매방법에 관한 노하우를 제공하며 최종적으로는 효과적인 판매가 이루어지도록 각종의 지도·원조교육을 실시한다.

이 경우 그 기업은 상품의 판매권과 상표 및 상호 사용권, 판매방법의 노하우와 지도방법을 제공하는 대신에 판매하는 점포로부터 일정한 대가를 받게 된다.

이와 같은 거래방법은 신제품뿐만 아니라 여러 업종의 판매나 서비스 영업에도 적용될 수 있다. 레스토랑, 호텔 등이 체인점을 개설하는 경우나 소매업자가 체인점을 전개하는 경우에도 이러한 비즈니스 형태가 가능하다. 이것이 프랜차이즈 시스템이다. 이를 정리하면 다음과 같다.

> "프랜차이즈시스템이란 프랜차이즈 본부(franchisor)와 가맹점(franchisee) 간의 계약에 의해 본부가 가맹점에게 자기의 상호·상표 등을 사용하게 하여 동일이미지의 사업을 행할 수 있는 권리를 주는 동시에 경영에 관한 지도를 하고 경우에 따라서는 계속적으로 가맹자에게 상품과 서비스를 공급하고 이에 대한 대가로서 가맹점으로부터 가맹금, 보증금, 로열티 등을 받는 시스템이다."

따라서 이 시스템의 기본원리에는 본부와 가맹점이 공존공생(共存共生)해야 한다는 것, 양자 모두가 공존을 위해서는 책임과 의무를 명확하게 이행하여야 한다는 내용을 내포하고 있다. 즉 시소놀이기구와 같이 한쪽이 올라가면 반드시 한쪽이 내려가는 원리는 적용될 수 없다. 우리는 이 기본원리를 이 시스템을 연구하는 초기단계부터 유의할 필요가 있다

1-2. 다음은 이 시스템의 발전역사를 개괄해보자

미국에서 이 시스템이 채택된 것은 남북전쟁이 종료된 1865년경에 어떤 재봉틀 제조회사가 전국에 판매권을 갖는 소매점을 개설한 것으로부터 시작된다.

그러나 프랜차이즈 시스템이 본격적으로 채택되어 유통산업에 큰 영향을 주기 시작한 것은 1900년경이다. 당시 급속히 성장한 자동차 메이커와 석유제조업자가 프랜차이즈 시스템으로 판매망을 구축하여 판매방법의 통일, 전매권을 인정한 것이 오늘날의 프랜차이즈 시스템과 유사하다. 그 후 전형적인 프랜차이즈 시스템이 채택된 것은 1902년 어떤 트럭체인이라고 생각된다. 특히 1920~1930년 소프트드링크와 패스트푸드 사업이 이 프랜차이즈 시스템을 채택하여 거대산업으로 성장하였다. 따라서 미국의 프랜차이즈 체인시스템은 적어도 80년 이상의 역사를 갖고 있음을 알 수 있다.

일본의 프랜차이즈 역사도 40년 이상으로서 최초는 미국의 패스트푸드인 맥도날드와 켄터키프라이드 치킨이 상륙함으로써 시작되었고 이후 이사카야(居酒屋),

야끼니쿠덴(燒キ肉店), 라면전문점, 카페 등의 여러 외식분야에 파급되어 성장하였다.

최근 수년전부터 불황에서 회복국면으로 전환된 일본경제 속에서 외식산업 전체는 아직 미미한 성장세를 나타내고 있으나, 외식 프랜차이즈산업만은 외식전체의 성장률보다 앞서가고 있다.

일본외식시장의 규모를 살펴보면 1999년 29조엔을 정점으로 2005년에는 24조엔으로 감소하는 추세에 있다. 그러나 외식프랜차이즈 시장규모는 2002년도를 기준으로 2005년도에 12.5%, 2006년도는 불황속에서도 체인 수, 점포수, 매상고 모두가 신장하고 있는 추세다. 2005년도 일본 전체 프랜차이즈의 성장은 전년도비 103.8%인데 비해 외식프랜차이즈의 신장률은 105.7%로서 타산업에 비해 성장률이 높게 나타나고 있다.

2005년도는 광우병 파동 등으로 전체 외식시장이 좋은 상황이 아니었는데도 외식프랜차이즈가 높은 성장을 보인 것은 의외라는 생각이 들지만, 이것은 새로운 외식프랜차이즈 업체가 25개사 증가한 것이 중요한 요인의 하나가 된다. 즉 일본의 외식프랜차이즈는 기존 대기업중심의 신장보다는 새로운 개념의 특성을 가진 신흥 외식프랜차이즈가 나타남으로써 성장하였다. 예를 들면 지역 특산물을 이용한 향토요리전문점이 그것이다. 그들은 이를 지산지소(地産地消)레스토랑이라고 부른다.

외식프랜차이즈를 공부하면서 유의해야 할 것은 미국이나 일본의 프랜차이즈산업은 적어도 40년~80년의 장구한 역사를 갖고 있다는 점과 그 장구한 기간 동안 많은 시행착오를 거치면서 성장해 왔다는 점을 간과해서는 안 된다는 점이다. 우리는 1979년 일본에서 도입된 롯데리아가 최초로 프랜차이즈체인전개를 시작하였으며 본격적으로 프랜차이즈 체인이 소개되고 일반에게 인식되기 시작한 것은 1988년도 서울올림픽을 전후한 기간이라고 생각된다.

따라서 우리의 외식프랜차이즈 역사는 길어야 20년 미만이다. 그리고 대부분 외국에서 도입된 패스트푸드나 패밀리레스토랑이 프랜차이즈 업계를 선도하여왔고 국내에서 이들 시스템을 모방하거나 원용하여 개발된 외식 프랜차이즈 기업도 있으나, 그 중 10년 이상의 역사를 가진 기업은 수개 회사에 불과하다. 이것은 한마디로 말해 많은 프랜차이즈기업의 창업역사가 극히 짧기 때문에 프랜차이즈시스템에 관한 충분한 기술축적이 이루어지지 않고 있다는 것을 의미한다.

그다음 시스템의 변화와 함께 프랜차이즈 사업의 변화내용을 정리해보자.

위의 미국의 프랜차이즈 발전역사에서 간단히 설명했지만, 전통적인 프랜차이즈 사업의 형태는 상품 및 상표제공형(products and trade name franchising)이다. 미국의 경우 자동차트럭 판매회사, 오일 스탠드, 청량음료 메이커들이 전국에 걸쳐 체인판매점포에 자기 상표를 사용하도록 하고 자기회사의 제품을 독점적으로 판매하는 권한을 준 것이 프랜차이즈의 전형적인 예이다. 이 상품·상호 제공형 프랜차이즈는 메이커의 유통채널 확대전략으로서 프랜차이즈 시스템 보급에는 크게 기여했으나, 제2차 세계대전 후 성장이 둔화되고 메이커 중심으로 사업이 이루어짐으로써 고객의 need와 want를 파악하고 세밀하게 분석하는데 실패하여 산업화사회의 소멸과 함께 크게 그 사업영역이 약화되었다.

그다음 나타난 프랜차이즈사업의 형태는 경영방식제공형 프랜차이징(business form franchising)이다.

이것은 제2차 세계대전 후 군에서 제대한 많은 젊은이들의 취업난이 계속되고 외식서비스업이 확대 발전되면서 종래의 상품제공형에서 프랜차이즈사업을 패키지화하여 이들에게 독립하여 생업으로 외식프랜차이즈 가맹점을 운영할 수 있도록 하는 사회적 필요에 의해 탄생하게 된 것이다. 즉 브랜드, 시스템, 노하우를 패키지화하여 이것이 하나의 비즈니스가 되도록 하는 시스템이다. 현재 우리나라 외식서비스업계에서 성행하고 있는 프랜차이즈사업은 대부분이 이 경영방식 제공형 프랜차이즈이다.

그다음 1970년대부터 새롭게 나타난 것이 조직전환형 프랜차이징(conversion franchising)이다.

이는 독립한 개인사업자와 소규모 프랜차이즈 본부가 성장이 불안하고 생존이 어려운 시장여건에서 대기업 프랜차이즈 조직의 산하에 가맹하여 사업을 계속하는 형태이다. 소규모 패스트푸드가 대기업에 흡수합병되는 경우와 지방소재 호텔이나 소규모 호텔 등이 대형 호텔의 체인이 되어 그 브랜드 명성을 이용하고 경영기법을 배워 영업을 계속하는 사례가 여기에 속한다.

우리나라는 아직 이 단계의 프랜차이즈 사업이 활성화된 상황은 아니나, 향후 충분히 그 도래를 예상할 수 있음으로 이 부분에 대한 연구가 학계나 체인본부는 물론 정부당국자에 의해 이루어져야 할 것으로 생각한다.

오늘날 왜 우리나라 외식프랜차이즈 체인기업이 어려운 여건에 놓여져 있는가?

2-1. 우리나라 외식프랜차이즈 기업의 시스템은 낡은 것이며 산업화사회의 형태에서 아직도 벗어나지 못하고 있다.

주지하다시피 오늘날은 정보화시대이다. 정보화시대는 그 나름대로 여러 가지 특성이 있지만, 말 그대로 많은 산업정보가 너무나 신속하게 전달되고 정보전달 범위도 국경 없이 넓어졌다. 소위 세계화시대라는 말로 요약된다.

이는 기업이 개발한 신제품의 기술이나 노하우의 보유기간이 정보전달의 신속화에 의해 극히 짧아지게 되었다는 것을 의미하기도 한다.

다른 말로 예를 들면 전에는 신제품을 개발하면 그 신제품을 개발한 회사에서 다른 기업에서 따라오기 전에 일정기간 이를 활용하여 매출의 확대나 이익의 증대를 기도할 수 있었으나, 오늘날은 정보의 신속한 전파에 의해 미국에서 아침에 출시된 신제품은 출시와 동시에 전 세계에 알려지고 그 내용도 분석됨으로써 유사제품이나 유사기업의 탄생을 바로 가능케 한다. 이 정보화사회가 진행됨으로써 기업 간 경쟁은 심화되고 기업이 개발한 노하우나 서비스, 신상품 등의 자산가치 보유기간이 극히 단축되었다

그런데 우리의 현실은 어떤가?

80년대에 우리나라에 도입된 패스트푸드는 아직도 도입당시의 시스템과 큰 차이가 없이 운영되고 있다. 햄버거 체인을 예로 들면 도입당시의 시스템이 30여년이 지난 지금까지 큰 변화가 없다.

선행생산(先行生産), 셀프서비스, 단품(單品) 중심의 패스트푸드 시스템이 현실에 적합한지는 더 연구해보아야 하겠지만, 10대인구의 출생률이 급격하게 저하되고 있고 다른 우수 메뉴를 제공하고 있는 업태가 속속 나타나고 있는 외식시장에서 계속해서 경쟁력을 갖추고 있다고 말할 수 있을까?

어머니가 만들어주시는 음식이 왜 맛이 있는가?

그것은 정성을 다하여 조리한 뒤 식사하기 바로 직전에 따끈한 상태로 식탁에 올려놓기 때문이다. 그런데 아직도 패스트푸드의 시스템은 손님의 흐름을 보아가면서 제품을 선행생산(先行生産)하고 있다. 즉 조리하여 최소한 몇 분이 지났거나 상당한 시간이 경과한 제품을 고객에게 제공하고 있다.

이것은 대량생산과 대량소비가 이루어지든 산업사회에서는 어느 정도 통할 수 있었을지 모르나, 개성을 중시하고 자기주장이 강한 오늘의 소비자들에게 통할 수 없을 것이다. 물론 일부 패스트푸드가 광우병이나 AI파동 등의 경제외적 요인에 의해 어려운 국면에 처해진 점도 있으나, 기본적으로 이들 점포가 채택하고 있는 이 선행생산 시스템이 아직도 변화되지 않고 있는 점이 문제라면 문제가 될 것이다. 미국이나 일본 등 외식시장에서 fresh 햄버거나 고객의 주문을 받은 후에 조리하고 조리완료와 동시에 고객에게 제공하는 시스템을 채용하고 있는 업체는 그런대로 현상유지를 하고 있다. 제공시간이 다소 소요되더라도 신선한 맛을 추구하는 고객의 욕구를 잘 수용한 예가 될 것이다.

또 하나 이 선행생산 시스템의 실패작이 한때 성업 중이었던 뷔페레스토랑이다. 뷔페레스토랑의 음식은 대부분 조리 후 30분이나 1시간이 지난 뒤에 고객이 먹는다. 아무리 맛있는 음식도 조리 후 1시간이 지나면 미세한 반응이 일어나 미감(味感)이 감소된다. 배불리 먹어야 했던 시대에는 그 식사방법이 통하였겠지만, 지금은 미감이 떨어지는 메뉴로는 고객에게 어필할 수 없다. 이런 예에서 보듯이 패스트푸드의 선행생산 시스템은 지금의 외식시장에서는 통할 수 없는 것이 아닐까?

또 셀프서비스를 고집하는 것도 절대고객이 축소되는 현대 외식시장에서 문제가 될 것이다. 물론 변화에 적응하지 못하는 것은 비록 패스트푸드만은 아니다.

새로운 시대에는 새로운 시스템이 필요하다는 평범한 진리를 외면한 것이 우리 외식프랜차이즈 기업이 어려운 여건에 처해진 제1의 요인이 아닐까?

2-2. 우리나라 외식프랜차이즈체인 기업의 또 하나의 문제점은 본부경영자들의 경영이념 부재와 명확한 점포 입지(立地) 컨셉트가 없다는 점이다.

다 그렇다고는 말할 수는 없으나 국내에서 자생한 상당수 외식 프랜차이즈 본부경영자들의 면모를 보면 어느 특정한 메뉴로 특정지역에서 성공한 경우, 선대(先代)가 경영하든 음식점을 이어받아 마케팅을 활발하게 전개하여 성공시킨 경우가 많았다.

이런 경영자들에게 "왜 굳이 프랜차이즈 사업을 하려고 하느냐?" "이 사업에 대한 어떤 뚜렷한 목표나 경영이념, 그리고 경영철학을 갖고 있느냐?"고 물으면 대부분이 이렇게 대답한다.

"저야 가만히 있었지요. 그런데 영업이 좀 잘 된다고 하니 너도나도 가맹점 좀 열어달라고 아우성이어서 한두 점포 열어 주다보니 벌써 몇 점포가 되어 이제는 빼도 박지도 못하게 되었어요. 이게 이렇게 어려운 사업인줄 알았다면 애당초에 체인점을 열어주지 말아야 하는데 말입니다"라고....

"자금을 많이 투자하지 않고 타인의 자금으로 기업경영을 할 수 있는 이점이 있고 나보다 기술과 경험이 없는 사람도 프랜차이즈본부 경영을 하고 있는데 나라고 못할 이유가 없지요"

그 다음 필자가 이렇게 물어 본다

"그러면 귀사의 FL(food+labour=식자재+인건비) 코스트는 얼마나 됩니까?"

"1개월 점포의 평당 평균 매출액은 얼마나 되지요?"

"창업한 지 얼마나 됩니까?"

"초기 시작할 때의 경영방침과 지금 수십 개의 가맹점을 운영하는 시점에서의 경영방침은 어떤 차이가 있습니까?"

"지금 가맹점들과 공유할 경영이념과 비전은 무엇이지요?"

"가맹점 입지설정의 명확한 기준은 무엇입니까?"

가맹점 운영에 필요한 노하우를 가르치기 위한 교육시스템과 가맹점을 지도육성할 슈퍼바이저 확보 등의 기본적인 문제에 대하여는 아예 질문조차 하지 않았다

위에 든 몇 가지 질문에 대하여 제대로 대답하는 경영자가 의외로 적었다. 이것은 우리 외식프랜차이즈 업계의 현주소를 그대로 반증하는 내용이 될 것이다.
〔하다 보니 이렇게 되었다는 것이다!〕

왜 프랜차이즈본부가 경영철학과 사회적 책임을 명확하게 가져야 하는가?

단순히 자기점포만을 경영한다면 굳이 철학이니 이념이니 하는 이야기는 필요

없을 것이다. 경영의 모든 책임과 결과가 자기 개인에게만 귀속되기 때문에 경영부실의 경우 사회적으로 미치는 영향은 크다고 볼 수 없다.

그런데 가맹점의 경우는 어떤가?

가맹점 경영자는 자기의 전 재산을 이에 투자함으로써 만약 실패하는 경우 전 가족의 생계가 어려워지고 가정파탄까지 일어난다. 즉 가맹점 희망자는 여기에 자기의 일생을 건 것이다. 이런 중대한 문제에 대하여 가맹본부가 큰 책임의식을 가져야 하는 것은 법률적으로 그리고 윤리적으로도 당연한 일이다.

우리의 경우 과연 본부경영자들이 가맹점 경영자들과 공존 공생한다는 자세를 얼마나 많이 갖고 있을까?

경영철학과 관련하여 기업의 역사는 왜 중요할까?

대부분의 경영자가 본부시스템이 미처 정립되기도 전에 여러 가맹점을 개설한 것은 문제가 될 수 있지 않은가?

사람에게 인격(人格)이 있는 것처럼 점포에는 점격(店格)이 있다.

점격이란 무엇인가?

그것은 점포의 역사, 경영철학, 브랜드가치, 종업원의 수준, 고객의 수준, 점포가 있는 거리의 수준, 메뉴의 질과 가격, 메뉴가격에 대한 상대적인 가치감, 영업력 등이 복합된 내용이다.

사람의 인격이 장기간에 걸쳐 자라온 환경, 가정교육, 학교 및 사회교육, 본인의 노력 등에 의해 형성되는 것처럼 점격도 장기간에 걸쳐 이룩된 기업의 기술이며 노하우를 증명하는 이력서다. 적어도 체인운영을 하려면 그에 필요한 최소한의 기술축적기간이 일정시간 요구된다. 그런데 놀라운 것은 많은 외식프랜차이즈 기업의 본부 역사가 1년도 체 안 되는 경우가 많고 심지어는 직영점포 한 점포도 운영한 경험이 없는 경우도 있었다.

정확한 통계는 아니나 점심영업이 잘되는 점포는 저녁영업이 그에 따르지 못하거나, 동절기에 성업하는 점포는 여름철에는 그만큼 영업이 잘 안 되는 경우가 일반적이다. 필자에게 컨설팅을 의뢰해 오는 대부분의 경영자들이 "점심 영업은 그럭저럭 잘 되는데 저녁 영업이 어려워요. 뭐 좋은 방법이 없을까요?"라고 질문하는 경우가 많은 것을 보아도 어느 정도 알 수가 있다.

그런 경우 "연구는 해 봅시다 . 그러나 물 좋고(점심영업) 정자 좋은 곳(저녁영업)은 그렇게 많지 않아요"라고 대답하면서 그 원인을 이렇게 찾아보라고 조언해준다.

"점포에는 특성에 따라 회전형(回轉形)점포와 객단가형(客單價形)점포가 있다. 즉 낮은 단가로 많은 고객을 흡입하여 회전율을 높임으로써 매출을 유지하는 회전형 점포와 일정수준의 고단가형 메뉴로 특정고객을 흡입하여 영업하는 객단가형 점포가 있다.

자기 점포가 객단가형 점포라면 점심영업은 어느 수준까지 실적을 올릴 수 있으나 저녁고객은 식사만을 위한 고객이 아님으로 점심시간에 제공한 메뉴와 분위기로는 실적이 올라갈 수 없다. 즉 저녁시간대는 그 상황에 따라 점심영업과 전혀 다른 메뉴와 분위기를 만들어 주어야 한다. 필자가 본 어느 외국의 대학가에 있는 점포는 점심시간에는 학생위주의 낮은 단가의 메뉴로 영업을 하나 저녁시간대는 전혀 다른 분위기(예컨대 전등의 컬러, 파티션의 설치, 직원 유니폼의 변경. 점심시간과 다른 식기, 테이블 매트 깔기 등)와 다른 메뉴로 영업을 하고 있었다. 이것이 소위 이모작(二毛作) 점포라는 것이다. 이와 같이 전문점의 경우는 각각의 상황에 따라 적절한 대응책을 그때그때 실행할 수 있으나, 프랜차이즈 체인은 그것이 어려움으로 메뉴의 선택이나 입지의 선택을 일반 전문점 운영처럼 결정해서는 안 된다라고...

체인본부가 영업시스템을 정립하고 체인을 운영할 노하우를 갖기 위해서는 최소한 1년 이상 2~3년의 역사를 가져야 한다. 그렇지 않다면 그 체인의 영업은 낮에만 성공하거나 여름철에만 성과를 올리고 저녁이나 겨울철 영업에는 실패하는 결과를 가져올 수 있다. 이 사계절 성공하는 점포, 점심과 저녁영업이 다함께 성공하는 점포를 만들기 위해서는 최소한 일년 이상의 경험과 실적이 필요할 것이다. 그래서 체인본부의 역사를 이야기하게 되는 것이다. 오늘 이 시점에서도 이름도 들어보지 못한 외식체인 본부가 신문전면에 가맹점모집 광고를 하고 있는데 그 기업의 역사가 과연 얼마나 되는지 궁금하다.

가맹본사의 역사가 필요한 또다른 이유는 점포개설 입지 컨셉트가 어떤 내용으로 설정되었는가를 그 기업의 역사를 보면 유추할 수 있기 때문이다.

가맹점이 체인본부에 가맹해서 영업하는 이유는 간단하다. 자기 개인은 창업을 위한 전문지식도 없고 경험도 없기 때문에 실패와 성공을 거듭하면서 일정한 단계에 이른 가맹본부의 경험마케팅을 활용할 수 있기 때문이다. 이 경험마케팅이란 단기간에 이루어진 노하우가 아니다. 다년간 현장에서 실패의 쓴맛과 성공의 단맛을 보면서 자체적으로 이룩한 것이다. 적어도 수년간의 영업경험 없이 이러한 노하우는 결코 만들어질 수 없다.

경험이 많은 본부라면 적어도 점포 입지설정기준에서 최소한 내용을 달리하는 3~4개 정도의 성공한 실적을 가져야 한다.

대부분의 프랜차이즈 본부는 물론 가맹점 희망자는 현재의 본부 직영점이 높은 영업실적을 올린다고 하여 그것이 모든 입지에서 통할 수 있을 것으로 판단해서는 안 된다. 현재의 본부 직영점 실적이 좋은 것은 어느 특정지역이기 때문일 수도 있기 때문에 적어도 몇 개의 입지에서 일정수준의 매출실적을 달성한 경험치가 있어야 한다.

예컨대 일정지역에서 가맹점을 개설하는 애어리어 마케팅(area marketing)전략을 구사하는 경우라도 입지에 대하여는 최소한 역전 일등지나 로드사이드, 오피스가, 주택가 등 적어도 3개 이상의 입지에서 성공한 사례를 갖고 있어야 할 것이며 전국적인 체인망을 구축하려는 기업이라면 더욱더 입지에 대한 명확한 성공 컨셉트가 필요하다.

여기서 말하는 입지 성공 컨셉트란 무엇을 의미하는가?

예컨대 서울역 앞에서 성공하였다고 하여 부산역 앞에서도 반드시 성공한다는 보장이 없기 때문에 역전도 어떤 내용의 역전이라야 실패 없는 개점이 가능한지에 대한 명확한 실적을 갖고 이를 문서화하여 회사 전체가 하나의 노하우로서 공유하는 기술이 바로 입지 컨셉트인 것이다.

과연 우리 외식프랜차이즈 본부에 이러한 입지 컨셉트를 명확히 가진 기업이 몇이나 될까?

필자는 우리나라 외식프랜차이즈 기업이 부실경영으로 소멸하는 제2의 요인을 바로 이 입지 컨셉트의 불명확성으로 꼽고 있다

〔메뉴가 인기가 있어 그런지 모르나 가만히 있어도 너도 나도 체인점 내달라고

아우성이다]

〔내가 여기에 이런 점포를 갖고 있는데 좋은 상권이기 때문에 틀림없이 성공할 것이니 체인가맹점을 개설해 줄 수 없겠습니까?〕

이런 경우가 의외로 많다고 하니 어이없을 수밖에 없지 않은가? 이것은 상권과 입지에 대한 개념을 명확하게 이해하지 못하는 데서 오는 오류다.

상권이란 무엇인가? 입지(立地)와 상권(商圈)은 어떻게 다른가?

상권이 좋으면 좋은 입지인가?

입지는 앞에서 설명한 점격의 개념을 이해하면 더 설명이 용이하다.

굳이 마케팅이론을 등장시킬 필요 없이 간단히 상권과 입지를 구분해서 설명해 보자.

서울의 명동(明洞)은 상권으로서 전국의 최고다. 이는 누구나 부정할 수 없다. 그러나 명동에는 패밀리레스토랑이나 고급 한정식 혹은 패스트푸드점포가 성업하지 못한다. 이 경우 명동은 상권으로서는 우수하나 패밀리레스토랑, 고급 한정식, 패스트푸드 입지로서는 부적당한 곳이다. 여러 가지 이유가 있겠지만, 명동은 워낙 지대(地代)나 건물임대료가 고가인 지역임으로 주차장 확보가 어려운 지역이다. 패밀리레스토랑이나 한정식은 주차장이 필수적으로 따라야 하는 영업인데 명동은 주차장 확보가 어려운 지역이기 때문에 이런 업종업태의 영업이 어려운 것이다. 또 10대가 주된 고객인 패스트푸드가 명동에 자리매김을 하기 어려운 것은 더 이상 설명이 필요 없을 것이다. 10대 어린이나 그 가족이 어린이와 함께 명동에 갈 특별한 이유가 많지 않기 때문이다.

이와 같이 외식프랜차이즈 본부는 점격에서 말했듯이 메뉴의 가격 및 점포의 규격, 손님의 수준 등에서 자기 기업만이 갖고 있는 차별성(差別性)에 맞추어 최소한 몇 개의 서로 다른 성격의 입지에서 성공한 모델을 갖고 있어야 하며 이 모델에 적합하지 않은 점포는 어떤 경우에도 개설하여서는 안 될 것이다.

물론 프랜차이즈 관계법규에는 경쟁제한이나 점포개설시 기존점포에 대한 보호규정이 없는 것은 아니다. 그러나 업종, 업태, 점포의 규모가 각각 다르고 점포의 투자효율성이 점포에 따라 다르게 나타나는 일선 시장에서 이러한 규제가 그대로 적용된다고 볼 수도 없고 실제 적용에는 여러 가지 무리가 따르게 된다.

결국 무엇이 이 모든 문제를 해결할 수 있는가?

그것은 프랜차이즈 본부경영자의 양식과 의지, 기업의 비전과 경영철학이라는 것 외에 다른 별다른 방법이 없다.

본부와 가맹점간의 계약에 의해 이루어지는 것이 프랜차이즈 사업이다. 이 가맹점들의 성공에 책임을 지고 실패하지 않게 관리하는 자는 정부도 아니고 법률도 아닌 바로 본부경영자들의 능력과 경험, 양심이다.

이 본부의 능력, 경험, 양심을 다른 말로 표현하면 결국 그들의 경영철학과 경영이념일 것이다.

〔내 돈 한 푼 안 들고 순전히 타인의 자금으로 가맹점만 다수 모집하면 금전을 모을 수 있다〕는 생각이 외식프랜차이즈 본부경영자들의 머리 안에 남아 있는 한 이 프랜차이즈 사업은 계속해서 많은 사회적 문제점을 잉태할 것이다.

왜냐하면 현재 우리의 고용시장은 극히 불안한 상태이고 지금도 공무원, 은행, 각급 기업체 등에서 구조조정 등으로 많은 실업자가 양산되고 있다. 생계를 위하여 창업을 생각하는 많은 사람들이 먹는 장사는 그래도 괜찮지 않을까?〕라는 막연한 기대를 갖고 외식 프랜차이즈 본부 문을 두들기고 있으며, 이들의 불안한 심리를 이용하여 사기적인 영업을 하는 프랜차이즈 본부도 상당히 많기 때문이다.

미국, 일본 등 선진국에서는 프랜차이즈 비즈니스의 많은 시행착오를 보아온 창업투자가들은 쉽게 어떤 가맹점에 가입하지 않으며 그렇기 때문에 본부창업도 상당히 어려운 여건이다. 그런데 우리는 어떤가?

누구나 쉽게 시작할 수 있다고 생각하는 것이 외식프랜차이즈 본부운영사업이 아닐까? 그래서 부실한 사업본부가 많이 생겨나는 것이다.

2-3. 우리나라 외식프랜차이즈 사업이 실패하는 또다른 원인을 찾아보자.

다른 분야에서 성공한 것을 지나치게 과신한 나머지 외식가맹본부 운영을 가볍게 생각하고 창업하는 경우 실패하는 사례가 많다.

사례 1 | **우수한 식품회사의 외식사업 실패사례**

유명한 식품제조회사인 M사는 식품산업분야에서 대단히 성공한 기업이었다.

동사의 경영진은 외국의 거래처로부터 이런 제안을 받았다.

〔앞으로 한국에서 외식산업이 유망한 사업이 될 것이며 더구나 귀사는 식품제조업체이니 귀사의 제품을 원재료로 활용한 메뉴를 연구개발하여 외식 프랜차이즈 사업을 전개하면 성공할 수 있을 것이다. 기술적인 부분은 우리가 지원할 수도 있다.〕

마침 신규사업을 구상하고 있던 동사는 오랫동안 사업관계를 맺어온 해외거래처의 추천이니 충분히 가능성이 있다고 판단하고 외식사업을 시작하기로 결정하였다.

국내의 외식기업에 근무하는 우수한 인재를 스카우트하여 책임자로 임명하고 신문·잡지 등을 통하여 외식사업을 시작한다는 회사방침을 대대적으로 광고하기에 이르렀다. 동사는 중견기업이었고 품질의 우수성으로 식품시장에서도 신용도가 높았음으로 신규사업 시작에 대하여 상당히 좋은 반응을 얻었다. 심지어 상장한 주가까지 올라가 그야말로 흥분한 상태가 되었다.

그런데 동사의 경영자는 처음 스카우트할 때와는 달리 두 가지를 새로 입사한 외식담당책임자에게 요구하였다.

〔반드시 자사의 식자재를 사용하여 메뉴개발을 할 것. 회사의 주된 제품과 관계가 많은 업종의 사업을 전개할 것〕이었다. 새로 창업하는 외식체인을 통하여 자사의 제품을 더 많이 판매하려는 욕심을 부린 것이다.

새로 임명된 외식사업부서의 책임자는 회사경영진의 요망사항을 알았으나 그것은 어디까지나 외식사업을 잘 몰라서 하는 의견으로 알고 나름대로 향후의 우리 외식시장 흐름, 소비자의 기호 변화, 회사 식자재의 품질문제(동사의 제품은 부분적으로는 국내 최고품질이 아닌 품목도 있었다) 등을 고려하여 자기가 생각하는 아이템과 일부식자재는 우수품질의 타 경쟁사 제품을 사용하는 방법으로 사업계획서를 작성하여 임원회의에 제안하였다. 그러나 경영층의 반응은 의외로 강경하였다.

〔음식장사 뭐 대단하다고 우리말을 안 들어? 당신이 뭐 대단한 기술을 가졌다고 우리가 시키는 대로 하지 않는가? 우리말 듣기 싫으면 일하지 말라!〕라고 일갈하였다. 외식사업 책임자가 자기의 생각대로 사업계획서를 작성한 것은 처음 스카우트 제의가 있었을 때 M사 경영층으로부터 〔우리는 외식사업을 잘 모른다. 그러니 이 사업에 관한한 당신에게 모든 결정권을 주겠다. 그러니 당신의 신념대로

사업을 전개해보라]는 약속을 받았기 때문이었다. 그는 이를 믿고 새로운 터전에서 자기의 경험과 신념을 펼칠 좋은 기회가 왔다고 생각하고 직장을 옮겼는데 결과는 전혀 다른 방향으로 사정이 바뀌어진 것이다. 그는 회사 경영층의 허언과 회사의 분위기로 보아 자기 신념대로 외식사업을 추진하기가 어렵다고 판단하고 입사 3개월 만에 결국 퇴사를 하게 되었다.

그 후 동사에서는 〔우리끼리 해보자! 우리가 못할게 무엇이냐 .우리보다 기술적으로 뒤진 회사에서도 외식사업을 하는데 이만큼 식품분야에서 성공한 우리가 못할 것이 없다. 외식사업 하는데 무슨 대단한 노하우가 있고 기술이 필요하냐. 우리식자재를 활용하여 맛있는 제품을 만들어 듬뿍듬뿍 고객에게 제공하면 쉽게 성공할 수 있다]라는 판단으로 경영주가 가장 신뢰하는 홍보담당이사를 새 외식사업 책임자로 임명하고 신규사업을 계속 추진키로 결정하였다.

새로 임명된 외식사업 책임자는 광고홍보전문가로서 기업의 광고홍보업무를 깔끔하게 처리하여 경영층의 신임을 받는 인재였다.

그는 처음에는 자기가 잘 모르는 신규사업추진에 약간의 두려움도 있었으나 주변의 격려와 경영층의 그간의 신임을 믿고 용기를 내어 창업업무를 시작하였다. 그러나 이 기업의 경영주나 외식책임자가 간과한 것이 있다. 그것은 외식사업이 전문지식과 경험 없이 열의만 갖고 누구나 착수할 수 있는 만만한 사업이 아니라는 사실이다.

우리나라에는 각급 대학에 외식산업경영학과 혹은 외식조리학과, 호텔조리학과 등 많은 외식관련학과가 있지만, 외식산업의 전문지식은 솔직히 말해 학(學)이나 론(論)을 통하여 얻어지는 데는 한계가 있는 것이며, 현장경험을 통해 얻어질 수 있는 부분이 많은 실천과학의 영역이다. 외국의 대학에서는 정규학과에 외식관련학과는 거의 찾아볼 수 없고 1년제 혹은 2년제 요리전문학교나 대학에 병설되어 운영되는 외식 또는 단체급식, 요리전문 관련 단기코스가 대부분이고 교육내용도 실습중심으로 전임 교수가 아닌 현장 경영자나 전문가가 강의를 하면서 운영되고 있다. 그만큼 외식사업은 학문적으로 쉽게 정립할 수 있는 영역이라기보다는 현장경험과 기획력이 있는 사람이 입안하여 실행할 필요가 있는 사업이다. 그런데 M사에서는 〔우리 회사의 전통과 그간의 실적이 있는데 외식사업 그게 뭐 대단한 것이라고 …]라고 판단하고 외식사업에 전혀 경험이 없는 사람을 책임자로 하여 이 사업을 시작하였다. 이러한 판단으로 시작한 사업결과는 과연 어떻게 되었을까?

M사는 새로 임명된 홍보전문가가 중심이 되고 몇 사람의 조리사와 식품개발실 직원으로 프로젝트팀을 구성하여 사업계획서를 작성하고 1호점을 사장 개인소유 빌딩에 개설하였다.

메뉴의 품질, 가격, 고객의 수준, 입지의 격(格) 등을 전혀 고려하지 않고〔우리 회사 식자재를 이용하였음으로 원가면에서 경쟁사보다 유리하다. 메뉴를 시장의 유사 경쟁점포보다 염가(廉價)로 판매하면 고객은 찾아오기 마련이다〕라는 생각으로 점포를 개점한 것이다. 요리가 맛있고 염가면 고객은 저절로 찾아올 것이라는 발상자체가 문제가 아닌가? 요리가 맛있어야 하는 것은 외식경영에서는 당연한 것이고 그것을 자랑으로 내세울 일도 아니며 메뉴는 염가보다는 가치감이 있어야 하는 것이 아닌가?

M사의 초기 경영전략의 또 하나의 패착은 무엇인가?

그것은 장기적으로 프랜차이즈 체인사업을 전개하려면 전국적으로 어떤 입지를 확보하여(직, 가맹점 구분 없이) 몇 년간 몇 개의 점포를 확보할 것인가 하는 뚜렷한 사업목표가 있어야 한다. 예를 들면 사업의 최종목표가 전국 500개 점포를 확보키로 한 것이라면 최초의 1호점도 500점포 중의 한 점포라는 점을 인식하고 개점하여야 했을 것이며, 입지에 대한 아무 컨셉트도 없이〔경영주의 건물임으로 만약 영업이 잘 안 되어도 월세를 받지 않으면 되니 실패하는 일은 없을 것이다〕라는 막연한 동기에서 시작하였으니 실패한 것은 당연한 귀결이다.

1호점이 실패한 뒤에〔목(입지)이 나빠서 그럴 수도 있으니 투자금액에 관계없이 서울에서 가장 좋은 상권을 선택하여 2호점포를 개점하라〕는 경영층의 지시에 따라 그야말로 막대한 투자를 하여 서울의 최고 상권에 2호 점포를 개설하였다. 물론 이 결정도 문제가 된다. 앞에서 상권과 입지개념을 설명했음으로 되풀이할 필요는 없으나 좋은 상권이 좋은 입지가 될 수도 있고 아닐 수도 있다는 점을 간과한 것이다.

처음에는〔우수한 상권에 개점하여 높은 매상고만 달성하면 좋다〕라는 생각으로 시작했으나 잘 알고 있는 것처럼 우수한 상권은 임대보증금, 월 임대료 등의 고정비가 상당히 높다. 그래서 상당한 매상고를 확보해도 월간 수백만원에서 수천만원의 적자가 쉽게 발생할 수도 있다. 처음에는 〔시작한지 얼마 되지 않았으니 시간이 지나 입소문이 나면 매상고도 올라갈 것이고 이익도 발생할 것이다〕라는 막연한 기대로 몇 개월이 지났다.

그러나 오히려 시간이 지날수록 점포의 매상고는 줄어들었다. 초기 1, 2개월은 말하자면 오픈경기라고 하여 고객이 내점한다. 그러나 점포가 매력이 없거나 편리성·접근성 등이 불편하여 고객의 발길이 멀어지면 매상고가 하락하는 것은 당연하다.

문제는 이때부터 발생한다. 이제까지 기존 사업에서 실패라는 것을 몰랐고 항상 이익을 창출해온 기업의 분위기가 외식부분의 적자발생에 대해 알레르기적인 반응을 보이기 시작한 것이다.

〔아니 서울에서 최고가는 상권에 많은 투자를 하여 점포를 열어 주었는데도 왜 매상고가 처음보다 떨어지느냐? 점포 운영에 문제가 있는 것이 아니냐? 책임자나 직원들이 전력투구를 하지 않은 것 아니냐?〕라는 비난과 질책이 경영층으로부터 나오기 시작하였다.

새로운 분야에서 정말 혼신의 힘을 다하여 일해 온 홍보전문가는 서서히 지치기 시작하였다. 이제까지 자신의 두뇌로 참신한 아이디어를 만들어 회사의 광고선전업무에서 귀재라는 소리를 들어온 사람이 일선 점포에서 아침부터 저녁까지 휴일도 없이 가정생활까지 희생하면서 열심히 일하고 있는데 경영층으로부터 매일아침 호출을 받고 질책을 당하니 일할 의욕이 날 수 없었다.

결국 신규 외식사업부로 자리를 옮긴 지 8개월 만에 회사를 그만두게 되었다. 그 후 M사는 그렇게 얕보았던 외식분야 진출을 그만둘 수도 계속할 수도 없는 진퇴양난에 빠졌고, 이 사업부로 발령난 간부들은 〔죽음의 골짜기로 간다〕는 말이 나올 정도로 퇴사를 하는 양상이 계속되다가 결국 3년만에 많은 적자를 내고 사업을 중단하였다.

왜 이런 결과가 나왔는가? 간단히 대답하면 이렇다.

〔외식사업 그거 뭐 간단하지 않느냐? 우리가 식품분야에서 이렇게 성공한 관록이 있는데 그까짓 먹는 장사 뭐 그렇게 어렵겠느냐? 그저 맛있는 음식을 염가로

해서 좋은 상권에 점포를 개점하여 성공하면 그다음부터는 너도 나도 가맹점 열어 달라고 몰려 올 터이니 그렇게 되면 우리 회사제품 판매는 저절로 확대될 것이 아니냐?]라는 단순한 발상에서 외식산업을 시작하였기 때문이다.

과연 외식산업이 그렇게 간단하게 시작할 수 있는 사업일까?

예컨대 조선공학과를 나온 사람이 A조선회사에서 근무하다 B조선회사로 옮긴 다면 자기의 경력과 전문성을 그대로 상당부분 살릴 수 있다. 그러나 외식사업 분야는 전 직장에서 얻은 지식과 경험을 타 업체로 이동하였을 때도 그전 직장경력의 상당부분을 새 직장에서 그대로 적용시킬 수 없고 일정한 시간 즉 새로운 현장 분위기에 익숙해질 때까지 기다려야 한다는 점이다. 일류호텔의 주방장으로 수십 년간을 근무한 사람도 새 직장에서는 새로운 주방기기와 환경에 친숙해질 때까지 새로운 식자재의 물성이나 래시피를 이해하고 분석하기까지는 상당한 시간을 필요로 한다.

좀 지나친 표현일지 모르나 이렇게 말할 수 있다.

[외식사업에는 무슨 대학출신이다, 무슨 전공을 하였다, 무슨 경험이 있다는 우수한 인재를 꼭 필요로 하지 않는다]라고……

외식산업에 필요한 인재는 이 사업에 대한 충분한 이해와 겸손한 마음가짐을 가져야 하고 이 사업에 투신하여 반드시 성공하고야 말겠다는 인내심, 집념과 혼(魂)을 가진 사람이어야 한다. 그리고 단기간에 이익이 발생하는 사업이 아니며 상당한 기간 인내와 노력이 필요한 사업이기 때문에 조급한 성격의 경영자는 외식 프랜차이즈 사업을 경영할 수가 없다.

즉 아무나 쉽게 덤벼들어 성공할 수 있는 분야가 아니라는 말이다.

이래도 타사업분야에서 성공하였다고 하여 외식사업을 쉽게 생각하고 시작할 수 있다고 생각할 것인가?

사례 2 유명 연예인이 외식프랜차이즈 사업 창업에 실패한 사례

K씨는 연예인으로서 자타가 공인하는 일류배우였다. 우연한 기회에 미국의 친지를 방문하였는데 미국에 체류 중 유명 외식체인 C점포에서 식사를 하게 되었

다. 그는 깔끔한 이미지와 멋있는 분위기, 직원들의 생기발랄한 움직임과 홀을 꽉 채운 고객들의 모습에 반하고 말았다.

'나도 저런 점포를 운영하여 체인사업을 한번 해보면 인기도 있는 연예인이니 충분히 승산이 있지 않겠는가?'라는 생각을 한 채 귀국하였고 귀국한 뒤에는 우수한 외식업체의 간부들을 소개받아 우리나라 외식산업의 전망을 묻기도 하고 자기가 본 미국의 C체인을 한국에 도입하면 성공가능성이 있겠는가를 자문받기도 하였다.

물론 외식업체 간부들은 인력과 자금, 사업전개의 어려움 등을 설명하였지만 K씨는 연예인으로서 자기의 인기만 믿고 '자기가 이 사업을 시작하면 투자하는 사람이 있을 것이다'라는 희망적인 판단으로 사업을 시작하기로 결심하였다

그래서 연예인으로 얻은 수입과 소유부동산을 저당하여 사업자금을 마련하고 외국의 C사와 프랜차이즈계약을 체결하였다.

주변의 도움으로 외국어를 구사할 수 있는 우수한 인재를 모았고 미국의 본사에 기술연수를 위해 장기간 출장도 보냈다. 그리고 이 브랜드의 도입을 위하여 거액의 가맹금을 지급하였다. 그래서 보유하였던 자금이 거의 바닥나게 되었다.

그래도 '내가 인기연예인이고 미국에서 이만한 인기가 있는 사업이니 이 사업을 한국에서 시작하면 반드시 투자자가 나올 것이다'라는 막연한 판단으로 파견된 기술자의 연수를 끝내고 점포개점을 위한 업무를 시작하였다.

그러나 점포확보를 위한 임대보증금 및 주방기기, 주방비품 구입 그리고 인테리어공사에 수억원의 자금이 필요하였는데 이를 위한 준비가 전혀 되어 있지 않았다.

당초에는 직영점을 개점하여 성공한 뒤 가맹점을 개설하려는 계획을 가졌으나 모델점포의 실적도 없고 또 연예인으로 성공한 K씨 개인을 믿고 동업으로 쉽게 투자하려는 사람은 나타나지 않았다.

그래서 차선책으로 1호점을 가맹점으로 개설하려고 신문지상에 대대적으로 〔인기연예인 K가 미국의 유명브랜드인 C레스토랑을 도입하여 가맹점을 모집한다〕는 광고를 내었다 여기에도 많은 금전을 투자하게 된 것이다.

그러나 결과가 어떻게 되었을까?

K씨가 도입한 C 브랜드는 미국에서 성공한 패밀리레스토랑으로 그 규모가 최소한 건물 규모 150평 내지 200평, 대지 면적이 400~500평이 소요되는 대형점포

이다. 이런 규모의 점포는 자본이 충분해도 확보하기 어렵고 또 대기업이 아니면 쉽게 투자할 수도 없다. 미국과 우리나라의 국토면적은 근본적으로 차이가 있다. 이런 규모의 점포는 미국의 경우에는 어디서고 쉽게 확보할 수 있으나 우리의 경우는 어려운 사정이다.

또 개인이 이런 대규모의 가맹점에 쉽게 투자할 수는 없는 것이다. K씨는 결국 연예인으로 일하며 저축한 자금과 부동산을 담보로 대출받은 수억원의 금전적 손실만 입고 사업을 중도 포기하고 말았다.

왜 이러한 결과가 나왔을까?

앞의 [사례 1]에서 본 것처럼 외식사업(먹는 장사)을 너무 쉽게 생각하고 덤벼들었기 때문이다. 만약 K씨가 가맹사업의 본질을 알고 미국과 한국의 입지확보의 난이도를 알았거나 자기가 전개하려는 사업이 [개인가맹형 패키지]인지 [법인가맹형 패키지]인지를 이해하였다면 이렇게 무모하게 투자결정을 하지 않았을 것이다.

그러면 [개인가맹형 패키지]와 [법인가맹형 패키지]의 차이를 알아보자.

• 개인가맹형 패키지

우선 투자금액이 적다. 위험부담이 적다 . 투자자금이 적다는 것은 매상고도 상대적으로 적으며 영업이익도 금액으로는 낮은 편이다(이익률은 별개의 문제다) 이런 류의 점포는 생계형 점포에 가깝다. 따라서 개인이 투자하는 경우가 대부분이다.

• 법인가맹형 패키지

일반적으로 투자금액이 크다. 위험부담(리스크)이 높다. 법인가맹형 패키지는 1호점이 성공하면 단일점포를 운영하는 것보다 복수의 점포를 확보하는 것이 유리한 경우가 많다 .따라서 처음부터 많은 투자를 각오하고 시작하여야 하는 사업이며 개인이 경영하기에는 그 규모가 크다. 이 형태의 사업은 매상고가 예상대로 오르지 않으면 위험부담이 높다. 그러나 영업이익률이 높은 경우가 많아 이익액은 상대적으로 크다. 또한 대형투자이기 때문에 전문적인 판단과 입지도 엄격하게 선정하기 때문에 영업에 실패하는 경우가 적다. 연예인 K씨는 자금여유가 있는 법인이 선택하여야 할 사업을 개인이 시작하여 실패한 경우에 해당된다.

모든 사업이 그러하겠지만 개인점포이든 프랜차이즈 본부사업이든 외식사업을 쉽게 알고 덤벼들 수 없는 것만은 분명하다.

　우리나라 외식프랜차이즈 체인본부가 창업 후 단기간에 포말회사(泡沫會社: bubble company)가 되어버리는 또 하나의 요인으로는 고객정보시스템과 물류관리시스템의 미비를 이야기 할 수 있을 것이다

2-4. 고객정보시스템의 미비문제

　이제까지 살펴본 바로는 우리나라 대부분의 외식프랜차이즈 본부는 본격적인 가맹사업을 전개하기 전에 사업의 구축(business establishment), 사업의 관리(business management), 사업의 발전(business development)이라는 3단계의 중요한 과정에서 시행착오 및 오류에 대한 수정을 거치면서 사업모델에 대한 시스템의 검증작업이 이루어져야 하는데, 이를 거치지 않은 상태에서 사업을 전개하다가 경쟁에서 패배한 경우도 있고, 일부 경영자들이 경험과 능력도 없이 가맹자에 대한 사기성 영업을 하다가 들통이 나서 실패한 경우도 있었지만, 또다른 면에서 분석해보면 고객정보관리시스템이 정립되어 있지 않아 경영에 실패한 경우도 많았다고 생각한다.

　정보기기의 개발로 현재 많은 기업이 콜센터시스템, POS, 핸디터미널(객석에서 주문하여 주방으로 오더를 입력 바로 조리작업을 할 수 있는 기기) 등을 활용하여 빠른 주문과 서비스가 이루어지도록 하고 있다. 그러나 소규모 점포나 기술수준이 낮은 프랜차이즈기업은 이런 기기조차 구비하지 못하고 있다. 물론 이러한 기기가 없다고 하여 외식점포경영이 안 되는 것은 아니다. 그러나 전국적인 체인망을 구축하고 있는 프랜차이즈 본부는 경영정보와 고객정보, 물류의 정상적인 오퍼레이션을 위하여 최소한 이 정도의 정보시스템은 구비하여야 한다.

　문제는 이러한 기기에서 추출할 수 있는 것은 거의가 경영정보 뿐이라는 점이다.

　예컨대 POS기기를 설치하면 매일의 고객 수, 판매개수, 평균 객단가, 점포식자재원가, 일자별 손익계산, 시간대별, 요일별, 월별매출액 등을 수시로 파악하고 분석할 수 있다. 물론 이러한 경영정보는 아주 중요한 내용이다.

　그러나 경영정보는 점포 영업현황만을 파악할 수 있는 현재진행형 정보이며 점포 내부의 오퍼레이션에 의해 얻어지는 정보임으로 급격히 변화하는 시장여건에

서 내일의 영업을 위하여 활용할 수 있는 정보로서는 한계가 있다. 이것은 어느 미래학자가 말한 〔금년의 기업매출과 이익에 공헌한 펙터(요소)가 내년에도 해당 기업에 유효하게 적용되는 부분은 아주 적다〕라는 내용을 음미해보면 이해될 수 있는 부분이다.

기업이나 점포는 이 경영정보보다는 미래의 시장변화, 미래고객의 변화, 고객의 구매패턴변화에 대한 정보를 항상 연구하여야 하고 또 현재의 고객이 자기점포에 대하여 갖고 있는 정서와 감정, 점포 이미지와 메뉴평가에 대한 정보를 위시하여, 점포에 대한 불만요인 및 새로운 욕구에 대한 정보를 항상 파악하고 이에 대응하는 전략을 구사하여야 경쟁격화시대에서 생존할 수가 있다. 이것이 바로 모든 외식체인 본부나 점포가 구비하여야 할 고객정보인 것이다.

오늘날 우리나라 외식프랜차이즈체인 기업에서 이러한 고객정보를 구체적으로, 또 계속적, 정기적으로 파악하여 신제품개발이나 새로운 서비스방법의 창출자료로 활용하는 경우는 그렇게 많지 않은 것같다. 시장은 생물처럼 변화하고 움직인다는 것을 인식한다면 이 고객정보가 얼마나 중요하며 기업이나 점포의 사활에 직결되는 내용인 점을 이해할 수 있을 것이다.

• 고객정보의 중요성을 보여주는 외국의 사례

기업이 고객의 욕구를 파악하고 그에 따른 제품전략, 마케팅전략을 구사하여 기업이 목표로 하는 매상고를 달성하는 것은 아주 기본적인 경영전략이다. 그러나 우리나라의 대부분의 외식기업은 고객욕구나 기호조사를 연 1~2회 정도 실시하는 것이 고작이다. 전혀 그것을 조사하지 않는 기업도 물론 있다. 이것은 고도의 정보화시대에는 전혀 맞지 않는 경영전략이 된다.

오늘날 소비자들은 산업사회의 주된 소비층인 베이비붐세대와 달리 생활의 다양성, 세계화, 가족우선, 엔터테인멘트 추구에 핵심가치를 두는 소위 X세대를 넘어 모든 사물에 대한 낙관주의, 자신감의 충만, 개인적 성공의 추구, 일과 가정의 양립추구 등 초개성을 추구하는 Y세대로 연결되며, 특히 이들 젊은 소비계층인 Y세대는 거의 인터넷을 통하여 많은 정보를 초스피드로 접하고 또 자기가 입수한 정보를 여과 없이 타인에게 전달하는 경향이 있다. 어떤 점포가 우수하다, 좋다, 혹은 나쁘다, 부실하다고 판단되면 바로 인터넷을 통하여 자기감정을 표출하거나 타인에게 그것을 전달하기 때문에 기업이나 점포는 본의 아니게 큰 낭패를 보는 경우도 있다. 흔히 연예인들이 본의 아니게 인터넷의 악플에 의해 큰 피해를 보는 경우를 보는데, 이것은 분명 언론매체의 역기능의 하나이기는 하지만 외식체인본부도 이런 피해를 입지 않는다는 보장은 없다. 따라서 오늘의 외식기업은 항상 고객감정의 흐름, 소비패턴의 흐름을 파악하는 장치 즉 고객정보 시스템을 구축하지 않을 수 없다.

미국의 정보회사인 NDP그룹은 식(食) 또는 식사에 관한 소비자 조사, 소매점조사를 하며 그 중에서 외식과 중간식(中間食)에 관한 4종류의 데이터베이스를 구축하고 이를 NDP WORLD라고 하며 그중 두 종류는 소비자의 매일의 식사행동을 조사한 CREST(consumer report on eating share trends)와 소비자 만족도를 조사한 CS(customer satisfaction)로 구성되어 있다.

이들 조사내용을 보면 매일 미국전역의 소비자 3,500명에 대하여 e-mail을 통하여 전날 행한 외식, 중간식을 구매한 경우 언제, 어디서, 누구와 무엇을 식사하고 1회의 식사비용은 얼마이었는지 조사대상점포의 종업원의 태도, 음식의 맛과 볼륨, 점포의 청결도, 위생 등을 응답하도록 하여 이를 집계 분석하고 주(週) 단위 혹은 월(月) 단위로 이를 데이터화하여 필요로 하는 기업에만 판매를 하고 있다.

이 데이터베이스를 이용하는 기업은 자기회사의 포지셔닝(positioning)이 어디에 있는지 시장에서 자사의 강점과 약점이 무엇이며 내점고객의 구매성향이 어떤지 혹은 자기 점포에 대하여 어떤 정서를 갖고 있는지를 파악할 수 있어 즉각적인 대응전략을 구사할 수 있다. 또 식품메이커의 경우는 자기회사 제품이 어떤 체인에서 어떤 고객층에 의해 주로 소비되고 있는가를 파악할 수도 있다.

가까운 일본에서도 도쿄지역 소비자 1,000명과 오사카지역 1,500명을 대상으로 미국의 CREST와 같은 방식으로 고객의 식(食)행동을 조사하고 있는 기업이 있다.

우리의 경우는 아직 이러한 조사를 행하는 정보전문회사는 없으나 IT산업이 세계적 수준인 만큼 조만간 나타나리라고 예상하고 있다. 그러나 그 전에는 체인본부별로 최소한 자기 기업에 적절한 고객정보시스템 구축은 필요하다고 판단된다. 외식시장에서 현재 및 미래의 자기기업의 위치를 정확하게 파악할 수 없다는 것은 비전과 방향감각 없이 사업을 하는 것과 같기 때문에 많은 기업이 포말회사로 전락하는 것이며 또 그러한 사례는 우리 외식시장에서 흔히 볼 수 있다.

• **복면조사**(mystery shopper)**를 활용한 고객정보의 정립사례**

복면조사란 일정교육을 받은 조사요원이 고객을 가장하여 점포의 현황을 조사하는 것으로 전문가의 눈이나 본사의 입장(SV나 점장의 입장)이 아닌 고객의 입장에서 점포를 조사 분석하는 것이다. 외식전문 컨설턴트나 전문가집단이 아닌 일반소비자 수준의 조사원을 선발하여 조사에 필요한 기초교육과 체크항목을 중심으로 점포의 실제를 조사하는 것이다.

일본의 유수한 외식프랜차이즈기업인 KFC는 1978년도에 이 제도를 도입하였다. 그 전에는 SV나 간부가 조사 체크항목표를 만들어 점포의 QCS 상태를 점검하였다. 이때 KFC는 프로의 눈으로 점포상황을 조사 분석하였으나, 점포의 매상고와 고객의 클레임의 상태가 조사 분석과 일치하지 않는 점이 많은 것을 발견하고, 이 복면조사방식을 채택, 고객의 눈으로 점포현상을 조사 분석하여 실제 고객의 요구와 점포에 대한 클레임의 실체를 파악하고 이에 대응하는 점포경영을 하였더니, 전반적으로 점포매출의 신장은 물론 고객의 클레임도 현저히 줄어드는 결과를 얻어 내었다고 한다.

그 뒤 이 복면조사는 CHAMP라는 이름으로 전환되어 96년부터 실험이 시작되고 1998년도부터 전 점포에 이 제도를 도입하여 큰 성과를 이루어 내었다.

CHAMP의 내용은

C(Cleanliness: 청결감)

H(Hospitality: 정성)

A(Accuracy of order: 주문의 정확성)

M(Maintenance of facilities: 시설의 유지보수)

P(Product quality: 상품의 품질)

S(Speed service: 서비스의 신속성)를 머리문자로 정리한 것이다.

이 조사는 전문가의 눈으로가 아닌 고객의 눈으로 진행한다.

예를 들면 상품의 체크에서 전문가집단은 제품의 온도를 계측하는 전문성을 발휘하나 이 조사에서는 〔맛이 있었다. 또는 따뜻하였다〕라는 등의 고객의 단순한 눈으로 평가를 한 것이다. 결과적으로 고객의 눈으로 평가하여 높은 점수를 얻은 점포가 고객만족도와 실제 업적도 높았다는 평가가 나왔다고 분석되었다.

또 전문가집단의 평가에서 보는 것처럼 〔종업원은 힘차게 접객용어를 말하고 있는가?〕 혹은 〔미소 띤 얼굴로 손님을 맞이하고 있는가〕라는 항목보다는 〔점포 입구에 들어갈 때 직원이 바로 신경써서 대응하고 있는가?〕, 〔"어서 오세요" 혹은 "안녕 하세요"라고 활기차게 웃는 얼굴로 기분 좋게 인사를 하는가?〕, 〔한 사람이 인사하면 옆에 있던 다른 직원들도 이어서 "어서 오세요"하면서 함께 인사를 하는 가?〕 등의 고객의 눈높이로 조사토록 한 것이다. 오늘날은 인터넷을 활용할 수 있음으로 점포인근의 가정주부를 활용하면 꼭 본사에 출근하지 않고 재택근무로 도 이 업무를 진행할 수 있으며 월 1회 정도만 본사나 점포에 출근하여 평가회의 를 하면 충분히 집행이 가능한 방법이며 우리 외식체인본부도 이런 제도를 접목할 필요가 있다고 생각된다.

2-5. 물류시스템의 미비분제

20세기 산업화사회의 급격한 시장확대와 생산 및 소비규모의 확대는 이에 따른 물동량의 처리라는 새로운 과제를 갖게 된다. 즉 이제까지 경제활동의 핵심이었 던 생산과 판매활동에 추가하여 물동량의 급격한 증가에 따라 그것의 수송과 보관 등 물리적 상품처리활동과 이를 위한 시설이 부족하게 되고 경제활성화에 따른 인플레이션 등으로 노동집약적인 수송과 보관 및 하역 등의 업무에 많은 인건비부 담을 하게 된다. 그래서 이제까지 생산과 판매활동의 부수적 영역이었던 수송과 보관, 하역, 포장, 재고관리, 유통가공 등의 물리적 상품처리활동을 통합해서 합 리적으로 관리할 필요를 갖게 되었다. 이 종합적인 물자관리를 미국에서 피지컬 디스트리뷰터(physical distributer)라고 하였고, 일본에서는 이를 물류(物流)라는 명칭으로 사용하게 되었으며, 우리나라에서도 학계나 관공서에서 이를 공식용어 로 흔히 사용하고 있다.

즉 생산량의 증가에 따른 물자의 이동, 저장 등에 막대한 시설과 인건비가 소요 됨으로 이를 합리적으로 통합 관리할 필요를 느끼게 된 것이 물류시스템의 발전계 기이다.

기업의 체질강화와 원가절감, 경영의 질적 수준의 향상은 생산소비기능으로부 터 오히려 이 물류기능을 더 강화하는 쪽으로 업무가 추진되어 기업의 중요한 경 영기능의 하나가 되고 있고, 더 발전하여 오늘날은 물류전문의 로지스틱 컴퍼니

(logistic company)가 등장하기에 이르렀다.

오토메이션에 의한 생산코스트의 다운, 마케팅전략에 의한 판매관리비의 다운, 다음으로 물류의 코스트다운은 기업의 가장 중요한 과제가 된 것이다.

우리나라에도 물류전문회사라는 명칭으로 운영되는 기업이 있으나 아직은 시스템이 정립되지 못하고 있고, 이 과목의 교과과정이 개설된 대학이나 대학원도 많지 않아 물류전문가가 절대적으로 부족한 시점이라고 생각된다.

외식산업만의 문제는 아니나 우리나라는 물류시스템 수준이 낮아 매년 수조원의 물류비를 낭비한다고 하는데, 이는 결국 소비자가격에 전가됨으로써 소비를 억제하는 요인이 되고 수출가격에 추가됨으로써 국제경쟁력에서 뒤지는 요인이 되고, 있는 셈이다.

최근에서야 각급 기업에서 물류가 차지하는 비중이 커져서 관심이 높아지고는 있으나, 대부분의 외식체인본부에는 물류전문가가 부족한 것이 사실이다.

각 점포로부터 원자재를 전화, 팩스, 인터넷 등으로 주문을 받고 있는 것이 대부분이며, 배송물량의 관리시스템(점포의 판매개수만 집계되면 물류센터에서 자동적으로 해당점포의 판매예상량 및 배송간격에 따른 원부자재 배송수량이 결정되는 시스템)을 구축하고 있는 기업은 그렇게 많은 편이 아니다.

제조업의 경우는 제조공장과 판매유통기관이 다르며 생산과 판매일자가 다르게 이루어진다. 그러나 외식점포의 영업은 생산과 판매가 동시에 같은 장소에서 이루어지며, 하나의 메뉴를 조리하는데 여러 가지 식자재를 사용하기 때문에 이중 한 가지 품목이 없어도 고객에게 서비스할 수 없는 어려움이 있음으로, 물류시스템이 차지하는 비중은 일반제조업의 그것보다 훨씬 중요하며, 이는 외식점포 기능 중 교육기능과 함께 가장 중요한 기능이 되고 있다. 소수의 점포를 운영할 때는 점포 물류시스템이 정립되지 않아도 점포의 요구사항을 어느 정도는 처리할 수가 있다.

그런데 점포수가 계속 증가하여 수십 또는 수백점포가 되었는데도 이 물류시스템이 정립되지 않으면 여러 가지 문제점이 발생하기 시작한다.

〔왜 물자공급이 제때에 이루어지지 않는가?〕, 〔왜 점포에서 전화로 신청한 식자재 명세를 누락하고 배송하였는가?〕라는 등의 가맹점으로부터의 클레임이 일어나기도 하고 또 매상이 급격히 증가하고 있는데도 본부에서 미처 식자재공급처

를 개발하지 못하거나, 식품메이커의 생산능력을 명확히 파악하지 못해 제때에 물품을 확보하지 못함으로써 판매기회를 상실하는 경우 등 여러 가지 문제가 발생하는 것이 일반적인 현상이다.

창고 내에 물품보관지도(stock map)가 없거나 출고빈도가 높은 물품과 낮은 물품을 구분 없이 관리하며, 출고담당자들이 출고전표에 기록된 수량 이상 또는 출고전표와 다른 물품을 출고하는 경우도 비일비재하게 발생한다.

그리고 대부분이 경비를 절약한다는 생각으로 운수전문회사의 차량을 이용하여 물동량을 배송하고 있는데, 이들 운전자들에 대한 교육이 부족하거나 이들의 서비스 의식결여로 가맹점오너와 물품착오, 배달시간 문제로 시비가 일어나기도 한다.

어느 프랜차이즈기업의 물류창고 재고조사를 하여보니 창고의 깊숙한 곳에 구입한 지 1년이 넘는 제품이 적재되어 있는가 하면, 품목의 출고착오로 인하여 수천만 원의 재고부족을 확인한 사례도 있다.

또한 여름철 외기온도가 27℃ 이상이고 점포직원이 출근하지 않아 물품을 인수할 수 없는 상황인데도 다음 점포에로의 이동 스케줄을 이유로 물품을 그냥 점포입구에 내려놓고 가버리는 운전자를 직접 확인한 사례도 있다(그것은 냉동냉장제품이었다).

정보시스템의 발전은 이 물류관리(distribution management)를 합리적으로 운영할 수 있는 여러 가지 방안을 강구할 수 있게 한다. 그리고 향후 외식프랜차이즈 본부가 이 물류관리시스템을 제대로 갖추지 않는 한 더 큰 발전은 기대하기 어려울 것이다.

2-6. 그 외 우리나라 프랜차이즈 본부가 부실에 빠지는 몇 가지 요인을 더 정리해보자

• 각종 매뉴얼이 점포단위에서 실행할 수 없는 내용으로 만들어진 경우가 많다.

본부에서 제작한 각종 매뉴얼과 운영규칙 등은 점포현장의 실제작업을 중심으로 여러 가지 시행착오와 수정단계를 거치면서 정밀도 높은 내용으로 정리되는 것이 원칙이며, 이 매뉴얼에서 지시한 작업내용과 현장작업간의 편차나 착오가 최소화되는 것이 가장 바람직한 매뉴얼이며 현장작업과 일치하는 내용의 매뉴얼을 보유한 기업은 그만큼 프랜차이즈 시스템의 정밀도가 높다는 것을 의미한다. 이것은 물론 단기간에 만들어질 수 있는 것이 아니며, 장기간에 걸쳐 계속적인 수정작업을 통하여 이루어진다.

그리고 매뉴얼은 어떤 의미에서는 수정되기 위하여 존재한다.

그만큼 변화하는 시장상황에 대응하는 내용을 담고 있어야 한다는 의미이다. 외국에서 완전한 패키지 그대로 도입된 매뉴얼이라 할지라도 국내에서 적용하기 위해서는 상당한 기간이 소요되며 자체 개발된 시스템의 경우는 현장에 적용하기 위한 더 많은 시간을 필요로 함으로 정밀도 높은 매뉴얼을 보유한다는 것은 결국 기업의 역사와도 관계가 있다.

상당수 외식기업의 매뉴얼을 보면 우수한 기업의 그것을 그대로 모방하거나, 심지어는 우수회사 매뉴얼의 표지 이름만 자기회사로 바꾸고 그 내용을 복사하여 사용하는데 겉보기에는 훌륭한(?) 매뉴얼을 보유하고는 있는 것 같으나, 막상 점포 현장작업에는 아무 소용이 없는 내용이 되어 현장작업의 혼란만 야기시키고 있는 경우도 있다.

프랜차이즈시스템은 매뉴얼에 의해 기업의 정체성을 확립하며 전국적인 체인 점포 현장작업이 통일성 있게 이루어지도록 하는 것이 기본원리다.

우리 현실을 보면 상당수 기업이 근사한 매뉴얼을 제작하여 마치 무슨 큰 보물처럼 책장 속에 비치하여 두는 경향이 있는데, 매뉴얼은 현장에 필요한 도구이지 책장 속에 비치하여 두고 자랑할 물건이 아니다.

어떤 기업을 자문해보면 발주, 재고관리, 배송작업이 혼란스럽게 이루어지고 현장에서 마치 전쟁을 치루듯이 작업을 하고 있는데, 놀랍게도 이 기업의 현장사무실에는 아주 훌륭한(?) 물류관리매뉴얼이 비치되어 있었다. 왜 이런 훌륭한 매뉴얼이 있는데도 실제 작업은 혼란스럽게 이루어지고 있는 것일까?

말할 것도 없이 이 기업의 물류관리 매뉴얼은 자기회사 물류현장과 전혀 관계 없는 일류기업의 매뉴얼을 그대로 복사하여 제작한 내용이었기 때문이다.

서비스 매뉴얼의 경우도 마찬가지다. 한식 중심의 메뉴로 테이블서비스가 이루어지는 점포에서 우수한 셀프서비스 점포의 매뉴얼을 모방하여 직원 서비스교육을 하는 경우도 있다. 서비스 매뉴얼은 자기점포 점격(店格)에 맞게 작성되어져야 하는 것이 아닌가?

- **사내의 의사소통이 잘 이루어지지 않고 경영자의 전횡에 의해 모든 업무가 이루어지는 경우가 많다.**

외식프랜차이즈기업과 그 경영자들의 면면을 보면 대그룹기업의 자회사도 있지만 대부분 소규모의 자본과 소수인원으로 창업한 경우가 많다. 창업초기에는 개점업무와 관리업무가 복잡하지 않아 창업주와 몇 사람의 참모진들이 뚜렷한 업무분장 없이 모든 업무를 부딪치는 상황에 따라 그때그때 처리하였다.

그러나 기업의 규모가 커지고 점포수가 증가하면 가맹본부의 기능과 역할은 각 기능별로 분화되어 전문화되어야 하는데도 경영주는 창업초기에 모든 업무를 통합 처리하던 관행에서 쉽게 벗어나지 못하는 경향이 있다. 복잡하고 분화된 외식체인의 업무는 그 기능상 한 사람이 모두 최종처리하기에는 어려운 것인데도 부하에게 위임하자니 무언가 안심이 안 되어 모든 업무를 자신이 최종결정하려는 것이다.

하나의 예를 들어보자. 어느 점포에서 주방기기가 고장이 나면 이는 보수수리 담당이 바로 처리할 수 있도록 하고 최종결제도 담당자 혹은 팀장이 전결 처리하는 업무시스템이 만들어져야 한다. 그런데 불과 몇 만원 정도의 수리비까지 하나하나 톱의 결제를 받아 처리한다면 문제가 아닐 수 없다. 톱이 출장 중이거나 사무실에 없을 때 이 긴급한 사항은 톱이 돌아온 다음에야 처리될 것이 아닌가?

오늘날은 [외식점포 관리시대에서 외식점포 경영시대]로 전환되었다. 경쟁이 격화되고 현장사정이 긴박하게 움직이기 때문에 본부는 기본정책과 방향, 신제품 개발 등 기업의 중장기 기획업무만을 처리하고 모든 현장업무는 시스템에 의해 운영되도록 하여 현장에 위임하여야 하는 시대인데도 아직도 세밀한 부분까지 본부가 간섭하는 업무행태는 곤란한 이야기이다.

더 힘든 이야기는 점포 개발업무에서도 발생할 수 있다.

외식점포의 경우 중간 이상 규모의 체인은 도심지에서 점포를 임대할 경우 최소한 수천만원 내지 수억원의 점포임대 보증금을 필요로 한다. 이 경우 점포개발 시스템이 불명확하거나 업무위임이 되어 있지 않으면 투자규모가 크기 때문에 반드시 경영자의 승인을 얻어야 건물 임대차계약을 체결할 수 있다. 그런데 본사가 서울에 있고 부산, 대구, 광주지역에 점포가 발견되면 실무자의 조사보고서만 믿고 수억원의 점포임대를 결제할 경영자는 그렇게 많지 않다. 아무리 바빠도 현장에 출장 가서 점포를 확인한 뒤 계약에 임하지 않을 수 없다. 그런데 우수한 입지의 점포는 경쟁회사에서도 눈독을 들이기 때문에 보고서를 작성하고 몇 단계 결제 과정을 거치고 톱이 최종 현장 확인을 하는 동안 이미 타 경쟁사와 계약을 해버린다.

월간 점포개발이 1~2 점포인 창업초기 단계에서는 경영자가 모든 점포를 확인 할 수 있을지 모르나, 개점수가 월간 5~10개 점포 이상인 경우는 경영자가 모든 지역을 출장하여 최종확인을 할 수는 없을 것이다.

외식기업의 조직은 기능별 조직이어야 하며 생산과 판매관리가 한 장소에서 동 시에 이루어지기 때문에 각 조직 간에 긴밀한 협조가 없으면 점포운영에 큰 혼란 이 일어난다. 시스템이 정립되지 않으면 각 조직간 정보교환이 잘 이루어지지 않 는다. 어느 외식기업의 조직을 점검하는 과정에서 발견한 내용이지만 부서 간 정 보교환이 잘 이루어지지 않아 신규 식자재의 규격과 단가, 거래업체가 선정되고 검수방법과 입고예정일이 결정되었는데도 본사와 거리가 떨어져 있는 물류부서에 서는 그 정보를 모르고 있다가 입고 당일에 거래처의 전화로 그 사실을 알고 부랴 부랴 입고를 위하여 창고정리를 하는 것을 본 일이 있다.

담당자는 "본사로부터 어떤 연락을 받은 바도 없다. 도대체 무슨 일이 본사에서 일어나는지 알 수가 없다"라고 하면서 불만스런 표정을 짓고만 있다.

또 신규메뉴의 맛을 테스트하는 과정에서도 핵심소비계층의 평가보다는 경영 주의 입맛에 의해 결정되는 경우도 많았다.

더구나 부서별로 자기 영역(특히 주방과 홀) 지키기가 강한 외식조직은 정보교환 이 이루어지기 어려운 특성이 있는데, 점포와 본부 간에 전혀 정보교환이 이루어 지지 않아 본부에서 아예 점포를 포기한 상황처럼 관리하는 경우도 가끔 볼 수 있었고, 더구나 가맹점의 경우 본사와의 정보교환이 거의 이루어지지 않고 본사 는 이를 수수방관하는 경우도 많이 있다.

독단적이고 전횡적인 경영자는 부하 직원이나 임원진들이 어떤 안을 내놓으면 [그것은 현실에 맞지 않아요. 우리 기업에 대해서는 내가 가장 잘 알고 있으니 내 가 시키는 데로만 하세요]하는 등 모든 것을 자기중심으로 처리한다. 월요일 정례 간부회의가 사장의 갑작스런 지방점포확인 출장관계로 무기연기되거나 사장의 일 정에 맞추어 모든 업무가 처리된다. 이런 경영자일수록 조직을 창업초기의 상황처 럼 인식하면서 [우리는 본사 인원이 몇 사람 되지 않음으로 모든 것을 무릎을 맞대 고 의논하며 사장실은 항상 개방되어 직원의 의견을 청취하고 있다]라고 말한다.

각종 회의는 사장의 일방적인 지시만 있고 호통과 질책으로 시작하여 호통과 질책으로 끝을 맺는다.

사업초기단계에는 메뉴의 참신성도 있고 경쟁점포도 적어서 좋은 실적을 올렸으나, 기업이 확대된 뒤에도 시스템에 의한 업무집행보다 사장의 개인지시에 의해 업무가 이루어지니 업무집행에 혼란이 오게 되고, 경쟁점포가 나와 시장을 잠식당하니 기업의 실적이 점점 어렵게 된다. "옛날에는 이러지 않았다. 이것은 간부들과 직원들이 너무 현실에 안주하기 때문이다."

이렇게 생각하고 모든 책임을 부하들에게 돌려서 질책만 하게 되니 창업시의 부하나 중도 입사한 간부들이 의욕상실로 퇴사를 하게 되며 일을 도와줄 스텝진이 줄어드니 사장은 일상 업무에 파묻혀 방향감각을 상실하게 되고 더 난폭해지는 악순환만 되풀이하다가 결국은 패망의 길로 들어가는 것이다.

외식기업의 모든 업무는 시스템화되어야 하고 시스템에 의해 움직여야 하는 기능조직인데 이렇게 경영주의 독단에 의해 업무가 진행되니 제대로 성장할 수가 없다. 이런 행태 때문에 많은 외식프랜차이즈 본부가 반짝 나왔다가 살아지는 것은 참으로 안타까운 일이 아닐 수 없다

• 직원의 사기저하문제

타 업종사업을 경영하다가 사업다각화 전략의 하나로 외식사업을 창업하는 경우나 첫 사업으로 외식사업을 시작하는 경우 어떤 쪽이든 사업구상시나 사업개시 초기에는 경영자나 간부들은 외식사업을 대단히 낭만적인 것으로 생각하는 경향이 있다. 현금장사이고 점심시간이나 저녁시간대에 사무실 인근의 식당이나 토, 일요일 가족과 외식하는 식당은 항상 손님으로 가득 차 있는데 반하여, 옆의 구두판매점이나 옷 판매점, 기타 점포는 한산하게 보임으로 외식사업은 아무리 불경기라도 먹는장사이니까 고객은 있게 마련이며 고객은 자연히 모이는 것으로 착각하기 쉽다. 고급 인테리어에 은은한 음악이 흐르고 고객들과 담소하며 즐기는 환상까지 갖게 된다. 특히 그룹회사에서 신규로 외식사업을 창업하는 경우 대부분의 간부들은 정년이 가까워오니 정년 뒤에는 체인점이라도 운영하면서 소일하면 되겠지 하는 희망적인 생각으로 관심을 많이 갖게 된다. 그러나 무지개 꿈을 안고 시작한 외식사업은 대부분 처음 생각한 대로 성공하지 못하는 경우가 많다. 이것

은 회사의 기존사업이 성공에 이르기까지의 모든 힘든 과정을 잊어버리고 오늘의 성취만을 생각하여 신규 외식사업도 처음부터 기존사업에서 이룩한 실적을 올릴 수 있을 것으로 착각을 하게 되기 때문이다. 그러나 지금 세계적으로 성공한 외식 프랜차이즈 기업도 창업초기에는 최소한 5년~10년의 시련기를 거쳐 오늘의 금자 탑을 이룩한 것이지 결코 처음부터 성공한 것은 아니다. 어느 정도 성공단계 즉 기반이 구축될 때까지는 기다려주는 인내가 필요한데, 기존사업에서 성공한 관행 에 젖어 단기간에 성과를 기대하다 보니 외식담당자들이 일은 더 많이 하고 힘들 지만 단기성과에 급급한 경영층의 질책에 견디지 못하고 회사를 그만 두게 되는 경우가 많다. 그래서 기존사업에서 크게 성공한 경영주일수록 신규 창업한 외식 사업에서 실패하는 경우가 많다. 기존사업은 계속해서 이익이 발생하고 시간이 지날수록 이익의 폭은 커지는데 신규 외식산업은 이보다 더 큰 기대를 갖고 시작 하였는데 이익은 고사하고 계속 적자만 발생하니 실망이 커지고 담당자들이 왠지 밉게만 느껴지게 된다. 이렇게 되면 기존조직에서 외식사업부서로 옮겨온 직원들 은 사기가 떨어지고 결국 퇴사를 하게 되는 것이다. 이와 같은 사례는 일본이나 우리나라 어디서고 흔히 볼 수 있다. 이것은 기업으로서는 큰 손실이 아닐 수 없 다. 조금만 기다리면 성공할 것인데 그 〔빨리빨리 병〕 때문에 오랫동안 키워온 아 까운 인재만 잃어버리는 결과가 된다.

또 일반제조업의 조직과 달리 외식기업의 본부조직은 소본부(小本部)가 많다.

조직이 작다보니 상위 자리로의 승진이 무척 어렵다. 예컨대 충분한 자격이 있 어도 부장자리가 없으니 진급을 시킬 수 없다. 관리부에 경리과장, 인사과장, 서 무과장이 있는데 다른 큰 조직에서는 배치전환에 의해 타부서의 차장 혹은 부장으 로 진급이 가능하며 그룹사의 경우는 타사로의 전보도 가능하다. 그런데 외식기 업은 본부가 소조직이기 때문에 충분히 진급할 수 있는 경력인데도 계속 그 직급 에 머물게 된다. 이렇게 되니 사기가 떨어질 것은 당연하다. 따라서 필자는 외식 기업의 조직은 라인조직보다는 기능별 담당제로 하여 팀장제 등을 도입할 필요가 있다고 생각한다. 위의 경우 팀장제라면 관리팀장 밑에 인사담당 부장, 경리담당 부장 등으로 직급을 올려줄 수 있을 것이다. 필자가 어느 기업에 근무할 때 고교 중퇴의 직원을 조리담당 차장으로 임명하였더니 그룹인사담당자로부터 어떻게 고 교중퇴자를 차장으로 임명할 수 있느냐고 질책 아닌 질책을 받은 경우가 있었는데 그분이 외식기업의 업무를 잘 모르고 라인조직에 길들여져 온 고정관념 때문에 그렇게 말한다고 생각은 하였으나 아득한 기분을 느낀 것은 사실이었다. 그때 필자는 이렇게 대답했다.

"그래요. 고졸중퇴자의 차장 임명은 당신에게는 이해되기 어려운 이야기일지는 모른다. 그런데 그 사람은 조리기능인이다. 요리를 하는데 요리기능이 중요하지 무슨 대학을 나온 것이 중요한 것은 아니라고 생각한다. 당신이 우수한 대학을 나왔고 관리능력이 있어 회사의 임원이 되었지만 이차장은 당신에게 없는 조리능력이 우수하기에 조리담당 차장으로 임명하는 것이다. 이차장이 기업의 관리담당 임원이 될 수 없는 것처럼 당신도 우리 점포의 요리전문 담당이 될 수 없지 않는가?"

외식기업의 조직은 이와 같이 전문인들에 의해 움직이는 조직임으로 이들의 전문성을 살리는 기능조직이 되어야 한다.

따라서 외식기업은 각자의 전문성과 기능을 조화시키는 조직을 만들어야 직원의 정착률이 높이지고 살아 숨쉬는 조직을 만들어 갈 수 있다. 이것이 우리나라 외식조직에서는 잘 보여지지 않아서 문제가 될 뿐이다.

• 메뉴의 라이프사이클 단축에 대한 대응전략 부족

오늘날 외식기업의 라이프사이클에 대하여서는 5년 주기설, 3년 주기설을 말하는 전문가도 있고 더 단축된 주기설을 말하는 학자도 있다. 더구나 메뉴는 라이프사이클이 더 짧아져서 조금만 시간이 지나면 시장에서 참신성을 상실하고 진부화(陳腐化)한다. 그만큼 정보화시대에는 모든 것이 빠르게 변화며 고객의 기호도 쉽게 변한다. 그런데 우리나라 외식프랜차이즈 체인은 시스템의 개발에 의해서가 아닌 메뉴중심으로 창업한 경우가 많아 일정 시간이 경과하면 유사제품을 판매하는 경쟁점포가 우후죽순처럼 생겨나 바로 시장포화상태가 되어 버린다.

따라서 신제품개발능력이 없거나 시스템 개발능력이 없는 기업은 바로 포말회사로 전락한다. 우리의 경우는 이러한 사례를 무수히 볼 수 있다. 오늘의 외식경영을 업태경영전략이 아닌 업태개발전략으로 보는 것은 이와 같이 새로운 제품이 개발되면 극히 단기에 모방하는 점포가 생겨남으로 계속해서 새로운 메뉴, 새로운 업태를 개발하지 않으면 결국 시장에서 도태되어버리기 때문이다. 기업 내에 새로운 업태개발부서를 두고 계속 새로운 업종업태를 개발하여 기업의 생존을 연장시켜야 하는 것은 외식경영자들의 책임이며 운명이다.

즉 〔우수한 적자사업부〕를 보유한 기업만이 계속 생존이 가능한 것이다. 이것은 지금은 개발단계이기 때문에 비록 적자상태이지만 기업의 장기경영에서는 효자로 바꾸어지는 사업부가 될 수도 있다는 의미이다. 우리나라 외식프랜차이즈 본부에 이러한 〔건전한 적자사업부〕를 보유하고 있는 기업이 과연 얼마나 될까?

section 3 외식프랜차이즈 가맹점이 실패하는 원인은 어디에 있을까?

이제까지 외식프랜차이즈 본부가 실패하는 경우를 설명했다. 이제부터는 프랜차이즈 가맹점의 실패원인을 찾아보자. 프랜차이즈 가맹점으로 참가하여 실패하는 것은 모두 가맹본부의 잘못이나 능력부족, 사기(詐欺)경영에 기인하는 것일까?

결론부터 말하면 "그렇지 않다"이다.

R 점포는 좋은 여건의 시장에 입지하고 있으며 해당 가맹본부도 훌륭한 시스템을 구축하여 운영 중이다. 동 체인의 다른 점포 모두가 성업 중인데 유독 이 점포만 실적이 부진하다.

왜 그럴까?

그것은 다분히 가맹점경영자의 프랜차이즈 시스템에 대한 이해부족과 경영능력 부족에 기인한다. 이하 그 내용을 몇 가지 정리해보자.

3-1. 자기책임의 원칙을 모르는 경우가 많다

이 세상에 존재하는 어떤 나라의 어떤 프랜차이즈 본부도 모든 가맹점의 품질관리, 영업과 손익, 인사관리 등 세부적인 문제까지 관여하지 않으며 그런 문제에 대하여 어떤 책임도 지지 않는다.

그런데 일부 가맹점운영자 중에는 가맹본부가 점포 운영에 관한 모든 문제를 관리하고 처리해주는 것으로 오인하고 자기점포관리를 철저히 하지 않는다.

"본부에서 알아서 처리해주겠지", "슈퍼바이저가 잘 교육해주겠지" 하는 "판매나 영업도 본부가 잘 지도해 주겠지" 하는 막연한 의뢰심만 갖고서는 가맹점경영에서 결코 성공할 수가 없다.

앞에서도 설명했지만 지금은 〔점포관리시대에서 점포경영시대〕로 바꾸어졌다. 이것은 본부가 점포를 관리하든 산업사회의 시장여건이 점포의 모든 일은 점포책임자가 적절히 처리하고 최종결정하여야 하는 경쟁사회로 변화되었기 때문이다.

현대의 외식시장은 본부에 무엇을 묻고 의뢰하고 할 시간적 여유 없이 점포현장 사정이 긴박하게 움직이는 초경쟁(超競爭) 환경이 되었기 때문에 점포책임자는 모든 업무를 자기 책임아래 그때그때의 상황에 따라 바로바로 집행하지 않으면 안 된다.

가맹본부가 사기적인 수단으로 가맹점을 모집하였던 정상적인 방법으로 가맹점을 모집하였던 간에 가맹점으로 영업을 하려고 결정한 최종책임자는 가맹점경영자 자신이다. 자기가 결정한 일은 누구에게도 그 책임을 돌릴 수 없다.

자기재산을 관리하는 책임은 자기 자신에게 있으며 다른 누구에게도 있지 않기 때문이다.

고객을 접대하고 메뉴를 조리하며 위생환경을 깨끗이 하고 지역여건에 맞는 판매촉진활동을 하는 것은 가맹점포 경영자의 업무이다. 이것을 명확히 인식하는 것이 가맹점 운영 성공의 제1의 포인트인 것이다.

가맹점과 본부의 역할분담을 농사일에 비유하면 이렇게 설명할 수 있다.

본부는 "제철에 맞게 씨앗 뿌리는 일"을 한다.

가맹점은 "김매고 비료주고 가을걷이"를 하는 것이다. 일년 농사는 때맞추어 씨 뿌리는 일도 중요하며 김매고 비료주고 적절하게 가을걷이를 하여야 풍년을 구가할 수 있다. 아무리 좋은 시기에 좋은 씨앗을 뿌려도 김매지 않고 적절한 시기에 비료를 주지 않으면 잡초만 우거진 논밭이 되어버려 결국 일년 농사는 망치는 것이다.

또 다른 비유를 든다면 같은 학교에 입학하여 공부를 하는데 어떤 학생은 일등을 하고 어떤 학생은 낙제를 한다. 학교는 결코 학생 개개인에게 차별적인 교육을 한 적이 없다. 말할 것도 없이 개인 노력의 결과가 그렇게 나타날 뿐이다.

다 같이 골프를 시작하였는데 어떤 사람은 싱글이 되고 어떤 사람은 되지 못한다. 골프클럽이 같은 것인데도 말이다. 이것은 자기 체격과 체질에 맞추어 열심히 노력한 결과이지 어떤 우연이나 행운에 의해 얻어진 것이 아니라는 점이다.

또 하나 명심해야 할 것은 자기 점포 영업실적이 부진하다는 이유로 본부에 대하여 불평 불만만하고 영업을 열심히 하지 않는 경영자를 많이 보는데 이것도 실패의 가장 큰 원인의 하나다.

가맹본부에 가입하여 가맹점으로 영업을 한다는 것은 어떤 의미에서는 증권투자와 같은 것이다. 증권투자를 할 때 전문가나 증권회사의 권유에 따라 투자를 하지만 투자결과에 대하여는 이들은 어떤 책임도 지지 않는다. 그들은 자문을 한 것뿐이며 투자로 인해 손실을 본 경우 "당신의 권유로 투자를 하여 손해를 보았으니 그 책임을 지라"고 요구한다고 하여 어떤 대응도 해주지 않는다. 이것은 반대의 경우를 생각해보면 명확한 해답이 나온다. 전문가의 권유로 증권에 투자하여 당초의 예상수익 10%를 초과하여 30%의 이익을 본 경우 "당신이 잘 추천하여 주어서 내가 기대 이상 큰 이익을 보았으니 20% 초과이익 분 중 50%를 귀하에게 준다"라는 증권투자자는 아마 이 세상에는 없을 것이다. 즉 증권투자결과에 대한 모든 책임은 투자한 사람에게 전부 있는 것이다.

되풀이하여 하는 설명이지만 가맹점으로 투자를 결정한 이상 그 책임은 전부 자기에게 있으며 나쁜 결과가 나왔다고 하여 어느 누구를 원망하거나 비난할 수가 없다.

일단 투자를 결정하여 계약을 한 뒤에는 되돌리기 어렵고 이미 지나간 일이기 때문에 법률적으로 하자가 있는 계약이라도 쉽게 해결되지 않는 경우가 많다. 그래서 자기가 최종결정하여 어떤 가맹점에 투자한 이상 가맹본부에 특별한 하자가 없는 한 이것저것 생각하지 말고 점포관리와 영업에 전력투구하는 길 외에 다른 방안이 없기 때문에 가맹계약은 신중에 또 신중을 기하여야 한다.

3-2. 프랜차이즈 본부에서 제공하는 모든 노하우는 체인 전체의 평균적인 업무집행을 위한 수준인 것을 인식하지 못하는 경우가 많다.

본부에서 제공하는 교육이나 매뉴얼, 운영규칙 등은 체인전체를 관리하기 위한 것이다.

그런데 모든 점포는 경영자의 능력, 입지, 점포의 규모, 주변시장여건, 경쟁점포 존재 여부 등 여러 가지 여건이 전부 다르다. 오늘날과 같이 경쟁이 격화된 시장에서 본부가 알려주는 평균적인 점포운영 기술만으로는 생존이 어렵다. 즉 이 평균적이고 체인 전체를 위한 운영기법보다 더 수준 높고 구체적이며 세밀한 자기점포 운영기술이 필요하다.

같은 체인이라도 입지가 대도시냐 중소도시냐에 따라서 학원가, 주택가, 번화가, 오피스가, 공장지대인가에 따라서 영업방법이나 판촉방법, 점포개점시간과 마감시간에 차이가 있을 것이며 점포의 일등제품이나 간판제품이 다를 것이다.

본부에서는 전체 제품의 조리방법과 서빙방법을 교육할 뿐이며 개별점포의 핵심메뉴(간판메뉴)가 어떤 것이어야 한다는 것까지 교육할 수가 없다.

사기 점포의 간판제품은 가맹점 경영자가 만들어 가야 한다. 점포의 입지에 따라, 지역에 따라 동일 체인이라도 판매되는 메뉴의 종류와 수량이 다르다.

자기 점포의 특성을 분석하여 자기점포의 간판제품을 육성하고 당해 시장에서 우월적 지위를 유지하는 것은 오지 가맹점 경영자의 책임이고 의무인 것이다.

또다른 이야기를 하면 시장에서 가장 경쟁적인 점포는 누구인가?

경쟁회사의 체인점일까? 아니다!

그것은 근거리에 있는 동일체인의 점포이다. 경우에 따라 이 동일체인의 근거리 점포는 자기 점포와 시장을 분할하여 가지거나 중복되는 경우가 많다. 본부의 경쟁금지 업무위반은 해석하기에 따라 항상 일어난다고 보면 된다. 이것은 가맹점의 입장과 본부의 입장이 다르기 때문이다. 건전하게 관리되고 사회적으로 좋은 평가를 받고 있는 가맹본부가 정당한 영업정책에 의해 신규로 인근에 개설한 다른 가맹점에 대하여 기존 가맹점은 자기시장에 중복하여 가맹점을 개설하였다고 얼마든지 생각할 수 있다는 점이다.

이것은 언제나 각오하고 있어야 한다.

"왜 가까운 곳에 가맹점을 내어 주었느냐?", "왜 처음 약속대로 판촉지원을 하지 않느냐?", "왜 슈퍼바이저가 자주 와서 지도를 해주지 않느냐?", "왜 본부에서 공급하는 원자재가격이 높으냐?"고 항의를 해보아도 그것이 자기점포에 국한된 내용이 될 수도 있다는 점을 알아야 한다. 적어도 사기적인 영업을 하지 않는 본부라면 본부 나름의 기준과 원칙대로 영업을 한다는 점을 우선 알아야 한다.

물론 본부의 점포개설 방법에 원칙이 없고 사기적인 영업으로 인하여 체인의 모든 가맹점이 위와 같은 항의를 한다면 이 본부는 이미 패망의 수렁에 빠져 있거나 조만간 문을 닫을 것이기 때문에 다른 해결방법은 없다.

여기서 강조하고 싶은 말은 이것이다.

본부의 노하우는 아주 중요하다. 그것은 그것대로 열심히 익히고 준수하면서 점포를 관리하되, 자기류의 점포관리기법을 연구하여 본부의 평균 관리수준보다 한 단계 더 높은 수준의 점포운영을 해야 한다는 점이다. 이익확보에 초조한 나머지 자기 임의대로 메뉴를 개발하여 판매하거나 점포를 운영하여 성공하는 예를 거의 본적이 없다. 이점을 이해할 수 없다면 결코 가맹점으로 창업하는 일은 생각하여서는 안 될 것이다.

3-3. 전문가의 조언이나 자문을 받기보다는 점포에 일시적으로 고객이 많이 모이는 현상을 보고 감각적으로 가맹을 결정하거나 해당기업에 대한 철저한 분석도 하지 않고 신문이나 잡지의 가맹점 모집광고만 보고 가맹점계약을 하는 경우가 많다.

어떤 직장인의 예를 들어보자. 46세에 명예퇴직을 한 A씨는 특별한 기술도 없고 전문기능도 없어 외식프랜차이즈 가맹점으로 가족의 생계를 유지하려고 생각하고 여러 외식프랜차이즈 본부를 방문하여 개점상담을 하였고 프랜차이즈 박람회나 유사한 전시회에 나가 많은 설명을 들었으나 어떤 체인본부를 택할지 결정을 쉽게 할 수 없었다. 퇴직한 뒤 8개월이 지나면서 차츰 초조해지고 지치기 시작한 어느 날 거리를 지나다가 어떤 체인점포에 많은 고객이 있는 것을 보고 "이것이다! 여기면 되겠다!"라고 결론짓고 그 체인본부를 찾아가서 가맹계약을 체결하였다.

우리의 빨리빨리 습관이 여기서도 문제가 된 것이다. B 점포는 12개의 체인을 전개 중인 C체인의 가맹점포인데 12체인 점포 중 입지가 우수하여 유일하게 고객이 많은 점포이며 나머지 11개 점포는 전부가 적자상태에 있는 상황이었다.

A씨는 퇴직금과 저축한 돈 전부를 투자하여 C체인점을 개설하였으나 불과 7개월 만에 문을 닫는 비운을 맞이하게 된다. 이때 A씨의 실책은 어떤 점일까?

A씨는 적어도 C체인의 가맹점 3~4개 정도를 방문하여 1년간의 영업실적, 개점 후 1년 미만인 점포는 전 기간의 영업실적, 메뉴의 계절적 변동상항(여름철에는 호황을 이루지만 겨울철에는 영업이 활성화되지 않는 메뉴도 있다) 그리고 수익현황, 본

부의 가맹점 지원현황 등을 파악했어야 했다. 더구나 프랜차이즈 협회 등의 전문가나 대학의 전문교수 그리고 유명 외식컨설턴트의 자문을 받고 체인계약에 임하였다면 이러한 불행은 겪지 않았을 것이다.

물론 자문을 받을 만한 전문가가 많지 않으며 믿을 만한 곳도 많지 않지만, 그래도 찾아보면 적절한 조언자는 찾을 수 있다. 우리나라 사람들은 쟁송사건이 생기면 변호사를 잘 찾아가면서도 자기의 재산을 지켜주고 조언해줄 전문컨설턴트를 찾아가는 예는 많지 않다. 소요비용도 그렇게 많지 않은데 말이다.

그리고 최소한 외식프랜차이즈 점포로 생계를 유지하려고 했다면 관계전문서적을 읽고 체인을 평가하는 기초지식을 갖추는 준비는 했어야 했다.

특히 개점 후 약 3개월 정도 경과한 기간의 점포의 현황을 집중적으로 분석했어야 했다. 왜냐하면 개점경기라는 것이 있어 개점 후 약 3개월까지는 고객이 그 점포를 잘 모르고 메뉴의 맛도 잘 몰라 신기한 마음에서 내점하는 경우도 있다. 그러나 개점 3개월이 지나면서부터는 메뉴나 서비스에 대한 고객의 평가가 끝나서 다시 점포를 찾을 것인가, 다시 오지 않을 것인가를 결정하기 때문에 개점 후 3개월 전후는 점포의 미래와 성공을 저울질할 수 있는 아주 중요한 기간이기 때문이다.

그리고 최종적으로 B점포의 부동산 임대료와 타점포의 임대료를 비교해 보았다면 A씨가 본 B 점포의 입지와 시장여건이 타 체인점포와 다른 점을 쉽게 알아낼 수 있었을 것이다.

그 외의 정보공개서나 투자내용 등 전문적인 부분은 조언자에게 문의하면 알겠지만, A씨가 최소한 위에서 설명한 기초적인 내용만 조사하였더라도 개인적인 불행은 당하지 않았을 것이다. 아마 이 글을 읽고 있는 독자들도 주변에 이런 사례를 본 경험이 있을 것이다.

참으로 안타까운 일이 아닌가!

3-4. 자기 개성을 무시하고 체인가맹점으로 가맹하는 경우가 많다.

프랜차이즈 계약은 체인 전체의 관리와 아이덴티티를 중심으로 전반적인 관리를 하기 때문에 개인의 창의성이나 독자적으로 개발한 제품을 활용할 수 없는 경우가 많다.

최근에는 시장의 변화와 고객의 요구에 호응하여 이전처럼 전국통일 메뉴나 통일 이미지를 요구하는 경향이 줄어들고 그 대신 체인 전체의 공통메뉴를 정하고 지역특성이나 시장여건에 따라 본부의 승인을 얻는 조건으로 점포별로 적절한 개별 메뉴를 개발하여 운영하게 하는 체인본부도 있으나 이것도 아직은 극히 예외적인 일이다.

대부분의 체인은 전국통일메뉴와 동일가격, 그리고 동일한 이미지의 점포를 목표로 체인점을 관리하고 있다. 따라서 개인이 개발한 우수한 메뉴나 독자적인 마케팅전략이 본부에 의해 수용되지 않는 경우가 너무나 많다.

또한 체인관리규정은 개별점포의 영업활동을 구속하고 본부의 일방적인 방침에 따라 운영할 것을 요구한다. 따라서 개성이 강하거나 자기주장이 강한 사람은 가맹본부와 여러 가지로 분쟁을 일으키게 쉽다.

분쟁이 일어나면 결국 본부와 감정싸움이 일어나고 본부의 간부나 슈퍼바이저들과의 대화도 어렵게 되니 본부로부터 필요한 정보를 받을 수 없게 된다. 경쟁점포의 출현, 우수한 판매촉진 사례, 기타 중요한 시장정보를 제대로 받을 수 없게 되면 영업활동을 원활하게 할 수 없어 가맹점 경영자도 손실을 입게 되지만, 그에 따라 본부 역시 손실을 입게 된다.

뒤에 자세히 설명하겠지만, 우수하고 협조적인 가맹점오너를 선정하는 노하우는 가맹본부 성공의 중요한 부분이다.

가맹점과 본부의 계속적인 쟁송사건으로 영업다운 영업도 제대로 하지 못하고 매스컴에서 이런 문제가 기사화됨으로써 가맹점모집도 어려워져서 실패한 기업을 본 적이 있다. 이렇게 되면 문제의 가맹점은 물론 본부와 다른 가맹점 전부가 패망의 늪으로 빠지게 된다.

그만큼 가맹점 경영자의 선정은 체인본부의 중요한 업무에 해당하며, 가맹점경영자를 희망하는 사람도 자기의 개성이 타인과 더불어 협업(協業)이 가능하고 협조적이며 양보성이 있고 협동정신이 있는지 없는지를 생각하여 가맹계약을 결정하여야 할 것이다

개성이 강하고 자기 주장대로 영업을 할 생각이라면 창업준비를 철저히 하고 전문가의 조언을 받아 독립점포로 개업하는 것이 바람직하다.

프랜차이즈로 영업을 하여야만 반드시 성공한다는 보장은 없으며 개인점포로

창업한다고 하여 실패하는 것도 아니다. 다만, 프랜차이즈 가맹점으로 창업하는 경우 본부의 경험마케팅을 활용할 수 있음으로 성공할 확률이 조금 높은 것은 사실이다(이것도 건전하고 발전적인 체인본부를 선택하였을 때의 이야기이다).

최근 각종 가맹본부의 사기성(詐欺性) 영업과 부실경영으로 인하여 사회적인 물의가 많이 일어나고 있다. 프랜차이즈 관계기관과 공정거래위원회 등 정부기관에서도 프랜차이즈 윤리강령을 제정 발표하고 가맹사업자를 보호하기 위한 프랜차이즈 관계법령을 개정하는 등 프랜차이즈 계약상의 문제점 없애기에 노력은 하고 있으나, 자칫하면 공염불로 끝날 수도 있다. 왜냐하면 가맹본부와 가맹점은 시소놀이기구의 양쪽과 같기 때문에 어느 한쪽을 보호한다는 구실로 다른 한쪽이 불리한 입장이 되면 결국 균형이 깨어져 누구도 보호할 수 없는 결과가 되며, 또 모든 상업상의 거래관계는 법령이나 윤리강령만으로 바로 잡거나 통제할 수 없는 속성이 있기 때문이다. 경제적 약자인 가맹사업자를 보호한다는 목적으로 가맹본부의 업무를 지나치게 규제하고 제한하여 본부운영이 부실해지면 결국 가장 피해를 보는 것은 가맹점포사업자일 뿐이다. 비근한 예이지만 임시직의 고용안정을 목적으로 입법된 고용관계 법규가 법률제정의 목적과는 전혀 다른 역기능이 나타나서 사회적 문제가 되고 있는 현상을 보면 위의 설명이 이해가 되지 않을까 생각된다.

CHAPTER

성공하는 외식프랜차이즈 본부 만들기의 기본방향

section 1) 창업하는 외식프랜차이즈 본부를 어떤 형태로 만들어 갈 것인가?

신규로 외식프랜차이즈 본부를 창업하는 경우 혹은 현재 가맹점을 몇 점포 운영중이나 제반관리가 매끄럽게 이루어지지 않아 어려운 여건에 있는 기업이 어떤 형태의 체인을 구성할 것이며, 체인관리를 어떤 방향으로 수정해 갈 것인가는 기업의 생존과 성공에 직결된다.

우리나라 외식프랜차이즈 본부나 가맹점으로 실패한 사례를 설명했음으로 그러한 전철을 밟지 않는 것이 소극적인 성공요인이 될 수도 있으나, 좀더 적극적인 방법으로 실패 없이 성공하는 프랜차이즈 본부 만들기를 연구해 보기로 한다.

1-1. 전개할 사업의 범위나 계획, 그 기본을 이해하는 것이 성공의 첫 걸음이다.

우리나라 외식프랜차이즈 사업은 흉내 내기(메뉴), 모방(운영시스템), 무계획(자금 및 인재육성방법), 경영이념의 부재(체인운영의 기본목적), 일확천금의 허망한 생각(사기성 영업)으로 시작한 경우가 많음으로 거의가 단기간에 포말회사로 전락해 버리고 있다. 그것은 프랜차이즈 본부가 전개할 사업에 대한 기본적인 이해 없이 사업을 개시하였기 때문이다.

외식프랜차이즈사업의 성공은 다른 사업과 마찬가지로 중요한 요소에 의해 결정된다.

사업의 구조와 사업을 하는 환경과 인재의 3요소가 그것이다.

사업의 구조란 어떤 제품을 어떤 방법으로 얼마나 많이 판매하는가 하는 문제이며, 다른 말로 표현하면 어느 정도의 판매를 위하여 어떤 규모의 점포를 만들어야 하며 여기에 얼마의 자금이 필요한가를 분석하여 정리한 것이다(프랜차이즈 패키지). 또한 자금력 및 자금조달능력도 프랜차이즈 본부창업의 중요한 성공요소가 된다. 이것은 투자한 자금이 1억이냐 10억이냐는 결국 1억짜리 사업, 10억짜리 사업을 한다는 것을 의미하기 때문이다.

일반적으로 보면 점포의 개업자금이 대략적으로 점포의 매상고를 결정한다. 물론 모든 사업이 그렇지는 않으나 대개는 이러한 경향치를 보이고 있다.

그다음 요소는 본부가 진행하려는 사업의 환경문제다. 환경에는 시장여건, 경쟁자의 존재여부, 입지구성, 기타 여러 가지 요소가 있을 것이다. 시장이 무한이 있어 그 업종이 점점 신장되고 있다면 문제가 없을 것이며, 거기에 경쟁이 심하지 않으면 비즈니스 자체의 스케일이 적어도 이익은 발생한다. 그러나 이런 환경이 언제까지 지속되는 것은 아니다.

가맹사업을 성공시키는 또 하나의 중요한 요소로서 인재의 문제가 남는다. 인재에 관한 문제는 어디까지나 오너의 재량에 따르는 것이기 때문에 가맹본부 경영자는 사업에 대한 비전과 계획에 따라 인재의 수준을 결정하고 장기적으로 필요한 인재를 어느 수준까지 구비하여야 할 것인지를 사전에 구상해 두어야 한다. 예컨대 다른 사업분야의 기존 조직인재가 있기 때문에 인재확보는 큰 문제가 없으리라고 생각하면 큰 착각이다. 외식프랜차이즈 시스템을 위한 인재는 조직 내에서 육성되어지는 것이 가장 바람직한 것임을 우선 인식할 필요가 있다. 물론 다른 기업의 우수한 인재를 스카우트하는 방법도 있으나, 필자가 아는 한 외부에서 스카우트한 인재가 새로운 외식창업조직에서 제대로 능력을 발휘하는 경우는 그렇게 많지 않으며, 거의가 중도 탈락하여 가맹본부나 스카우트된 본인 양자에게 손실을 주는 경우가 많다. 그만큼 자기 기업의 옷에 가장 알맞은 인재를 육성하는 인재의 틀을 처음부터 구상하여야 한다는 것이다.

최종적으로 체인본부가 제시하는 메뉴가 현재의 일반 소비자(국민대중)에게 수용될 수 있으며 또 시대의 변화와 고객의 기호와 욕구가 변하면 거기에 맞추어서 언제나 식생활의 풍요를 충실하게 제공할 수 있는 개발능력이 있어야 한다. 체인

점포가 가져야 할 이러한 특성들을 구체적으로 정리하면 다음과 같다.

① 어느 특정 고객층을 대상으로 하는 것이 아니고 일반대중을 대상으로 하는 메뉴(goods for every body), 실용적인 메뉴(goods for every day)를 제공할 수 있을 것
② 대부분의 고객층이 가벼운 기분으로 쉽게 구매할 수 있는 가격일 것
③ 많은 수의 고객이 편리하게 구입할 수 있는 입지에 있을 것
④ 쾌적한 상태에서 식사할 수 있는 환경을 제공할 수 있을 것
⑤ 점포의 메뉴를 구입하여 식사함으로써 고객에게 식생활의 즐거움을 제공할 수 있을 것 등이다.

이런 관점에서 지금 어느 특정지역에서 인기 있는 메뉴를 가졌다고 하여 프랜차이즈 본부사업을 운영하려는 것은 상당히 무모한 결정임을 알 수 있을 것이다.

1-2. 프랜차이즈 사업의 단계별 특성을 이해해야 한다.

프랜차이즈 본부운영을 목표로 하는 경영자는 프랜차이즈 시스템의 성장과정에서 나타나는 특성을 이해할 필요가 있다. 특히 현재 시스템이 정비되지 않아 관리상의 문제점이 노출되고 있는 본부는 왜 자기기업의 운영이 매끄럽게 이루어지지 않는 이유를 아래의 몇 가지 단계별 특성을 보면서 찾아내어야 할 것이다.

① 프랜차이즈 운영 초기단계

- 한 개의 생계형 점포를 성공시켰다.
- 수년간 점포를 운영해오면서 나름대로 식자재개발, 메뉴 맛의 연구로 고객들로부터 지지를 받기 시작하고 주변 사람들이나 전혀 모르는 사람들로부터도 체인점을 개설해 달라는 요청이 많아지기 시작한다.
- 프랜차이즈 기본시스템이나 그 내용에 대한 전문지식이 없는 상태이다.
- 생업으로 어느 정도 부를 축적하기도 했고 많은 프랜차이즈기업이 성장하는 것을 보고 막연하게나마 체인화를 기도하려는 사업욕구가 일어난다.
- 특히 선대로부터 가업을 인계받아 경영하는 점포인 경우 경영자가 가업을 확장운영하려는 의욕이 있을 때 가맹사업을 시작해보려는 욕구가 강하게 일어

난다.
- 가까이에 있는 점포를 선택해서 우선 가맹점을 개설해본다. 운영방법은 기존 점포의 그것과 같으며 조리방법 정도의 교육을 하여 개업을 하고 본부 사장이나 그 가족이 가맹점을 직접 지도한다.

② 몇 개의 체인점을 개설하는 단계

- 주변의 외식체인본부를 살펴보아도 특별한 시스템이 구축되지 않은 상태에서 많은 체인점을 개설하는 것처럼 보인다.
- 친지나 인척들에게 전문적인 프랜차이즈 조직의 형태를 갖추지는 않았으나, 조리기술이나 특별한 소스 만드는 방법 등을 알려주는 형태로 체인점포를 개설해준다.
- 점포수가 4~5개 증가하여 경영자 혼자서 일처리를 하다 보니 식자재공급을 원활하게 하지 못하는 경우가 많고 메뉴의 맛에 대한 고객들의 클레임이 발생하기 시작한다. 그래서 가족 중에서(예컨대 부인이나 형제) 조리를 할 수 있는 사람을 가맹점포에 파견하여 조리교육을 실시한다.
- 물품관리 등에 대한 매뉴얼이나 교육을 실시하지 않음으로써 가맹점으로 탁송된 식자재의 변질 등이 발생하기 시작한다.
- 가맹점으로부터 약간의 가맹비와 보증금을 받아 축적된 자금을 합쳐서 직영점도 1~2점포 개설해보나 영업실적이 기대한대로 오르지 않는 경우가 많다. 가맹점의 매출도 기대한대로 달성하지 못하고 특히 친·인척점포는 매출저조로 인해 형제간의 감정이 악화되는 경우도 발생하여 폐점하는 경우도 있다.
- 경영주가 전문교육기관에서 실시하는 프랜차이즈 관련 교육을 이수해 보았으나 이 시스템을 충분하게 이해할 수 없는 상태다.
- 이 단계에서 많은 체인본부가 시장에서 퇴출당한다. 특히 소규모 점포나 지방에서 프랜차이즈 사업을 시작한 기업에 많이 나타나는 현상이다.

여기서 우리가 유의해야 할 것은 프랜차이즈에 대한 전문지식이나 기술은 결코 단기전문교육을 받거나 짧은 기간의 경험으로 얻어지는 것이 아니라는 점이다.

③ 대중매체에 가맹점 모집광고를 하는 단계

- 위의 ②의 단계를 큰 문제없이 경과하면 자신감이 생기고 프랜차이즈본부사업이 성공한 것처럼 생각되어진다.

- 타 업체처럼 체인점 모집광고를 신문에 대대적으로 공고하고 필요한 고급 인력을 대기업 혹은 중소기업에서 스카우트한다.

- 시스템이 정비되지 않은 상태임으로 점포별로 각종 오퍼레이션이 통일이 안된 상태이다.

- 직영 1호점은 이익이 발생하고 있으나 2호점부터는 가맹점, 직영점 할 것 없이 이익이 최소규모인 경우와 그 중에는 적자가 발생하는 점포도 있어 이들의 본부에 대한 항의가 증가하기 시작한다.

- 직영점개설을 위하여 은행으로부터 융자받은 자금의 이자부담이 증가하기 시작한다.

- 체인점에 배송할 식자재 및 기타 부자재의 보관, 운송 등 물류에 소요되는 현장경비 증가로 경영주가 자금조달에 얽매여서 다른 일을 잘 할 수 없는 경우가 발생한다.

- 대기업 혹은 중소기업에서 스카우트한 본부 간부들의 인건비와 광고선전비 등의 과다 지출로 본부관리비가 갑자기 증가한다. 더구나 광고선전에 의해 모집되는 가맹점포 숫자도 적고 가맹금, 보증금 등의 수입도 많지 않아 자금문제가 심각하게 대두되기 시작한다.

- 점포규모에 따라 약간 차이가 있으나, 이 단계에서는 직영점포 2~3개, 가맹점포 15~20점포가 되나, 대부분의 체인점이 더 이상 성장하지 못하고 본부는 자금문제로 도산하는 경우가 많다.

- 상당히 건실하다고 생각되는 중소기업이 어느 날 소리 소문 없이 부도가 나는 경우가 많은데 대개 이 단계에 처한 기업이다.

④ 프랜차이즈 시스템이 상당히 정비되는 단계

- 보통 직영점 3~4점포, 가맹점 15~20점포를 보유하는 단계

- 교육시스템과 각종 운영 매뉴얼을 정비하여 전체적으로 업무집행수준이 높아진다.

- 신문 등 대중매체에 가맹점모집광고와 사업설명회 개최내용을 공고한다.
- 가맹점을 지도하는 SV(supervisor)를 두고 가맹점지도업무를 강화한다.
- 새로운 신규 사업을 구상하며 입지에 대한 명확한 컨셉트를 정립한다.
- 본부의 이사진도 구성하며 간부의 수준을 한 단계 더 높이 올린다.
- 정보시스템을 구축한다.
- 모델점포의 핵심 내용을 정립한다.

⑤ 프랜차이즈 체인망구축에 자신이 생기고 장기경영전략을 구축하는 단계
- 직영 및 가맹점 합쳐서 점포수가 30~50점포 이상이 된다.
- 여건변화에 따르는 매뉴얼 수정작업까지 가능한 본부를 구축한다.
- 핵심고객을 파악하고 로열고객을 만들 수 있는 마케팅 및 판촉전략을 구축한다.
- 체인망이 급속히 증가하며 신문이나 TV 등 대중매체에 홍보활동을 강화하여 체인의 이미지 구축작업을 할 수 있으며, 체인 전체의 장기경영전략을 구축하는 단계가 된다.

위에서 설명한 각 단계는 업종이나 업태의 규모에 따라 그 내용에 차이가 있고 기간이 단축되거나 연장될 수도 있다. 가맹본부를 운영하려는 자는 이와 같이 모든 체인본부가 처음부터 아무 실수나 시행착오 없이 성공하는 것이 아니고, 각 단계별로 진행되는 과정에서 많은 문제점을 하나하나 해결하여 오늘에 이른 점을 이해하고 준비업무를 철저하게 집행해야 한다.

section ② 외식프랜차이즈 사업 본부구성 준비업무 FRANCHISE

2-1. 언제 외식프랜차이즈 사업을 시작할 것인가?

앞에서 프랜차이즈 사업은 간단히 시작하여 쉽게 성공할 수 있는 사업이 아니라는 점을 수없이 지적하고 설명했다. 그러면 최소한 어느 정도의 실력과 여건이 구비되어야 프랜차이즈 본부를 운영하는 사업을 시작할 수 있을까?

① 자기 점포 또는 자기회사만이 갖고 있는 특별한 메뉴(상품)와 서비스방법이 있을 것

그 메뉴가 독자적인 것이고 다른 점포와는 완전히 구별되며 일반 고객이 일정 기간동안 이 독자성을 동의하고 인정한다고 판단될 때

② 상품과 서비스의 특징 외에 판매방법에 어떤 특성이 있을 것

③ 장기간의 점포운영으로 전국적 또는 일정지역에서 높은 지명도를 갖고 있거나 높은 이미지를 갖고 있을 것

이는 전문기관의 조사에 의해 명확한 데이터로 확인한 내용이어야 하며, 단순히 "손님들이 맛이 좋다고 한다" "많은 사람들이 체인점을 내어 달라고 한다" 등의 감각적 수준으로 판단한 내용이어서는 안 된다.

④ 기업자체가 다른 사업을 운영해 오면서 높은 지명도를 쌓아 왔거나 사회적으로 모범적인 생산활동을 하여 높은 이미지를 갖고 있을 것

그 기업이 생산한 각종 제품이 국내외 시장에서 높은 신용을 얻고 있거나, 특히 식품제조업인 경우 그 생산제품의 품질이 우수하고 식품의 안전성이 높이 평가받고 있을 것 등을 들 수 있다.

요컨대 개인이나 법인이 프랜차이즈 본부를 구성하는 타이밍은 프랜차이즈 본부운영자가 이 사업을 개시한다고 하였을 때 위에 설명한 내용을 확인하고 이런 본부의 취지에 동의하는 가맹점희망자를 얼마나 많이 모집할 수 있을지를 충분히 점검한 뒤에 자신감을 갖게 되는 시기이다.

2-2. 프랜차이즈 체인본부의 성공요인이 어디에 있는가를 최종 분석해본다.

기존점포를 운영하고 있는 경우에는 그 성공요인을 분석해 보아야 한다.

• 입지선정을 잘 한 것이 성공요인이 아닐까?
• 점포의 큰 간판이나 인테리어를 잘 제작한 것이 성공요인이 아닐까?
• 전단지 등을 잘 제작하고 자주 이를 배포한 것이 성공요인이 아닐까?
• 특수한 기술로 조리한 메뉴가 소비자들에게 수용되고 인정받았기 때문이 아닐까?

- 고객관리와 판매데이터의 활용을 잘하여 최소의 비용으로 점포를 운영한 것이 성공요인이 아닐까?
- 접객방법과 영업방법이 나름대로 남이 쉽게 흉내낼 수 없는 독자성을 갖고 있는 것이 성공요인이 아닐까?
- 낮은 코스트로 점포운영이 가능하여 점포의 이익이 많이 나오는 것이 성공요인이 아닐까?
- 현대의 외식시장에서 우리 점포메뉴가 가장 고객에 어필할 수 있는 장점이 있기 때문에 성공한 것이 아닐까?
- 경영자의 인품이 훌륭하고 사회적으로 훌륭한 일을 많이 하여 신망이 좋아졌고 이에 대한 고객의 호응을 많이 받은 것이 성공요인이 아닐까?
- 특정 지역의 농수산물을 사용함으로써 식품의 안전성을 소비자들이 인정하게 되고 또 이로 인해 농어촌 소득증대에 기여하였으며 결과적으로 기업의 이미지를 높일 수 있었던 점이 성공의 요인이 아닐까?

이와 같이 자기기업의 성공요인이 어디에 있는가를 확실히 이해하고 그 부분에 자신감을 갖게 될 때 가맹희망자에게 그 자신감을 심어주어 본부에 대한 신뢰감을 갖게 함으로써 분쟁 없이 성공하는 프랜차이즈 체인경영이 가능하다.

2-3. 프랜차이즈 사업 전개를 위한 본부구성의 기본요소

프랜차이즈 시스템은 본부의 노하우와 브랜드를 가맹점에 판매하거나 대여하는 것이다. 이를 위한 최소한의 기본적인 내용은 준비하여야 한다.

(1) eat in style(점포) 판매의 경우

① 입지조건

일정지역 혹은 전국적인 체인망을 구축함에 있어 어떤 입지가 최적한 곳인지, 주차장이 필요한 영업인 경우 최소한 몇 대의 주차 가능한 공간을 확보해야 하는가 하는 등의 조건이다.

② 점포규모

메뉴 및 가격대로 보아 평균적으로 몇 평 정도의 점포가 적정규모인가?

③ 상품구성

어떤 메뉴를 어느 정도의 비율로 구성하여 판매할 것인가?

예컨대 단품메뉴, 세트메뉴의 구성, 전채요리(前菜料理)와 메인디쉬 그리고 드링크 류의 비율 등에 대한 구성문제다.

④ 점포레이아웃

점포의 모양에 따라 차이가 있겠지만 표준적인 주방기기 레이아웃과 객석구성을 어떻게 할 것인가. 예컨대 좌석과 테이블석의 비율 등

⑤ 점포의 외부모양

점포의 외관모양 특히 독립건물의 점포인 경우의 외관의 모양, 가로 세로간판의 규격, 디자인, 컬러, 간판의 재질 등을 어떻게 결정할 것인가?

⑥ 점포운영

영업시간, 종업원의 기본 배치도, 근무시간 교대방법, 작업내용 등의 명확화

⑦ 판촉활동

오픈시 혹은 오픈후의 영업진행시의 판촉방법의 결정 등

(2) 교육지도방법

① 오픈전의 교육지도

어떤 연수내용을 어느 정도의 기간에 걸쳐 어떤 교육시설과 교재로 연수할 것인가?

② 오픈후의 교육지도

오픈 후 얼마의 시간이 경과된 시점에서 재교육할 것인가? 초급, 중급, 고급과정을 어떤 내용으로 구성할 것이며 교재구성과 교육담당자를 어떤 수준의 인재로 구성할 것인가?

(3) 개업자금과 표준적인 수입내역의 결정

① 가맹점, 보증금, 로열티의 설정범위, 상품대금의 수익범위
② 설비 비품 내외장 공사비의 개요
③ 표준 매상고, 표준손익계산서
④ FL(food+labour) 코스트의 설정
⑤ 표준경비내역의 설정(수도광열비, 기타 경비, 임대료 등)

(4) 가맹점 오너의 선발기준 설정

이 항목은 프랜차이즈 본부사업 성공의 가장 중요하고 핵심적인 부분인데도 우리나라의 상당수 외식프랜차이즈 본부에서는 왕왕 무시되고 있다. 가맹점 경영자의 경력, 인성, 자금력 등 일정한 기준을 정하여 엄격한 선별과정을 거쳐야 하는데도 특별한 제한조건 없이 선정한 결과 본부와 가맹점 간에 분쟁과 의견불일치로 본부와 가맹점 양자가 큰 낭패를 보는 경우가 많이 발생하는 것이 우리의 현실이다. 남과 더불어 협업(協業) 내지 동업(同業)한다는 것은 그만큼 어렵기 때문에 사업의 동반자를 선정할 때는 일정한 선발기준을 설정하여 시행하여야 하며 자금이 풍부하다거나 잘 아는 친지라는 이유로 혹은 단순히 가맹점포수의 확보만을 위하여 가맹자를 선발하는 것은 대단히 위험한 발상이다.

본부가 가맹점 오너를 선발하는 기준으로서는 다음과 같은 것이 있다.

① 가맹점희망자가 소유(임대)한 점포의 위치가 본부의 입지 컨셉트 조건에 맞는 곳에 입지하고 있으며 외식업이 아니어도 현재 어떤 종류의 영업을 하고 있다.
② 점포개점에 필요한 자금을 확보하고 있으며 융자를 받을 수 있는 담보물건을 소유하고 있다.
③ 어떤 일정한 영업경험을 갖고 있을 것(예를 들면, 과거 어떤 사업을 몇 년 이상 경영한 경험이 있을 것)
④ 건강하며 일정수준 이상의 학력을 갖고 있고 결혼하여 처자(妻子)가 있을 것 등이다.

이상은 본부가 가맹점희망자로 하여금 필요한 해당 서류를 제출하게 하여 심사

하면 되나, 여기에 추가하여 가맹점 후보자와의 면담을 통하여 인격이나 인성면의 심사도 필요하다. 그러한 경우 선택기준은 다음과 같은 내용이 될 것이다.

① 사업을 하려는 목적을 확실히 갖고 있는 사람인가?
② 업무에 대한 열의가 충분히 있는 사람인가?
③ 사람들과의 접촉에 협조성이 있는 사람인가?
④ 매뉴얼을 정확히 이해하고 그것을 실행할 수 있는 사람인가?
⑤ 실패한 일에 대하여 솔직하게 자기반성을 할 수 있는 사람인가?
⑥ 가정생활이 원만한 사람인가?
⑦ 기타 자질 면에서 본부의 프랜차이즈 시스템에 알맞은 사람인가?

위에서 설명한 항목별로 체크리스트를 작성하고 항목별 배점을 한 뒤 일정점수 이상을 취득한 자만을 선발한다. 이를 위하여서는 본부 자체의 심사제도가 확립되어야 한다. 가맹신청 – 서류심사 – 각종조사 – 면접조사 – 교육실습심사 등 순서를 정하고 이에 따르는 심사작업을 행한다. 물론 이 심사를 통과한다고 하여 최종 결정되는 것이 아니고, 교육실습에서 가맹점 경영자로서 적격이라고 최종 판단되면 그때 계약체결에 임한다.

참고로 일본 중소기업청에서 프랜차이즈 본부가 가맹점 오너를 선발할 때 가장 중점을 두는 항목을 조사한 자료를 정리하여 소개한다(선택의 중점기준).

① 사업에 대하여 열의가 있는 사람 : 61개 체인본부
② 객관적인 판단이 가능하고 협조적인 사람 : 16개 체인본부
③ 목표가 명확한 사람 : 18개 체인본부
④ 인내심, 집착력이 있는 사람 : 16개 체인본부
⑤ 원만한 가정을 갖고 있는 사람 : 7개 체인본부
⑥ 자금력이 있는 사람 : 38개 체인본부
⑦ 본부가 희망하는 입지에 대지나 건물을 소유한 사람(대지, 건물의 임차포함) : 47개 체인본부
⑧ 동업에 경험이 있는 사람 : 12개 체인본부

위의 내용을 보면 물론 좋은 입지에 건물을 소유한 사람이나 자금력이 있는 사람을 선발하는 비중이 높지만, 그에 못지않게 사업에 대한 열의나 목표가 분명한 사람이나 인내심과 집념이 강한 사람을 선발하는 기업이 많은 것은 체인운영에 있어서 본부와 가맹점 간의 인간관계가 중요하고 개인의 성실성이 본부와 가맹점 희망자 양자에게 다함께 성공에 이르는 좋은 자산이 된다는 것을 알게 해준다.

(5) 모델점포의 제반기준요소 확정

모델점포의 확립은 어떤 의미에서는 해당 프랜차이즈 시스템의 결정판을 표현한 것으로 보면 된다. 이는 모델점포의 제반기준이 모든 프랜차이즈 점포를 운영하는데 있어 그야말로 모델이 되기 때문이다. 이제부터 이 모델점포 기준요소를 하나하나 정리해보기로 하자.

1) 모델점포 기준설정을 위한 포인트는 어디에 둘 것인가?

① 이미 체인을 전개하고 있는 경우

어떤 점포를 모델점포로 선정하는 경우 철저하게 업무의 내용분석을 실시하여 체인의 기본방침을 확립하여야 한다. 점포에서 일어나는 모든 작업을 표준화하여 다른 점포에도 이를 적용할 수 있어야 한다. 기존 점포의 제반 오퍼레이션에 문제점이 많이 있다고 생각되면 개선하여야 하겠지만, 경우에 따라서는 초기에 개점한 점포임으로 주방이나 객석구조가 합리적으로 설정되지 않아 어떤 경우에도 모델점포가 될 수 없는 경우가 있다. 이때에는 초기 점포는 오너의 개인점포로 그냥 두고 모든 문제점을 보완하여 새로 개점하는 점포를 모델점포로 만들어야 한다. 모델점포가 수준 이하의 점포라면 다른 점포가 모방하는 위험이 있기 때문이다.

② 신규로 체인을 전개하는 경우

이 경우는 해외에서 이미 성공한 브랜드를 도입하여 국내에서 체인을 전개하려는 기업에서 많이 발견되는 것인데, 시스템과 노하우가 해외에서는 확립되어 있어도 국내에서 처음 개점하는 모델점포는 반드시 직영점으로 하는 것이 원칙이다. 간혹 해외브랜드를 도입하여 처음부터 자기자금을 투하하지 않는 것이 좋다고 생각하고 가맹점으로 시작하는 경우가 있는데, 이것은 거의 실패할 확률이 높다. 신규 모델점포를 가맹점으로 시작하는 것은 체인본부가 사업성공에 대하여 그만큼 절실하지 않은 자세를 가지고 있다는 의미도 있고 또 가맹점으로 무사히 출발하였어도 점포업무의 시행착오에 대한 수정작업과 이를 위한 추가투자에 대하여 가맹사업자가 흔쾌하게 동의하지 않는 경우가 있어서 가맹자와 본부 간에 마찰이 일어날 소지가 많기 때문이다.

③ 모델점포의 역할

㉠ 교육센터로서의 역할을 한다.

기업에 따라서는 별도의 연수센터를 두고 여기서 점포요원을 교육하고 있다. 그러나 이 연수센터교육은 기초교육은 가능할지 모르나 직접 고객을 맞이하여 접객서비스를 하는 실무교육은 할 수 없으며 잘못하면 이 교육은 탁상공론이 될 수도 있다. 그렇기 때문에 모델점포는 실제 오퍼레이션을 하는 곳임으로 산교육을 할 수 있는 교육센터 역할을 하는 위치를 갖게 된다. 이전에는 별도의 교육훈련센터에서 기초교육을 이수한 뒤 일선점포에서 실습을 하는 형식을 취했으나, 이 교육센터의 제반 레이아웃이 시간이 지남에 따라 최근에 개점한 점포현장의 인테리어나 주방레이아웃과 차이가 발생할 수도 있어 실제는 연수센터 없이 모델점포를 활용하여 직원교육을 실시하는 체인본부도 있다. 또 어떤 경우에는 신입사원에게 아무 교육도 실시하지 않고 간단한 회사 오리엔테이션만 실시한 뒤 바로 점포에 나가 교육을 받게 한다(물론 일정한 교재로 교육담당자의 지도아래 현장교육을 실시한다. OJT가 바로 그것이다). 그런 뒤 다시 연수센터에 입교시켜 기초교육을 실시하는데 이때 본인이 일선점포에서 배운 작업내용과 연수센터의 작업내용의 일치점과 차이점을 분석하여 자기의 문제점을 발견하게 함으로써 정확한 교육내용을 습득시키는 방법을 채택하는 본부도 있다. 이것은 업태, 업종, 점포의 규모나 오퍼레이션의 난이도에 따라 결정되어질 문제지만 상당히 일리 있는 교육시스템이 아닐까라고 생각한다. 전자의 경우든 후자의 경우든 이 모델점포는 신입사원의 교육장으로서 중요한 역할을 한다는 것은 틀림없는 사실이다.

㉡ 실험실습장으로서의 역할을 한다.

신제품이 제품연구실에서 개발되어 점포단위의 오퍼레이션에 접목시킬 때 그 작업방법이나 서비스방법을 테스트하는 경우 이 모델점포를 우선 활용하게 된다.

모델점포에서 실험판매나 작업을 연구하여 성공하여야 나머지 전 점포에 신제품 발매를 개시할 수 있다. 또 테스트의 결과가 좋지 않게 나오는 경우 물론 전체 점포로의 확대는 하지 않을 것이다. 그만큼 모델점포는 안테나 점포로서의 역할을 한다. 신제품뿐만 아니라 새로운 주방기기의 도입이나 새로운 정보시스템을 도입하는 경우에도 모델점포에서 일정기간 테스트를 한 뒤 성공 여부에 따라 전 점포로의 확산을 시도할 수 있을 것이다. 새로운 서비스 방식을 도입하는 경우도 위와 같이 오퍼레이션상의 테스트가 필요할 때는 우선 모델점포에서 충분한 기간 사전 테스트를 하여야 할 것이다. 일반적으로 가맹점은 신주방기기의 도입이나 새로운 제품의 도입 혹은 새로운 서비스방식의 도입을 위하여 교육과 투자가 필요하다는 본부의 방침에 흔쾌하게 따르지 않으려는 습성이 있으므로, 우선 모델점포에서 고객을 대상으로 테스트한 결과나 테스트하는 모습을 현장 확인하여 가능성이 높다고 판단되면 별다른 이의 없이 본부방침을 수용함으로써 본부의 전략집행에 큰 도움을 줄 수도 있다.

ⓒ 성공실적이 있는 점포로서의 역할을 하여 신규참가자에게 신뢰감을 준다.

프랜차이즈 업계에는 무자격 본부나 실력 없는 본부가 많아서 신규로 외식프랜차이즈 본부에 가맹하여 생계를 유지하려는 사람으로서는 선뜻 어느 체인에 가맹할지 난감한 것이 오늘의 현실이다. 우리나라 소형 체인점 중에는 1년에 200점포가 개설되고 200점포가 폐쇄되는 본부도 있다. 그만큼 실패하는 본부가 많기 때문에 신규참가자는 불안감을 갖고 계속 건전한 체인본부를 찾아 해매는 실정이다. 그런데 모델점포가 있는 경우 가맹점희망자는 직접 점포 현장의 영업상황을 확인할 수 있고 또 모델점포에 대한 투자규모, 점포설계, 기본적인 인원구조, 원가구조에 대한 인쇄된 안내서를 대부분의 체인본부에서 제시하기 때문에 이 기본 자료와 점포 현장사정을 비교할 수가 있음으로 본부에 대한 신뢰나 부실에 대한 명확한 판단이 가능하다. 물론 모델점포의 실적이 체인 전체 중 최고이고 타 체인점의 실적이 나쁜 경우가 있으면 모델점포의 실적만을 믿고 체인에 가맹할 수는 없을 것이나, 그러한 경우에는 다른 체인점을 방문하여 실적을 비교분석하면 되기 때문에(이 부분에 대한 설명은 가맹점으로 성공하기 위한 내용에서 추가하기로 한다) 모델점포의 실적은 일단은 체인 전체의 표준으로 인식해도 무방할 것이다.

ⓔ 입지조건 모델로서의 역할을 한다.

입지조건은 단기간에 모델이 결정되는 것은 아니다. 직영 및 가맹점 합쳐서 몇 개의 점포를 개점하여 성공한 케이스가 있어야 체인전체의 입지 컨셉트가 결정되어진다. 앞에서 우리나라 프랜차이즈 본부의 실패가 많은 이유가 입지 컨셉트가 불명확한 것이 하나의 큰 원인임을 설명한 바 있다. 입지조건은 가맹점희망자에게 가장 관심이 큰 내용이다.

가맹점희망자는 입지에 대한 기본내용을 잘 모르는 사람들임으로 본부의 입지 컨셉트를 설명 듣고 실제로 모델점포를 찾아가서 모델점포의 입지와 시장여건, 규모, 영업상항을 보면서 자기가 선택하려는 지역의 건물을 마음속으로라도 떠올리며 비교할 수가 있다. 더구나 자기가 현재 보유하고 있는 점포 건물이나 상담 중에 있는 건물이 자기 판단으로 모델점포의 입지와 유사하다고 생각되면 더욱더 안심감을 갖고 체인본부 가맹을 희망하게 될 것이다. 그 후 본부의 기술지도와 입지조사의 검증작업을 거쳐 가능성이 있다는 판정을 받게 되면 안심하고 가맹점으로 출발할 수가 있다. 그런 의미에서 모델점포는 가맹점희망자에게 불안을 해소시키는 묘약의 역할을 하는 것이다.

ⓜ 체인 전체의 모범이 되는 점포 역할을 한다.

모델점포는 앞으로 전개될 여러 체인점의 모델이 되는 점포이다. 이는 단순한 이름뿐인 모델이 아니라 체인본부의 모든 직원이 오랜 기간 수정하고 연구하고 노력하여 탄생한 점포이다. 따라서 기업을 대표하는 대표선수의 역할을 하는 점포이다. 앞글의 여러 곳에서 설명한바와 같이 모델점포는 체인 전체의 이미지와 오퍼레이션 수준, 그리고 입지를 대표하는 점포임으로 여기에 근무하는 직원은 기업 내 최우수 직원을 배치하고 일정한 급여 외에 특수교육수당 등을 지급하는 등의 인센티브제를 도입하여 근무의욕이 증진되도록 하는 특별정책이 필요하다. 더구나 신규시스템의 개발, 경쟁에 이기는 마케팅전략의 일선 테스트의 장소 역할을 하는 곳임으로 모처럼 개발된 신제품이나 새로운 시스템이 모델점포 관리자의 부실한 테스트로 인해 사장되는 우를 범하여 기업으로서 막대한 손실을 입게 되어서는 안 될 것이다.

④ 초기에 직영점을 몇 점포까지 만들어야 할 것인가?

창업초기에 튼튼한 체인본부를 만들기 위하여 직영점을 몇 점포까지 만들어야 할 것인가는 체인본부 사업을 운영하려는 사람들의 공통된 고민일 것이다. 너무 많은 직영점을 개점하는 것은 위험부담은 물론 막대한 자금부담이 따르게 되며, 또 너무 적은 수의 직영점을 갖게 되면 가맹점 희망자들로부터 직영점도 없으면서 가맹점만 확보하려 한다는 의심을 갖게 하고 무엇인가 석연찮은 감을 주게 되어 계획한 대로의 체인본부 성장을 어렵게 할 수도 있다.

물론 기업의 성격, 점포의 규모, 업종·업태에 따라 직영점 확보비율이 달라질 수 있고, 국가에 따라 산업현장의 사정에 따라 직영점의 최소 확보 수는 많은 차이가 발생한다. 보수적인 사고방식이 많은 동양권에서는 직영점이 많은 쪽이 가맹점희망자에게 신뢰를 줄 수 있고 비교적 합리적인 사고방식과 사회적 책임과 엄격한 법률적 생활관습에 익숙한 구미의 경우는 직영점이 많으면 오히려 직영점 중심으로 체인이 운영될 위험이 있어 가맹점포수가 많은 쪽을 가맹점희망자가 선택하는 경우가 없는 것은 아니다. 미국의 경우 직영점이 전혀 없고 메뉴조리기술, 기본적인 식자재 규격서와 그 구입처 등을 알려주고 새로운 시스템이나 신제품 개발정도만 하는 체인본부가 없는 것은 아니다. 그러나 우선은 본부 창업 초기에 시스템이 정립될 때까지는 최소한 본부의 의지대로 움직일 수 있는 몇 개의 직영점은 우선 필요할 것이다.

㉠ 초기에 직영점은 최소한 3개 점포 정도는 필요하다고 판단한다.

모델점포를 반드시 직영점으로 하여야 할 것인가? 또는 직영점은 최초에 몇 점포까지 개점하여야 하는가 하는 질문에 대하여 정확한 대답은 없다고 본다. 그것은 전적으로 전개하는 업태와 점포의 규모, 기술수준, 경쟁의 정도 등의 요소에 의해 결정되어질 수 있기 때문이다. 그러나 우선 1호점은 모델점포를 목표로 하는 점포이고 경영을 실험하는 점포임으로 이 점포는 적어도 개점 후 1년간은 어느 정도의 실적을 올리며 당초에 계획한 대로 오퍼레이션이 이루어지고 있는지를 살펴보고 분석하여야 한다. 즉 1호점 개점 후 적어도 1년간은 추가로 점포를 개점하지 않아야 한다는 것이다. 1호점 오픈 후 반년 정도는 철저하게 점포현황을 분석해서 필요한 궤도수정을 행하고 그다음 반년 전후를 간격으로 2호점, 3호점을 계획하는 것이 좋다고 생각한다. 그러나 이 3개 점포는 어디까지나 실험점포의 단계임을 잊어서는 안 된다. 해외에서 완전한 패키지로 도입된 브랜드라도 국내에서는 이런 과정을 거쳐야 한다고 생각된다. 이 3개 점포는 1호점이 개점된 후 1년 반의 기간이 지나게 됨으로 그 기간 동안 1호점과 마찬가지로 철저한 오퍼레이션 분석이 따라야 한다. 이 3개 점포에서 모든 오퍼레이션에 대한 궤도수정이 이루어지면 모델점포에 대한 더 명확한 기준이 만들어지는 것이다. 물론 이 작업기준은 프랜차이즈의 기본인 표준화, 단순화, 전문화를 주제로 이루어져야 한다.

ⓛ 실험점포 후보지 결정시에 유의해야 할 내용은 어떤 것인가?

실험점포 개발시에 유의해야 할 점은 3개 정도의 점포입지를 서로 다르게 설정하는 것이다. 그 입지선정은 장래 회사의 많은 체인점포를 전개하는데 있어 가장 적절한 입지를 목표로 선정하여야 한다. 또한 이 모델점포의 입지는 반드시 최고 일등지를 선택하려고 해서는 안 된다. 예컨대 서울의 을지로입구, 명동, 혹은 강남의 번화가에서는 어떤 비즈니스라도 성공할 가능성이 있음으로 그런 곳에 입지한 점포의 실적을 기준으로 전국적인 체인점포를 전개할 수는 없을 것이다.

프랜차이즈 체인점포가 출점하는 입지는 높은 임대료를 지급하는 상권이어서는 안 되며, 이런 고가의 입지에는 기업의 선전역할 점포가 출점하든가, 체인의 이미지를 높이기 위해서 안테나 역할을 하는 점포가 출점할 뿐이다. 그러나 체인 본부 중에는 왕왕 이 최고입지에 출점한 점포를 내세워 매출이 높다고 자랑하며 현장 사정을 잘 모르는 가맹점희망자를 현혹하여 가맹계약을 기도하는 회사도 있다.

본격적인 모델점포가 되기 위한 직영점은 매상고도 높아야 하겠지만 이익도 충분히 확보 가능하여야 하며 또 그런 여건이 계속 유지될 수 있어야 한다. 이 매상고와 이익의 계속적인 유지가 체인비즈니스의 성공을 담보하는 것이기 때문이다. 왜냐하면 처음에 출점할 때에는 경쟁점포가 없어서 성공할 수 있어도 경쟁자가 출현하여 매상고가 축소되면 성공의 연속이 어려워지는 경우가 많기 때문에, 계속 성공이 보장되는 모델점포를 개점함으로써 그 모델점포의 실적을 보고 가맹희망자가 안심하고 가맹을 할 수 있도록 하여야 한다.

ⓒ 모델점포 출점후보지의 선정방법을 어떻게 할 것인가?

모델점포 출점후보지로서 참고해야 할 사항은 서울의 경우 지하철 2호선 내에

서 입지를 선정한다고 하였을 때 강남역 부근과 신촌역 인근 그리고 조금은 중심
지에서 떨어진 신당역으로 결정하는 방법이 있다. 이것은 사무실과 대학생가, 그
리고 일부 주택밀집지역과 상가, 신촌역처럼 완전히 20대의 학생층이 중심인 지
역 그리고 주택지와 사무실이 복합적으로 혼재하는 각각의 특색이 있는 입지이기
때문이다. 경우에 따라서는 지하철 3호선, 4호선 또는 다른 지하철역을 중심으로
입지를 선정할 수도 있을 것이다. 즉 본부 나름대로 1등지, 2등지를 의식적으로
구분하여 실험점포 입지를 선정해 보는 것이다. 임대보증금이 고가이어서 1등지
의 로드사이드나 중심가에 입지확보가 어려울 때는 이면도로를 택하여 점포입지
를 확보하는 방법도 연구할 필요가 있다. 또 서울의 위성도시에 입지를 확보하는
방법도 연구한다. 예컨대 안양, 수원, 의정부 등에 출점하여 전국체인화시의 가능
성을 점검할 필요가 있다. 이때 유의할 것은 본부가 서울에 위치하는 경우 처음에
는 부산, 대구, 광주, 대전 등 거리가 먼 도시는 피하고 지방도시를 대신하여 서울
의 위성도시에서 지방점포의 미래를 검토하는 것이 좋을 것이다. 이것은 초기에
소수 점포를 운영할 때 지방 대도시에 점포를 개설하는 경우 원거리에 소요되는
물류업무에 시간과 금전을 과다하게 지출하면 정확한 실험점포의 데이터가 추출
되지 못하는 경우가 발생할 수가 있기 때문이다. 장기 경영계획을 하는 기업이라
면 서울중심으로 직영점과 가맹점을 개점하여 기초를 다진 뒤에 대전, 전주, 광주
혹은 대전, 대구, 부산 순으로 점진적으로 연결되는 입지전략을 연구할 필요가 있
다. 서울에서 성공한 뒤 바로 부산이나 광주에 체인점을 개설하여 대단히 어려운
여건에 처해지는 경우를 많이 보아 왔기 때문에 물류시스템의 정비 상황에 따른
점포의 확산이 필요하다. 지금은 시장 선점주의나 시장지배전략을 구사할 수 있
는 시장여건이 아니기 때문이다.

　ⓡ 어느 정도의 속도로 체인을 만들어 갈 것인가?

　미국의 외식산업에서 프랜차이즈 체인으로 성공한 기업의 점포 개발 속도를 조
사해보면 첫해에는 우선 1점포, 2년차에는 2점포, 3년차에는 4점포, 4년차에는
8점포, 5년차 이후에는 폭발적으로 신장하고 있음을 보여주고 있다. 즉 최초 4년
간은 견실하게 점포를 개점하는 경향을 보여주고 있다. 그래서 프랜차이즈로 성
공하기 위해서는 steady and slow라는 정책이 필요하다. 이는 초기 4년간은 입지

조건을 정리하고 점포의 제반 오퍼레이션을 표준화하며 필요한 인재확보와 교육시스템을 정비하는 기간으로 삼아야 한다는 내용을 담고 있다. 일단 기본적인 프랜차이즈 패키지가 완성되면 그 다음부터는 연간 10점포 혹은 15점포, 20점포를 개설할 수 있을 것이다. 외국의 한 예이지만, 이 나라의 외식업 리더회사인 M사는 매년 15점포를 개점하고 2년 후에는 매년 20점포씩 개점하여 3년간 계속하고 그 다음도 2~3년 간격으로 1년간의 개점수를 점진적으로 확대하여 성공한데 반해, 2위인 L기업은 1위 자리를 탈환하기 위하여 매년 15점포, 35점포, 50점포, 80점포씩 점포수를 무계획적으로 확대하여 점포수에서는 M사를 따라가는 듯했으나 본부관리상의 문제, 직원 자질 등의 문제가 발생하여 결국 3위 이하의 기업으로 전락하고 말았다. M사는 매년 일정점포를 개점함으로써 여기에 필요한 인재의 수를 확정하여 신입사원을 선발 교육하였고, 개점 점포수에 맞추어 필요한 식자재를 확보하고 물류시스템을 점진적으로 정비할 수 있었고, 일정한 교육을 받은 경력이 있는 직원을 점포 책임자로 임명함으로써 높은 서비스의 질을 유지할 수 있었다. 이에 반하여 L사는 급격히 점포수를 확장하다보니 훈련된 인원을 확보할 수 없었고 필요한 식자재의 확보도 제대로 이루어지지 않았으며, 물류시스템도 정비되지 않아 불필요한 비용만 증가하였다. 무엇보다 문제가 된 것은 갑자기 점포수를 확대하다보니 점포경험도 적고 숙달도 안 된 직원을 점포책임자로 배치하게 되었다. 당연히 점포운영도 제대로 이루어지지 않게 되고 서비스의 질이 떨어지게 되니 결국은 고객으로부터 외면을 당하게 된 것이다.

본부의 인력, 시스템의 정비가 이루어지지도 않은 상태에서 점포망 확대만 서둘다가 중도에 무너지는 체인본부를 우리는 지금도 많이 볼 수 있다. 입지의 표준화, 점포의 표준화, 체인 오퍼레이션의 표준화, 시스템의 전문화 없이 점포개점 스피드만 높이는 것은 불행한 이야기지만, 그 개점 스피드만큼 빨리 버블회사로 전락하고 만다는 것을 잊어서는 안 된다.

ⓜ 프랜차이즈 시스템의 수정

직영점을 3개 점포 정도 오픈하면 자기 체인의 전략적 수단인 QCS의 기본을 확립함과 동시에 QCS의 수준을 결정한다. 그 다음에 앞으로 도전할 목표를 정하지 않으면 안 된다. 즉 QCS의 현상유지에 만족하지 않고 상당히 높은 수준까지 목표를 정하고 매일의 일과에서 계속적으로 수정하고 보완하는 습관을 길러 하나의 시스템이 제대로 설정되도록 하여야 한다.

이를 위해서는 특히 직영점 3점포를 오픈한 때가 가장 적절한 시기이며 이 기회를 놓치고 직영점 혹은 가맹점의 수자만 확보하려고 서둘러서는 결국 실패하는 회사로 전락할 뿐이다. 상당히 우수한 제품과 지명도를 갖고 있던 기업이 체인화 과정에서 이 표준화와 시스템화를 확립하지 못하여 본업점포는 물론 뒤에 개점한 직영 및 가맹점 모두가 실패하는 사례는 우리주변에서도 많이 볼 수 있다. 같은 종류의 메뉴로 시작한 후발기업이 오히려 튼튼한 시스템을 구축하여 체인화에 성공한 경우가 많은 것은 참고할 만한 내용이 된다.

2) 모델점포 개점 전에 하여야 할 일

① 오퍼레이션의 교육과 훈련

모델점은 자사 체인점의 모범적 존재임으로 우선 앞으로 개발되는 프랜차이즈 점포의 모델로서 자격을 갖지 않으면 안 될 것이다. 따라서 표준적인 점포의 하드웨어가 완성되면 다음에는 점포오퍼레이션의 소프트웨어에 해당하는 교육과 훈련이 필요하다. 교육이란 그 기업의 오퍼레이션에 관한 경영이념, 경영전략, 마케팅전략 등의 기본적인 개념을 이해시키는 것이다. 교육 없이는 점포 오퍼레이션의 수준이 어느 정도인지 판명되지 않으며 접객 서비스 하나라도 이해도가 높아지지 않는다.

한편, 트레이닝은 점포 오퍼레이션의 기능에 해당하는 부분이며 점포 오퍼레이션에 관한 실행 룰을 가르치는 일이다. 따라서 개점 전에 교육훈련에 많은 시간을 할애하여 종업원에게 철저한 신념을 불어넣어야 한다.

경영이념을 이해하면 트레이닝 습득시간은 크게 단축할 수 있다. 그런데 우리의 경우 일반적으로 교육부분이 무시되는 경우가 많고 단순한 기술적인 훈련만 시켜 직원을 점포에 배치하는 체인본부도 있는데, 교육훈련에 관한 시스템 부재 현상의 전형적인 예라고 볼 수 있다.

② 매뉴얼의 정비

모델점포의 제반 시스템 확립에는 매뉴얼이 필수불가결한 요소이다.

매뉴얼 불필요론을 말하는 사람도 있으나 프랜차이즈 비즈니스를 전개하는 한 매뉴얼은 franchisee(가맹점)가 지켜야 할 최소한의 룰이다. 그러한 룰이 없으면 가맹점은 제멋대로 행동하게 되고 통일된 체인의 이미지는 창출될 수 없으며, 오퍼레이션 시스템은 없어지게 된다. 매뉴얼의 정비에서 가장 중요한 일은 기존의 매뉴얼만을 참고하면 낮은 수준의 매뉴얼이 되어버린다. 따라서 모델점포에서 만들어지는 매뉴얼은 사내에서 가장 능력 있는 사람을 선발, 수준향상을 위해 직접 오퍼레이션을 행하면서 작성하도록 하여야 한다.

3) 모델점포 개점시와 개점 후에 하여야 할 일

① 모델점포의 개점에 임해서 해야 할 일

모델점포의 개점에는 모든 업무를 철저히 해서 만전을 기해도 뜻하지 않은 사고가 발생할 수가 있다. 그래서 모델점포의 개점준비 프로젝트 책임자는 반드시 모든 일을 진두지휘해야 한다. 중소기업인 경우에는 사장자신이 팀 리더가 되어 모델점포 만들기를 실행해야 함으로 성공률이 높으나 대기업의 경우 사업다각화 전략의 하나로 외식업을 신규 사업으로 개발하는 경우 왕왕 실패하는 것은 이 리더십에 문제가 있기 때문이다. 대기업의 경우 사업을 기획하는 사람과 실제 오퍼레이션을 담당하는 사람이 별개로 존재하는 경우가 많은데, 그것은 바람직하지 않은 것이다. 성공한 기업의 경우를 보면 대기업의 사장도 외식사업을 시작할 때에는 몸소 현장에서 현장책임자와 함께 침식을 같이하면서 처음부터 철저하게 업무를 집행하는 경우가 많았다. 초기부터 모든 업무가 제대로 이루어지지 않으면 기업이 어려운 입장에 빠지게 되기 때문에 일종의 배수진을 치고 업무를 행하여야 하는데, 실무자에게 현장을 맡기는 것까지는 좋은데 권한위임은 하지 않고 책상에 앉아서 이것저것 간섭하는 자세는 실패의 전형적인 예가 된다. 이런 경우를 국내 외식산업에서 필자는 상당히 많이 보아왔다.

② 개점후의 flow up

모델점포를 개점한 뒤에는 문제점이 발생하면 바로바로 그것을 수정해야 한다. 철(鐵)도 열이 있을 때 다듬어야 잘 다듬어지는 것과 같이 점포업무는 1주일 또는 10일 정도 그대로 방치해주면 그것이 점포의 룰이 되어 나중에는 수정하기가 무척 어렵게 된다. 그렇게 되면 악법도 법이 되어 결점이 더 크게 파급되는 것이다. 우리나라의 경우 연간 수십 개의 외식체인본부가 탄생하나 그중에는 연간 수개의 점포를 겨우 개점하거나 체인 운영이 어려워 도중에 가맹점 전개를 중지하는 경우가 있는데 그 근본 원인은 시스템의 불비(不備)에 있는 것이다. 점포전개 후에 계속적인 지원과 검증 없이 당초에 나쁘게 길들여진 습성대로 영업을 하게 되니 문제가 생겨도 나중에 수정이 불가능한 것이다. 직영점이라면 본사간부를 파견시키거나 사람을 재배치하여 점포 오퍼레이션 수정이 어느 정도 가능하나, 가맹점의 경우는 한번 비뚤어진 오퍼레이션 룰을 수정하는 것은 거의 불가능하다.

4) 모델점포 사업계획서 작성방법

① 점포개요

  ㉠ 점포이름

우선 새로 개점하는 점포의 개요 중 점포이름은 점포가 위치하는 주소의 도시이름을 나타낸다. 또한 그 도시에 2개 점포 이상 출점하는 경우에는 도시이름 다음에 중앙점 또는 서구점 혹은 건물이름을 따서 ○○백화점 점이라고 사용한다.

> 〔예〕도시이름을 사용하는 경우 – ○○체인 원주점
>   2점포 이상의 경우 – ○○체인 대전 중앙점, ○○체인 대전 서구점

  ㉡ 개점 예정일자

개점예정일은 대지의 정비상황, 점포의 유무 조건에 의해 차이가 있음으로 점포설계회사와 충분히 협의하여 결정한다. 개점일의 최종결정은 대지의 정비상황과 점포건설의 착공일정에 맞추어서 결정하는 것이 정확하다. 또한 개점일은 건물의 인도일보다 각종 설비의 설치시기나 집기비품의 반입일정 등을 감안하여 결정한다.

가장 중요한 것은 점포직원의 교육훈련기간을 충분히 감안하여야 하는 점이다. 가끔 개점을 급히 서둘러서 교육훈련도 제대로 안된 상태에서 개점하여 실패하는 경우를 보는데 장기적으로 운영할 사업을 1주일 정도 늦게 개점하였다고 하여 당장에 큰 문제가 발생하지 않을 것임으로 충분한 조리실습과 서비스 교육을 행한 뒤에 개점 일자를 정하는 것이 좋을 것이다. 또 이왕이면 다홍치마라고 길일(吉日)

을 택하는 것이 좋다. 무슨 미신 같은 소리냐고 말할지 모르나 심리적인 측면에서 성공에 대한 자신과 믿음이 일어나게 한다는 연구가 있기 때문에 하는 말이다.

ⓒ 대지면적

대지면적은 물론 충분한 것이 최상이나 패밀리레스토랑의 경우 최소한 300~400 평의 부지가 필요한데, 도심지의 경우 부지확보도 어렵겠지만 토지가격이 높고 또 임대료도 고가이어서 입지선택이 어렵고, 오히려 주택단지나 교외지역에 출점 하는 경우가 많은데, 우리나라의 경우는 대도시, 지방도시 할 것 없이 도시 중심 가에 개점하여 상당한 매출을 올리고는 있으나 손익 면에서는 좋은 결과가 나오지 않고 있다. 경우에 따라 250평 정도의 부지에 1층은 주차장, 2층은 레스토랑으로 하는 형태가 보여지고 있다. 주차장이 없는 경우는 가까운 곳에 주차장을 임대하 여 사용할 수도 있으나, 이것은 주차요원을 많이 필요하게 되고 여성고객인 경우 남에게 자동차 맡기기를 꺼려함으로 좋은 여건은 될 수 없다.

아무리 좋은 입지가 있어도 도시 미관지역, 농지·임야인 경우 근린생활시설을 건축할 수 없는 등 제한을 받는 경우가 많다. 최근에는 생태환경 보호문제가 국내 외적으로 심각하게 대두되고, 이를 위하여 많은 규제가 따름으로 하천인근이나 생태환경 특별보호구역은 복합정화조시설을 갖추거나, 아예 영업신고를 받아주 지 않음으로 주의가 필요하다.

ⓔ 건물개요

부지가 결정되면 건물을 어떤 형태로 건축할 것인가를 검토한다. 패밀리레스토 랑의 경우 건물면적 200평, 객석 150평, 주방 25평, 기타 창고 및 탈의실 25평으 로 하는 등의 점포기본 레이아웃에 의해 비율을 정한다. 또 한식이나 양식 등 업 태에 따라 주방과 객석의 비율이 어느 정도 관행으로 이루어지고 있다. 단, 여기 서 가장 중요한 것은 주방레이아웃과 설계가 결정된 뒤에 객석이나 다른 시설의 설계를 고려해야 한다는 점이다.

웃어버려야 할 이야기지만 어떤 체인본부 오너가 점포설계시에 객석이 많아야 많은 고객을 접객할 수 있다는 생각으로 객석 수만 많이 만들고 주방이 협소한 점포를 만들어 실패한 경우를 본적이 있다.

ⓜ 객석 수

보통 4인석의 경우 업태에 따라 다르나, 소규모점포인 경우 1.5평당 1테이블 혹은 2평당 1 테이블을 기준으로 객석수를 설정한다. 예컨대 객석 평수가 30평인 경우 30평÷2=15 테이블×4인식＝60석 등으로 정리한다.

ⓑ 주차장

주차장 크기는 대지면적, 건물면적, 부속시설, 지형에 따라 결정되지만, 패밀리레스토랑의 경우는 최소한 테이블 수와 같은 주차대수의 면적이 필요하다. 일요일, 휴일 등 고객이 최대한 내점할 경우에 대비하여 최소한 테이블 수＋5~10대의 주차장은 필요하다. 예컨대 4인 테이블이 20개이면 주차장 스페이스는 20대＋5대 합계 25대 정도가 주차할 수 있어야 한다는 의미이다. 물론 패스트푸드 같은 점포는 별개의 문제이지만 패밀리레스토랑의 경우 고객이 만석일 때 주차스페이스가 있으면 차내에서 약간의 시간은 기다릴 수 있기 때문에 모처럼 내점한 고객의 이탈을 방지하려면 테이블 수 이상의 주차스페이스가 필요한 것이다. 특히 교외 로드사이드 입지인 경우는 업태 차이 없이 점포 직원이나 아르바이트도 차를 갖고 출근함으로 주차장 면적은 더 필요하다. 또 최근에는 자전거 이용고객도 증가하는 추세임으로 이를 위한 스페이스도 필요하며, 자전거 보관소는 가능한 점포의 출입구 근방에 설정하는 것이 좋다.

ⓢ 영업시간

영업시간 설정은 상당히 어려운 문제이다. 주변의 경쟁대상 점포가 24시간 영업한다면 고객의 많고 적고를 떠나 영업전략상 계속 영업을 하지 않을 수 없는 경우도 있다. 영업시간은 처음부터 회사의 방침에 의해 결정되며, 만약 주변에 경쟁점포가 없는 경우 오후 11시 이후 고객이 없으면 영업을 하지 않는 것이 사람관리, 경비관리상 유리할 것이다. 가맹점의 경우는 점포 단독으로 영업시간을 결정해서는 안 되고 본부와 협의하여 결정하여야 한다. 영업시간은 또 시간대별 매상고와 사람관리 등 여러 측면을 고려해서 결정하여야 한다. 특히 하절기와 동절기의 영업시간은 기후·환경 등과 연결하여 결정하여야 한다. 단, 계절에 따라 영업시간을 변경 조정할 때는 적어도 15일전 혹은 1개월 전부터 이를 점내에 고지할 필요가 있다. 그리고 점포 출입구에 개점시간과 폐점시간을 명시하여야 한다. 우

리나라의 경우 유명 패스트푸드나 패밀리레스토랑을 제외하고 이를 명확히 표시한 외식점포는 많은 편이 아니다

② 점포 레이아웃 및 디자인 기획

소구대상이 결정되면 핵심 고객층에 맞추어 점포디자인이 결정된다. 본부의 디자인정책은 당연히 디자이너에게 전달되어야 하고 디자이너의 기술에 의해 최종적으로 점포디자인이 결정되어져야 할 것이다. 여기서 가장 유의할 사항은 주방의 기본레이아웃이 결정된 뒤에 객석의 인테리어부분이 결정되어야 한다는 점이다. 또 하나는 디자이너는 많은 수의 점포를 디자인한 프로임으로 자유로운 창작의욕에 의해 점포디자인을 결정하려는 경향이 있으나, 외식점포는 디자인도 중요하나 동선(動線)이나 기타 오퍼레이션상의 편리성과 기능성을 우선하여 이를 행하여야 한다는 점이다.

가끔 디자이너들이 작품성을 강조하면서 건설비에 관계없이 자기의 기술적 측면만 고려해서 점포디자인을 제시하는 경우가 있으나, 점포의 통일성과 투자규모, 기능성 등을 종합적으로 고려하여 점포디자인을 결정하여야 한다. 물론 개점수가 많아서 컬러, 건축자재, 인테리어, 건물 외부모양 등이 결정되어 있는 경우는 디자인 자체가 그렇게 어렵게 진행되지는 않으나, 실험점포는 장기적으로 체인의 이미지는 물론 영업실적과도 연결됨으로 기업이미지, 점포이미지, 핵심고객층이 선호하는 양식으로 디자인이 결정되어져야 할 것이다.

또 자기회사의 기본정책을 충분히 이해하는 디자이너를 선정해서 본부는 기본정책만을 전달하고 디자인에 관한 전문기술부분은 디자이너의 의견을 존중하여야 함은 물론이다. 그 핵심은 고객이 즐거운 기분으로 식사를 할 수 있고 안정적이고 가정과 같은 분위기를 만들어가는 것이 중요하며, 지나치게 기발하거나 앞서가는 이상한 디자인은 오히려 고객으로부터 기피당하기 쉽기 때문에 회사의 담당자와 디자이너 간에 충분한 대화를 하면서 최종결정하여야 한다. 이때 피해야 할 또 하나는 전문가도 아닌 경영자가 이 문제에 대해 불필요한 간섭을 해서는 안 된다는 점이다. 양복점에 가서 새 옷을 주문할 때 자기연령, 체형, 얼굴모양을 감안하여 전문가인 양복디자이너에게 옷감이나 컬러를 선정하게 하는 것이 가장 무난한 것처럼 점포 인테리어 등은 전문디자이너의 의견을 존중하는 것이 좋을 것이다.

③ 점포개점계획서

분 류	항 목	비 고
점포개요	점포이름	점
	개점예정일	년 월 일
	준공예정일	년 월 일
	점포소재지	
	전화번호 및 fax 번호	e-mail
	대지면적	
	건물개요	건물면적( ), 객석면적( ) 주방면적( ), 창고면적( ) 사무실 면적( ),탈의실( ) 기타면적( ) 총 면 적 ( )평
	객석 수	2인석( ) 4인석( ) 6인석( ) 10인석( ) 합계( )석
	주차장	면적( )m² 주차대수( )대
	영업시간	( )시부터 ( )시까지
점포디자인	점포 기본 컨셉트	
	로고타입	
	디자인 컨셉트(인테리어)	
	(아웃테리어)	
레이아웃	기본도면(별첨)	

④ 점포건물조건

항 목	내 용	
건물조건	자가건물, 임대건물, 경영위탁 건물	
출점조건	취득금액	
	임대보증금	
	오너의 투자액	
	경영 위탁시의 부담한계	

	기 타	
임대차 계약기간		
임차조건		
기타의 조건		
건물의 특수상황		

⑤ 총 소요자금계획

항 목	내 용	
건물비	취득액	
건설비	건축비	
	인테리어 경비	
	아웃테리어 경비	
	부대설비비	
	기타 경비	
	소 계	
기계설비비	주방기기	
	주방비품	
	냉난방공조	
	음향시설비	
	금전등록기(POS 등)	
	기타 경비	
	소 계	
집기비품비	식기대금	
	조리기구비	
	비품비	
	소 계	
유니폼 제작비	유니폼 제작비	
판매촉진비	판촉자재 구입비	
	전단지 기타 홍보물	
	소 계	

	전화 및 fax 설치비	
사무실 비품등	사무실용 기기	
	로카 및 옷걸이	
	TV 및 비디오	
	기타 경비	
	소 계	
개업비	직원모집비	
	인건비	
	개점선전비	
	소모품비	
	각종 인쇄물 제작비	
	초청비	
	시험제작비	
	직원교육비	
	타점포 견학비	
	기타 경비	
	소 계	
예비비		
총소요자금합계		

③ 프랜차이즈 시스템 개발순서 FRANCHISE

몇 개의 점포운영 경험이 있거나 현재 생업(生業)으로 운영 중인 점포가 고객들로부터 좋은 반응을 얻게 되면 바로 프랜차이즈 체인을 운영해보려고 시도하는 경우가 많다.

그러나 막상 프랜차이즈본부경영을 하려는 경영자에게 "귀사가 프랜차이즈본부를 창업한다면 무엇을 프랜차이즈할 것인가?"라는 질문에는 쉽게 대답을 못하는 경영자가 의외로 많다. 이제는 단순한 동기에서 프랜차이즈 사업을 시작할 시대는 아니며, 프랜차이즈사업을 전개하는데 필요한 기본적인 시스템을 갖추어야 성공이 가능한 시대이다.

외식시장에는 연간 5~10여개 정도의 체인점도 개점하지 못하는 체인본부도 많으며, 30~40개의 체인점포를 운영하던 기업이 소리 소문 없이 사라지고 있는 현상도 보여진다.

그리고 일부 체인본부 경영자는 "프랜차이즈사업이 이렇게 힘들 줄을 몰랐다. 이런 줄 알았다면 처음부터 아예 시작을 하지 않았을 것이다" 혹은 "도대체 가맹점들이 말을 들어 먹지 않아 죽을 지경이다"라는 말을 하는데, 그런 말을 하는 경영자 대부분이 안일한 생각으로 체인본부사업을 시작한 경우이며, 무엇을 프랜차이즈하면 좋을지를 판단하지 않고 프랜차이즈 시스템 패키지화도 기도하지 않은 상태에서 사업을 시작한 것이다.

직원도 없이 혼자서 자기점포 경영하랴, 가맹점포 지원하랴, 정신없이 뛰어다니다보니 자기의 위치조차 잊어버리는 경우도 가끔 보여진다. 앞에서도 설명하였지만, 프랜차이즈할 기본요소를 만들기 위한 단계별 업무를 착실히 진행하여 명확한 시스템을 구축한 뒤 사업을 확장하여야 한다. 앞의 모델점포 만들기에서도 설명하였지만, 이 사업은 천천히 그리고 착실하게 진행하여야 성공의 가능성이 높다고 생각된다.

프랜차이즈 업무개발순서를 요약하면 다음과 같다.

3-1. 프랜차이즈 업무개발순서요약

1) 제1단계 사업의 목표설정

① 메뉴(상품)수준 또는 서비스 방식의 결정
② 점포별 매상목표 설정
③ 판매방식의 설정
④ 입지전개(점포전개) 방침의 결정
⑤ 프랜차이즈 계약의 핵심내용 설정

2) 제2단계 경영방침의 결정

① 메뉴구성의 확정
② 자금계획 및 조달계획의 확정
③ 입지선정에 대한 기본 컨셉트의 결정

3) 제3단계 프랜차이즈 패키지의 확정

① 점포 기본 레이아웃 설정
② 주방기기 규격의 설정
③ 각종 영업비품, 주방비품의 규격 및 기본수량 결정
④ 소모품(각종 영업용 인쇄물 양식포함) 등의 규격 및 리스트의 확정
⑤ 창업판촉방법의 결정
⑥ 광고매체의 선정 및 PR전략의 수립
⑦ 급여체계의 확립
⑧ 메뉴의 품질수준 및 판매가격대 설정
⑨ 핵심 타깃 고객의 설정
⑩ 점포 적정재고량의 설정
⑪ 서비스방식의 결정
⑫ 기본 인사조직의 결정
⑬ 물류시스템의 기본구조 설정
⑭ 경영정보 및 고객정보 시스템의 설정
⑮ 교육시스템의 설정

3-2. 프랜차이즈 패키지의 구체적 내용

(1) 제1단계 프랜차이즈 사업목표의 설정

프랜차이즈 본부 사업운영에서 가장 중요한 것은 장기적으로 전개할 사업범위에 대한 밑그림을 그리는 일이다. 말하자면 사업의 목표를 설정하는 일이다.
우선 향후 3년, 5년, 10년 뒤에 자기 체인이 확보해야 할 전체 점포수와 매상목

표를 설정하는 일이다.

예컨대 전국적인 체인을 전개할 경우 최종 개점목표 500개 점포, 야간인구 100,000명 단위 이상의 모든 도시를 목표로 점포를 전개한다. 혹은 서울 등 대도시 중심으로 최종 100개의 고급레스토랑체인을 목표로 한다는 등의 기본적인 점포개설 범위를 설정하는 것이다.

〔우선 사업을 시작해 보고 운영이 잘되면 그때 가서 사람도 확보하고 사업확장도 생각하면 될 것이다〕라는 막연한 생각으로 체인사업을 시작하였다면 성공은 어렵다. 〔어느 정도 실적을 보고...〕라는 생각은 〔경우에 따라 사업 개시 초기에 생각한대로 사업이 잘 안 되면 중도 포기할 수도 있다〕는 경우를 가정(?)하였다고 볼 수 있다. 이것은 반드시 성공하지 않으면 안 된다는 절실한 자세가 아님으로 거의가 실패할 확률이 높다. 처음부터 철저한 계획을 수립하여 반드시 성공하겠다는 배수진을 치고 사업을 시작하여야지, 막연한 기대로 이 사업을 시작하는 것은 책임 있는 경영자의 자세는 아닐 것이다.

지금의 외식시장은 죽기 살기로 매달리는 노력 없이 외식프랜차이즈 사업이 성공하는 환경은 아니기 때문이다.

왜 이런 최종목표를 설정하느냐 하는 것은 바다를 항해하려는 선박이 막연하게 항구를 출발한 뒤 항해 도중에 갑자기 갈 곳을 변경할 수는 없는 것과 마찬가지다. 항해를 준비하는 선박은 처음부터 목표로 하는 최종 도착항구, 중간 기항지를 정하고 황해에 필요한 해도(海圖), 항해기술자, 선원, 항해시에 소비할 선박의 연료, 식수, 양식 기타 필요한 물품을 준비하며 예상되는 기후변화, 해양의 조류변화, 항해하는 주변국가의 영해관리법규 등을 파악한 뒤 항구를 출발한다. 막연하게 어떻게 성공하겠지 하며 명확한 목표와 방향 없이 시작한 체인사업은 마치 선박이 날 좋고 태풍 없는 날에는 항해를 잘해가지만, 갑자기 폭풍을 만나서 난파당하는 것과 같이 갑자기 석유파동이나 경기불황, 정치적 혼란과 같은 변수가 많은 산업사회에서는 소멸되어버리기 쉽다.

목표는 기업의 비전이다. 비전은 기업이 지향하는 미래의 청사진이다. 이 비전은 기업의 모든 활동을 한곳으로 집중시켜 사업의 추진력을 강화시키고 효율성 있게 업무집행을 가능하게 하는 기업의 방향타이다.

첫째, 이러한 목표가 설정되면 실험점포나 모델점포에 의해 시스템을 정립시켜야 하겠지만, 개점하는 모든 점포는 하나하나가 별개의 점포가 아니라 기업이 최종 목표로 하는 500점포 가운데 1점포 혹은 500점포 가운데 2번째 점포라는 전략으로 체인점을 확대시켜 가야 한다.

둘째, 점포개점에 대한 최종 목표가 설정되면 외식시장을 분석하여 본부가 개점하려는 점포와 경쟁대상점포 혹은 유사점포의 시장현황을 분석하여 대응책을 준비하고 모델점포의 입지를 구체적으로 설정해간다. 입지에 대한 기본 안이 결정되면 해당점포의 매상고, 투자범위, 상품의 구성과 그 품질수준, 서비스방식 등을 결정한다. 여기서 말하는 점포매상목표란 모델점포의 규모가 단일 형태라면 복표수치는 하나가 될 것이며 동일 업종이라도 지역별로 대·중·소(大·中·小)의 컨셉트로 모델점포를 개점할 때에는 이에 맞춘 점포의 매상목표를 설정해야 한다는 의미이다.

셋째, 판매방식의 결정도 점포 컨셉트 구성상 대단히 중요하다.

핵심 타깃 고객이 설정되면 이들에 대한 판매방식을 어떤 형태로 할 것인가를 결정해야 한다.

셀프서비스 방식인가? 풀서비스 방식인가? 혹은 테이블서비스 방식인가?

결국은 메뉴와 연결하여 서비스 방식이 결정되겠지만, 이용고객의 수준, 메뉴의 종류, 메뉴의 단가 등에 의해 결정된다. 고객층이 다양하게 구성될 때는 셀프서비스 방식과 테이블서비스 방식을 혼합 절충하는 방안이 연구될 수도 있을 것이다.

이 서비스 방식은 점포인원편성과 주방과 객석의 형태에 의해 결정되기도 한다. 풀서비스 방식의 점포라도 조리의 상당부분이 객석(예컨대 육류 구이 로스터)에서 이루어지는 서빙 방법이라면 주방의 규모가 축소될 수 있을 것이며 양식전문점처럼 대부분의 메뉴가 주방에서 조리되면 주방면적이 커질 수도 있다.

넷째, 프랜차이즈 계약의 핵심내용도 점포 운영방식에 따라 달라질 수 있다.

고도의 기술을 필요로 하는 메뉴, 패밀리 레스토랑과 같이 다양한 메뉴로 구성된 점포와 김밥이나 칼국수 혹은 돼지 삼겹살 전문체인점 등과 같이 메뉴수가 적은 소규모 점포는 본부에서 공급하는 식자재의 종류가 다르며 직원의 교육훈련기간도 상이하다. 패밀리레스토랑의 경우는 계약조건이 세밀하고 여러 가지 조건이 첨부되는 경우가 많으며 소규모 단순메뉴를 판매하는 점포의 프랜차이즈 계약은 비교적 단순한 내용으로 구성되는 것이 일반적인 경향이다. 이와 같이 메뉴내용과 점포 운영방식에 따라 프랜차이즈 계약내용은 달라질 수 있기 때문에 처음부터 영업의 내용과 목표를 명확히 할 필요가 있는 것이다.

가끔 소규모의 점포를 운영하는 가맹본부의 인쇄된 가맹계약서 양식을 보면 대기업의 가맹계약서 양식을 모방하여 여러 가지 내용을 복잡하게 기록한 경우가 있는데 바람직한 방법은 아닐 것이다.

다섯째, 물류시스템의 순차적 확장과 이에 대한 창업초기의 처리방법을 결정해야 한다.

점포에서 사용하는 식자재의 물성(物性)에 대한 기밀유지를 필요로 하는 경우 중요 식자재는 거의가 자사의 가공시설에서 제조한다. 외부에 임가공하면 기업의 중요한 노하우가 유출됨으로 소스 종류나 특수 양념류 등은 자사의 가공공장에서 제조하는 것이 일반적이다.

본사가 자기직영 공장에서 이런 특수 식자재를 직접 제품하여 직영점에만 사용하는 경우에는 문제가 없으나, 이를 가맹점에 판매하는 경우에는 식품제조업 허가를 받아야 하는 품목이 있다. 예컨대 김치를 제품하여 가맹점에 판매하는 경우는 식품제조업 허가가 필요하며, 특수 소스 종류를 가공 판매하는 경우도 식품위생법이 규정하는 시설을 갖추고 제조품목허가를 취득하여야 가맹점에 판매가 가능하다. 초기에 직영점만 있을 때는 자가 제조임으로 별도의 허가가 필요 없으나, 타인에게 판매할 때는 이와 같은 법률상 구비해야 할 조건이 있다. 그래서 대부분의 체인본부는 초기에 물량이 적을 때는 식품제조업체에 의뢰하여 식자재를 제조가공하여 가맹점에 판매한다. 그런데 여기서 문제가 가끔 발생하는 것은 식품제조업체의 유사제품 도매가격과 본부 제공품의 가격에 차이가 있는 경우 가맹점으로부터 클레임이 발생한다는 것이다. 그렇다고 하여 처음부터 식자재 가공공장을 별도로 운영하는 것도 투자규모가 너무 크기 때문에 사실상 어렵다.

개업초기에 이는 상당히 해결하기 어려운 문제이다. 별도의 장소에 식품가공공장을 가동하는 경우 인건비, 제조가공비, 관리비 등을 본사의 수익으로는 감당하기 어렵기 때문이다. 그래서 초기 1호점 개점시에 점포 지하공간이나 점포에 가까운 곳에 식품가공처리가 가능한 별도의 장소를 준비하여 최소한 향후 5~10점포까지의 식자재를 제조하여 가맹점에 공급할 수 있는 센트럴 키친(central kitchen)을 설치하는 계획도 수립할 필요가 있다.

(2) 제2단계 경영방침의 설정

1) 메뉴구성의 확정

개인이 운영하는 점포와 프랜차이즈 시스템으로 체인점을 운영하는 경우 메뉴 관리와 메뉴구성에는 근본적이 차이가 있다. 개인점포는 경영자 혹은 조리책임자가 개인의 기술과 경험에 의해 수시로 식자재를 교환하거나 새로운 메뉴를 개발하여 고객에게 제공할 수 있으나 체인경영은 메뉴의 변경이나 신 메뉴를 개발 판매하기 위하여서는 신소제의 개발, 신 메뉴의 조리 교육훈련, 많은 체인점에 공급이 가능한 식자재 물량의 확보, 계절메뉴가 아닌 경우 연간 조달이 가능한 식재인지 여부, 여건을 달리하는 각 점포의 시장적합성 여부를 검토하고, 최종적으로는 일선 점포에서 조리나 맛내기에 차질이 없는 조리매뉴얼을 제작하여 통일된 작업이 이루어지도록 하는 등 복잡한 많은 업무절차가 뒤따라 가야 한다.

또 아무리 훌륭한 메뉴라도 그것이 흉내 내기 쉽거나 시장에 이미 많이 분포되어 있는 메뉴는 시장에서 우월적 지위를 누릴 수 없다. 그만큼 메뉴의 특화 내지 오리지널성이 프랜차이즈 메뉴운영에는 절대적으로 필요하다. 최근 우리나라 시장에 범람하고 있는 삼겹살 구이 전문점은 사실상 특화되지 않고 경쟁이 격심한 시장이어서 커다란 실적을 올리지 못하고 있다. 이것은 '유사한 삶을 모색하는 두 개의 종(種)은 제한된 환경 하에서 공존할 수 없다는 가우재(gausse)의 자연생태환경 속에서의 "경쟁배제의 원칙"과 유사한 논리가 적용되는 예라고 볼 수 있다.

그래서 체인경영의 특성상 메뉴개발과 메뉴운영은 어느 정도의 제한이 있다는 것을 각오하고 처음부터 메뉴운영에 대한 명확한 방침이 설정되어야 한다.

• 프랜차이즈 체인의 메뉴 선정기준

① 흉내 내기 쉬운 메뉴는 어떠한 경우에도 경쟁배제의 원칙에 의하여 성공하지 못함으로 오리지널성이 있는 메뉴가 개발되어야 하고 최악의 경우〔전국메뉴의 법칙〕이 적용되는 메뉴라도 내부 효율성이나 원가면에서 혹은 판매가격면에서 경쟁력이 있는 메뉴가 구성되어야 한다(주: 전국메뉴의 법칙이란 고객에게 일반화되어 전국적으로 판매되고 있는 백반, 설렁탕, 김치찌개, 된장찌개, 순두부찌개 등 점포별 품질차이는 있으나 누구나 잘 아는 메뉴에 대한 인식도를 말할 때 전국메뉴의 법칙이 적용되는 것이라고 말한다).

② 모델점포 중심으로 분석된 핵심고객층을 대상으로 한 간판메뉴를 설정하여야 한다.

③ 체인점의 메뉴는 "조리사의 솜씨에 의한 맛내기"가 아닌 "주방시스템에 의한 기능적인 맛내기"이므로 처음부터 조리매뉴얼을 명확하게 설정한다.

④ 체인점의 증가에 따라 본부창업자의 의지나 개성을 그대로 옮기는 작업은 한계가 있음으로 이를 대신할 〔조리매뉴얼이 세밀하나 쉽게 습득할 수 있는 내용〕으로 만들어져야 한다.

⑤ 메뉴는 식사류, 디저트류, 안주류, 음료류 기타 메뉴로 대분류하고 각 분류별로 몇 개의 메뉴를 설정해간다(물론 업종·업태에 따라 설정한다).

⑥ 메뉴의 프라이스 존(price zone)의 편차가 작아야 한다. 예컨대 식사메뉴의 경우 저가메뉴가 4,000원이고 고가메뉴가 20,000원인 경우 고객은 이 점포가 고가격대(高價格帶)점포인지 저가격대 점포인지 혼란을 일으키기 쉽다.

⑦ 오늘의 점포운영은 고객의 축소, 점포직원의 확보 어려움 등 많은 난제가 따르고 있다. 이를 해소하기 위하여 경우에 따라서는 체인점포 판매(영업)는 계획적인 메뉴구성에 의해 이루어질 수도 있다.

즉 조달가능한 범위의 식자재와 배치 가능한 인원, 원자재 재고관리와 물류관리가 합리적으로 이루어지는 범위에서 메뉴운영을 할 수도 있다. 일반 제조업의 기획생산과 같이 일정한 경향치에 의해 설정된 메뉴의 블록별 수치를 사전에 계획하고 여기에 맞춘 인원과 물류관리로 판매수량을 미리 정하여 조리를 한다는 의미이다. 개인점포는 식자재 재고가 없으면 바로 인근시장에서 필요한 식자재를 구입하거나 타 메뉴로 대체할 수 있으나, 체인 점포는 이것이 원활하게 이루어질 수 없다. 물론 모든 체인점의 판매가 획일적으로 이루어지지는 않겠지만, 우수체인의 판매실적을 분석해보면 식사류, 디저트류, 드링크류, 기타 메뉴의 매출비율이 거의 유사한 경향치를 보이고 있다. 이런 점에서 점포책임자는 판매예상 수량 파악, 이에 따른 합리적인 식자재준비, 인수(人數) 부족시대의 직원의 합리적인 배치, 직원교육 등을 철저히 하여 기획판매가 이루어지도록 메뉴관리를 할 수 있어야 한다. 오는 대로 고객을 접대한다는 이제까지의 점포메뉴운영과는 다른 이론이지만 향후의 외식시장 여건변화를 생각하면 충분히 연구할 만한 과제는 될 것이다.

예컨대 등심구이 전문점에서 설렁탕 메뉴를 오전 11:30까지 1일 150~200 그릇으로 한정판매하는 경우가 이 기획판매에 해당된다고 볼 수 있다.

⑧ 메뉴관리는 처음부터 원가의식이 가미되어져야 한다.

창업초기에는 외형적인 성장만을 생각하고 영업을 하는 경우가 많은데 원가는 물가상승이나 인건비상승 등 언제나 올라갈 가능성이 많음으로 처음부터 이러한 변수에도 큰 변화 없이 창업초기의 원가율을 유지할 수 있도록 하는 원가관리시스템을 정립할 수 있어야 한다. 경우에 따라서는 조리매뉴얼의 합리화에 의해 준비작업과 영업시간대의 조리작업의 구분, 작업시간 단축, 조리시간 단축, 원자재 위치설정의 합리화에 의해 단위시간대 생산성을 높게 함으로써 원가관리를 합리적으로 할 수 있다.

⑨ 반드시 시장에서 검증을 받고 전 점포에 적용할 수 있는 메뉴이어야 한다.

개인점포는 시장의 사정이나 고객의 요구변화, 식자재의 조달문제 등으로 기존의 메뉴를 고객에게 제공하지 못할 때는 언제든지 주방장의 능력에 따라 계절 변화메뉴나 신메뉴를 출시할 수가 있다. 그러나 프랜차이즈 체인점포는 메뉴를 수정하기 어려운 여러 가지 제약이 있음으로 쉽게 메뉴를 변경하거나 신메뉴를 개발하여 점포에 내놓기가 어렵다. 예컨대 신메뉴를 제공하기 위해서는 주방기기를 새로 도입하는 경우도 있고 전체 직영 및 가맹점에 대하여 이의 도입을 위한 교육도 시행하여야 하고 물자증가에 대한 창고문제 등 여러 가지 해결해야 될 사항이 많음으로 간단히 메뉴가 창출되는 것이 아니다. 메뉴수정의 경직성이 의외로 큼으로 사전에 모델점포를 통하여 충분히 검증된 메뉴만을 출시하여야 한다.

⑩ 프랜차이즈 점포는 메뉴를 장기적으로 고객에게 선보일 수 없음으로 신규메뉴의 개발 판매를 위하여 주방 스페이스는 어느 정도 여분을 확보해 두어야 한다. 즉 언제나 새로운 메뉴를 개발하여 경쟁우위를 유지하려면 이를 위한 신주방기기를 설치할 수 있는 스페이스를 남겨두는 것은 당연한 일이다.

⑪ 전국 공통메뉴와 지역 특화메뉴의 도입을 생각해야 한다.

최근의 외식시장의 메뉴는 개별점포는 물론 프랜차이즈 체인점포 모두 변화가 격심한 고객의 need에 맞추기 위해 계속해서 신제품을 고객에게 제시하여야 경쟁에서 살아남을 수 있다.특히 최근의 고객은 규격화되고 개성이 없는 체인점보다는 전문점을 선호하는 현상임으로 프랜차이즈 체인점에서도 이러한 고객의 need에 맞추어 일단은 체인 전체의 아이덴티티를 위하여 전 체인의 통일메뉴는 그대로 두되 점포의 특성이나 지역에 따라 10~15%의 범위에서 점포 개별적인 메뉴를 운영토록 하고 있다. 물론 이런 점포 자체의 메뉴도 본부의 엄격한 심사를 거쳐 결정하지만, 그 기준은 어디까지나 개성화와 차별화된 메뉴이어야 한다.

2) 자금계획 및 조달계획

자금계획은 점포의 판매규모와도 연결되며 경영의 견실성을 유지하고 사업확대를 결정하는 기본요소임으로 창업초기 실험점포나 모델점포 건설과 운영, 본부 관리요원의 확보와 교육, 창업준비에 소요되는 조사비용 등을 감안하여 충분한 준비가 필요하다.

① 자금계획

프랜차이즈 사업초기의 자금계획에는 ㉠ 표준점포 건설에 소요되는 제반 투자액, ㉡ 본부 조직구성 및 본부 사무실 설치비, ㉢ 초기 운영에 관련된 자금, ㉣ 창고 및 교육장소 등 부대설비 건설자금, ㉤ 원자재 조달자금, ㉥ 직원교육비, ㉦ 실험실습비, ㉧ 창업 홍보선전비 등이 포함된다.

② 모델점포 건설자금계획

이 내용은 모델점포 기본설정에서 설명하였음으로 본 항에서는 생략한다.

③ 그 외 창업초기에 특별하게 필요한 자금내역

㉠ 사업설명회 개최비용

모델점포가 개점되고 몇 개의 직영 및 가맹점이 개점되어 점포운영시스템이 어느 정도 정비되면 사업설명회의 개최 혹은 신문에 대대적으로 가맹점 모집광고를 하는 것이 일반적인 경향이다. 사업설명회는 보통 일간신문의 광고를 통하여 개최일자와 장소를 안내하며 유명대학교수나 전문컨설턴트를 연사로 초정하고 호텔이나 컨벤션시설을 이용하는 경우가 많은데 이에는 많은 비용이 소요되기 때문에 이런 식의 사업설명회를 실시하는 것이 좋은 방법인지는 조금은 생각하여야 할 것 같다. 뒤에 설명할 기회가 있겠지만, 가맹점 모집을 위하여 사업설명회를 개최하거나 음식박람회 등에 참가하여 기대한 대로 성과를 얻는 기업체는 많지 않다. 이러한 이벤트는 기업을 알리는 기회로 활용하여야 하며 사업설명회에서 바로 가맹점 계약으로 연결될 것으로 기대하는 것은 무리한 발상이다. 이런 이벤트에 참가하는 사람들은 정보를 찾아 해매는 투자예비자들이 자료수집 차원에서 참여하기 때문에 바로 가맹계약으로 연계되기는 어려우며, 이런 계층에게는 회사의 명확한 정보를 정리한 인쇄물을 배포하고 계속해서 이들을 관리할 데이터를 수집하는 것으로 만족하여야 한다.

　이런 방법보다는 정기적으로 본사의 면담실에서 10~15명 단위로 매월 1일 혹은 15일의 오후 시간대에 사업설명회를 개최하여 선전 영상물을 보여주고 CEO가 직접 나와서 창업배경, 향후의 비전, 자기 체인의 장점과 특수성, 기존점포의 영업과 손익사항, 개점소요자금 등을 명확하게 설명하거나, 본부에 협조적인 가맹점 오너를 선정하여 점포실적을 사실 그대로 직접 설명하게 하는 것도 효과적인 방법이다. 또 점포 스페이스에 여유가 있다면 지역별로 모델점포에서 오후 시간대에 영상자료를 가미하여 설명회를 개최하고 질의를 받는 것도 효과적인 사업설명회가 될 수 있다. 본부 사무실에서 사업설명회를 개최하는 경우에는 참가자를 인근 점포현장에 안내하여 간단하게 메뉴를 시식하는 기회를 제공하면 더욱 본부의 신뢰성을 높이는 방법이 될 것이다.

　다시 한 번 강조하지만, 사업설명회 개최에 소요되는 금전은 비용이 아닌 투자로 생각하여야 하고 말 그대로 본부의 사업내용을 설명하는 기회로 삼아야지 가맹계약까지 연결될 것으로 기대하는 것은 무리다.

　ⓒ 수입기자재 및 수입식자재 조달자금

　모든 식자재와 주방기기를 국내에서 조달하는 경우에는 이런 자금을 필요로 하지 않으나 주방기기가 국내에서 제작할 수 없는 기종이거나 외국에서 특수한 식자재를 일부 수입하여야 할 경우 개점속도에 맞추어 주방기기나 식자재의 소요량을 파악하기 어렵고 또 어느 정도의 예비수량을 확보해야 함으로 이런 물자를 보유하기 위하여 많은 자금을 별도로 필요로 한다.

이 예상수량은 기존 점포의 매상고 신장률, 수입식자재의 운반기간, 점포개발속도 등 많은 변수에 의해 파악해야 하기 때문에 쉽게 처리되는 문제가 아닐 수 있다.

따라서 이런 주방기기와 수입식자재를 사용하는 체인은 이 부분을 특별 관리하는 자금과 부서를 별도로 갖는 것이 좋다. 물론 장기적으로는 국내 주방기기 메이커와 합동으로 주방기기를 개발하고 식품메이커와 연합하여 식자재의 국산화가 가능한 빨리 이루어지도록 해야 할 것임은 두말할 필요가 없다. 패스트푸드의 일부, 중화식의 일부 점포는 특수한 소스나 식자재가 국내에서 생산되는 것이 아니어서 계속 수입을 해야 하는 경우 통관절차나 선적기간 때문에 상당히 어려움을 겪고 있는 경우도 있다.

④ 자금조달방법

현재 우리나라에는 외식산업을 위한 융자제도나 발전기금이 없기 때문에 자기자금 이외에는 특별한 자금 조달방법이 없는 것이 사실이다.

외국의 경우는 체인본부가 어느 정도 성장하면 금융자회사를 설립하여 가맹점에 융자하는 경우도 있고 국가 및 지방자치단체가 각종 금융공고(金融公庫)를 설립하여 외식사업에 대한 자금조달을 지원하고 있으나 우리의 경우는 해당되지 않는 이야기이다. 신용사회가 정착되고 금융권의 대출방법이 선진화되면 금융권으로부터의 자금조달이 어느 정도 가능하겠지만, 아직은 이런 환경이 도래되지 않았기 때문에 여기에서는 프랜차이즈 초기 창업단계에서 자금조달에 유의할 사항을 몇 가지 정리해 보기로 한다.

㉠ 가맹점포로부터 가맹금, 보증금을 받아서 본부 운영자금으로 활용하려는 발상은 아주 위험하다.

개정된 프랜차이즈 관련 법규에서는 가맹금은 본부가 바로 입금하여 사용할 수 없고 일정기간 제3의 기관에 위탁하도록 하고 있다. 이 제도가 문제점이 있느냐 없느냐 하는 것은 더 연구하여야 할 것이나, 중요한 것은 관계당국의 가맹본부와 가맹점 양자를 보는 평형감각이며 모든 거래를 법조항으로 규제하려는 발상은 우리나라 프랜차이즈 사업의 발전을 위하여 바람직하지 않다는 점이다. 왜냐하면 미국이나 일본 등 프랜차이즈 사업의 선진국에서도 가맹거래상의 분쟁에 대하여서는 법률적인 해결방법보다는 거래조정기관에서 사전조율을 하도록 권장하고 있는데, 이것은 가맹거래에서 야기되는 각종 분쟁은 법률적으로 누가 옳다 그르다고 판단하기가 어렵고 복잡한 내용이 많기 때문이다. 우리나라 가정법원에서 이혼소송을 판결하기 전에 일정기간 조정기간을 두는 것은 개인의 가정사를 법률적 잣대로 판단하기가 어렵기 때문일 것이며, 같은 이유로 모든 상거래행위를 법률적 관점에서 재단하려하면 많은 무리가 따르게 된다.

　ⓛ 직영점의 매상고를 창업업무진행을 위한 자금의 일부로 생각하여서는 안 된다.

점포의 매상고 전부가 가용자금이 될 수 없다. 그것은 바로 인건비, 관리비, 식자재비 등으로 사용하며 잘해야 매출의 약 10% 정도가 가용자금이 될 뿐이다.

　ⓒ 모든 창업자금을 100% 자기자금으로 운영하는 것도 문제가 있다.

사업이 확대되면 자기자금으로 기업을 운영하는 것은 한계가 있으며 금융권으로부터의 융자는 필수적이다. 따라서 자기자금에 어느 정도 여유가 있어도 앞으로 금융권과의 거래를 위하여 소규모라도 차입금을 사용하는 등 금융권과의 신용관계 구축이 필요하다.

한편으로는 금융권으로부터의 차입금이 있다는 것은 원리금(元利金)을 반제해야 하는 의무를 갖게 됨으로 자기자금을 활용할 때보다 더 긴장하게 되어 오히려 사업의 성공률이 높아질 수 있다. 중동의 두바이에는 시내 중심지의 좋은 입지에 상당히 큰 규모의 한국식당이 있다. 우연한 기회에 이 식당에서 식사를 할 기회가 있었는데 점포운영이 수준 이하였다. 음식의 질도 문제가 있었지만 종업원의 서비스수준도 문제가 많았다. 종업원에게 점포의 오너가 어떤 사람이냐고 물었더니 한국의 어떤 재벌 2세라고 하였다. 죽기 살기로 성공해야 한다는 정신력이 없으니 이 아까운 점포를 이렇게 만드는 것이구나 하는 생각을 한 적이 있었는데, 만약 이 경영주가 은행의 차입금을 가졌다면 이렇게 느슨한 경영은 하지 않았을 것이다.

ⓔ 주방기기 기타 비품 중 리스가 가능한 것은 그 방법을 강구해본다.

이것은 본부의 점포개설자금과 가맹점의 창업자금 조달부담을 일정부분 경감시키는 역할을 할 것이기 때문이다. 외국의 경우 POS기기나 주방기기 심지어는 직원의 유니폼까지 리스로 이용하는 회사가 많다.

ⓜ 가맹금, 보증금, 로열티 기타 어떤 명목으로든 가맹점으로부터 입금되는 것은 본부의 100% 수익이 되는 것은 아니다.

보증금은 가맹점에 대한 부체이기 때문에 언제라도 반제하야 할 내용이며 가맹금, 로열티 등도 100% 본부의 수익은 아니다. 왜냐하면 성장하는 기업이라면 이의 대부분을 체인 전체의 생존을 위한 신제품 개발, 신소재의 개발, 새로운 업태 개발, 교육시스템의 개발 등에 사용할 것이기 때문이다. 몰지각하고 비양심적인 가맹본부가 위의 항목에 대하여 금전적 이득을 취하는 행위를 하는 아주 드문 경우를 제외하고는 거의 모든 체인본부가 위 항목으로 입금되는 금전을 전액 수익으로 챙기는 이는 일은 거의 없다. 이점에 대한 관계당국의 관점과 일부 가맹점들의 본부 불신 일변도의 사고방식은 수정되어야 할 것 같다. 물론 이 문제에 대하여 비양심적인 본부의 행태는 논외로 한다.

⑤ 향후 금융시스템의 변화를 예상한 대안의 연구

우리나라의 현재 금융시스템상 외식기업이 금융권으로부터 창업자금이나 운영자금을 필요한데로 차입하여 사용할 수 있는 시기는 앞으로도 상당한 기간이 지나야 도래할 것으로 본다. 그러나 매상고가 연간 수천억원을 넘어서는 기업이 수개 사 탄생하고 주식을 공개하는 기업도 몇 개 탄생하며 외식산업을 발전시키기 위한 사회적 정책적 변화가 필연적으로 올 것이기 때문에 지금부터라도 이런 경우를 대비하여 준비작업을 해가야 한다. 외식기업이 금융권에 대하여〔대출을 부탁합니다〕라는 풍토에서 금융권이〔제발 저희 은행자금을 사용해주십시오〕하는 풍토로 바뀌어지는 것은 시간문제라고 본다.

실제로 약 20여년 전 외국의 어느 외식프랜차이즈 본부에 은행의 간부가 찾아와서 "우리 은행자금을 좀 대출하여 사용해 주십시오."라고 말하는 모습을 본 적이 있다.

우리도 이런 환경이 도래할 것을 예상하고 준비를 해가야 한다.

예컨대 부동산담보가 없어도 거액의 융자가 가능한 풍토가 조성되고 연간 은행 금리가 5~6%에서 2~3%선으로 낮아지는 여건은 그렇게 오랜 시간이 지나지 않아 도래할 것으로 본다. 자유무역 협정이 더 진행되면 해외펀드나 외국금융사가 대거 진출하여 공개경쟁을 할 경우 우리 금융권의 대출관행은 여지없이 붕궤되리라고 생각된다.

㉠ 확실한 사업계획서에 의한 융자

현재 우리나라 금융권의 대출은 반드시 부동산 담보가 있어야 하고 보증보험사의 보증이 필수적이며 심지어 국가나 지방자치단체가 관리하는 각종 기금의 대출이나 융자에도 이러한 관행이 계속되고 있다. 그러나 외국금융기관이 다수 상륙하고 금융권 간의 경쟁에 의해 이러한 관행은 점점 수정될 것으로 본다.

금융권의 대출관행도 유망한 사업을 적극적으로 발굴하고 해당업계의 성장과 함께 발전하는 양태로 변할 것이다. 이것은 선진국에서 흔히 볼 수 있는 것이기 때문에 새삼스러운 내용도 아니다. 금융권은 자체의 심사능력이나 조사능력을 키워야 하겠지만, 외식기업 자체도 금융권의 대출심사기준에 맞고 비전을 확실하게 제시하는 사업계획서를 작성할 수 있어야 한다.

이때 작성되는 사업계획서는

- 명확한 산출근거에 의한 매상고 예측
- 명확한 제반 경비 예측
- 합리적인 원가계산
- 손익계산서의 합리적인 작성
- 자금운영 및 자금 반제에 대한 명확한 계획과 그 가능성을 보장하는 내용 등이 포함되어야 할 것이다.

㉡ 가맹점에 대한 금융지원제도의 연구

우리나라에는 프랜차이즈 본부가 금융업을 겸업하거나 금융기관에 보증을 하여 가맹점의 창업자금을 지원해주는 예는 거의 없다. 그러나 선진국에서는 이러한 예는 많은 편이다.

이것은 자금을 많이 가진 사람보다는 자금은 부족하나 경영능력이 있는 가맹점 희망자를 모집하는 것이 체인 전체의 경쟁력을 높이는 원동력이 됨으로 우수한 경영자를 동참시키는 방법의 하나로 장기적인 관점에서 적극적으로 연구해봄직한 시스템이다.

가맹점에 대한 금융지원방법은 다음과 같은 내용이 있다.

ⓐ 가맹본부가 점포를 개설하여 우수한 가맹희망자에게 이를 임대하는 방식

ⓑ 가맹본부가 금융기관과 제휴하여 본부의 보증으로 가맹희망자에게 일정한 도의 자금을 대출받게 하는 방식

두 가지 방법 모두 본부에 금전적 부담과 위험부담을 줄 수 있지만, 우수한 인재확보가 어려운 경쟁격화시대에 이를 확보하기 위한 전략적 차원에서도 연구해 볼 내용이라고 판단된다.

ⓐ 방식은 사내 라이선스제도라고 하여 장기간 근속한 직원들의 퇴직 후의 노후 생계보호차원에서, 현직 사원의 사기앙양차원에서 실행되는 제도이다.

이는 장기간 근속한 우수한 인력을 계속 활용할 수 있고, 회사의 노하우나 기술을 사외로 유출시키지 않는 장점이 있으며, 현직 근무자들에게도 노후에 대한 불안 없이 열심히 일할 수 있는 분위기를 조성할 수 있어 인사관리측면에서도 효과가 큰 시스템이라고 생각된다. 일본의 우수한 일식체인전문점인 간꼬스시에서는 신입사원을 모집할 때 처음부터 회사간부로 성장을 꿈꾸는 사람과 가맹점의 오너로 성장하려는 의욕을 가진 사람을 구분하여 선발하고 장기적인 교육계획에 의해 양쪽의 인재를 육성하고 있다. 이 사례는 우리나라 외식본부사업자도 눈여겨볼 만한 내용일 것이다.

ⓑ 방법은 우리나라 경제환경에서는 많은 위험부담을 본부에 제공할 수 있는 내용이나, 연구하기에 따라서는 실효성이 높은 전략으로 정착시킬 수 있을 것이다.

예컨대 A가맹점 오너가 몇 년간 1개 점포를 운영하면서 본부에 대하여 적극적인 협조성이 있고 직원교육과 관리능력이 있으며, 각종의 판촉활동으로 점포를 성공시켰다면 이 가맹점주는 그 관리능력과 본부의 가맹점오너 선정기준 적합성에 대하여 충분한 검증을 거친 것으로 본다. 이런 가맹점오너가 사업확대 의욕은 있으나 자금이 부족한 경우 본부가 보증하는 방법으로 창업자금을 융자받도록 하여 점포를 개설케 함으로써 체인 전체의 파워를 육성하는 방법이다. 어느 일정한 장소에서 어떤 외식점포가 계속적으로 우월적 지위를 누릴 수 없는 오늘의 시장환경에서는 가맹점경영자도 위험분산전략의 하나로 또는 사업확대의 전략으로 충분

히 입맛 당기는 시스템이 될 수 있을 것이다.

　또 하나는 산하에 금융회사나 리스회사를 설립운영하면서 가맹희망자에게 직접융자하거나 주방기기나 설비비품 등을 리스로 이용하도록 하여 가맹점 창업희망자의 창업자금 부담을 지원하는 제도도 연구해봄직하다.

3) 입지선정기준의 설정(입지 컨셉트의 설정)

　프랜차이즈 시스템 개발업무 2단계인 경영방침의 설정 내용에는 여러 항목이 있으나, 특히 이 입지관련 내용은 가장 중요한 항목이다.

　우리나라 외식프랜차이즈 본부의 문제점을 설명할 때 가장 강조한 것이 이 부분이다. 자기 체인의 입지에 대한 기본 컨셉트도 없이 단순히 가맹희망자가 요청하기 때문에 혹은 점포확보만이 살길이기 때문에 관계법규에서 정한 경쟁배제의 원칙은 다음의 문제라고 생각하고 무조건 점포개점만을 생각하는 체인본부가 많았던 것은 사실이다. 이제 프랜차이즈 관계법규가 강화되어 마구잡이식으로 점포를 개설하는 것은 어려운 여건이 되었으나, 법에 의해 가맹희망자를 보호하는 것은 한계가 있음으로 모든 것은 가맹희망자의 판단과 철저한 분석에 의해 우수한 본부를 결정하는 외에 특별한 방법은 없다고 생각된다. 장사를 하는데 법의 보호를 얼마나 받을 수 있을지를 생각해 보면 가맹본부를 선정함에 있어 신중에 또 신중을 기하여야 한다는 말을 이해할 수 있을 것이다.

　국내의 외식프랜차이즈 본부가 체인 나름의 입지에 관한 기본 룰을 만들어 시행하고는 있으나, 적어도 수십 점포를 보유한 기업이 점포입지에 관한 명확한 컨셉트가 설정되어 있지 않다면 이런 체인이 성공한다는 것은 우스운 이야기가 될 것이다. 더구나 입지는 시장여건이나 경쟁여건에 따라 생물처럼 수시로 변화될 수 있음으로 기존의 명확한 입지 컨셉트가 없다면 수정작업도 어려워져서 시간이 지날수록 입지결정에 많은 혼란이 오게 될 것이다.

　입지 컨셉트의 구성요소는 점포의 규모, 메뉴의 종류와 질 그리고 객단가, 매출규모 등에 의해 결정된다. 입지를 설정하는 요소로서는 다음의 두 가지가 주로 채용되고 있다.

- **정량적**(定量的) **분석요소**

① 인구 및 교통현황, ② 상업현황, ③ 점포형태, ④ 통행량의 형태, ⑤ 입지 주변의 소비자들의 소득수준 등 통계적이며 수치적인 내용이 있으며, 이러한 요소에 정성적인 요소를 가미하여 입지컨셉트를 구성하거나 점포의 매상고 구성요소를 중심으로 입지를 평가하는 방법도 있다.

- **정성적**(定性的) **분석요소**

지역의 분위기, 유행, 지역을 방문하는 사람들의 옷차림, 걸음걸이, 지역의 문화예술적 특성 등이 여기에 속한다.

- **그 외 점포의 매상고를 구성하는 요소를 중심으로 입지를 설정하기도 한다.**

여기에는 ① 상업성 유도시설, ② 인지성과 시계성, ③ 동선도로, ④ 상권의 질, ⑤ 시장규모, ⑥ 교통통행량, ⑦ 건물구조, ⑧ 토지구조, ⑨ 경쟁정도, ⑩ 영업력 브랜드력 등이 있다.

매상고 구성요소에 의한 입지분석방법은 졸저 외식창업실무론(백산출판사)에 자세히 설명되어 있다. 여기서는 지면관계상 간단하게 사례를 들어 설명하기로 한다.

- **점포 입지설정〔사례 1〕**

(여기에 소개되는 수치는 임의로 작성된 것이며 기업별로 입지 평가요소 수치에는 많은 차이가 있을 수 있음을 밝혀둔다)

a. 인구 및 세대수 평가

핵심항목	평가점수					배 점
	5	4	3	2	1	
대도시(인구)	100만 이상	60~100만	30~60만	15~30만	15만 이하	
인구증가율	1.5% 이상	1.2~1.5%	1~1.2%	0.7~1%	감소	
세대당 거주인원	5명 이하	4명 이하	3명 이하	2명 이하	1명 이하	
30대미만 인구구성	70% 이상	60~70%	50~60%	40~50%	40% 미만	
중소도시(인구)	20만	15~20 만	10~15만	5~10만	5만 이하	
반경 1km 이내 인구수	8만 이상	5~8만	3~5만	2~3만	2만 이하	
반경 500m 이내 인구수	2만 이상	1.5~2만	1~1.5만	5천~1만	5천 이하	

b. 교통현황

핵심항목	평가점수					배 점
	5	4	3	2	1	
버스정류장의 위치	50m 이내	100m이내	150m 이내	200m 이내	200m 이상	
지하철 역	100m 이내	150m 이내	200m 이내	250m 이내	300m 이내	
버스승하차인원 (1일)	2만 이상	1.5~2만	1~1.5만	5천~1만	5천 이하	
지하철 승하차인원(1일)	10만 이상	5~6만 정도	3~4만 정도	2~3만 정도	2만 이하	
통행량구성비 (여성)	50% 이상	40~50%	35~40%	35~30%	30% 이하	

c. 점포전면 도로형태 및 통행량

핵심항목	평가점수					배 점
	5	4	3	2	1	
점포 앞 인도의 넓이	5m 이상	3~5m	2.5~3m	2~2.5m	2m 이하	
점포 앞 통행인원(1일)	5만 이상	4~5만	3~4만	2~3만	2만 이하	
점포 앞 도로의 폭	40m 이상	30~40m	20~30m	15~20m	15m 이하	
통행인의 걸음걸이	아주 느리다	느리다	보통이다	좀 빠르다	아주 빠르다	
평일과 휴일의 통행인원 차이	20% 이상	25~30%	30~35%	35~40%	40% 이상	

이상과 같이 a, b, c, d, e, f… 등 여러 가지 기본항목을 설정하고 그 항목별로 세부적인 핵심항목을 5~10개 설정하여 전체적인 평가항목을 만들면 a, b, c, d… 의 항목이 10개이고 그 각각의 세부항목이 5~10개 정도 정해지면 전체 평가요소 는 적어도 50항목에서 100개 항목이 될 것이다. 이 항목에 대한 배점을 한 뒤 전 체를 합산하면 입지에 대한 평가점수가 산출된다. 이렇게 평가된 배점합계가 도 시형과 교외형, 대도시형과 지방도시형으로 체인 자체의 가이드라인이 설정되어 있음으로 그 가이드라인에 들어오는 입지에 한해서 개점을 한다면 거의 실패 없는 입지선정 작업이 이루어질 수 있을 것이다. 선진국의 우수외식체인의 점포가 입 지선정의 잘못으로 인한 폐업이 없는 것은 이와 같은 과학적인 입지선정 컨셉트가 있기 때문인 것이다.

• 점포 입지설정〔사례 2〕

다음은 점포의 매상고 구성요소를 중심으로 평가항목과 평가기준을 정한 뒤 입 지를 선정하는 사례를 소개한다. 이 역시 필자가 수치를 임의로 정하여 서술한 것 임으로 실제 운영에서는 사용할 수 없다. 앞에서 설명한대로 점포의 규모나 개점 전략 등 기업의 기본정책에 의해 각각의 수치설정에 차이가 있을 수 있기 때문이다.

① **상업성 유도시설** : 점포인근의 유명백화점, 영화관과 같이 고객이 집합하는

곳, 점포의 매상과 연계될 수 있는 시설로써 철도역, 대형운동장, 문화시설, 대학교 등도 여기에 속한다.

② **시계성** : 점포주변을 걷는 사람이나 주변의 도로를 주행하는 자동차 운전자의 시야에 자연스럽게 점포의 간판이나 점포 전체가 잘 보이는가 안 보이는가에 대한 평가 요소이다. 여기에는 가로수 육교 등 시계를 방해하는 시계장해요소와 점포건물의 컬러와 간판의 컬러가 유사할 때 발생하는 시계융합 등 여러 가지 평가요소가 있다.

③ **인지성** : 장기간 한 장소에서 영업을 하여 왔거나 판촉이나 광고 등으로 얼마나 고객에게 인지되어 있는지를 평가하는 것이다.

④ **동선도로** : 상업성 유도시설과 다른 상업성 유도시설을 이어주는 사람의 궤적을 말한다. 이에는 주동선, 보조동선, 혼합동선 등 여러 가지 내용이 있다.

⑤ **상권의 질과 시장규모** : 점포 앞을 걷고 있는 사람들의 걸음걸이, 속도, 옷매무세 등과 점포 바로 앞과 점포주변 일정범위에서의 잠재적 구매력을 파악하여 평가하는 방법이다.

⑥ **건물구조 토지구조** : 건물의 모양이나 층수, 토지의 경사도, 평면 혹은 면적규모, 주차장 진출입의 편리성 등을 평가하는 방법이다.

〔**평가사례**〕

기본항목	가중치	10	8	6	4	3	평가점수
상업성유도시설	20%						
인지성	10%						
동선도로	10%						
상권의 질	15%						
시장규모	10%						
교통통행량	15%						
건물구조	5%						
토지구조	5%						
같은 체인점 경쟁요소	5%						
타경쟁점경쟁요소	5%						
합 계	100%						

⑦ **그 외 경쟁요소** : 경쟁점포의 존재여부를 종합적으로 평가하여 점포의 매상고
를 예측한다.

이 방법은 예컨대 상업성 유도시설이 80점, 인지성이 60점으로 평가되었다면
여기에 가중치를 곱하여 평가점수를 산출한다(상업성 유도시설 80점×20%/100＝16
점, 인지성 60점×10%/100＝6점). 이렇게 종합평가 점수가 65점 혹은 60점으로 평
가되면 이 점수를 유사한 기존점포의 매상고에 대입시켜 예상매상고를 산출하고,
회사의 기준이 평가점수 60점 이상을 얻어야 개점한다는 원칙이 있는 경우, 집계
된 평가점수가 55점으로 산출되었다면 입점을 포기하는 것이다. 물론 평가점수가
회사의 기준점수를 얻지 못해도 기업의 출점전략상 특수한 입지에는 출점하는 경
우가 없는 것은 아니다. 예컨대 기업의 선전용 안테나 점포나 경쟁차원에서 적자
를 각오하고 출혈 출점하는 경우가 그것이다.

이와 같이 체인점개설을 위하여서는 시장여건에 따라 기준이 변경되는 경우가
있어도 명확한 입지컨셉트를 설정하고 이에 의해 입지를 선정해야 한다. 더구나
프랜차이즈 관계법규에서는 기존 가맹점의 손실을 방지하고 이를 보호하기 위하
여 입지의 경쟁제한을 정하여 무분별한 점포 출점을 규제하고 있음으로 각 점포의
표준이익이 보장되는 시장규모를 설정하여 입지 컨셉트를 설정한 이상 이를 준수
하는 것은 가맹본부 경영자들의 의무라고도 할 수 있다. 다만, 시장여건이 현저히
변화되어 기존 입지 컨셉트를 준수할 수 없는 경우에는 전체 체인의 생존전략차원
에서 새로운 입지 컨셉트를 설정해야 할 것이다. 생물처럼 변화하는 시장에서 점
포운영에 연결되는 각종 매뉴얼이 항구여일하게 같은 내용으로 적용될 수 없는
것처럼 입지 컨셉트도 시장여건에 따라 변하는 것은 당연한 일이라고 할 수 있다.

(3) 제3단계 프랜차이즈 패키지의 확정

여기서 말하는 패키지란 말 그대로 프랜차이즈 시스템을 하나의 꾸러미 속에
함축시킨 기술 집약을 의미한다. 외국에서 브랜드를 도입할 때도 "프랜차이즈 패
키지 그대로 도입하였다"라는 말은 외국의 본부 기술을 전부 하나의 꾸러미 속에
함축하여 계약하였다는 의미이다. 이는 일부 메뉴조리법이나 상표만을 사용하도
록 한 수준의 프랜차이즈와는 현격한 차이가 있는 내용이 된다.

문제는 이 패키지에 담긴 내용은 기술적인 내용이 대부분이며 앞에서 말한 제1단계, 제2단계의 프랜차이즈 사업목표의 설정이나 경영방침 같은 내용은 포함되어 있지 않았다는 점이며 우리나라 프랜차이즈 본부 경영자의 대부분이 이 패키지 부분만을 중시하는 경향이 강하다는 점이다. 프랜차이즈 본부사업의 심장에 해당하는 1, 2단계 내용보다 팔다리에 해당하는 제3단계의 패키지만을 중시하기 때문에 시간이 지남에 따라 체력관리를 잘못하여 비대한 몸집이 되거나 빈약한 몸집이 되어 병고에 시달리거나 단명하는 사람과 같이 되어버리기도 한다.

프랜차이즈 패키지의 구성내용은 다음과 같다

1) 점포디자인 레이아웃(lay out)

표준점포의 주방과 객석 창고 및 부대시설의 기본구조에 대한 내용이다.

주방기기의 배치, 서비스 카운터의 높이 및 규격, 의자 및 테이블의 규격 및 배치도, 화장실과 창고의 위치 및 규모, 탈의실 및 휴게실, 전처리실 등의 기본을 정하고 이 기본에 의해 직사각형, 정사각형, 혹은 마름모꼴의 여러 형태의 점포를 설계한다.

2) 주방기기, 주방비품규격 및 리스트의 작성

메뉴조리에 필요한 주방기기, 식기류를 포함한 주방비품, 식자재를 보관하기 위한 냉동 냉장고의 대·중·소 규격과 리스트의 확정 등이 이 업무에 속한다. 예컨대 아이스크림용 보관용은 −18℃가 평균 고내온도이나 당일 작업용으로 사용할 수량을 보관할 냉동고는 −12℃를 별도로 설정하여야 한다.

주방비품은 온도계, 당도계, 칼, 포장기기, 저울, 국자, 밥주걱의 규격과 기초설정량을 정하여야 한다.

3) 영업비품, 소모품 규격 및 리스트

영업비품에는 금고(간이금고 포함), 금전등록기(POS기기), 청소용품, 의약비품, 테이블 apt트, 수저, 핸드터미널, 전화기, 각종 디스펜스류, 접시류 등이 있으며 기준량설정과 보충준비량을 미리 설정해 두어야 한다.

소모품류도 동일규격의 제품을 사용함을 원칙으로 기초준비량과 보충량을 설정하여 재고소진으로 인한 서비스의 기회손실이 일어나지 않도록 한다. 소모품에 점포의 로고체나 심벌마크 등을 삽입할 때는 그 규격이 정확하게 삽입되도록 사용 용도별 도면을 설정한다.

4) 광고 PR방법의 확정

이는 프랜차이즈 본부에서 행하는 광고홍보전략의 통일성을 정리하는 내용이다. 창업초기부터 본부의 모든 홍보, 광고를 특정 신문, TV, 라디오에서만 행함으로써 가맹점 희망자나 일반 고객에게 저 회사는 사업설명회, 가맹점 모집광고, 기타 각종 광고홍보활동을 반드시 ○○신문이나 ○○방송국을 통하여서만 실시한다는 것을 인지시킬 수 있다. 따라서 이 회사의 정보를 얻으려면 자연스럽게 특정매체를 찾게 되어 많은 비용을 들여 여러 매체에 광범위하게 광고하는 것보다 특정매체에만 광고홍보를 함으로써 적은 비용으로 오히려 그 효과를 높일 수 있도록 하는 것이다. 물론 우리 사회구조상 기업을 운영하면서 특정매체에만 광고를 하는 것은 대단히 어려운 실정이나, 그것은 정상적인 사회의 모습이 아니기 때문에 크게 구애받을 필요 없이 창업초기부터 광고 PR방법을 확실하게 설정할 필요가 있다.

5) 판매촉진방법의 설정

가맹점 개점시에 행하는 판촉활동, 계절적으로 실시하는 판촉형태 그리고 본부와 가맹점이 동시에 실시하는 판촉의 형태를 정리하여 통일화하는 방법을 설정하는 것이다.

판촉은 시장여건의 변화나 경쟁상황에 따라 실시하는 것이지만 판촉의 여러 가지 유형을 정해두고 각 가맹점이 자기 시장사정에 따라 이 방법 중에서 선택적으로 판촉을 하도록 하는 것은 효과적인 방법이다.

그리고 가맹점에서 개별적으로 판촉을 실시할 때도 본부와 협의하는 과정을 정리해 둠으로써 판촉실시에 있어 실기(失機)를 하지 않게 하거나 판촉방법상의 혼란이 일어나서 체인 전체의 이미지를 다운시키는 것을 방지하는 방안도 정리한다.

6) 급여체계의 설정

이것은 본부운영점포와 가맹점운영점포가 별도로 존재하기 때문에 일반 기업의 급여운영시스템과는 다른 별도의 급여체계관리가 필요하기 때문에 설정해야 하는 내용이다.

프랜차이즈 체인에서는 본부직영점과 가맹점포직원과의 급여차이가 일어나기도 하며 또 대도시와 지방도시의 경우 그 지역의 시장환경에 의해 지역에 따른 급여의 차이가 발생할 수 있다. 개점기간이 오랜 점포와 신규 개점한 경우의 점포근무자간에는 근무기간과 숙련도에 차이가 있음으로 급여 차이가 발생하는 것이 정상적이나, 급여체계가 불분명한 경우 가맹점 근무자들은 그 숙련도에 따른 적정한 임금을 받지 못하는 경우가 많다. 이와 같이 일반적으로 가맹점 근무자들은 직영점 근무자들과 임금수준에 차이가 있음으로 근무의욕이 낮아 장기근무를 하지 못하는 경우가 많다.

즉 가맹점 직원의 점포 정착률이 낮아지면 경력이 많은 점포근무자가 줄어들고 그것은 점포의 서비스 수준을 떨어뜨려 최종적으로는 체인 전체의 이미지를 나쁘게 한다.

특히 파트타임 아르바이트의 경우 동일체인 간에 시간급(時間給)의 차이가 있거나 타점포의 아르바이트를 임의로 스카우트하는 경우에는 인력관리에 상당한 혼란이 발생할 수 있음으로 아르바이트도 시간급, 승급기준, 타점포로부터의 스카우트를 금지하는 규정이 필요하다. 특히 직영점이나 가맹점 점포 근무자는 서로 같은 처지에 있음으로 급여문제 등에 대하여 수시로 정보를 교환하는 경우가 많음으로 점포근무자의 급여 통일성 유지는 절대적으로 필요하다. 단, 상여금은 점포의 영업성과에 따라 차이가 발생할 수 있음으로 이 차이에 대한 내용은 창업교육 시에 충분히 설명하여 납득시켜야 한다. "직영점은 400%의 상여금을 지급하는데 왜 우리는 100%밖에 안 되는가?"라고 불평하는 경우 점포운영에 문제가 발생할 수 있기 때문이다.

본부는 급여문제 외에 가맹점 근무자들의 사기를 높이기 위해서 일정수준 이상의 경험이 있고 점포근무 성적이 우수한 가맹점 근무자를 발탁하여 직영점 직원이나 본부 기간요원으로 채용하는 제도도 연구하여야 한다.

외식산업이 성숙화하는 단계에서는 인력난이 필연적으로 나타나는데, 이 인력난을 해소하는 방안의 하나로서 직원의 정착률을 높이는 방안이 강구되어야 한다. 이를 위하여 장기 근속자의 급여운영방법에 대한 연구 또한 필요하다. 즉 특별한 하자가 없고 일정한 심사기준을 정한 뒤 이를 통과한 사람에게는 근속 연차별도 장기근속 수당을 지급함으로써 자기 미래에 대한 수입을 어느 정도 예상할 수 있게 하거나 장기근속에 따르는 여러 가지 유리한 점이 있다면 점포근무 정착률을 높일 수 있을 것이다.

7) 핵심고객의 설정

어떤 외식점포도 모든 계층의 고객에게 사랑받고 선호되기는 어렵다. 반드시 중요 핵심 고객층이 있다. 햄버거 전문점의 경우는 10대 이하 어린이들, 설렁탕전문점은 30대 이상 남성고객이 주된 고객층을 형성하는 것과 같이 체인의 메뉴 종류와 그 가격대, 점포의 환경, 분위기에 따라 반드시 핵심 고객층이 있게 마련이다. 그래서 모든 고객층을 수용하려고 욕심을 내기보다는 핵심 고객층을 더 많이 수용하는 전략이 필요하다. 점포의 인테리어 분위기, 점포의 운영방식이 이 핵심 고객층을 중심으로 설정하지 않을 수 없다. 한식전문점의 분위기를 시끄러운 현대 음악으로 설정하거나 현대감각의 인테리어로 하는 것은 곤란한 것과 마찬가지 이치이다. 점포별 특성에 맞는 핵심 고객층을 설정하고 이를 중심으로 분위기, 운영, 판촉방법 등을 행하여 이들 핵심 고객층이 주 1회 내점하는 것을 주 2~3회 내점하도록 하는 것이 경쟁격화시대, 고객축소화시대에는 적절한 마케팅전략이 될 수 있기 때문에 처음부터 자기 체인의 핵심고객 설정은 중요하다.

여기서 문제가 되는 것은 자기 체인의 업종업태 및 점포의 규모로 보아 어느 계층을 핵심고객으로 설정할 것인지는 실험점포 운영시에 행하여야 하나, 그것이 결코 수월한 작업이 아니라는 점이다. 이는 점포의 영업실적, 고객 분석, 메뉴개발의 방향, 전국적인 체인망 구축시의 추정 고객 등 여러 가지 요소를 참고하여 설정하여야 할 것이다.

8) 적정재고량의 설정

이는 본부의 물류센터와 점포의 적정재고량을 설정하는 내용이다.

일정한 수준 이상 재고량을 갖게 되면 창고보관료 및 물품대금에 필요한 자금 및 그 이자 등 많은 비용이 소요되기 때문이다. 오늘날 외식기업의 최대의 비용은 물류비용이다. 그만큼 합리적인 물류운영은 점포 손익에 직결된다. 또 장기간 식자재를 보유하게 되면 탈수현상 등 물성의 변화로 선도 등이 나빠지게 됨으로 적정재고량 유지는 품질관리에도 직결되기 때문에 필요하며 점포의 배송문제도 점포가 필요시마다 배송하면 관리가 어렵고 막대한 비용이 소요됨으로 주 몇 회로 정하고 점포는 적어도 배송 1~2일 전에 본부관리 물류센터에 필요한 식자재 등을 발주하는 주문시스템을 명확히 설정할 필요가 있다.

오늘날은 점포의 메뉴별 판매개수만 입력되면 점포의 최소한 준비물량과 판매액에 따른 보충물량이 자동적으로 결정되는 전산시스템이 개발되어 있음으로 점포의 규모나 원부자재의 종류와 수량에 따라 이런 시스템을 구비할 필요도 검토한다.

또 식자재를 외국에서 수입하는 경우는 발주에서 운반까지의 시간과 점포의 개점증가속도, 판매량의 신장률 등을 감안한 비축량과 소요량 등을 충분히 검토하여 수량을 설정하는 시스템을 구비하여야 한다.

9) 서비스에 대한 기본방침의 설정

가. 서비스 시스템의 정립

서비스는 외식서비스업의 가장 중요한 테마가 됨으로 그 시스템의 정립이 필요하다. 그러나 서비스 내용은 업종·업태별로 여러 가지 형태로 나타낼 수 있음으로 어떤 정형적인 내용을 말할 수는 없을 것이다. 서비스 시스템 만들기는 실무편에서 기본적인 내용을 다루지 않았기 때문에 본란에서는 점포책임자의 서비스업무를 사례중심으로 정리해 보기로 한다.

① 우수한 서비스란 무엇을 의미하는 것일까?

지금은 21세기 정보화시대이다. 이것은 모든 기술이 하드웨어에서 소프트웨어시대로의 진입을 의미한다. 접객서비스는 두말할 필요 없이 소프트웨어의 기능이고 기술이며 노하우인 것이다.

서비스란 명확한 형태가 없으며 저축할 수 있거나 보존할 수 있는 것이 아님으로 이의 수준을 명확하게 평가한다는 것은 어려운 작업이다. 서비스는 일선 점포에서 이를 담당하고 있는 직원 개개인 능력이나 정신자세에 따라 그 질과 양이 달라질 수 있으며, 대접을 받는 고객의 수용자세에 따라 그 가치와 평가가 달라질 수 있음으로 이를 관리하거나 컨트럴 하기가 사실상 어려운 것이다.

고객이 "이 점포는 서비스가 참 좋다"라고 말할 때 그 "좋다"라는 의미는 무엇일까?

직원의 접객태도가 마음에 들어서일까? 아니면 상품제공방법이 우수해서일까? 또는 점포의 환경이 쾌적하거나 점포에서 바라본 주변의 전망이 우수하여 기분이 좋았기 때문일까?

제품이 가격에 비해 맛있고 정성스럽게 만들어져서 제공되었기 때문일까?

위에서 예시한 어떤 내용 중 하나가 우수하다고 하여 좋은 서비스가 이루어졌다라고 말할 수는 없을 것이며, 결국은 좋은 서비스란 점포가 제공하는 제품, 서비스, 환경 등의 전체적인 수준에 의해 평가되는 것이지 단순히 종업원의 밝은 미소나 환경이 좋은 것만으로 우수한 서비스가 이루어진다고 평가할 수는 없을 것이다.

② **고객과 이루어지는 3가지 접점과 그에 관한 철저한 관찰로 서비스를 향상시킨다.**

환대사업(歡待事業) 즉 고객을 접대하는 사업은 많은 부분에서 고객과의 접점(接點)이 이루어진다. 이 접점을 진실의 순간(MOT: the moment of truth)이라고 표현하기도 한다. 그만큼 고객과 이루어지는 모든 접점은 서비스사업의 가장 중요한 순간이 된다.

일반적으로 서비스가 종업원의 개인능력과 개성에 의존하는 경향이 있는 것은 부인할 수 없으나, 서비스가 언제까지 그것을 제공하는 개인의 수준에 좌우되는 것은 안정적인 서비스를 제공하지 못하게 되며 고객의 불만을 해소하기 어렵게 된다.

일선 점포에서 고객이 종업원, 상품, 설비 등과 접하는 순간을 3대 접점이라고 말할 수 있는데, 이 접점의 한순간 한순간에 최선의 작업이 이루어질 수 있으려면 이를 뒷받침할 훌륭한 서비스 시스템이 정립되어야 할 것이다. 고객이 점포직원과 만나는 접점을 알아보자.

㉠ **고객과 점포직원이 만나는 순간**

점포에서 종업원과 고객이 만나는 접점은 주차장 진입 및 주차할 때, 점포의 입구에서 영접하기, 좌석에 안내하기, 메뉴 제시, 물과 물수건 제공, 주문받기, 상품

제공, 중간서비스, 계산대에서 계산하기, 손님 전송하기 등의 각 장면에서 이루어진다.

이러한 접점에서 종업원은 고객과 대화를 하거나 고객의 눈앞에서 서비스업무를 행한다. 그때 고객은 종업원의 미소, 표정, 언어구사, 몸가짐, 행동거지, 태도, 상품지식, 표현력, 몸의 움직임 등을 눈앞에서 아무 여과 없이 그대로 볼 수가 있다. 이 모든 순간이 점포의 평가대상이 되고 점포의 이미지에 직결되는 것임으로 이 접점을 철저히 관찰하고 문제점이 발견되면 수정하여가는 것이 서비스 수준향상의 제일보가 될 것이며 또한 점포책임자의 중요한 업무가 될 것이다.

ⓛ 요리를 접하고 맛을 보는 순간

고객과 상품이 접하는 순간도 아주 중요한 접점이다.

요리나 음료가 제공되면 "아 깔끔해, 맛이 있을 것 같아!"라는 감탄의 소리가 이 순간에 나올 수 있다. 이때 상품의 깔끔한 데커레이션, 볼륨감, 제공시의 알맞은 온도 등이 고객의 평가기준이 될 것이며, 그 메뉴가 자기 입맛에 맞는다면 최상의 즐거움을 느낄 것이다. 이 중요한 순간 점포 책임자는 고객의 얼굴표정과 기분을 면밀하게 관찰하여 고객만족도와 호응도를 체크하여야 하며 그것이 서비스 수준향상의 두 번째 발걸음이 될 것이다.

외식사업은 단기간에 성공하거나 실패하기 쉬운 사업이다. 그것은 가전제품이나 가구 등은 일단 구매한 뒤 일정 기간이 지나야 그 성능과 품질에 대한 평가를 할 수 있지만, 외식업은 메뉴를 입안에 넣어 맛을 보고 평가하는 시간이 불과 몇 초밖에 걸리지 않는다. 그러나 이 짧은 순간에 성공과 실패의 갈림길이 생기기 때문에 성공과 실패가 극히 단기간에 결정된다고 보는 것이다.

ⓒ 설비를 이용하는 순간

고객이 이용하는 점포의 모든 시설과 설비는 좋은 기분상태를 유지하는데 절대적인 역할을 한다. 바닥에 기름이 흘러 미끄러지기 쉽다든가, 테이블이 가지런히 놓여 있지 않든가, 테이블의 높이가 들쑥날쑥하여 흔들리거나, 냉난방시설이 불량하여 점포내부가 너무 덥거나 추운 경우, 특히 화장실 청소상태 등 설비의 불량한 관리상태는 아무리 맛있는 요리가 제공되어도 고객의 기분을 상하게 한다.

이 3가지 접점에서 고객이 평가하여 내놓는 것이 결국 그 점포의 총체적인 서비스의 수준이 될 것이다. 그 결과의 하나는 고객의 재내점율(再來店率)로 나타날 수도 있다.

서비스 수준을 향상시키기 위하여서는 서비스 시스템을 정립하고 그 결정체로 제작된 매뉴얼을 사용하는 것이 가장 확실한 방법이다.

③ 서비스 시스템 만들기의 기초 작업

　㉠ 점포내의 각종 작업내용을 분석한다.

분석이란 복잡한 업무를 소분류하여 단순화하고 상세하게 만드는 작업이다. 서비스작업을 분석함에는 다음과 같은 관점이 필요하다.

- 담당자별로 업무를 분류한다.
- 작업장소별로 업무를 분류한다.
- 시간별로 업무를 분류한다.
- 단순작업과 응용작업으로 분류한다.
- 주작업과 보조작업으로 분류한다.
- 여러 가지 작업 중에서 우선순위를 정한다.

　㉡ 작업내용을 표준화한다.

표준화란 누가 업무를 행하여도 업무가 잘 이행되도록 하는 기준과 행하는 방법을 통일화시키는 것을 말한다. 이를 위하여 매뉴얼을 사용한다. 매뉴얼은 누가 업무를 시행해도 작업내용이 동일수준으로 이루어지게 하며, 또 쉽게 업무내용을 알 수 있도록 업무시행 룰을 문서화한 것이다.

　㉢ 포메이션(formation)을 만든다.

포메이션이란 업무의 시행방법과 흐름을 일정한 형식으로 편성하는 것이다.

- 서비스 매뉴얼의 작성

서비스 방법과 기준을 설정하고 동작의 룰(rule)화 내지 패턴(pattern)화를 기도한다. 문자와 일러스트, 사진과 각종 도표 등을 이용하여 작성된 것이 매뉴얼이다. 매뉴얼에 관한 내용은 뒤에 별도의 장에서 상세히 설명할 기회가 있어 여기서는 생략한다.

• 지정 테이블 시스템

　중규모 이상의 점포에서는 객석수가 많아 테이블석, 소규모 룸, 대형 룸 등 여러 가지 종류로 구분되어 있다. 지정테이블 시스템이란 서비스를 장소별로 나누어 그에 의해 서비스 담당자를 고정 배치하는 것이다. 이것은 담당자별로 책임을 명확히 하는 장점이 있다.

• 우선순위의 도입

　업무를 눈에 보이는 대로 그때그때 처리하는 것이 아니고, 반드시 중요성이 높은 업무부터 차례로 비중이 낮은 업무로 이동해가면서 행하여야 한다. 이러한 업무의 우선순위의 판단은 숙련도가 증가하면 자연스럽게 몸에 익숙해져 처리가 가능하나, 연령이 어린 종업원이나 신입근무자는 쉽게 행할 수 없다. 이들을 단기간에 숙련시키기 위하여서 그들의 행동판단자료로서 우선순위를 가르치면 훈련시간의 부족을 커버할 수 있다.

• 동선의 명확화

　접객담당이 점포운행 중 가장 많이 차지하는 행동은 서비스 스테이션에서 객석에, 객석에서 주방, 주방에서 판토리, 다시 객석으로, 경우에 따라서는 2층과 별동(別棟)의 객석에까지 이동하여야 한다. 이 행동반경은 점포 효율성과도 관계가 있고 직원의 피로도와도 연결되기 때문에 동선이 긴 경우 도중에 서비스 왜건을 설치하는 등의 연구가 필요하다. 물론 처음부터 동선의 합리적인 설정이 필요함은 두말할 필요가 없을 것이다.

• 하나의 동작으로 3가지 작업을 병행할 수 있도록 철저히 준비한다.

　물품을 운반하고 걸어가는 작업은 하나의 동작을 필요로 한다. 그러나 하나의 동작만으로 끝나버리는 것은 능률적인 작업이 아니다. 베터런이 되면 작업도중에 고객의 얼굴을 살펴보거나 테이블을 보고 무엇인가 추가로 서비스해야 할 일이 없는가를 살피며 동료에게 지원을 요청하거나 동료를 지원하며 한 번에 여러 가지 일을 병행할 수가 있어야 한다. 이와 같이 최소한 3가지 작업을 동시에 병행할 수 있도록 하는 훈련이 필요하다.

• 한수, 두수, 세수 앞을 생각하며 움직인다.

지금 하고 있는 작업 다음에 어떤 작업을 하면 좋을까를 찾아야 내어야 한다. 그래서 다음의 일, 그다음의 일을 미리미리 생각하며 작업에 임할 수 있어야 한다.

• 작업스케줄에 의해 작업을 할당한다.

당일의 작업을 스케줄화해서 주작업과 보조작업으로 나누어 작업량을 할당한다.

• 10초 룰과 서비스작업

아무 것도 하지 않으면서 10초 이상 한자리에 서서 시간을 낭비하지 않도록 직원을 교육한다.

• 의견을 적은 노트활용

종업원의 의견과 고객의 의견을 노트에 적어서 업무에 능동적으로 대처하도록 해야 한다.

④ 접객담당의 눈살핌과 고객에 대한 배려의 우선순위

　　㉠ 고객의 얼굴과 표정에 유의한다.

　　㉡ 테이블 위 주변을 살핀다.

　　㉢ 상품상태를 살핀다.

　　㉣ 동료에게 원조를 청한다.

　　㉤ 점장의 지시에 유의한다.

　　㉥ 점포입구를 항상 잘 살핀다.

　　㉦ 점포 전체를 살핀다.

⑤ 접객담당의 업무우선순위

　　㉠ 제품을 운반한다.

요리와 음료를 잘 운반하는 것은 무엇보다 우선되어야 하는 업무이다. 왜 상품운반이 제일 우선해야 할 업무인가? 그것은 상품제공이 늦어지면 성질 급한 고객의 불만이 야기될 수 있음으로 일단 주문을 받은 이상 일각도 지체하지 않고 재빠르게 상품을 제공하는 것이 모든 업무에 우선한다.

ⓛ 주문을 받는다.

고객으로부터 주문을 받는 업무는 고객의 시선을 받게 됨으로 민감한 부문이다. 고객은 보통 주문을 받는 데는 약간 기다리는 경우가 있으나 요리나 음료의 제공은 오래 기다리지 않음으로 조리시간이 약간 소요되는 메뉴는 미리 고객에게 이를 말하여 양해를 얻어 두어야 한다. 가까이에 동료가 있으면 주문업무를 부탁하고 스스로는 음식을 운반해오는 작업도 생각해야 한다.

ⓒ 중간서비스

고객이 음식을 먹고 있을 때 중간에 보충적으로 필요한 서비스를 하는 것을 말한다. 중간서비스로는 중간에 빈 그릇 치우기, 담배재떨이 교환, 테이블 위의 정리, 추가주문수령, 물이나 반찬류의 보충업무가 있다. 중간서비스는 타이밍에 맞게 시행되어야 하며 고객이 대화에 열중하고 있는 상태에서 추가주문을 받으려고 하거나 식사가 완료되지도 않았는데 일방적으로 식기를 정리하는 것은 안 될 것이다.

ⓔ 밧싱(bussing)과 세팅(setting)

밧싱은 식사가 끝난 뒤에 테이블 위의 식기나 잔반을 정리하는 것이고, 세팅은 고객을 받아들이기 위하여 테이블 위를 정리하는 것이다. 예컨대 테이블을 정리하고 테이블 매트의 교환, 나이프나 포크정리, 글라스의 정리, 재떨이나 조미료 용기의 정리보충 등의 작업이다. 밧싱과 세팅은 고객이 좌석에 없을 때 행함으로 우선순위에서는 가장 밑에 있다.

ⓜ 동료와 제휴 플레이

같은 코너에서 같은 역할을 하는 동료와 서로 호흡을 맞추어 업무를 하는 것이다.

ⓗ 사이드워크

자기가 책임진 일을 완료한 후에는 손을 놓고 있지 않고 점포영업에 필요한 타 부서의 보조적인 작업을 행한다. 보충작업과 교환작업, 정리작업과 간단한 청소 작업 등이 여기에 속한다.

ⓢ 사이드 워크 이외의 지시된 작업

월간작업계획서, 주간작업계획서 등에 결정되어 있는 작업을 점장의 지시에 의해 행하는 것이다.

◎ 기타 점장으로부터 지시된 업무

기타 자주 일어나지 않으나 점장이 지시한 업무를 집행하는 것을 말한다. 예컨대 장애자를 도와주는 일, 정전사태나 클레임 발생시의 작업 등이 있다.

⑥ **접객담당이 지켜야 할 수칙**

점포의 접객담당이 서로 협조하며 생동감 넘치는 직장분위기를 만들기 위하여 마치 교훈(校訓)이나 급훈(級訓)처럼 만들어 이를 하루 한번씩 전체가 모여 제창하면 알게 모르게 점포 전체가 동화되어 서비스수준을 높일 수 있다. 물론 각자가 암기하도록 하는 것이 전제이다.

- 객석의 통로는 세밀하게 살피며 돌아다닌다. 다른 좌석도 돌아본다.
- 객석은 우리의 직장이다.
- 고객을 절대로 기다리게 하지 않겠다.
- 고객의 눈을 보면서 인사한다.
- 웃는 얼굴은 우리들의 재산이다.
- 돌아갈 때는 선물을 갖고 간다(좌석에 한 번 더 가면 무엇인가 갖고 돌아온다).
- 서비스업무를 하지 않을 때는 사이드워크를 한다(10초 룰과 사이드워크).
- 고객에게 등을 보이지 않는다.
- 다음에 무엇을 할 것인가를 항상 생각한다.
- 두수, 세수 앞을 내다보며 행동한다.
- 한 동작으로 3가지 작업이 이루어지도록 한다.

⑦ **담당 테이블 담당제도의 장점과 단점**

㉠ 장 점

- 책임범위가 결정되어 있어 접객담당으로서의 의식이 높아진다.
- 담당법위가 작아서 좀더 세밀한 보살핌과 배려가 가능하다.
- 종업원의 행동반경이 단축되어 피로도가 줄어든다.
- 같은 코너에서 같은 얼굴이 있음으로 고객의 제안을 듣기 쉽다.
- 얼굴이 익혀지면 고객과의 간단한 대화도 가능하고 직원개인의 고정고객도 만들어질 수 있다.

ⓛ 단 점

- 객석이 담당 테이블 담당제도를 실행하기 어렵게 레이아웃 되어 있으면 오히려 업무진행을 어렵게 한다.
- 고객이 담당 테이블 담당제도를 이해하지 못할 때는 불러도 오지 않는다는 등의 클레임을 일으킬 수도 있다.
- 소형점포에는 필요 없으며 적어도 100석 이상의 대형 점포만이 유효한 제도이다.
- 범위를 아무리 한정해도 인원수가 많아 노동인건비가 증가한다.
- 접객담당 간에 세력범위를 정하는 일이 생기지 않도록 룰을 확실하게 정하여야 하며, 고객의 팁이 코너별로 차이가 생기는 경우 지정석의 배치전환이 필요하다.

⑧ ready call의 사용방법

이는 주방에서 준비가 되었다는 것을 알리는 전기식 안내판이며 일반적으로 담당자의 번호에 전구가 점등되어 알리는 방식이다. 서비스 콜이라는 명칭으로 판매하는 회사도 있다. 이의 가장 중요한 역할은 접객담당이 하나하나 요리준비를 신경 쓰며 주방에 확인하러 가지 않아도 좋은 점이다. 그러한 시간에 객석을 살필 수 있고 쓸모없는 시간을 보내지 않고 행동반경도 줄어들어 피로감도 축소되는 큰 효과를 얻을 수 있다. 요리가 나오기 직전에 콜이 울려서 바로 서비스가 이루어짐으로 따뜻한 메뉴를 따뜻하게, 찬 메뉴는 찬 상태로 고객에게 제공할 수가 있다. 본인이 다른 서비스를 하고 있을 때 콜이 울리면 동일 코너의 동료가 대신 도울 수 있는 장점도 있다.

⑨ 레지스타 안내담당의 업무우선순위

레지스타 안내담당은 정산을 하기에 가장 편리한 위치에 있으며 일반적으로 점포의 입구에 설정한다. 따라서 점포에 들어오는 고객이 가장 먼저 접하는 접점이며 점포의 첫인상이 결정되는 곳이기도 하다. 또한 식사를 마치고 돌아가는 고객은 이 레지스타 담당의 대응에 따라 기분 좋은 여운을 남기게 하는 곳이기도 하다. 레지스타 정산담당의 업무우선순위는 다음과 같다.

ⓐ 레지스타 정산을 한다.

ⓑ 객석에 안내한다.

ⓒ 접객담당을 보조한다.

ⓓ 사이드 워크를 한다.

ⓔ 기타 점장의 지시사항을 이행한다.

⑩ 테이블 정리담당의 업무우선순위

　ⓐ 박스의 교환

　　서비스 스테이션에 가득 차 있는 퇴식박스를 빈 박스로 교환한 뒤 세척장으로 이동한다. 보통은 박스가 무거움으로 남자 아르바이트가 작업한다.

　ⓑ 객석과 판토리에서 사용한 식기와 비품의 보충

　ⓒ 객석내의 청소 그릇치우기

　ⓓ 음료수와 오차 서비스 등 간단한 접객업무의 보조

　ⓔ 객석의 최종 밧싱의 보조

　ⓕ 세척담당의 업무보조

　ⓖ 사이드 워크

　ⓗ 기타 점장의 지시한 작업

　　• 백룸의 청소

　　• 판토리의 치우기와 청소

　　• 화장실 청소

　　• 교외점포인 경우 주차장 등의 청소

　　• 여성이 할 수 없는 높은 위치의 작업과 무거운 물건의 운반 등

　　• 기타 점장이 지시한 작업

나. 서비스방법의 설정

　외식점포의 서비스방법은 업종·업태 및 점포의 규모에 따라 셀프서비스, 테이블서비스, 풀서비스 등 여러 가지 방법이 있다. 예컨대 패스트푸드의 경우는 대부분 셀프서비스이고 패밀리레스토랑의 경우는 테이블서비스, 한정식의 경우는 풀서비스 방식을 일반적으로 행하고 있다. 그러나 오늘의 외식시장은 경쟁격화와 고객의 감소가 현저하게 나타나는 여건임으로 이 서비스방식도 꼭 기존의 입장을

고집할 수는 없다. 경우에 따라, 고객층에 따라 셀프서비스와 테이블서비스를 혼용하는 것이 고객에게 더 좋은 서비스를 제공하게 될 수도 있는 것이다. 최선의 서비스는 무엇으로 증명하는가 하는 것은 결국 고객의 재내점률이 어느 수준인가에 의해 결정된다.

패스트푸드에 어린이를 대동한 가정주부, 노인부부가 내점한다. 아주 많은 고객은 아니지만 이러한 고객에게 셀프서비스는 무리다. 점포의 운영방식에 따라 이런 고객에게는 플로어 담당이 주문을 대신 받아 메뉴를 제공하거나 대금결제도 테이블에서 할 수 있도록 하는 다양한 서비스방법을 연구할 필요가 있을 것이다. 그리고 아침시간대, 점심시간대, 저녁시간대는 기본적으로 고객은 다를 수 있다, 피크시간에는 고객의 식사시간이 짧은 경우가 많기 때문에 이 시간대는 아르바이트나 직원을 집중배치하든가, 주방작업의 합리화로 단시간에 메뉴가 제공될 수 있는 연구가 필요할 것이다.

이 세상의 최고의 서비스는 무엇일까?

그것은 아름다운 미소나 맛있는 메뉴의 제공, 쾌적한 분위기 연출 등의 일반론적인 서비스 보다 〔가장 빠른 시간 안에 제대로 된 품질의 메뉴를 고객에게 제공하는 것이다!〕

다. 서비스수준 향상을 위한 방안의 모색

서비스수준 향상을 위한 구체적인 방법은 무엇일까?

우수한 서비스 매뉴얼만 구비하면 서비스수준은 향상되는 것일까? 투자를 많이 해서 호화로운 인테리어 분위기를 만들면 고객이 만족스런 기분을 느낄 것인가? 〔대답은 물론 아니다〕이다.

그렇다면 고객의 감정이나 정서적 만족을 높이는 방법은 어디에 있을까?

그것은 무엇보다 서비스에 대한 경영층의 기본자세에 달려 있다.

자기는 강의준비를 충실히 하지 않으면서 학생들에게 열심히 공부하라고 하는 교사나, 국민에게 부동산 투기를 하지 말라고 하면서 자기 자신들은 강남의 노른 자위에 부동산과 아파트를 구입하는 정치지도자를 국민은 지지하지는 않을 것이다. 또 자기는 탈세를 하면서 직원에게 정직하게 일하라고 요구하는 재벌은 성공하지 못할 것이다.

이와 같이 외식점포의 서비스수준은 경영자의 정신자세가 최종 결정요소가 된다. 서비스수준 향상을 위한 몇 가지 방안을 모색해보자.

첫째, 경영진의 기본 정신자세가 중요하다.

하나의 예로서 이를 설명해본다.

사장은 경남 어느 지방의 바닷가에 훌륭한 점포를 개점하였다. 서울에서 우수한 주방장을 초청해서 지역에서 맛볼 수 없는 양식메뉴를 선보이고 전문 컨설턴트의 자문을 받아 직원의 서비스교육과 정신교육도 많은 시간을 들여 실시했다. 점포의 위치도 바닷가 바위가 많은 천혜의 관광지여서 개점 초기에는 많은 고객이 몰려들어 그야말로 문전성시를 이루었다.

문제는 시간이 자나면서 경영자의 교만이 싹트기 시작하면서 일어나게 된다. 처음부터 매상고가 기대 이상 이루어지고 모든 것이 잘 운영된다고 생각한 경영주는 〔외식경영 이것 아무것도 아니다〕라는 생각을 하게 되고 기대 이상의 수익을 올리게 되니 긴장감이 없어지게 되었다. 낮 시간대는 골프연습장이나 필드에 나가고 오후시간대는 사우나 등에서 시간을 보낸 뒤 저녁 5~6시경에 점포에 나타나 하루 종일 많은 고객을 접대하며 피곤한 직원들에게 "왜 얼굴표정이 어두운가?" "왜 그렇게 생동감이 없느냐?" "화장실 청소가 제대로 안되었다" 하며 질책만 하고 또 바쁜 시간대에 많은 친구들을 초정하여 좌석의 한가운데 테이블을 차지하고 이것저것 많은 메뉴를 주문하니 그 시간에는 다른 고객의 주문을 잘 소화하지 못하게 되는 경우도 있었다. 시간이 지남에 따라 피곤에 지친 직원들이 한두 명씩 사직하고 충원도 제때에 이루어지지 않으니 고객서비스는 갈수록 나빠지게 되었다. 사장은 이에 따라 더 직원을 질책하게 되고 직원들은 사람 부족으로 더 업무에 시달리게 되는 등 점점 더 어두운 점포분위기가 만들어지게 되었다.

더구나 사장의 사생활도 어지러워서 가정에 많은 문제가 있었다.

이 점포의 운명은 어떻게 되었을까?

개점 7개월 뒤 수천만원의 부채와 부인의 이혼청구소송에 패소하여 점포를 폐점하는 지경에 이르고 말았다.

만약 이 점포의 경영주가 점포현장에서 직원을 격려하면서 스스로 솔선하여 많은 고객에게 성심성의를 다하여 서비스를 하였다면 원래부터 성공할 잠재력이 충분하였음으로 시간이 지남에 따라 더 유명점포로 성장할 수 있었을 것이다. 경영자 한 사람의 나태와 안일한 자세가 훌륭한 점포 하나를 문 닫게 한 것이다.

둘째, 계속적인 서비스교육과 벤치마킹이 필요하다.

〔최고의 서비스는 최고의 서비스를 받아본 사람만이 할 수 있다〕는 말이 있다. 이것은 자기 체인의 서비스 매뉴얼을 활용하여 서비스 교육을 철저히 하는 것도 중요하지만 자기직원을 우수한 점포에 견학시켜 자기 점포와 타사의 서비스수준을 비교하게 하는 방법도 중요하다는 의미이다. 항상 손님을 접대하든 입장에서 우수한 서비스가 이루어지는 점포의 고객이 되어 수준 높은 서비스를 받아보면 바로 자기 점포의 서비스수준과 우수점포의 그것을 비교하게 되고 자기 자신이 훌륭한 서비스를 받았을 때 느끼는 만족감이 어떤 것인지를 체험할 수 있는 산교육이 되는 것이다.

지방의 A 점포에 근무하는 가정주부들에게 아무리 교육을 하여도 효과가 없어 근무자 전원을 하루 정도 시간을 내어 서울의 우수한 패밀리레스토랑을 견학시키며 그 점포의 손님으로 접대를 받게 하였더니 당장에 서비스수준이 향상되었다는 A 경영자의 경험담은 충분히 음미할 만한 내용이다.

외식사업을 people business라고 표현하는 것은 사업의 성패가 우수한 직원을 많이 확보하는 데 있으며, 직원들의 서비스가 어느 수준에 도달해 있는가에 달려 있다는 것을 의미한다. 서비스수준을 높이는 방안은 경영주의 솔선수범, 우수한 교육담당자 확보, 교육시설과 교재의 충실, 전 직원들의 열의 넘치는 분위기 조성 그리고 필요하다면 언제나 자기회사보다 더 우수한 점포의 벤치마킹 등 끊임없는 교육연수 및 한 단계 더 높은 서비스방법을 개발하려는 노력 외에는 왕도가 없을 것이다.

10) 교육훈련시스템의 설정

교육훈련시스템은 업종·업태, 기업의 규모나 점포의 내용에 따라 차이가 있어 기본적으로 〔꼭 이렇다〕라고 대표적인 내용을 설명할 수는 없다. 여기서는 점포 책임자의 교육훈련에 관한 몇 가지 사례를 들어 그 내용을 기술하기로 한다.

가. 교육훈련의 추진방법

점포를 정상적으로 운영하기 위해서는 우수한 직원이 필요하고, 우수한 직원은 단순히 학교교육이나 전문교육을 필하였다고 하여 선발될 수는 없으며, 점포의 사정에 따라 자기 점포에 필요한 인재로 육성해나갈 교육이 필수적이다. 특히 인성교육과 점포 현장교육이 다 같이 필요하며, 단순한 기술교육이나 기능교육만을 실시해서는 필요한 인재를 확보할 수가 없다. 특히 점포 현장교육은 고객과의 접점시에 행하여야 할 기본동작과 방법을 교육훈련하는 것임으로 중요하며, 엄밀히 말하면 점포현장에서 직속상사가 맨투맨으로 행하는 교육훈련(OJT: on the job training)과 직장을 떠나 직장외의 강사로부터 현장업무와 직접 관계가 있던 혹은 관계가 없던 집합연수의 형식으로 행하는 교육훈련(OFF JT: off the job training)으로 나누어진다.

① **교육과 훈련의 차이**

교육이란 글자 그대로 가르치고 육성하는 것이며 사회인으로서 필요한 일반상식을 비롯하여 업무에 필요한 지식과 원칙, 외식사업 종사자로서 필요한 건전한 사고방식을 이해시키거나 한 사람의 인간으로서 필요한 전인적인 지도를 하는 것이다.

훈련이란 작업수행능력을 몸에 익숙해지도록 하기 위한 반복연습을 통한 기능이나 기술수준의 향상을 목적으로 하는 것이다.

교육은 머리로 이해하거나 생각하면 좋으나, 훈련은 그것만으로는 불충분하며 몸의 근육에 익숙해지도록 하는 것이다. 교육이나 훈련은 경우에 따라 매일 몇 번이고 되풀이하여 몸에 익숙해지도록 하는 것이 기본이다.

교육과 훈련은 밸런스가 중요하다. 이론을 갖추지 않고 훈련만을 하면 응용력이 충분치 못하거나 훈련기간이 길어지거나 그 효과가 적을 수 있다. 교육은 실시한 후 바로 그 결과가 나오지 않음으로 장기적인 계획에 의해 수행할 필요가 있다. 현재 우리 외식업체에서 실시하는 점포직원에 대한 교육훈련은 대부분 조리기술이나 단순작업을 위한 훈련에 치중하는 것임으로 한 사람의 외식사업 종사자로서 자각과 자부심을 갖지 못하는 인재만을 양성함으로써 직업적인 만족을 얻지 못하여 이직률이 높은 것이 문제가 되고 있다.

따라서 교육에 의해 외식인의 사명, 긍지, 정신자세 등을 가르치고 훈련에 의해 현장작업을 원활하게 수행할 수 있는 인재를 양성하는 교육시스템을 개업초기부터 정립할 필요가 있다.

② **점포현장에서의 OJT의 중요성과 과제**

외식서비스산업은 음식과 서비스를 주된 상품으로 제공하며 take out, 택배, 출장요리 등 여러 가지 영업형태가 있지만 주로 점포 내에서 식음(食飮)하도록 하는 업종이다.

점포에서는 조리가공과 접객서비스가 거의 사람의 노동에 의해 이루어지기 때문에 사람에 의존하는 정도가 높다. 바로 people business라는 말은 이런 사정 때문에 지칭되는 것이다.

그렇기 때문에 외식점포에 종사하는 직원의 능력 차이는 상품과 서비스의 품질 차이로 나타나고 결국은 고객만족에 직결된다.

또한 고객층이 넓어 고객의 욕구도 다양하고 고객이 점포에 머무는 시간도 장시간이 되어 여러 가지 어려운 문제가 발생할 수 있어 이러한 사정에 대응하려면 직원의 높은 판단력과 대응능력을 필요로 한다. 우리 외식업계에서는 아직까지도 점포현장에서 실시하는 교육훈련은 시간적 여유가 있으면 하는 것으로 오해하고 있는 경영자가 많으며, 또 그때그때 형편에 따라 훈련을 하고 있는 경우와 매월 종업원의 얼굴이 바뀌기 때문에 우선 현장의 일처리가 급해서 교육이고 훈련이고 생각할 틈이 없이 영업하고 있는 소규모 배달전문점 등을 보는 것은 그렇게 놀라운 광경도 아니다.

"지금 장사하기 바쁜데 교육훈련 할 시간이 없다"

"우리 같은 소규모 점포에 무슨 새삼스럽게 교육이 필요한가?"

"우리는 저가격의 대중음식점임으로 특별히 교육을 할 필요는 없지 않은가?"

"교육을 하면 뭘 하나, 실컷 교육시켜 놓으면 금방 그만두고 나가는데…"

외식경영자들은 흔히 이런 말을 하고 있다. 심지어 어떤 점포는 점포 앞이 지저분하여 지나가는 고객이 청소를 하라고 하면 영업이 끝나고 나서 청소하면 된다고 하면서 쓸데없이 빈둥거리며 놀고 있는 직원에게 점포 앞을 깨끗하게 청소하라는 지시를 하지 않는 점포책임자를 본 경우도 있다. 이런 직원은 왜 점포 앞을 깨끗이 청소할 필요가 있는지를 전혀 교육받지 못한 것이다.

직원에 대한 교육훈련은 점장의 업무로서 절대적인 필수사항이다.

호경기나 불황기에 관계없이 매상고가 높은 점포의 공통적인 특색을 조사해보면 지적생산성내지 지적부가가치가 높은 것을 알 수 있다. 그 요인을 분석해보면 공통적으로 교육열기가 높고 직원들의 수준이 높았다. 결국 교육훈련의 수준이 직원의 서비스 수준을 결정하며 그 결과가 기업의 수익에 직결된다는 것을 절감할 수 있다.

나. 교육훈련에 대한 사고방식과 원칙

① 교육훈련의 목표

직장에서 실시하는 교육훈련의 최종목표는 무엇일까?

첫째, 경영방침과 영업목표에 관계되는 고객만족을 실현하는 것이며

둘째, 직원의 만족도를 높여 직장의 활성화를 도모하는 것이다 .

셋째, 기업의 존속을 위하여 목표이익을 달성하는 것을 들 수 있다.

이상의 목표를 실현하기 위해서는 교육훈련이 필수적인 수단이다.

즉 교육훈련은 로봇을 대량생산하는 것이 아니고 모든 직원에게 동기부여를 높게 하며 영업현장에서 상황판단을 적절하게 하고 훌륭한 접객행동을 할 수 있도록 하는 수단이 되는 것이다.

이를 위하여 필요한 조건은,

- 일반적인 사회상식
- 풍부한 업무지식
- 높은 업무수행능력
- 직장의 팀워크
- 사고방식의 세련미 등을 목표로 교육훈련을 하지 않을 수 없다.

② 교육에도 적용되는 PDC

매니지먼트 사이클은 계획(plan), 실행(do), 확인(check)을 말한다. 교육훈련에도 이 3가지 요소가 반드시 응용되어야 한다. 즉 확실한 교육훈련계획을 수립하여 이 계획에 의해 교육훈련을 하고 그 결과가 어떤가를 평가하는 것이다.

이 PDC 가운데 외식업계 관리자들이 가장 부족한 것이 교육계획입안과 확인평가방법이다.

우리 주변에는 무계획적으로 그때그때 형편에 따라 적당히 교육한다는 핑계를 대거나 직원들을 그대로 방치해두는 점포가 많다. 교육에 대한 평가방법은 가르친 대로의 업무수행 여부와 교육훈련을 실시한 후에 피교육자들의 사고방식이 어

떻게 변화했는지를 테스트하거나 지시명령에 따라 보고를 하는 습관이 함양되었는지를 확인하기 위하여 연수 후에는 반드시 이에 대한 리포트를 작성케 하여 직원 각자의 습득정도를 분석하고 그것을 다음 교육의 참고자료로 활용하는 등 일관된 방침이 확립되도록 하는 일관된 작업으로 실시해야 한다.

③ 교육훈련시간과 비용의 확보

OJT의 계획과 소요예산수립을 할 수 없다는 것은 결국 그 중요성을 인식하지 못하기 때문이다. 따라서 교육훈련을 철저히 시행하기 위해서는 회사 전체가 교육훈련비의 예산화와 연간교육계획의 수립이 필요하다.

현장에서는 교육비는 그다지 많이 필요하지는 않으니 OJT는 이를 집행하기 위한 시간 확보가 문제가 되는 경우가 많다. 이것은 현장의 업무가 바쁘다는 핑계가 가장 크다고 본다.

OJT는 룰과 기본지식의 이해를 훈련하는 것인데, 말하자면 교실에서의 학습형태와 실무훈련으로 나누어지며 그 각각에 필요한 시간은 훈련프로그램에 따라서 계획된다. 최종적으로는 훈련프로그램에 따라서 작업 스케줄에 귀결된다. 업종·업태별로 차이가 있지만, 보통은 백지상태의 신입사원에 대하여 최소한 40~80시간의 초기훈련시간을 확보하지 않으면 안 된다.

시간의 확보가 필요하다는 것은 점포책임자가 과중한 점포업무로 공휴일에도 쉬지 못하거나 부하의 교육에 물리적·정신적으로 여유가 없는 상태가 되면 현장교육이 매끄럽게 이루어지지 못하는 경우가 많기 때문이다.

④ 교육도구를 갖춘다.

현장훈련을 실시하여 단기간에 그 효율성을 높이기 위하여서는 단순히 기분이나 의기만으로는 큰 성과를 기대할 수 없고 교육에 필요한 도구(tool)가 필요하다. 여기에는 점포근무수칙, 작업매뉴얼, 교재, 훈련프로그램, 비디오, 자기평가표 등이 이용된다.

⑤ 언행(言行)을 변화시킨다.

점포단위에서 OJT를 행하는 목적은 직원의 언어구사와 행동패턴의 수준을 높이도록 변화시키는 일이다. 이는 직원들의 동작을 일정한 폼에 맞추고 거기에 필요한 지식을 제시하여 올바른 행동을 하도록 하는 것이다.

다음으로 OJT라는 정보가 형성되어서 두뇌와 몸에 남아 있도록 연구할 필요가 있다. 정보가 그냥 내버려둔 상태로 되어버리면 직원들의 마음과 몸에 접목되지 않기 때문이다.

두뇌에 접목시키는 것은 기억되도록 하는 것이며 몸에 접목시키는 것은 자연스럽게 몸이 움직여지도록 몇 번이고 훈련하는 것이다. OJT를 실시하여도 성과가 나오지 않아 고민하는 것은 결국은 이 두 가지를 철저하게 시행하지 않았음에 귀착된다.

강한 조직이 되기 위하여서는 마음속 깊이 이해될 때까지 철저하게 교육훈련을 하고 여기에 추가하여 많은 경험을 쌓게 하는 것이 필수불가결하다. 고객으로부터 금전적인 대가를 받을 수 있는 수준까지 업무가 원활하게 이루어지게 하려면 여기에 많은 시간과 에너지를 투입하여야 한 사람의 성숙한 직원을 얻게 되는 것이다.

⑥ 일하는 목적과 작업하는 이유를 설명한다.

매뉴얼을 습득시키는 것만으로 또는 그때그때의 사정에 따르는 교육만으로는 초기훈련단계에서는 좋을지 모르나 중급 클래스가 되면 불충분하다.

좀 더 깊이 있고 폭넓은 이해를 시키기 위하여서는 교육시에 각 부분의 점포작업의 목적과 이유를 설명하여 이를 납득시킬 필요가 있다.

- 임금은 누가 실질적으로 지급하는가?
- 고객을 즐겁게 하는 것이 우리의 즐거움이라는 것을 이해할 수 있는가?
- 왜 그렇게 하는가? 그렇게 하는 것이 왜 필요한가?
- 왜 주문을 받는 것보다 요리를 제공하는 것을 우선해야 하는가?

이와 같이 근무자로서 기본행동, 업무의 재미와 즐거움을 느끼는 근본원인, 작업과 업무의 구성을 탐구하는 근거를 이해시킬 필요가 있다.

⑦ 라인의 장은 트레이너이다.

라인의 장이란 조직상 사장, 영업부장, 지부장, 점장 등과 같이 부하를 지휘감독하고 이익을 생산하는 책임을 지는 사람들이다. 라인에 속하는 각각의 부분 장은 일반적으로 부하를 갖고 있으며 그들을 통솔하고 지도하여 업적을 올리는 사람들이다.

여기서 분명히 짚고 넘어가야 할 것은 조직 속에서는 사장, 임원, 부장 등 라인의 장이 교육훈련의 책임자이며, 교육과장이나 교육계장은 교육책임자가 아닌 교육과정을 관리하는 관리자일 뿐이라는 점이다. 우리 외식업계의 CEO들은 자기가 교육책임자임에도 불구하고 교육 관리자가 교육의 전부를 집행하는 것으로 오해하여 교육현장을 점검하는 일에 태만하거나 교재개발이나 교육장의 설비투자를 요청하면 우선 급한 것부터 처리하자고 하며 뒤로 미루는 예가 많다. 그러니 교육시스템이나 교육성과가 제대로 나타날 수 없는 것이다.

⑧ 트레이너로서의 훈련

〔훌륭한 교육을 이수한 자가 훌륭한 교육훈련 지도자가 된다〕라는 말이 있다. 원리원칙을 잘 이해하기 위해서는 사내연수만으로는 안 되고 외부강사를 초청하여 정기적으로 연수회를 개최하거나 외부 세미나 등에 적극 참가하여 트레이닝 기술을 축적할 필요가 있는 것이다.

우수한 중견기업으로 출발하여 준 재벌급 기업으로 성장한 D산업은 매월 여러 가지 제목으로 세미나를 개최하여 창업 이래 30년간 총 약 400회의 실적을 자랑하고 있다. 더 중요한 것은 이 세미나에는 사장 이하 전 임원 및 간부가 절대로 결석해서는 안 된다는 점이며 또 이를 잘 이행하고 있다는 점이다.

다. 교육훈련 프로그램의 사용방법

① 훈련프로그램의 사용방법

㉠ 작업 스케줄표를 편성하라.

훈련프로그램은 OJT내용과 시행일자를 표시한 것이나, 이것을 워크스케줄 가운데 편성하여 훈련일자, 훈련시간, 담당트레이너 등이 특정된 구체적인 연수예정표를 만들어 시행한다.

㉡ 트레이너의 결정

트레이너는 신입사원에 대해서 OJT를 행하는 담당 책임자이다. 훈련을 시작할 때는 점장, 조리팀장 취프 등의 책임자가 그 임무에 임하나, 현장실습에는 주임 또는 시간대별 책임자가 대행하는 것이 좋다. 특히 시작초기 2주간은 일자별로 트레이너 담당을 명확히 한다.

ⓒ 트레이닝 개시 전에 미팅을 확실하게 행한다.

연수의 성과를 위하여 연수의 방향과 목표를 명확히 할 필요가 있다. 연수초일에는 최소한 1시간 정도는 연수 전체에 대하여 설명한다. 그 이후부터는 매일 연수 개시 전 최소한 10~20분간 미팅을 계속한다. 이 미팅에서,

- 어제 교육훈련의 복습
- 오늘 연수업무의 내용과 연수의 중점사항
- 담당 트레이너의 소개와 미팅
- 특히 유의사항 등이 미팅에서 거론되어야 한다.

ⓔ 우선 읽게 한다.

점포의 룰, 작업매뉴얼, 과거의 클레임처리 보고서, 비주얼 교재, 부독본이 있으면 진행진도에 맞추어 시간을 내어 적절하게 읽는 시간을 갖도록 한다. 현장에서는 몸을 움직여서 작업이 몸에 익숙해지도록 하는 것은 당연한 것이나, 업무에 관하여 고려해야 할 내용이 있으면 업무지식 등을 함께 가르치는 것이 보다 효과적이다.

ⓜ 온몸으로 가르친다.

현장의 훈련은 손과 발 그리고 온몸을 이용하여 가르친다.

〔우선 해 보인다, 말하고 듣게 한다, 칭찬하지 않는 사람은 근무시키지 않는다〕라는 말이 있다. 트리이닝 전에 우선 교육자가 〔해 보인다〕〔가르치는 내용과 방법을 말로서 확실히 설명한다〕그리고 자기의 눈앞에서 〔해보라〕라고 말한다. 그 결과가 우수하면 칭찬하고 만약 잘하지 못하면 몇 번이고 반복해서 연습시키고 다음날의 과제로서 남겨놓는다. 이와 같은 순서로 훈련을 행하라는 의미이다. 결코 교육훈련이 단발로서 끝날 수 없으며 그렇게 되면 교육훈련의 효과가 나올 수 없다. 신입사원과 점장의 접촉빈도는 많은 것이 당연하나, 처음에는 아주 깊게 하나 시간이 지남에 따라 약간씩 줄여간다. 그러나 트레이너로부터 언제나 〔손을 놓거나 눈을 때어서는 안 된다〕라는 말을 명심해야 한다.

ⓑ 액션은 눈앞에서 확인한다.

반복해서 훈련한 결과 어느 수준에 도달한 것인지 점장은 반드시 자기 눈으로 확인하여야 한다. 단순히 되겠지 하고 자의로 생각하는 것은 안 되며 반드시 자기의 눈으로 훈련생의 몸 움직임이 스무스하게 이루어지는가를 확인할 필요가 있다.

ⓐ 지식에 대해서는 구두 테스트로 확인한다.

1일 단위라도 좋고 1주일 단위라도 좋으나 습득해야 될 지식에 대하여서는 담당 트레이너는 구두로 간단히 테스트를 하여 이해도를 확인하여야 한다. 그렇게 하기 위하여 어떤 질문을 할 것인지를 명확히 하지 않으면 안 된다. 물론 답도 준비하여야 한다.

ⓞ 최종정리는 셀프체크리스트를 활용한다.

하나의 단위가 끝나면 체크리스트를 활용하여 자기체크를 하도록 한다. 그 빈도는 주 1회 정도가 좋으며, 자기평가를 하게 하고 이를 바로 점장이 체크하여 본인의 평가와 점장의 평가를 비교하면서 지도하는 것이 좋다.

ⓩ 종료미팅을 잊어서는 안 된다.

그날의 업무가 끝나면 책임자는 피교육신입생과 10분에서 20분 정도 종료미팅을 한다. 그 내용은,
- 오늘 시행한 업무내용 확인
- 잘된 일, 칭찬 받은 일의 확인
- 잘 안 된 일에 대한 숙제
- 왜 안 되는가에 대한 이유 분석
- 교육훈련에 대한 감상 또는 제안
- 내일의 출근시간과 연수내용의 확인

연수노트는 미팅이 끝난 후 제출하도록 하고 숙제는 다음날 제출하도록 한다.

ⓩ OJT카드에 완료 도장을 날인한다.

트레이너는 OJT카드를 사용하는 경우에는 하루의 일과가 종료되면 타임카드 체크와 함께 OJT카드에 체크도장이나 사인을 하여야 한다.

② **기타 훈련 툴**(tool)

㉠ OJT카드

교육훈련 프로그램의 내용을 큰 항목으로 묶어서 표시한다. 말하자면 훈련 진행 체크표이다. 이에 의해 연수가 어디까지 진행되고 있는가를 한눈에 알 수 있고, 본인도 트레이너도 다른 종업원까지 훈련의 진행도를 파악할 수 있다. 타임카드와 같은 사이즈의 두꺼운 종이로 준비해서 단계별로 일람표를 만들고 타임카드를 기록할 때 함께 넣어서 하루하루의 연수가 종료되었음을 알게 한다.

〈표-1〉 훈련 진행표〔사례〕

(　　　)점포　　　년　월　일 no. 이름 (　　　　　) 직종 (　　　　　)			
	월 일	본 인	상 사
스텝 1			
1. 점포 룰의 설명			
2. 청소용구의 설명			
3. 점포내의 청소방법			
4. 발성훈련			
5. 비품, 소모품 설명과 취급방법			
6. 테이블 위의 처리방법과 세팅방법			
7. 접객의 사이드워크			
스텝 2			
1. 기본동작훈련			
2. 중간서비스의 훈련			
3. 드링크 제공방법			
4. 메뉴의 설명			
5. 전표기입방법과 롤플레이			
평가 코멘트			

〔이면〕

	월 일	본 인	상 사
스텝 3			
1. 오더의 전달방법			
2. 주문의 처리방법			
3. 접객용어의 훈련			
4. 상품설명의 롤플레이			
5. 식품위생지식			
6. 메뉴테스트			
7. 요리제공			
스텝 4			
1. 안내와 환송			
2. 계산 카운터 업무			
3. 연합 프레이에 대하여			
4. 접객작업 우선순위에 대하여			
5. 셀프체크리스트			
6. 접객매뉴얼 테스트			
7. 부가가치 있는 서비스란?			
평가 코멘트			

ⓛ 셀프체크리스트

자기 자신이 무엇을 할 수 있는가 없는가를 확인하기 위한 평가표이다. 직종별 혹은 수준별로 작성한다.

〈도표-2〉 접객담당 초급셀프체크리스트〔사례〕

소속(   )점   이름 (   )

아래 기준에서 각 항목에 대해서 자기 채점을 해 주세요.
충분히 가능하다…2점   거의 가능하다…1점   아직 불충분…0점

1. 사원과 아르바이트의 출근시 인사를 원기있게 할 수 있다.   (   )
2. 명찰, 유니폼의 착용과 몸가짐을 점포의 룰대로 할 수 있다.   (   )
3. 사원, 아르바이트 등 종업원의 이름을 알고 있다.   (   )
4. 입구에 대해 계속 유의하고 어서오세요라는 원기있게 말한다.   (   )
5. 등을 바르게 하고 곧바로 사뿐사뿐 걷고 있다. 신발소리가 안 나온다. (   )
6. 통로와 테이블의 아래에 쓰레기가 떨어져 있으면 바로 수거할 수 있다. (   )
7. 객석과 점포의 입구 고객용 화장실 청소를 잘 할 수 있다.   (   )
8. 서빙용 트레이와 컵을 바로 쥐는 방법, 물수건, 차를 제공하는
   방법을 정확하게 알고 있다.   (   )
9. 접객의 기본 용어를 확실하게 말할 수 있다.   (   )
10. 오더 터미널을 바르게 사용할 수 있다.   (   )
11. 모든 메뉴에 대하여 자세한 설명을 할 수 있다.   (   )
12. 고객으로부터 주문을 받았을 때〔감사합니다〕라는 말을 할 수 있다. (   )
13. 고객으로부터 주문을 받으면 그것을 복창하며 확인할 수 있다.   (   )
14. 여러가지 요리에 필요한 장유나 소스 등의 조미료와 거기에 사용되는
   작은 접시 등을 잘 알고 있다.   (   )
15. 요리 등을 테이블 위에 놓을 때 바른 방향으로 놓을 수 있다.   (   )
16. 요리 등을 테이블 위에 놓을 때 메뉴이름을 말하면서 놓을 수 있다. (   )
17. 생맥주 등의 드링크와 기타 상품의 양을 정확하게 제공할 수 있다. (   )
18. 빈 맥주잔이나 식기정리와 재떨이 교환을 잘 할 수 있다.   (   )
19. 서비스를 마치고 돌아갈 때 다른 테이블을 체크하고 필요한 서비스를
   할 수 있다.   (   )
20. 음료와 요리의 추가주문의 권유를 잘 할 수 있다.   (   )
21. 고객이 돌아간 후 바로 다음 테이블의 준비가 가능하다.   (   )
22. 홀의 사이드워크를 이해하고 잘 할 수 있다.   (   )
23. 고객이 화장실, 자판기, 공중전화 등의 위치를 물으면 안내할 수 있다. (   )
24. 고객의 얼굴과 눈을 보면서 대응이 가능하다.   (   )
25. 접객할 때 당황하지 않고 여유로운 얼굴로 자연스럽게 대응할 수 있다. (   )

ⓒ 신입사원 자기 신고 및 의견서〔사례〕

성명 (   ) 점포 명(   ) 　　　　　월　　일 1. 오늘의 업무내용 2. 잘한 일, 칭찬받은 일 3. 반성할 점, 불안과 고민 4. 건설적 의견 및 제안 이상의 내용을 간단히 정리하여 보고해 주세요.
상사의 평가 및 의견

ⓓ 신입사원 연수노트, 연수리포트

　연수노트는 시장에서 판매하는 대학노트를 사용하여 점포의 연수내용과 인상, 감상을 매일 기록한 것으로서 그 내용은 연수개시와 종료시간, 연수섹션과 직종, 담당 트레이너 이름, 연수의 내용, 결과와 감상 등을 기록하여 직장 상사들과의 미팅이 있을 때 이를 알고 어드바이스를 받을 때 활용할 수 있다.

㉫ 신입사원 핸드북〔사례〕

신입사원 핸드북의 항목
 1. 사장의 인사. 입사축하 말씀
 2. 오리엔테이션 합숙에 관해서
 3. 배속부서에 관해서
 4. 초급훈련 프로그램
 5. 제1단계 평가표
 6. 제2단계 평가표
 7. 제3단계 평가표
 8. 제4단계 평가표
 9. 연수 리포트 작성방법
10. 추가연수에 대하여(4월)
11. 초급훈련 프로그램 종료
12. 추가 연수에 대하여(7월)
13. 중급훈련의 수행방법에 대해서
14. 트레이너의 인적사항소개

　프랜차이즈 패키지는 결국 매뉴얼로 정리된다. 이 매뉴얼은 별도의 장으로 하여 설명하기로 하고 본부의 시스템 정립에 필요한 또 하나의 중요한 점포운영의 기본테마로서 경영주의 책임과 업무 그리고 점장(점포책임자)의 책임과 권한, 점장의 자기육성전략 및 슈퍼바이저(supervisor: 줄여서 SV라고 흔히 말한다)에 대한 내용을 정리해보자.

CHAPTER
03

점포운영의 기본 테마

section
1 가맹점 경영자의 역할

1-1. 가맹점 경영자의 위치

① 스스로 매니지먼트를 행하는 경우와 스토어 매니저를 별도로 임명하여 점포 관리업무를 대행시키는 경우가 있다.

② 가맹점 경영자는 소규모 점포라도 회사 및 점포의 대표라는 중요한 위치에 있다.

1-2. 가맹점 경영자의 역할

① 지역사회에서 점포의 대표자다.

② 점포의 경영책임자로서 사람과 업무에 대한 모든 일에 대한 가이드의 역할을 한다.

③ 점포직원의 팀워크를 행하는 컨덕터이다.

④ 체인의 시스템을 철저히 실행할 수 있도록 하는 교육훈련의 트레이너이다.

⑤ 점포의 고객이 만족해서 계속 오시도록 하는 호스피털리티(hospitality)의 프로 듀서이다.

⑥ 점포의 변화를 이끌어가고 이익을 창출하는 창조자이다.

⑦ 고객의 클레임이나 의견을 처리하고 그것의 발생방지를 책임지는 관리자이다.

⑧ 점포의 설비나 시설의 관리책임자이다.

⑨ 점포와 시장에 관한 정보제공자이며 점포 오퍼레이션의 개선제안자이다.

1-3. 오너의 직무

〔사례1〕

A. 1일, 1주간, 1개월 단위의 직무

① **1일 단위 업무**

　㉠ 아침 출근시에는 직원의 출입구로 들어와서 필요한 전기를 점등하고 기기류의 스위치를 넣는다. 다음에 야간의 메인터넌스 상태를 체크한다.

　㉡ 낮에 출근할 때에는 고객의 상황을 점검하고 업무의 흐름을 체크한다.

　㉢ 매일 반드시 행하여야 할 업무를 점검하고 그것을 우선적으로 실시한다.

　㉣ 전날의 매상고 확인과 은행입금을 확인하고 입금표도 확인한다.

　㉤ 원자재 및 상품의 재고관리, 발주관리, 검수관리상황을 파악한다.

　㉥ 근무 쉬프트의 확인, 직원의 출근상황, 결근자 보충상황을 파악한다.

　㉦ 오늘의 계획(매상고, 신제품 판매 및 중지, 캠페인, 생일파티 등)의 업무를 확인한다.

　㉧ 채용 면접의 유무, 교육훈련계획의 유무확인

② **1주간 단위 업무**

　㉠ 전주의 반성, 금주의 계획 확인

　㉡ 금주의 진행사항 파악과 내주 계획의 준비

　㉢ 주간 영업보고서의 작성과 본부에 대한 연락업무 실시

　㉣ 통신연락란에 신규전달사항의 게시, 종료사항의 정리

　㉤ 지역사회 행사계획의 확인

　㉥ SV의 연락과 전주의 문제점에 대한 처리 및 회답의 수신

　㉦ 직원과의 미팅실시

　㉧ 메인터넌스에 관한 사항 체크

③ **1개월 단위 업무**

　㉠ 전월의 업무에 대한 반성과 이달 계획의 확인

　㉡ 직원채용계획과 면접계획의 확인

　㉢ 직원의 월간활동 평가와 승급의 실시

ⓔ 직원의 생일확인, 미팅계획의 실시

ⓜ 소화기와 구급약상자의 점검

B. 현금 취급방법

〔현금관리 매뉴얼에 따른 시행확인〕

① 현금관리에 대해서는 규정대로 행한다.

② 판매대금의 관리요령을 준수한다.

③ cash request 취급방법을 준수한다.

④ 거스름돈의 관리를 철저히 한다.

⑤ 담배 대금의 관리를 철저히 한다.

⑥ 영수증 취급방법을 철저히 한다.

⑦ 소액현금관리규정을 준수한다.

⑧ 잡수입관리규정을 준수한다.

⑨ gift card의 관리를 철저히 한다.

⑩ private card 관리를 철저히 한다.

⑪ credit card 관리를 철저히 한다.

⑫ 금고관리(야간금고 포함)를 철저히 한다.

C. 위생과 안전

① 설비전반에 관한 지식습득

② 가스, 수도, 전기 등의 스위치의 위치, 배전판의 조작방법, 스위치의 작동 및 중지 등의 작업숙지

③ 설비 전체의 리스트확인, 설비비품의 사용방법, 보증서 관리, 부품교환방법, 고장시의 연락회사 리스트 확보

④ 청소기준의 철저확인

청소의 상태 체크 책임자는 경영자이나 직원 중에서 경영자 다음의 선임자 선정, 프론트 책임자, 주방책임자도 선정, 가장 중요한 것은 "clean as you go" 철저한 위생 및 청소에 관한 의식이 몸에 배어야 한다. 우선 크린리니스 (cleanliness)의 의식에 철저해야 한다.

section 2) 점장의 역할과 권한 및 중요업무내역　FRANCHISE

2-1. 점장이란 무엇인가?

점장의 3대 중요역할

음식점 점장의 기본업무는 점포의 책임자이며 점포운영관리자이다.

① 점포의 가치창조 프로듀서이다.

외식점포는 단순히 고객에게 식사만을 제공하는 장소가 아니며, 동료나 가족 기타 관계있는 사람들과의 약속의 장소 및 풍요한 생활의 한때를 보내는 장소이다. 점포는 식자재를 구입하여 그것을 조리가공하고 좋은 분위기를 만들어서 점포를 찾아온 고객에게 봉사할 의무가 있다. 즉 점포를 살리고 직원에게 급여를 주는 것은 고객이므로 고객에게 좋은 서비스를 한다는 것은 자랑할 일이 아니고 점포로서는 당연한 의무를 이행한다고 보아야 한다. 이 당연한 부가가치를 생산하는 것이 점장의 역할이다. 말하자면 점장은 가치생산자(value producer) 및 가치창조자(value creator) 역할을 하는 것이다.

② 감독자 및 리더

점장은 경영조직상 초급경영층 내지 감독자의 위치에 있다. 일반조직상의 감독자와는 별개의 차원이나, 점장은 부하에 대하여 팀의 감독자이며 리더이다. 단체스포츠 팀의 감독이나 주장과 유사하다. 스포츠 팀의 감독은 시즌 전에 우수한 선수를 선발하여 충분한 훈련을 시킨 뒤에 시즌게임에 나갈 때는 단순히 선수들의 기술이나 체력만 단련하는 것이 아니고 팀 전체의 팀워크나 인간관계 등 기초적인 훈련과 종합적인 인간관계를 배려하고 선수의 개인적인 고정이나 고민 등을 해결하는 등 최선의 전력을 가진 팀을 만들어 시합에 임하도록 하는 역할을 한다.

외식점포의 점장도 이와 같이 종업원을 채용하여 훈련을 하고 작업을 할당하며 그들이 최선의 노력을 하여 고객을 대접할 수 있도록 직원을 교육하고 감독한다.

그리고 점포의 목표를 명확히 해서 그것을 달성하려는 의지를 갖고 그 역할에 대해서 책임을 지며 목표달성에 대한 리더십과 점포직원의 팀워크를 유지시키고 단결심을 고취시켜 전 직원이 의욕에 불타게 만드는 환경을 만들어야 하는 책임을 갖고 있다.

③ 점포의 이익창조 및 자산관리의 책임자

점장은 회사(경영자)에 대하여 이익달성책임자이며 점포 자산의 관리책임자이다.

점포의 매상고, 각종 식자재 및 기타 자재비, 인건비, 기타경비를 관리하여 최종적으로는 점포이익을 창조하는 책임자이다.

또한 점장은 점포건물, 설비, 각종기기, 비품, 소모품, 식자재 및 상품 등을 관리하고 현금, 판매대금, 소액현금, 거스름 돈 등의 금전관리, 무형의 자산인 신용, 명성, 브랜드 등의 소프트한 자산도 관리하는 책임자이다.

2-2. 점장의 책임과 권한

① 점장의 책임

㉠ 고객에 대한 책임

점장의 책임 중 가장 중요한 것은 고객의 기대를 저버리지 않게 하는 것이다.

구체적으로는 안전한 음식물을 고객에게 제공할 책임, QCS에 의한 종합적인 서비스로 고객만족을 창조하는 책임 그리고 고객의 클레임 처리에 대한 책임이다.

㉡ 부하에 대한 책임

근로기준법을 준수하는 일, 직장의 안전위생에 대한 책임, 부하의 육성과 훈련 책임, 부하들이 안심하고 근무할 수 있는 직장분위기를 만드는 책임

㉢ 회사에 대한 책임

점장은 점포의 경영수치 책임자이며 목표달성 책임자이다.

점장의 수치책임은 경영수치에 관한 책임이며 이는 매상고 달성책임, 각종 식자재 및 부자재관리, 인건비, 영업경비, 점포단계의 영업이익에 관한 내용이 된다.

그리고 노동생산성과 노동시간 등의 수치 컨트롤에 대한 책임도 포함된다.

두 번째로 점장의 관리책임은 점포 전 자산의 정상적인 상태유지 책임 등 설비시설 각종 기기비품 등의 관리 및 현금자산관리의 책임이 있다.

　　ⓔ 기타의 책임

　점장은 위의 책임 외에 점포가 위치하는 지역사회와 거래처에 대한 책임이 있다.

　인근의 상점가 및 주민들과의 협력관계 유지책임, 지역의 여러 가지 활동에 참가하여 지역시민의 일원으로서 역할을 하는 책임, 각종 소음이나 음식냄새 및 음식찌꺼기 관리 등을 철저히 하여 지역의 생태환경보호와 지역주민에게 불편한 일이 발생하지 않도록 하는 책임, 거래처에 대하여는 정상적인 대금지급과 정상적인 거래관계를 구축할 책임 등이 있다.

② 점장의 권한, 권위와 리더십

　권한은 회사의 직무규정이나 조직상의 직급 혹은 명함 등에 적혀 있는 직위 등에 의해 나타날 수 있으나 권위는 자연발생적으로 생긴다.

　권위는 사람들이 자연스럽게 복종하는 힘이다. 권위는 뛰어난 업무지식과 기능, 기술 및 거기에 따른 신뢰와 존경에 의해 자연스럽게 생기는 것이다.

　점장은 점포의 장으로서 점포에서 가장 큰 권위를 갖지 않으면 안 된다.

　권한만으로는 사람들의 마음속 깊은 곳으로부터 존경과 복종심이 일어나지 않는다.

　사람은 암묵 가운데서 부가되어 오는 권위가 있으면 리더로서의 본질적인 자질이 있다.

　점장은 스스로의 노력으로서 획득한 권위와 회사에서 부여받은 권한을 합리적으로 사용하여 목표를 달성하고 결과적으로 책임을 다할 수 있다.

③ 점장 권한의 종류

　　㉠ 지휘명령권

　조직을 움직이는 권한이며 부하를 이끌어 가는 권한이다. 지휘명령권은 지휘권과 명령권으로 나누어지나, 지휘권은 조직을 목표로 하는 방향으로 움직여가는 것이며, 그것을 위하여 부하에게 지시명령을 내릴 필요가 있다. 지휘권과 명령권은 보통은 함께 이루어진다.

　　㉡ 결정권

　의사결정을 행하는 권한이다.

예산을 어느 정도로 책정할 것인가, 근무시간편성을 어떻게 할 것인가, 예약을 받을 것인가 받지 않을 것인가, 어느 종업원을 언제 출근하게 할 것인가 등 최종적으로 모두가 점장이 결정하는 일이다.

ⓒ 사용권

점장은 사람, 물자, 금전이라는 회사의 자산을 사용하는 권한을 회사로부터 위임받아 그것을 행사한다. 그러나 어디까지나 위임받은 범위 안에서 인원을 채용하거나 건물과 식자재를 사용할 수 있다.

부하를 사적으로 사용하는 것은 회사가 부여한 권한은 아닌 것이다. 허가 없이 점포에 남아 있거나 식자재의 무단사용이나 권한의 범위를 벗어난 경비를 사용하는 것은 용인되지 않는다.

ⓔ 재량권

이는 집행하는 업무의 어느 정도 범위까지 그것을 행하는 사람에게 위임되어 있는가 하는 권한이다.

예컨대, 클레임처리를 위하여 고객에게 사과하러 갈 때 빈손으로 가기가 어려움으로 어느 정도 금액 또는 물품을 지참하여야 하는 것은 일괄적으로 결정되어 있지 않고 그 금액에 대하여는 점장에게 위임된 범위가 있다. 이와 같이 주어진 범위 내에서 어느 정도의 수준에서 그것을 행사할 것인가를 결정하는 권한이다.

ⓜ 채용권과 해고권

점장은 일반적으로는 정식직원의 채용권한은 없으나 아르바이트의 채용과 해고하는 권한은 갖고 있다. 단, 정당한 사유 없이 감정적으로 아르바이트를 사직하게 하거나 해고권을 남용하는 권한은 아닌 것이다.

2-3. 점장 업무와 우선순위

① 점장의 전반관리업무
- 연간 영업방침의 작성과 관리
- 연간 예산의 작성과 관리
- 연간 영업계획의 입안과 관리

- 연간 인원계획의 작성과 관리
- 월별 예산의 작성과 관리

② 점장의 일상적인 업무의 우선순위

긴급한 상황이 발생하였을 때 행하는 업무를 제외하고는 업무를 어떤 것부터 시작하는 것이 좋은가 하는 우선순위가 있다. 이것은 점장으로서 행하는 행동기준의 문제며 또한 합리적인 업무집행의 근거가 된다.

이러한 우선순위를 생각할 때는 전쟁에 나가는 지휘관이 승리를 위하여 우선하여 준비하고 집행하는 업무가 있는 것처럼 점장은 경쟁에 이기는 것이 우선인가, 원활한 점포관리를 우선할 것인가 하는 문제를 결정하여야 한다. 점장의 일상업무의 우선순위업무는 다음과 같다.

㉠ 작업스케줄의 작성

점장업무의 제1의 우선순위는 작업스케줄을 작성하는 일이다. 작업 스케줄은 shift표(개인별 근무시간표), rotation 표(배치전환표), 작업할당표, 작업편성표 등으로 불리우며 이것은 직원 각자의 역할분담표에 해당된다. 작업스케줄이 명확하면 그것에 의해 종업원이 합리적으로 현장작업을 하게 됨으로 점장업무의 중요한 부분이 거의 완성된다고 본다. 이 작업스케줄표가 잘못 작성되면 과잉인원으로 인한 인건비 손실이 발생하고, 반대로 인원부족으로 인하여 오퍼레이션이 제대로 이루어지지 않아 고객에 대한 좋은 서비스가 이루어지지 못한다.

㉡ 부하의 교육과 훈련

야구감독은 선수들의 개인 기량에 따라 타순을 결정하고 수비수를 결정하여 시합에 임한다. 팀의 전력을 강화하는 것은 감독으로서 영원히 계속하여야 할 임무이다. 공격력, 수비력, 투수력, 주력, 기동력 등 자기 팀을 분석하여 어디가 강점이고 어디가 약점인가를 알아 강점은 더욱 살려나가고 약점은 보완하여야 강팀이 될 수 있다. 외식점포 점장도 고객만족을 위하여 언제나 고객의 동향을 살피고 직원개개인의 능력과 역량을 향상시키는 교육을 계속적으로 실시하여 활기 넘치는 점포로 육성해 가야 한다.

ⓒ 커뮤니케이션

이는 점내의 정보전달, 의사소통, 대화, 통신 등 여러 가지 의미가 있는 내용이다. 직장 내에서는 정보전달 내지 의사소통이 원활해야 직원의 사기가 높아질 수 있다. 점포 내에서 커뮤니케이션을 말할 때는 보고, 연락, 상담이라는 말이 사용된다. 문제가 많은 기업은 업무연락이 제대로 이루어지지 않아 회의일자가 하루 전에 변경됨으로써 직원들이 다른 약속도 못하게 하거나 이로 인해 중요한 상담기회를 놓치는 경우도 있으며 확인 안 된 루머 등으로 직장분위기가 어수선하여 상호불신을 야기시키는 경우가 많다.

커뮤니케이션의 목적은 잘못을 예방하고 고객을 당황하지 않게 하고 미스를 감소시킴으로서 직원의 사기를 높여 업무가 원활하게 이루어지게 하고 부서 간 트러블을 감소시켜 비효율적인 일이 일어나지 않도록 하는 것이다.

ⓔ 부하의 관찰과 확인평가

스포츠 팀의 감독이나 코치는 언제나 자기 팀 선수들의 컨디션이 좋은가 나쁜가를 관찰하고 그 원인을 찾아내어 어드바이스나 개인적인 지도를 함으로써 개인 컨디션을 높게 유지시켜 팀 전체의 전력을 강화시킨다. 이와 같이 점장은 점포직원 개개인을 관찰하여 필요한 조언이나 협력을 하여야 한다. 지휘자의 업무는 부하를 관찰하고 그들의 컨디션을 확인하며 최종적으로 합리적인 업무평가를 하여 조직전체의 활력을 유지시키는 것이다.

ⓜ 점장 자신의 영업적인 업무

점장의 영업활동업무란 점포내외에서 고객과 직접적으로 접촉하는 활동이다. 고객획득을 위한 점장 자신의 영업활동에는 매상고에 직결되는 공격적인 활동과 매상고에는 직결되지 않는 수동적인 활동이 있다. 공격적인 활동에는 매일매일의 점포운영을 원활하게 지도감독하는 일과, 단체고객이나 연회고객을 유치하기 위하여 기업방문 등을 하거나 전단지 등을 배포하는 일, 그리고 출장파티 등을 위한 외부영업활동이 포함된다. 수동적인 영업활동은 식품위생이나 청소 등 관리업무와 고객의 안전을 위한 활동, 고객의 클레임 처리 기타 제반 트러블을 처리하는 업무 등이다.

ⓗ 사무관리 업무

　　ⓐ **인사관리** : 아르바이트를 채용하고 있는 경우 본부 인사담당에게 서류로 그 내용을 보고하고 그들을 취업시켜서 직장에 대한 근무의욕을 높이고 동기부여를 하는 업무가 이에 해당된다. 또한 임금지급의 근거가 되는 타임카드의 관리와 노동시간 계산 등의 사무적인 작업이 포함된다.

　　ⓑ **물자관리** : 점포의 내·외장, 설비, 비품, 식자재 내지 상품 등의 관리는 기업의 자산유지관리 내지 보존이라고 불리어진다.

　　ⓒ **금전관리** : 현금, 판매대금, 구매대금, 소액현금, 거스름돈의 관리와 그 내용의 결과보고를 하고 영업활동 중에 발생하는 매상고에 관련된 업무, 식자재의 원가에 관한 업무, 인건비에 관련된 업무, 기타 경상비에 대한 사무관리 업무가 있다.

　　ⓓ **보고, 정보제공, 제안** : 판매일보, 월간실적보고서 등의 보고업무와 점포 주변의 경쟁점포 정보와 출점정보를 보고하는 등 광범위한 보고업무가 있다. 또 업무에 대한 개선안을 제시하는 것도 점장의 중요한 사무관리 업무에 속한다.

section 3 SV에 의한 점포육성전략　　　　FRANCHISE

　　한 사람의 인간이 타인의 행동을 컨트롤하고 감독하는 데는 일정한 한계가 있다고 한다. 조직론에서 말하는 span of control이란 보통 한 사람이 7~8명 정도 이상은 직접 통제하고 관리하기가 어렵다고 설명하고 한다. 이 논리는 외식프랜차이즈 점포관리에도 적용되어 모든 체인점포를 본부에서 직접 관리할 수 없고 중간관리자인 SV가 간접 관리하는 방식을 취하고 있다. 그런데 이 SV가 관리하는 점포수는 1인이 보통 7~10개 점포를 관리하는 것이 이상적이라고 한다.

　　그런데 우리의 경우 대다수 외식프랜차이즈 기업이 이 제도를 도입하여 운영 중에 있으나 인적관리에서 많은 문제점을 내포하는 양상을 보이고 있다. 선진국의 우수한 체인본부는 적어도 10~15개 점포를 한 사람의 SV가 관리하는 경우가 많다.

　그러나 우리나라 체인본부 중에 이런 수준의 점포관리를 하는 기업을 그렇게 많이 발견하지 못한다. 점포 운영경험이 풍부하고 제반 관리기능이 우수한 SV를 보유하지 않은 기업이 대부분이고 한 사람의 SV가 보통 20~30여 점포를 관리하고 있어 실제로 점포관리를 제대로 못하는 경우가 대부분이다. 가맹점 운영자들의 불만 가운데 가장 큰 것이 본부가 약속한 매출이 제대로 달성되지 못하는 점, 본부에서 제공하는 각종 원자재가격이 높은 것, 다음으로 SV의 방문횟수와 능력 부족을 들고 있을 정도다.

　외식업에 있어 이 SV의 기능은 일반 산업에서의 그것보다 광범위하고 여러 부분에서 영향을 주게 되며 소위 〔프랜차이즈 조직의 꽃〕이라고 불리어질 정도로 중요한 기능이다.

3-1. SV의 정의

　SV를 정리한 말로서는 supervise, supervision이란 용어가 있다. 이는 〔관리한다, 감독한다, 지휘한다〕라는 의미의 동사와 명사형이다. 따라서 SV의 직능은 관리자, 감독자, 지휘자의 의미이다. 유사한 내용으로 inspector라는 용어가 있는데 이는 검사자, 검열자, 감사역의 의미로 사용되며, 기능면에서는 SV와 유사하나 전혀 다른 업무내용을 집행한다.

　점포업무에서 보면 이 inspector는 매장에 진열된 상품의 선도관리 체크, 위생기준 체크 등 SV업무보다 좀 더 전문적인 것을 담당하는 직무이다.

　SV는 불량제품이 발견되면 폐기권고나 그런 일이 재발하지 않도록 하는 대책을 조언하는 업무를 행하나, 인스팩터는 그 불량제품을 폐기하는 권한을 갖고 그 원인을 전문적으로 분석 연구하여 개선하는 업무를 취급한다. 이렇게 보면 두 기능이 유사하나 SV는 어디까지나 본부에서 위임받은 업무의 범위 내에서, 본부가 정한 룰(rule)을 지키는 범위 내에서 업무진행을 담당한다. 예컨대, 특별기간을 정하여 본부 식품연구실의 물성분석담당자가 직접 점포현장에 출동하여 품질체크를 하는 경우가 인스팩터 업무에 해당할 수 있다. 물론 이때 인스팩터는 SV와 동행하여 업무를 처리하는 경우도 있고 독자적으로 업무를 행하기도 한다.

합동으로 물성검사(物性檢査)를 하는 것은 영업과 연구개발 업무는 상호 견제하는 입장이 많아서 영업사이드는 연구담당들이 우수한 제품을 개발해 주지 않아 영업성적이 좋지 않다는 구실을 찾고 연구실은 영업에서 제대로 품질관리를 하지 않아 좋은 제품을 고객들이 외면하고 있다고 주장하는 관행을 없애기 위한 업무처리를 하는 방식이다. 또 일선 점포단위에는 아직도 주방부분과 홀 담당이 서로 자기 영역 지키기를 하는 관행이 남아 있는 것이 현실임으로 이러한 문제가 어느 정도 있다는 것을 알고 SV시스템을 정립하여야 할 것이다.

3-2. SV의 필요성

1) chain operation의 조직상의 필요성

모든 체인본부사업은 초기 1호점을 개점하면 사장과 간부사원 모두가 이를 성공시키기 위하여 전력투구한다. 업무에 대한 현장실험, 오퍼레이션에 창업정신과 경영주의 의지를 실현시키기 위한 노력이 이어진다. 그러나 이 단계를 지나 점포 수가 10~20점포 증가하면 사장이나 본부 간부는 이 모든 점포를 관리할 수가 없어진다. 업무의 종류나 양이 증가하여 시간상으로나 물리적으로 모든 점포를 직접 관리하는 것은 불가능하다. 이것은 앞에서도 설명했지만 조직관리의 원칙상 한 사람이 관리하는 영역에 한계가 있기 때문이다. span of control에서 한 사람의 직접관리할 수 있는 범위가 8~9명인 것처럼 점포관리도 한사람의 8~9점포를 관리하는 것이 가장 효과적이다. 이 역할을 담당하는 것이 바로 SV이다. 즉 창업 당시의 비전과 경영철학, 톱의 경영방침을 일선 점포에 그대로 전달하여 체인 전체의 정체성을 확립하기 위한 조직상의 필요성에 의해 SV의 위치가 설정된다.

2) 톱의 경영이념을 철저히 이행하기 위한 필요성

프랜차이즈 본부의 경영이념은 그 기업이 생각하는 입지선정, 머천다이징, 판매촉진, 점포오퍼레이션 등 모든 기업활동과 경영정책, 경영기술이 매뉴얼에 반영되어 이것이 전체 체인의 아이덴티티를 정립한다. 그런데 가맹점의 입장은 본부의 입장과 반드시 동일할 수가 없다. 예컨대, 매상고가 아주 높거나 나쁜 경우 그에 따라 다른 문제점이 발생할 수가 있다. 즉 매상고가 높게 달성되면 바로 매너리즘에 빠져 본부의 지시나 영업정책을 무시하고 자기 마음대로 점포를 운영하려는 경향이 있으며, 반대로 매상 실적이 저조하면 매상고 증진에만 매달려 본부의 기본정책이나 공동이념 실현에 무관심하게 된다. 이러한 일이 발생하지 않도록 하기 위하여 또는 만약 발생하는 경우 초기에 이를 발견하여 가맹점오너나 점포 직원을 교육시킴으로써 본부의 경영이념을 이상 없이 실현시킬 수 있는 역할을 담당하는 것이 SV이다.

3) 단기적인 점포의 각종 문제해결을 위한 필요성

개별점포는 영업 중에도 인테리어의 수정이나 보수, 간판상품의 선정과 상품의 조합 등에 대한 검토, 직원의 근무시간관리, 경쟁점포 출현에 대한 대책강구 등의 문제가 수시로 발생한다. 이에 대하여 가맹점은 점포운영경험이 부족함으로 대책을 강구하기가 어려운 경우가 많다. 이러한 상황이 발생하면 즉각적인 지원이나 조언을 해주어야 하는 것이 본부의 기능인데, 이러한 점포현장의 단기적인 문제점을 해결해 줄 수 있는 것이 SV이다.

4) 가맹점 오너나 가맹점 관리자의 교육훈련상의 필요성

프랜차이즈 체인운영은 시스템이 확립되었다 해도 일반적으로 단기간에 점포망을 전국적으로 확대하고 고객에게 좋은 이미지를 심어 시장선점을 시행하려는 경영전략을 일반적으로 행한다. 그 와중에 경험미숙 혹은 기술이 부족한 경영주나 성실하고 열심히 점포를 경영하지 않는 경영주도 나올 수 있다. 이렇게 되면 이 소수 체인점의 질 낮은 오퍼레이션과 불성실한 고객서비스가 체인 전체의 이미지에 나쁜 영향을 줄 수도 있다.

이 경우 이들을 재교육시키고 커뮤니케이션을 통하여 점포운영을 잘할 수 있도록 지원·지도하는 기능이 필요하다. 이 기능을 SV가 행한다.

5) 경영환경변화에 대한 대응책 강구상의 필요성

외식시장은 항상 변화한다. 새로운 도로의 건설, 공공시설의 철수, 학교시설의 이동 등이 있게 되고, 이에 따라 교통사정과 시장여건이 크게 변할 수 있으며, 이제까지 존재하지 않았던 경쟁점포가 출현하면 점포운영 자체가 어려워질 수도 있다. 가맹점 경영주는 점포의 일상업무에 매달려 경기동향이나 시장변화를 잘 모르고 정보에도 어두워 시장여건 변화에 적절한 대응책을 강구하지 못하는 경우가 많다. 이 경우 가맹점 경영주나 관리자에게 시장변화를 알리고 변화를 예측한 대응책을 강구할 수 있도록 지도하거나 본부에 이 상황을 전달하여 본부차원의 대책을 강구하도록 하는 역할을 할 수 있는 것이 SV이다. 체인 전체의 공생(共生)은 마치 시소게임의 양끝과 같다. 가맹점 하나하나가 성공하여야 본부도 성공하며 가맹점의 영업활성화는 곧 본부영업의 활성화로 이어짐으로 SV의 역할이 그만큼 중요한 것이다.

3-3. SV역할 정리

1) 가맹점에 대한 본부 대표자의 대행업

- 경영이념의 철저
- vision 달성 협력
- 경영전략의 의지전달

2) 가맹점의 계속적인 경영지도, 조언, 상담업

- 프랜차이즈 operation 원칙의 교육자
- 프랜차이즈 매뉴얼의 트레이너
- data의 presentation
- profit의 maker
- 점포의 개선 내지 수정자

3) 가맹점포와 본부의 신뢰관계 형성자

- 본부와 가맹점과의 신의 믿음의 창조역할
- 상호 의사 전달자
- 커뮤니케이션의 조정자

4) 본부에 정보제공업

• 본부 정책계획의 반성
• 매뉴얼의 표준수준의 향상

5) marketing의 research업

• 경쟁점포조사
• 상권변화조사
• 마케팅리서치의 담당자

3-4. SV에 필요한 자격요건은 무엇인가?

1) store manager 경험자일 것

가맹점 오너나 매니저 이상의 점포경험, 점포관리, 오퍼레이션 지식이나 기술이 있을 것. 우리의 현실에서 자주 보는 예이지만 가맹점 오너 중에는 "SV가 와도 의논할 것도 없고, 의논해보았자 신통한 결과가 나오지도 않는다. 점포에 와도 거의 대화도 없고 쓸데없이 점포 직원들에게 잔소리와 간섭이나 하며 자기 주장만하고 돌아가는 경우가 많아 SV가 점포에 오는 것조차 싫다"라고 불만을 말하는 사람들이 많다. 이것은 기본적으로 실력 없는 SV의 업무행태이며 본부기술력의 한계를 보여주는 것이다.

2) leadership을 발휘할 수 있을 것:

가맹점과 본부가 경영이념 공동체로서 유지발전하기 위하여서는 본부 경영자의 업무대행자로서 언제나 좋은 인간관계를 유지하고 가맹점의 이익확보를 위해 협력과 조언을 할 수 있으며 가맹점 오너나 직원이 승복할 수 있는 강력한 리더십이 필요하다.

3) 커뮤니케이션 능력이 높을 것

일방적인 지시나 명령보다 가맹점 경영자나 점포근무자와의 대화를 통하여 문제를 해결하는 능력을 갖추어야 한다. 즉 언제나 human relation을 중시하여야 한다.

4) 가맹점과 본부의 파이프 역할을 할 수 있을 것

SV는 경우에 따라 본부와 가맹점 오너 양자로부터 업무에 관한 압력을 받을 수 있다. 본부의 영업에 관한 지시나 가맹점의 본부에 대한 무리한 요구 등이 있는 경우 이를 해소하기 위하여 필요한 조치를 취할 수 있는 능력이 필요하다.

5) management에 관한 지식과 관리능력이 높을 것

예컨대, 가맹점의 이익확보를 위한 경영관리방법 중 계수관리가 필수적인데 이의 분석능력이 있어야 하고 점포의 제반 관리에 대한 능력을 필수적으로 구비하여야 한다. 프랜차이즈 계약서 내용이나 취업규칙, 노동관계법규 등을 숙지하여 점포운영에 문제점이 생기지 않도록 지원하는 능력이 필요하다.

6) 프랜차이즈 사업의 사회적 사명을 이해할 수 있을 것

오늘날 체인본부의 사기성 영업 혹은 불성실한 운영 등으로 많은 가맹점이 피해를 보는 사례가 많다. 가맹점 운영자는 가족의 생계를 책임지기 위하여 그야말로 전 재산을 투자하여 그 가맹사업에 일생을 거는 것이다. SV는 이들의 생계와 성공에 대한 큰 책임을 담당하는 직책임을 인식하는 것이 중요하다.

7) 본부에 적절한 제안을 할 수 있을 것

본부의 지시사항이나 전략을 전달하는 업무도 중요하나 가맹점의 업무개선을 위한 일선점포 현장조사자로서 필요한 개선사항이 있으면 이를 본부에 제안하거나 가맹점의 고정(苦情)이나 불만을 적절하게 파악하여 본부에 제안하고 문제가 커지기 전에 해결할 수 있는 능력을 구비하여야 한다.

8) 가맹점 오너에게 과감하게 NO라는 말을 할 수 있을 것

가맹점 오너는 체인 전체의 문제보다 자기 개인점포의 이익이나 욕심을 내세워 본부에 대하여 무리한 요구를 하거나 본부에 대항하려는 경우가 많으며, 계약서나 본부의 매뉴얼에 위배되는 행위를 하는 경우가 많다. 이에 대하여 확실하게 NO라고 말하고 그 이유도 명확하게 말할 수 있어야 한다.

9) 항상 사물을 냉정하고 객관적으로 판단하고 평가할 수 있을 것

일선점포를 지도 교육하는 과정에는 가맹점주만이 아니고 고객도 가맹점이나 본부에 대하여 무리한 요구를 하는 경우가 많다(예컨대 위생사고에 대한 무리한 보상을 요구하는 경우). 또 본부도 때로는 무리한 지시나 요구를 가맹점에 행하는 경우가 있다. 이때 양자의 중간에 있는 SV는 고객, 점포, 본부를 위하여 무엇이 최선의 방법이며 해결책인지를 냉정히 판단하여 행동할 것이 요구된다. 이 3자는 체인의 생존에 절대적으로 연결되어 있는 요소이기 때문이다.

10) 자기계발에 언제나 노력할 것

항상 자기 자신의 수준향상을 위하여 노력하는 자세가 필요하다. 가맹점 직원의 존경을 받을 수 있는 인격의 함양과 신지식을 흡수하기 위한 개인적인 연수는 물론 업무에 대한 철저한 연구와 분석 등을 게을리해서는 안 될 것이다.

3-5. SV가 반드시 구비해야 할 능력

- 경영이념을 이해하는 능력
- 고객의 입장에서 판단하는 능력
- 의사전달을 명확히 하는 능력
- 적절한 지도능력
- 설득력
- 이해능력
- 리더로서의 능력
- 매상고를 향상시킬 수 있는 능력
- 이익을 향상시킬 수 있는 능력
- 개별 점포별로 적절히 대응하는 능력

3-6. SV가 점포 방문시 금기시해야 할 언어와 가맹점오너의 희망사항

◆ 금기시할 언어

- 점포의 요구에 대해 일방적으로 "프랜차이즈 계약서에 다 기록되어 있지 않느냐"라고 말하며 대화를 피한다.
- 본부 방침이니 나로서는 어쩔 수 없다.
- 본부의 사장이 막무가내로 지시한다. 나로서는 어쩔 수 없다. 내 체면 좀 세워달라.
- 점포의 품의서가 없는데 나로서는 해결할 수 없다.

◆ 가맹점 오너의 희망사항

- 점포의 매상고, 경쟁점포에 대한 대책, 상품구성, 점포운영에 대하여 적절한 어드바이스를 받고 싶다.
- 직원채용, 교육훈련, 직원 근무시간편성 등에 대한 어드바이스를 받고 싶다.
- 경비절감 방법에 대한 어드바이스를 받고 싶다.
- 신상품 정보나 시장정보 등에 대하여 충분한 대화를 하고 싶다.

3-7. SV의 기능(5C+1P)

1) communication 기능(의견교환, 정보전달 기능)

체인스토어 시스템은 전체 체인점이 본부의 의지와 정책을 일사분란하게 수행하는 것이 필수적이다. 이러한 본부의 정책과 의지를 가맹점포에 전달하는 역할은 SV의 몫이다. 또 가맹점포의 애로사항, 건의사항을 제대로 본부에 전달하는 역할 역시 SV의 몫이다. 이와 같이 본부와 가맹점의 중간에서 상호 의견을 전달하는 것이 SV의 중요한 기능의 하나다.

본부가 가맹점에 전달하는 정보를 구체적으로 기록하면 다음과 같다.

① 본부의 판촉계획, 신상품도입계획, 새로운 가격결정, 소비자 대응전략, 전국

광고의 실시시기, 새로운 식자재의 개발, 절약형 주방기기 도입, 신정보시스
템 개발과 도입 사용방법

② 업계동향, 경쟁사 동향, 타점포 매출상황, 소비동향, 정부의 노동정책, 프랜차
이즈정책 등에 관한 정보의 전달

③ 점포 책임자의 본부에 대한 제안사항이나 고충의 청취, 자기가 해결할 수 있는
것은 즉시처리, 자기단독으로 처리 불가능한 것은 본부에 전달, 해결책을 강구
토록 하는 역할

④ 동일 체인 내의 타점포 매출상황, 점포별 실시하는 판매촉진사항이나 효과 등
을 타점포에 전달

⑤ 점포 책임자의 근무의욕 제고를 위한 대화, 조언 등의 업무

2) consulting 기능(경영상담 지도기능)

일반적으로 개별점포의 오너나 점포관리자는 자기점포의 운영이나 관리에 대
하여서는 비교적 잘 파악하고 있겠지만, 기업 전체의 경영전략이나 마케팅전략에
대하여서는 이해가 부족하거나 잘 따라오지 않는 경향이 있음으로 이들에 대한
지원지도 업무를 잘 수행하여 체인전체의 아이덴티티가 유지되도록 하는 것도 SV
의 중요기능 중의 하나이다. 구체적으로 컨설팅에 대한 업무는,

① 점포의 장단기 매출계획 수립, 이익목표 설정, 점포 개보수 등에 관한 조언 및
입안계획의 지도

② 점포가 행하는 각종 판매촉진 캠페인, 이벤트의 입안 및 집행지도

③ 종업원의 육성지도에 관한 조언

④ 각종 영업데이터의 분석방법의 지도 및 이를 기초로 한 개선업무 진행방법의
지도

⑤ 경쟁점포에 대한 대응책 강구 및 전략지도

3) counseling기능(개인적인 상담지도기능)

점포운영에 관한 공적인 업무에 대한 지도는 물론 SV는 점포 관리자보다는 점
포경험이나 연령면에서 인간적으로 성숙해야 한다. 점포 종업원의 인간적인 고

민, 가정의 어려움 등에 대한 진지한 경청자 및 해결사로서의 기능도 필요하다. 점포 종업원의 개인적 어려움이나 고민 등을 파악하지 못하고 업무적인 내용만 지시하고 명령하는 것은 오히려 업무의 효율을 떨어뜨릴 수 있다. 경우에 따라서는 가맹점주의 개인적인 면까지 진지하게 상담할 수 있는 역할도 수행하여야 한다. 구체적인 업무내용으로서는,

① 점포책임자, 직원들의 개인적 고민과 상담에 응해주는 업무
② 점주와 점포 관리자 간의 문제점을 파악하여 이를 해결해주는 업무
③ 점주의 사생활, 가정문제, 자녀의 진학문제 등에 대하여 원조요청이 있는 경우 성실하게 응해주는 업무

4) coordination(업무 조정기능)

가맹점의 광고선전, 점포 자체 조달 원자재 공급처 개발, 세무문제, 종업원 채용, 점포개보수, 주방기기 수리 등에 대하여 우수거래처 알선 및 협조업무
구체적인 업무내용으로서는,

① 세무회계문제, 법률상의 문제점에 대한 전문가의 소개
② 건물 임대차계약조건 변경, 리스계약상의 트러블에 대한 협의 조정역할
③ 점포 개보수에 대한 타점포 실행사례 및 전문업체의 소개
④ 각종 주방기기의 보수유지 업무에 대한 전문업체의 소개, 비용책정에 관한 합리성 검토협조

5) control 기능(점검 및 통제기능)

체인사업에 성공하는 길은 체인 전체가 높은 효율과 큰 효과를 얻기 위하여 본부가 정한 각종 매뉴얼과 영업규칙 등을 철저히 준수하는 것이다. SV는 이러한 업무가 본부가 규정한 내용대로 이행되는지 여부를 항시 점검하고 만약 잘못 실행되는 경우에는 이를 수정하고 재교육하는 기능을 갖는다.

위에서 설명한 SV의 업무는 다양하다. 체인시스템에서 CI전략을 구사하기 위해서는 점포를 육성하는 일, 지도하는 일, 지역별 상권에 맞게 점포를 육성시키는 일, 점포책임자를 체인점포의 패턴에 알맞게 지도하여 최우수 점포직원으로 육성

하는 일, 점포의 P/L관리를 위해 점포책임자의 기획능력을 지도하는 일, 판매계획을 합리적으로 수립하는 방법을 교육지도 하는 일, 각종 보고자료의 작성방법이나 보고일자의 준수사항을 체크하는 일 등이 SV의 지도방법의 핵심내용이다. 그리고 이러한 업무는 점장회의나 점포의 정기적인 방문에 의해 이루어지도록 하는 것이다.

6) promotion기능(판매촉진기능)

오늘날 외식시장은 극히 세분화된 양상을 보이고 있다. 본부에서 실시하는 전국적인 광고홍보나 판매촉진 캠페인 기능도 중요하나, 점포별로 시장상황에 따라 그때그때 실시하는 이벤트성 판촉이 효과적인 경우가 많다.

SV는 이런 점포별 판촉실시의 필요성, 판촉계획 수립방법의 지도, 타 우수점포 판매촉진의 사례 및 그 효과의 소개, 경쟁대상 점포의 판촉실시에 대한 정보제공 및 대응책의 강구에 대한 지도, 본부에서 실시하는 전국통일 판촉의 실시방법 및 그 필요성에 대한 구체적인 설명과 지도 등 매출증진을 위한 다양한 판매촉진 실시에 대한 지도교육 기능을 갖고 있다. 특히 정보화시대에는 대중매체의 광고선전보다 오히려 지역에 밀착하는 이벤트성 판촉활동이 더 효과적임으로 연간계획과 계절별 계획을 수립하여 고객과의 관계를 더 밀접하게 하는 업무를 강화하는 방향으로 판촉계획을 수립할 필요가 있다.

3-8. SV의 점포방문 지도 포인트〔사례〕

이 사례는 L사의 SV에 의한 점포지도 방법과 SV 스스로 자기 평가방법을 기술한 내용이다.

1) 매출상황의 확인과 대책에 관한 어드바이스 요령

① 매출목표 달성을 위하여 시장동향에 관한 점장의 의견을 우선 청취하라.
　　㉠ 다른 가맹점의 목표달성상황과 현저한 차이가 있을 때 우수점포 상황과 방문점포 상황을 비교하고 문제가 무엇인지에 대하여 점장의 의견을 우선 청취한다.
　　㉡ 고객의 내점상황(반응)에 변화를 느낄 수 있다면 그 내용에 관해서 점장과

의견을 나눈다.

ⓒ 점포의 판촉활동에 대하여 점장의 구체적인 실행상황을 청취하고 확인한다.

ⓔ 목표달성에 대하여 특별한 대책이 필요하다고 생각하면 이를 점장에게 자세히 설명한다.

ⓜ 목표달성가능 수치에 따라 어떤 지도와 컨트롤을 하면 좋은지를 지원하고 지도한다.

② **전국통일 캠페인 진행상황을 확인한다.**

ⓐ 캠페인 진행상황에 대하여 판매계수를 근거로 한 정보를 확인한다.

ⓑ 본부에서 지시한 캠페인, 권유판매 캠페인이 제대로 행해지고 있는가를 확인하고 고객의 반응을 확인한다.

ⓒ 점포의 특별한 아이디어나 특수상권에 대한 대응방법이 있다면 이를 확인한다.

ⓔ 이번에 실시하는 캠페인에 대하여 정사원이 아닌 아르바이트들이 어떤 정서를 갖고 있는가를 확인한다.

ⓜ 본부에서 지급한 각종 판촉 툴을 점포에서 잘 활용하고 있는지를 확인한다.

ⓗ 타 점포와 비교해서 해당점포의 문제점을 발견하였을 때는 바로 어드바이스를 하여 시정한다.

③ **점장회의에서 거론되었던 지역중심의 중점테마에 대한 업무수행상황을 확인한다.**

ⓐ 잘 이행되는지 여부와 이에 대하여 점장과 충분한 대화를 나누고 잘 이행되지 않을 때는 무엇이 문제가 되는지를 파악한다.

ⓑ 어떤 고안을 하였는지를 청취하고 다음 점장회의에 상정하여 자랑할 만한 정보를 수집한다.

ⓒ 훌륭한 사례를 발견하였을 때는 중요한 정보로서 정리토록하고 다음 점장회의에서 발표하도록 준비시킨다.

④ **경쟁점포가 있을 때는 반드시 점장과 동행하여 경쟁점포의 현황을 확인하고 점장이 이를 분석한 내용과 점장의 의견을 청취한다.**

ⓐ 점장 스스로 경쟁점포에 뒤지고 있는 원인이 무엇인가를 말하도록 하는 것이 원칙이다.

ⓒ 경쟁점포의 움직임에 새로운 테마가 있는지 여부를 점장과의 대화를 통하여 확인한다.

ⓒ 경쟁점포 점장의 업무집행 자세에 대하여 동행한 점장이 의견을 제시하도록 요구한다.

ⓒ 경쟁점포의 움직임에 대하여 시장에 유포되고 있는 정보가 있는지 없는지를 확인한다.

ⓜ 점장의 경쟁점포 대책에 대한 자신감과 그 계획에 관한 SV로서 지원방법을 생각한다.

2) SV의 점포방문의 기본적인 지도목적

점포관리자의 경력과 점포의 입지, 상권의 특성에 맞추어 점포를 육성하는 것이 SV의 존재목적이다. 그것은 점포운영계획서 작성을 필두로 그 계획의 진행, 상황분석, 결과까지 체크해가는 업무이며, 일방적인 명령이나 지시가 아닌 점포 책임자와의 대화와 협의를 통하여 이루어질 수 있다.

① 점포 지도육성의 기본구조

〔SV가 체크하고 지도한다〕라고 생각해서는 안 되고, 어디까지나 점포책임자에게 자기평가를 시키고 그 다음에 문제점에 대한 지도와 지원을 한다는 자세가 대원칙이다. 점포 방문시 지참하는 점포 체크리스트에 대하여 점장 자신이 아니다(×표)라고 대답하는 용기를 갖게 하는 환경조성이 모든 문제해결의 열쇠라는 것을 기본으로 생각한다.

② 점포 운영계획에 대한 조언과 지도방법

점포운영에서 나타난 문제점과 오퍼레이션상의 부족한 점 등에 관하여 점장 자신이 과감하게 (×)표를 기록하게 하는 것이 중요하다.

ⓐ 우선 ×표에 기록하게 하는 용기에 대해 점장과 합의하라.

ⓑ 점장이 ×표를 기록한 항목에 대하여 조언과 함께 일정기간을 정하고 해결책을 강구하도록 한다.

ⓒ 점장이 ×표를 많이 기록하면 그 가운데서 우선순위를 정하여 토론해가라.

ⓓ 점장이 ×표를 찾을 수 없는 경우에는 수준향상의 필요성을 제안하라.

ⓜ 점장이 새롭게 그렇다(○표)라고 대답한 항목에 대하여서는 자기어필을 하도록 지도하라.

ⓗ 점장이 (○표)로 대답한 항목에 대하여 그것을 달성하기까지의 노력과 진행방법을 자세히 청취하여 기록하라

ⓢ 구체적인 노력과 그 노력에 근거한 결과에 대하여서는 우선적으로 좋은 평가를 하라.

ⓞ 보다 좋은 결과를 기대하기 위하여서는 어떤 점을 개선하면 좋은가를 구체적으로 사례와 수치에 근거하여 지도하라

ⓩ 문제점을 해결하기 위하여 업무추진규칙의 준수와 점포육성을 위하여서는 현재의 업무집행수준을 향상시키는 방법 외에 대안이 없다는 것을 이해시켜라.

ⓒ 업무에 대한 구체적인 지도방법으로는 점장과 함께 종업원의 움직임을 관찰한 뒤 점장의 입에서 〔제가 보아도 좀 서투르군요〕라고 말하게끔 하는 것이 원칙임을 알아둘 것.

ⓚ 될 수 없는 이유, 할 수 없는 이유를 말하는 점장에게는 명확하고 단호하게 그 부당성과 가능성을 설득하지 않으면 안 된다.

ⓟ 체인의 다른 점포에서 실행되고 있거나 점장의 점포운영에 대한 기본사고를 정보로 해서 방문점포와의 구체적인 비교를 하면서 문제점에 대한 수정의사 결정을 하도록 조언하라.

ⓗ 매니지먼트 매뉴얼을 이해시키고 점포의 문제해결, 수준향상을 위해서는 아무래도 매뉴얼 이상 좋은 수단이 없다는 것을 점장에게 이해시킨다.

㉮ 종업원을 컨트롤함에 있어 불필요한 사항이 무엇인지를 지도하고 이같이 하면 어떤 결과가 초래될지를 설명한다.

㉯ 문제점 해결을 위해 본부의 지시나 방침에 대하여 점장이 오해하거나 본부와의 커뮤니케이션에 장애요인이 있다면 SV가 중간에서 이의 해결을 위해 중재노력을 하고 있다는 것을 알리고 그 중재결과를 반드시 점장에게 통보한다.

㉰ 설령 본부와 협의한 결과 좋은 결론이 나오지 않아도 SV가 점장을 위하여 얼마나 노력하였는지를 전달하는 것만으로도 점장을 납득시킬 수 있다는 것을 알아야 한다.

㉣ SV자신이 제기하는 문제점에 대하여서는 어디까지나 계수 등 근거 있는 자료에 의해 설명하라.

㉤ 점장이 납득하지 못하는 정보에 대하여서는 감정적인 대결이 되어 버릴 수 있음으로 문제제기는 신중이 행한다.

㉥ 최고의 성과를 기대하는 것보다 주어진 조건에서 최대의 효과를 기대하고 있다는 점을 이해시켜라. 점장이 〔그 말은 잘 이해하겠습니다. 혹은 납득이 갑니다〕라고 대답할 수 있도록 지도하라.

㉦ 일에 대한 성과와 결과를 평가하기 전에 어떤 방법으로 그 업무를 수행하였는가가 중요하다는 점을 이해시킨다.

㉧ 그래서 무엇을 하라고 지시하는 것보다 지금부터 이 목표를 위하여 같이 시작하자, 혹은 업무추진방법을 하나하나 지도하며 착실히 점장의 실력이 쌓아지도록 한다.

㉨ 신임 점장의 경우는 이렇게 하라, 저렇게 하라고 구체적으로 지도하라.

㉩ 신임 점장의 경우는 비교적 잘되고 있다고 평가하면서도 장래 우수한 점장이 되기 위한 방법에 관하여 이야기를 많이 들려주도록 한다.

　점장을 지도 육성한다는 것은 점포운영의 기술론을 지도하는 것이 아니고 지도를 통해 기대치의 평가를 반복함으로써 점장 자신이 자신의 존재를 인식하게 하고 회사의 훌륭한 인재로서 육성되도록 하는 것이다. 그것은 SV가 오늘 대화를 나눈 점장에 대한 세밀한 주의와 인간적인 대화를 통하여서만 이루어질 수 있다는 점을 잊어서는 안 된다.

③ **점장의 고민과 부점장과의 협력관계에 대해 질문해 본다.**

㉠ 사원간 미팅 상황을 확인하고 구체적으로 어떤 테마가 화제가 되고 있는가를 질문해본다. 그것은 사원간의 의사소통이 어느 수준으로 이루어지는 것을 알 수 있게 한다.

㉡ 부점장의 성장도에 관해서 점장과 대화를 하라.

㉢ 점장후보인 부점장을 착실한 순서로 육성해가는 것이 모든 점장들에게 기대하는 공통의 과제라는 것을 점장에게 인식시킨다. 이것은 점장의 평가기준이 된다는 점도 알려준다.

ⓔ 점장과 부점장의 협조관계를 만들어가기 위한 조언능력은 SV의 중요한 지도능력의 하나가 되며 점포의 랭크 단위를 결정하는 중요한 포인트라는 점을 알려 준다.

ⓜ 상황에 따라서는 사원간 미팅에 SV가 직접 참가하고 업무수행에서 인간관계의 중요성을 인식시키며 그러한 관계형성에 적극적으로 개입하는 것도 필요하다.

ⓗ 점포 순방시에 부점장이 있을 때는 SV는 적극적으로 대화를 유도한다.

ⓢ 점장이 부점장에게 얼마나 기대감을 갖고 있는지를 SV의 입으로 전달한다.

ⓞ 단순히 "건강한가?" " 열심히 해 주세요"라는 일반적인 이야기보다는 "점장에 대한 희망사항은 무엇인가?"라고 하면서 마음을 열게 하는 질문을 해본다.

ⓩ 부점장과의 대화는 점장이 행하는 부점장의 평가표의 공정성을 체크할 수 있는 기회가 된다.

ⓒ 리더 메이트(아르바이트 중 리더)가 어느 정도 성장해 있고 어떻게 공부하고 있는지의 이야기를 자주 들려준다.

ⓚ 메이트 한 사람 한 사람이 얼마나 즐겁게 일하고 있는지에 대한 사례를 많이 들려주라.

ⓣ SV는 휴식하고 있는 아르바이트들의 이야기에도 귀를 기울일 것을 명심하라.

ⓟ 모든 아르바이트로부터 "오늘 귀찮은 SV가 올 것 같다"라는 말을 듣게 하는 것은 제대로 SV로서 역할을 하지 못한다는 것을 명심하라.

〔점포에 있어 인간관계는 일하기 쉬운 환경이 되고 있는가 아닌가를 살펴가는 것이며, 이는 점포를 성공시키기 위한 점포경영의 원점이 되는 것입니다. SV에 의한 점포지도업무의 50%는 이 분야의 업무라고 생각해 주십시오〕

④ 점포 방문일지 작성요령

SV는 점포방문시에 방문일지를 기록합니다. 물론 일정양식에 의해 기록하지만, 기록시에 유의할 점은 다음과 같다.

ⓖ 1부는 점장에게, 1부는 본부에 보고할 것을 의식해서 작성한다.

ⓛ 점장을 납득시킨 테마에 대하여서는 "이 테마에 도전하여 성공시킬 것을 약속하였다"라고 명확히 기록할 것.

ⓒ 점장이 노력하고 있는 테마에 대하여서는 "반드시 좋은 성과를 얻을 수 있
다고 느꼈다"라고 결말을 지워준다.

ⓔ 그 보고서가 점장에 대하여 얼마나 의욕이 일어나게 하는 내용인가. 모티
베이션을 의식하면서 행하고 있는 구체적인 테마이며 이를 하나하나씩 전
달하고 실적을 올려가는 방안을 전달하는 것이 점포방문기록이라고 생각
할 수 있게 한다.

〔점포 방문에 있어 점장을 지도한다는 것은 방문일지에 하나하나 문제를 지적
하는 일에 그치지 않고 구체적으로 업무에 도전하는 정신자세를 길러주는 것이
며, 단순히 인스펙션 시트(inspection sheet)에 의해 체크하는 식의 지도방법은 결
코 점장을 제대로 지도 육성한다고 볼 수 없다.〕

⑤ **앞으로 점포방문시에 어떻게 해야 할까?**

〔SV에 대한 점장의 평가사례〕

아래 내용은 SV에 대한 일선 점포점장들의 평가자료를 모아 정리한 내용이다.

㉠ **함께 잘 해보자라고 말하는 SV에 대한 평가사례**

ⓐ 자주 이야기를 나누고 중점 테마와 스케줄에 의해 무엇을 하고 있는지
를 중심으로 질문을 합니다.

ⓑ 나의 이야기를 잘 들어주고 힘든 일은 함께 괴로워합니다. "처음부터
잘되지 않으니 너무 실망하지 마요"라고 용기를 북돋우어 줍니다.

ⓒ SV에게 어떤 신청서를 보이면 반드시 본부에 보고하여 통과시켜 줍니
다. "아무튼 잘 해 보자"라고 자주 말하여 줍니다.

ⓓ 나의 오너는 SV와 자주 대화를 나눔으로 일하기가 쉽다.

ⓔ 다음 도전목표에 대하여서도 테마를 분명히 남겨주고 다음의 기대치를
제시하기 때문에 일을 게을리 할 수 없으며 내가 주저하고 있으면 "함께
해결해보자"라고 습관적으로 말하며 격려하여 주기 때문에 SV의 방문
이 즐겁다.

ⓕ 매출목표를 달성하기 위하여서는 착실하게 하나하나 어려운 일을 헤쳐
나가는 길 이외에는 다른 방법이 없다는 것을 늘 말하여 주며 의욕을
불러일으키게 한다.

ⓒ 왜 아르바이트 인건비를 더 사용하지 않는가?라는 SV의 질문에 대한 평가

    ⓐ 좋은 영업실적을 올릴 자신이 있다면 선행투자라고 생각해서 메이트를 더 채용하자고 합니다.

    ⓑ 좀더 높은 매출목표에 도전하려면 인건비도 이에 따라 올 것이다.

    ⓒ 좋은 메이트를 채용하고 열심히 육성해서 조금이라도 높은 시간급을 지급하도록 하라고 말한다.

    ⓓ 메이트를 놀리지 않을 자신이 있다면 채용하라고 말하고 인원관리에 여유가 있다 또는 인원관리가 곤란하다고 말합니다.

ⓒ 다른 점포와 비교해서 잘 되어 있는 부분을 칭찬받은 후에는 반드시 숙제가 나옵니다.

    ⓐ 노력한 것은 인정해 주지만 [당연히 해야 할 것을 한 것이다]라고 말한다. 기분이 좀 나빴다.

    ⓑ 우선 제 자신의 평가를 듣고 나서 공격합니다.

    ⓒ 때때로 나와 함께 평가하고 의견교환을 합니다.

    ⓓ 구체적으로 공격함으로 납득은 갑니다.

    ⓔ 아무튼 나를 위해 열심히 평가한 것이구나 하는 느낌이 듭니다. 아주 끈덕지지요.

    ⓕ 다른 점장에게 지지 말라고 격려하며 타 점포 정보를 줍니다.

ⓔ SV가 [점포관리자가 "할 수 없다"라는 말에 "이유가 없다"라고 말하는 것에 대한 점장들의 평가

    ⓐ 일에 대하여서는 엄격하지요. 괴롭고 힘든 것을 알고 있다 라고 하며 저의 말을 경청합니다.

    ⓑ "하고 싶지 않으면 하지 마라"라는 말을 들었습니다. "그것은 점장 자신의 문제다"라고 말을 들을 때는 당혹스럽다.

    ⓒ "저희 SV는 화가 나면 무섭다 그러나 본받을 점이 많다."

    ⓓ "할 수 없다고 생각하기 전에 스스로 자신부터 노력하면 할 수 있다. 적극적인 사고방식을 가져라. 그렇지 않으면 언제까지나 진보가 없다"라는 말을 듣고 새로운 각오가 생겼다.

ⓔ "할 만큼 해도 잘 되지 않을 때도 있다"라고 말하면서 격려해 줍니다.

ⓕ 어느 점장이 SV에게 화가 나서 그만두겠다고 했더니, "그만두려는 사람에게 더 이상 볼일이 없다"고 호통쳤다고 합니다. 그 점장은 지금 필사적으로 노력해서 SV에게 인정받고 있습니다.

⑥ 우수한 SV를 지향하기 위하여 귀하는 어떻게 해야 할 것인가?

아래의 설문에 대하여 자기평가를 해주십시오. 당신 자신의 행동력에 대하여 자가진단을 해 주세요.

〔SV의 자기 진단표〕

항 목	능숙		서툼
1. 점포에서 잇달아 일어나는 새로운 문제에 도전해 갈 용기가 있다.	1	2	3
2. 결과를 두려워하지 않는 용기가 있다.	1	2	3
3. 자기의 지원으로 잘 되어가지 않았을 경우 새로운 대안을 명확히 제시할 용기가 있다.	1	2	3
4. 목표가 달성된다면 새롭게 보다 높은 목표를 세울 용기가 있다.	1	2	3
5. 다른 SV에 비해 우수해지고 싶다는 마음을 계속 갖겠다.	1	2	3
6. 자신이 노력하지 않았을 때 저 녀석은 쓸모없는 인간이라는 평가를 들을 각오가 되어 있다.	1	2	3
7. 위험을 무릅쓰지 않고 성공하는 비즈니스는 없다는 것을 확실하게 인식한다.	1	2	3
8. 비즈니스는 타이밍이 중요하고 그에 따른 행동을 강력하게 실천할 각오가 되어 있다.	1	2	3
9. 자신을 ○○비즈니스 맨으로 성장시킬 수 있는 용기가 있다.	1	2	3
10. 자신을 성장시키기 위해서는 자신을 두려워하지 않고 후배를 잘 육성하는 용기가 있다.	1	2	3
11. 선배로부터 자기의 능력을 인정받지 못해도 이를 받아들일 용기가 있다.	1	2	3
12. 아무리 노력해도 매출목표를 달성할 수 없지만 그래도 손님에게는 늘 감사함을 잊지 않을 용기가 있다.	1	2	3
13. 불가능한 이유, 할 수 없는 이유를 말하지 않을 SV가 될 용기가 있다.	1	2	3
14. 어려운 업무일수록 선두에 나서 지도할 용기가 있다.	1	2	3
15. 할 수 있는 일이 무엇인가가 아니라, 남을 위하여 무엇을 할 수 있을까 하는 마인드로 자신을 개발해 가는 용기가 있다.	1	2	3

당신의 계획업무 집행력에 대하여 자가진단을 해 보아 주세요.

나는 우수한 SV라고 말을 들을 수 있는 용기와 자신을 갖고 있다.

항 목	능숙		서툼
1. 나는 사람을 움직이게 하는 일에 능숙하며 또한 설득력에 자신이 있다.	1	2	3
2. 나는 손님의 입장에서 생각하는 냉철한 판단력에는 자신이 있다.	1	2	3
3. 나는 점포의 좋고 나쁜 점을 살펴가기 위한 매니지먼트에는 자신이 있다.	1	2	3
4. 나는 계수계획을 세우는 것을 좋아하며 또 계획수립에 자신이 있다.	1	2	3
5. 계수목표를 달성하기 위한 운영계획을 잘 세워갈 자신이 있다.	1	2	3
6. 장기적인 테마를 스케줄화 할 자신도 있고 목표시한을 정하는 것을 당연하다고 생각한다.	1	2	3
7. 기한 내 목표달성에 도전하는 것이 SV 자신의 보람이라고 생각한다.	1	2	3
8. 실패는 성공의 어머니라고 생각하고 목표달성에 실패할 경우가 있어도 다음 기회에는 반드시 달성할 자신이 있다	1	2	3
9. 내가 제일 자신을 갖고 말할 수 있는 것은 내 자신이 실패를 두려워하지 않는다는 것이라고 생각한다.	1	2	3
10. 인간관계에서의 골자는 내가 절대 자신을 갖고 같이 행동하는 것이라고 생각한다.	1	2	3
11. 나의 신뢰를 쌓기 위해서 한다면 하는 것을 보여주는 것 외에 다른 방법이 없다고 생각한다.	1	2	3
12. 나를 신뢰하도록 하기 위해서는 자기가 생각하고 있는 목표를 충분히 알려가는 것이라고 생각한다.	1	2	3
13. 설령 결과가 나빠도 보이지 않는 성과를 발견하는 것으로 점장에게 자신을 심어주는 것이라고 생각한다.	1	2	3
14. 성공했을 때에는 점장 덕분이며 실패한 것은 나의 책임이라고 생각해 가는 것이 중요하다고 본다.	1	2	3
15. 나는 ○○의 매니지먼트 매뉴얼을 우선 신뢰하는 것이 내 자신에게 유익하다고 생각한다. 그래서 최대의 목표를 달성한 자신감이 바로 나의 재산이라고 생각한다.	1	2	3

이제까지 성공적인 본부 만들기를 설명해 보았다. 최종적으로 성공하기 위한 본부는 어떤 조건이 필요한지를 정리해보자.

프랜차이즈 본부의 성공 10대 조건

1. 프랜차이즈에 가맹함으로써 매상고를 상승시킬 수 있는 여건을 갖출 것.
2. 명확한 상표를 갖고 그것이 소비계층에게 충분히 인지되고 있을 것.
   제조의 특허 보유, 제조의 노하우의 보유, 특수거래방식, 조리설비 등이 간단하게 남이 흉내 낼 수 없는 내용을 갖추고 있을 것.
3. 계속적인 광고선전 판촉으로 매상고를 올리고 TV, 라디오, 기타 매체의 광고선전 노하우를 확립해서 마켓쉐어를 항상 높게 유지할 수 있을 것.
4. 판매촉진의 사례를 많이 갖고 각 지역의 경쟁여건에 맞는 실시방법을 보유하고 있을 것.
5. 경험이 풍부한 SV를 육성, 점포의 경영지도를 구체적으로 실시할 수 있고 우수한 인재를 기능별로 갖추고 있을 것.
6. 상품 개발을 적극적으로 하여 시장에서 리더가 될 수 있고 품질관리가 완벽하여 전국적으로 동일한 맛을 유지할 수 있는 시스템을 보유하고 있을 것.
7. 점포의 영업권을 판매할 수 있을 정도의 경쟁력이 있을 것.
8. 최소의 투자가 가능한 점포설계 노하우, 낮은 코스트의 상품서비스가 가능하며 점포 관리간접비(광열용수비 등)가 최소화되는 설비조직을 개발할 수 있을 것.
9. 기업 내 건전한 적자사업부가 있을 것. 즉 신규사업개발을 위한 조직을 보유하여 언제나 신업태를 개발하여 변화하는 시장여건에 대응할 수 있는 능력이 있을 것.
10. 프랜차이즈 계약서에 프랜차이즈의 권리·의무가 명확하게 설정되고 본부의 강력한 통제기능을 보유하고 있을 것.

프랜차이즈 본부 창업 사업계획서〔사례〕

1. 기본 concept의 설정
   1) 업종의 결정 : 한식, 양식, 일식, 피자, 이탈리안 기타의 메뉴
   2) 업태의 결정 : 햄버거 등 패스트푸드, 패밀리레스토랑, 디너레스토랑, 기타
   3) 체인형태의 결정 : 단일 전문점, 메가 프랜차이즈
   4) 체인의 내용 : 전국체인, 대도시중심체인, 일정지역한정체인, 농어촌 중심체인
   5) 체인의 기능 : 프랜차이즈, 레귤러(regular), 볼룬터리(voluntary) 체인의 종류선정

2. 사업추진 방향
   1) 기본전제
      ① 프로젝트팀 구성과 구성요원 선발기준 설정 및 선발요원 확보 방침

    ② 개략적인 사업전개 방향의 기술

    ③ 주요 주방기기의 선정

    ④ 식자재 조달의 기본방침 설정

    ⑤ 기본적인 메뉴와 price zone의 설정

2) 외식사업의 전개방향

    ① 농수산 자원을 이용한 간이식사 중심의 패밀리레스토랑의 전개

    ② 초기단계의 사업설정

    ③ 중장기 사업계획방향 설정

    ④ 매가프랜차이즈 전개방향 설정

3) 체인의 명칭

    ① 이미지 설정

    ② 체인 명칭의 공모 및 설정방법 결정

4) 외식사업운영시의 기업의 효과 분석

    ① 단기적으로 본 기업의 이미지업 효과분석

    ② 전국체인 전개시의 기업 이미지 효과분석

    ③ 본업회사의 제품판매와 연계가능성에 대한 분석

5) 실행계획

    ① 메뉴구성

        ㉠ 메뉴설정의 기본방향

        ㉡ 메뉴의 구성방법 결정

        ㉢ 메뉴의 시간대별 구성안(아침, 점심, 저녁, 심야별 메뉴)

                        (평일, 토일, 휴일의 운영메뉴)

                        (eat in 메뉴와 t/o 혹은 홈댈리버리 메뉴)

        ㉣ 메뉴라인별 품목구성안

          • ○○류 품목

          • ××류 품목

          • 디저트류 품목

          • 음료류 품목

    ② 점포 전개방향

        ㉠ 초기단계의 점포전개 : eat-in 중심의 표준형

        ㉡ 중장기단계의 점포전개 : eat-in T/O, home delivery 점포의 전개

        ㉢ 직영점과 가맹점의 전개방향

        ㉣ 마스터 점포와 위성점포의 전개방향

        ㉤ 입지 선정기준의 확정

        ㉥ 지역별 전개순서(전국체인인 경위. 서울, 경기와 지방점포 전개순서)

    ③ 추가 검토사항

        ㉠ 서비스 방식의 결정

          • counter service

          • table service

• full service

         • cafeteria service

     ㉡ 영업시간의 결정(지역별, 입지별 영업시간대 결정)

④ 교육계획

     ㉠ 교과목 및 교육일정의 확정

     ㉡ 교육설비 및 교육시설의 확보

     ㉢ 강사요원의 선발기준 확정

     ㉣ 초급, 중급, 고급, 장기 인재육성계획의 수립

     ㉤ 위탁교육제도의 도입여부 결정

     ㉥ 점포근무자 선발기준 및 장기인재 조달계획 수립

⑤ 장기매출 계획 및 손익추정표 작성

     ㉠ 1~5차연도 매출추이 및 손익추정표 작성

     ㉡ 장기적인 투자 및 손익의 흐름분석과 메뉴 구성

⑥ 메뉴가격 및 원가관리 계획

     ㉠ 메뉴가격의 결정기준

     ㉡ 메뉴리스트 및 소비자가격

     ㉢ 표준원가관리 계획표 작성

     ㉣ 식자재 규격 및 리스트

⑦ 식자재 및 일반소모품 조달계획

     ㉠ 자체 CK 운영계획 수립

     ㉡ OEM시의 업체 및 방법설정

     ㉢ 수입품 품목과 조달국가 선정

     ㉣ 소모품 리스트 및 기초수량 결정

     ㉤ 각종 비품 품목 및 기초수량 설정

     ㉥ 직영배송 및 위탁배송방법의 결정

     ㉦ 물류시스템의 구비

⑧ 중장기 투자 및 자금조달계획

모델점포 (1호점)개점 계획〔사례〕

1) 표준점포 입지선정 및 규모
2) 점포투자계획
   - 설비부분(인테리어, 주방기기, 설비 및 비품 기타)
   - 채권부분(건물임대보증금)
   - 식자재 수입품 및 예비비
   - 기타 창업비
3) 표준점포 판촉계획
   - 초대회, 시식회, 광고 기타 오픈세리머니 비용의 책정

4) 표준 점포 판매계획

5) 표준점포 개점일정 추진표

6) 표준점포 평면도면(기본 lay out 및 기본 사양서)

7) 표준점포 단기 중장기 손익계획

8) 표준점포 인원편성 및 인건비 관리계획

9) 기타 실행업무

- 간판의 형태·규격·제작방법 결정
- 심벌마크의 제정
- 점포 이름의 결정
- 유니폼, 견장, 모자의 형태와 질, 컬러의 결정
- 의자, 테이블의 모양 및 규격결정
- 메뉴 북의 규격 및 내용결정
- 각종 pop의 규격 및 기초수량 결정
- 각종 보고서 양식 및 전표류 양식 및 인쇄
- 직원 선발 및 교육일정표
- 주방기기의 규격 및 기초수량 결정
- 인테리어 공사일정 및 주방기기 입고일 결정
- 주방기기 시운전 및 인수준비
- 공조 설비 및 음향기기의 선정
- 영업신고에 필요한 제반 서류준비 및 영업신고
- 소방위생 검열일자 결정
- 금전등록기 설치 및 신용카드 지급관계 당해은행 등록업무 처리
- 잔화, 팩스, e-mail 등의 설치
- 오픈세리머니 준비 및 시행
- 각종 식자재 및 부자재 거래처 확정
- 기타 창업에 따른 업무
- 부분 오픈과 그랜드 오픈 일정 확정

10) **첨부서류 : 점포기본 레이아웃**

- 점포 종합설계도면 등

CHAPTER

04

성공하는 가맹점포 만들기

오늘 이 시점에도 구조조정에 의한 실직자, 취업을 하지 못한 대학졸업자, 기존 사업에 실패하고 새로운 생업을 찾아 나선 많은 사람들이 외식프랜차이즈 사업본부의 문을 두드리고 있다.

신문지상에는 사기성 본부를 잘못 만나 가진 재산의 전부를 잃어버리는 안타까운 기사가 심심하지 않게 나타나고 있다. 정부는 정부대로 경제적 약자인 가맹점 희망자를 보호하기 위한 입법이나 규제조치를 내 놓고 있으나 쉽게 혼란이 없어지지 않고 있다. 이 모든 것은 가맹본부, 가맹점희망자, 정부정책 당국자 모두에게 책임이 있는 것이지 어느 한쪽에만 책임이 돌아간다고 볼 수는 없다. 특히 우리는 이성적 판단보다 감정이나 정서에 호소해서 문제를 해결하려는 습성이 강한 사회구조 속에서 살아왔다. 즉 가치평가 기준 혹은 판단기준이 명확하지 않은 습성 때문에 가맹본부 선택도 많은 실패를 하는 것이다.

대통령선거를 보아도 정책이나 정강은 뒷전에 두고 "누가 나쁜 짓을 했다" "나만이 나라를 구할 수 있다" "나만이 노동자 농민을 대표할 수 있다"는 등 막연하고 정서적인 내용만 판치는 현상이 보여지는 것이다. [이왕이면 내 고장 출신자, 혹은 저 사람을 선택하면 내게 어떤 이득이 되는 점이 있을 것이다]라는 지극히 막연하고 감정적인 판단이 아직은 남아 있는 것이다. 특히 아직 조금은 남아 있는 호남, 영남, 충청지역의 분화현상은 이러한 생각이 그렇게 틀리지 않음을 상징적으로 대변하고 있다. 상당한 지식수준을 가진 국민들도 미국시민들이 공화당이나 민주당의 정책을 이해하고 투표하는 것과는 아주 다르게 우리나라 어느 정당이나 입후보자의 정책이나 선거공약을 알고 있느냐고 물으면 대부분 모른다고 한다. 이러한 평가기준이 애매한 사고 속에서 살아온 결과는 대통령 입후보자가 12명이나 되는 현실로 나타나는 현상도 보여준 바 있다. 필자는 그동안 많은 사람들이 프랜차이즈 본부를 잘못 선택하여 가산을 탕진하고 가정이 파괴되는 사례를 보아왔다. 이것 역시 평가기준에 대한 전문지식이 없거나 전문가에게 의뢰하지 않는 습성 또는 마땅히 의논할 만한 전문가가 많지 않은 현실이 초래한 결과라고 생각된다. 이제부터 실패하지 않는 프랜차이즈 가맹점으로 출발하기 위한 내용을 설명해본다.

가맹본부를 바르게 선정하는 방법   FRANCHISE

1) 우선 홈페이지에서 가맹본부를 찾는 방법이 있다.

우리나라에는 아직 외식전담 인터넷사이트가 없음으로 결국 일반 인터넷사이트에 가맹본부가 홈페이지를 개설하여 운영하고 있다. 일본의 경우만 보아도 구어메이(gourmet:グルメ) 사이트, 식음료 전문사이트, 프랜차이즈 전문사이트가 있어 대부분의 체인본부가 전문사이트에 자기기업의 홈페이지를 개설 운영하고 있으며, 판촉이나 기타 홍보활동도 이런 전문사이트를 이용함으로써 보다 효과를 높이고 있다.

우리나라도 이 분야에 대한 연구가 필요할 것으로 생각한다.

일본 통산성에서는 우리의 정보공개서면에 해당하는 법적 정보개시 서면을 데이터베이스화하여 이들 사이트에 공개하게 함으로써 일반인들이 쉽게 해당 기업의 내용을 접속할 수 있게 하고 있다. 또 프랜차이즈협회는 이 홈페이지에 일정한 양식으로 프랜차이즈 본부를 소개토록 하고 이를 점검하여 허위 여부를 판정하고 있다. 우리나라의 프랜차이즈 협회도 점진적으로 이러한 문제를 해결하기 위하여 조직을 강화하고 있으며, 특히 대학원과 대학에 프랜차이즈 전문과정이 설립되는 등 연구가 활발하게 이루어지는 점은 다행스러운 일이 아닐 수 없다.

본부 홈페이지에는 점포별 투자규모, 자본금, 모델 손익계산서, 모델점포 규모, 메뉴표와 단가, 직영점 및 가맹점 점포수, 관련사업 존재 여부, 기업의 역사, 대표자 및 임원급의 경력, 본부의 교육체계, 본부의 주소, 이메일 주소, 전화 및 팩스

번호 등이 기록되어 있음으로 개인이 자기의 투자규모와 개성에 맞는 체인본부를 일차적으로 몇 개 선정할 수 있다.

2) 사업설명회 참가

사업설명회는 보통 외식프랜차이즈 본부가 창업시에 신문지상에 사업설명회를 개최한다고 광고하는 경우가 많으며, 영업 중에 있는 본부 중에는 전화로 상담하는 사람들에게 일정기간에 한꺼번에 본사 상담실이나 일정 장소를 방문토록 하여 사업설명회를 개최하고 자기 기업의 내용을 설명한다. 이때 유의해야 할 점은 사업설명회가 끝난 뒤 본사에서 배포하는 설명서나 회사 안내문만 받아서 올 것이 아니라, 기존점포의 위치를 알아내거나 본사 사무실의 위치, 구조, 직원들의 근무 상황들을 살펴볼 필요가 있다. 시간이 남는다면 본사 점포개발담당과 영업담당을 알아내서 방문한 체인본부에 대한 자세한 내용을 질문하여 궁금한 것을 더 확인할 필요가 있다.

사업설명회에 가기 전에 미리 질문할 내용을 대학노트에 기록하여 아까운 시간을 절약하는 것도 하나의 요령이다. 그리고 보통 본사 사업설명회에는 대학교수나 유명강사를 초청하여 강연을 하게 하는 경우도 있는데, 그들의 이야기는 솔직히 말해 별로 참고할 내용이 없다고 보면 된다. 어디까지나 그 회사의 최고경영자나 책임 있는 위치에 있는 사람이 직접 설명하는 내용이 중요한 것이다. 이때는 서류상의 설명내용 외에 회사의 내용을 설명하는 비주얼(visual)자료의 충실도도 함께 평가한다.

3) 프랜차이즈 박람회참가

서울 등에는 매년 프랜차이즈 박람회가 개최됨으로 이 박람회에 참가하여 많은 정보를 얻는 방법도 있다. 박람회에는 많은 사람들이 참가함으로 당해 기업의 직원들과 대화할 시간이 부족하지만 광범위한 외식 업종·업태에 관한 정보와 점포 실체를 살필 수 있음으로 자기가 선택하려는 업종·업태의 개괄적인 내용을 파악하는 기회가 된다.

4) 본부 방문 면담

사업설명회나 프랜차이즈 박람회에 참가하여 일반적인 정보를 수집한 후 자기 적성에 맞고 호감이 가는 본부를 몇 개 선정하면 해당 본부담당자와 면담일자를 정하여 구체적인 상담을 하는 과정에서 본부의 실력, 성장가능성 등을 조사한다. 이때도 아무 주저 없이 본부의 점포 개발담당자가 귀찮아 할 정도로 구체적으로 알고 싶은 내용을 질문하여 필요한 사항을 메모한다. 물론 질문할 내용을 미리 정한 뒤에 본사를 방문하는 것은 당연하다. 무엇보다 중요한 것은 본부 사무실 분위기의 파악이다. 상식선에서 사무실의 구조나 규모, 직원의 친절한 자세나 언어구사 등을 보면 본부의 수준을 파악할 수가 있다.

5) 가맹점 방문

본부방문 후에는 직영점과 가맹점을 최소한 10여 점포 확인하고 직접 현장을 방문하여 영업현황을 확인한다. 당연히 점심영업시간 또는 저녁영업시간대에 방문하여 손님의 입장에서 메뉴의 맛, 서비스의 수준, 점포 분위기, 위생청결상태, 화장실의 관리상태 등을 나름대로 평가한다. 단순히 고객의 입장에서 평가해 보는 것이다. 그리고 어느 정도 수준에 들어오는 점포라고 생각되면 비교적 한가한 시간대에 다시 그 점포를 방문하여 경영자나 점포책임자와 미팅하면서 영업상황이나 본부의 지도 교육, 지원상항 등을 질문해 보면 바로 본부의 관리능력이나 본부와 점포간의 커뮤니케이션 수준을 파악할 수 있을 것이다.

현장방문시에는 본부의 모델점포가 있는 경우에는 이 모델점포의 현상을 상세히 살펴보고 이 모델점포의 현황과 타 점포의 그것과 현격한 차이점이 있는지 여부도 파악하는 것이 중요하다.

말할 필요 없이 양자의 매출, 운영, 기타 점포 오퍼레이션 상에 현격한 차이가 있다면 이 본부는 아직 시스템이 정립되지 않았다고 보아도 좋을 것이다. 만약 기존 점포가 없다면 어떻게 할 것인가? 이는 아무리 우수한 제품의 메뉴나 지명도가 높은 기업이 추진하는 사업이라도 프랜차이즈로 가맹하여서는 안 될 것이다. 상식적인 이야기지만 국내최고의 식품회사나 무역회사 종합기업에서 외국의 브랜드를 도입하여 추진하는 외식프랜차이즈라도 기존 점포가 없다면 가맹점으로 가입하는 것은 문제가 있다.

6) 정보공개서의 내용검토

가맹본부를 방문하여 상담을 한 뒤 계약에 임하기 전에 반드시 정보공개서 내용을 검토할 필요가 있다. 지금은 가맹사업 진흥에 관한 법률이 제정되어 가맹본부의 정보공개를 구체적으로 기록하여 가맹희망자에게 제시할 것을 요구함으로 비교적 자세한 기업정보를 얻을 수 있다. 그러나 해당기업의 내용을 잘 모르는 초심자로서는 그 정보공개서의 진위를 명확하게 파악할 수 없을 것이다. 이때는 가능한 약간의 비용이 소요되더라도 프랜차이즈 전문가에게 자문을 받는 것이 좋다. 자기의 전 재산을 투자하는 것임으로 신중에 신중을 기하여야 한다는 것이다. 그런데 우리의 경우 이러한 사회적 관행에 익숙하지 않아 가맹희망자가 혼자서 판단한 뒤 가맹계약을 체결함으로써 뒤에 불행한 사태를 초래하는 경우가 많다. 법률상 쟁송사건이 발생하면 변호사를 찾아가면서도 자기 재산을 지키는 일에는 전문가의 조언을 참고하지 않는 것이 문제가 된다. 외국의 경우는 거의가 전문가에게 문의하고 전문가의 조언을 받아 프랜차이즈 계약을 체결하는 것이 일반화되어 있다. 심지어는 점포개발당시부터 부동산 소개소를 찾는 우리와는 달리 외식 프랜차이즈 전문가를 찾아 조언을 듣는 경우가 많으며 또 신뢰할 만한 프랜차이즈 전문가도 많다.

우리나라에는 가맹거래사제도가 입법화되어 있으나 아직은 활성화되지 못하고 있으며, 프랜차이즈 역사가 짧고 믿을 만한 전문가도 많지 않아 문제가 있기는 하지만 그래도 찾아보면 최소한의 조언을 해줄 사람을 찾을 수 있을 것이다.

section 2) 개인이 프랜차이지(franchisee)로 출발할 때 주의해야 할 사항

1) 사업의 모든 결과 즉 성공실패에 대한 최종 책임자는 가맹점 사업자 자신임을 우선 인식해야 한다.

앞에서 가맹점으로 실패한 원인을 설명하는 과정에서 자기책임의 원칙을 설명한 바와 같이 가맹사업본부를 조사하고 선택하여 계약을 체결한 사람은 가맹점경영을 희망한 자기 자신이다. 그래서 프랜차이즈 가맹점으로 출발하여 성공하거나 실패하는 것은 어디까지나 경영자의 책임인 것을 인식해야 한다. 본부를 선택하여 계약을 체결한 것은 가맹점 경영자 자신임으로 그 결과에 대한 모든 책임이 자기 자신에게 있음으로 그만큼 신중에 신중을 기하여 가맹본부를 선택하고 계약을 체결하여 한다.

계약 후 문제점이 발생하는 경우 그 해결방법이 극히 어렵다는 것을 알아야 한다. 가령 가맹본부에서 제공한 여러 가지 정보가 사실과 달라 가맹계약을 취소하려고 할 때 법률상 여러 가지 구제방법이 있다고 하나 실제로 문제를 해결하는 것은 상당히 어렵다. 이미 상당부분 업무가 집행되어 있는 경우 그에 따른 금전적 지출이 이루어졌을 것이며 가맹본부의 사기성 영업이나 부실한 내용이 발견되어도 자기재산을 원상회복시키는 것은 현실적으로 어려운 경우가 많다.

2) 이성적인 판단보다 감각적으로 결정하고 후회하지 말아야 한다.

우리 민족은 과정보다 결과를 중시하거나 형식주의와 집단의 의견에 휩쓸리는 감정적인 판단을 많이 한다고 한다. 음식점에 가서 메뉴를 주문할 때도 리더가 어떤 메뉴를 주문하면 나머지도 대부분 나도(me too)라고 같은 것을 주문하는 경향이 강하다. 영국에서는 결혼을 하는 신부가 몇 대 할머니가 입던 결혼 드레스를 입는 것을 큰 영광과 자부심으로 생각하는 데 반해, 우리는 자기 언니가 입던 결혼드레스도 내가 왜 그것을 입어야 하느냐 하면서 반대하는 형식주의가 강한 생활습성이 있다는 것이다.

어떤 신화연구학자는 우리 민족이 일반적으로 농경사회를 거쳐 성장한 민족이라고 알고 있지만, 일설에는 시베리아에서 유입된 유목민족이라고 주장한다. 그것은 우리의 고대사에 나오는 조선(朝鮮)이라는 나라의 선(鮮)은 원래 시베리아지역의 이끼가 자라는 작은 언덕을 의미하는 말이라고 한다. 그래서 시베리아지역에서 한반도로 흘러들어온 유목민족이기 때문에 이 선(鮮)이라는 국호를 사용한 것이며, 다분히 이동이 심한 생활 속에서 살아온 고대로부터의 생활습성 때문에 안정적이고 냉철한 모습보다는 유목생활의 이동과정에서 생겨난 충동적이고 감정적인 습성이 몸에 베인 것이라고 말한다. 이 신화학자의 주장이 옳고 그름에 대한 판단은 그 분야학자들이 연구할 문제라고 생각되면서도, 모든 일을 감각적으로 결정하고 지난 일은 조금만 시간이 지나면 쉽게 잊어버리며 잘못되면 후회하는 극히 판단기준이 애매한 습성이 있는 것은 사실이 아닐까라고 생각해보기도 한다. 그렇기 때문에 가맹계약도 이성적 판단보다 사람이 일시적으로 점포에 많이 몰리는 현상이나 소위 인기 있는 메뉴를 보고 자기 기분이나 감정적인 판단으로 가맹점을 선택하기 때문에 실패할 확률이 높다고 생각된다.

거창한 민족사를 이야기할 필요는 없겠지만, 하여튼 사전에 철저한 준비를 하고 전문가의 자문을 받은 뒤 냉철한 판단위에서 가맹본부를 선택하고 계약에 임하여야 한다.

③ 가맹계약 전에 주의할 구체적 내용   FRANCHISE

(1) 사전 체크할 내용

① 화려한 문구의 가맹점 모집광고보다 오히려 모집대상자 선발내용이 까다롭고 많은 제약조건을 제시하는 본부가 오히려 신뢰성이 높은 경우가 많다.

- 로열티가 없다. 최소의 투자로 최대이익을 보장한다는 등 애매한 표현의 가맹점 모집광고는 거의 허위거나 신뢰할 수 없는 경우가 많다는 점을 이해하여야 한다.
- 매출규모의 대소는 투자의 대소에 비례한다. 소액투자로 많은 매출을 달성할 수 있다는 내용은 거의가 사실이 아니라는 점을 알아야 한다. 예컨대 1억원을 투자하여 월간 5,000만원(연간 6억원)의 매출을 달성한다는 것은 사실상 어려운 일이기 때문이다.

② 광고매체의 신용과 능력을 프랜차이즈 본부의 능력과 신용으로 혼동해서는 안 된다.

가령 4대 일간신문에 가맹점 모집광고를 내면 그 신문의 신용과 능력을 가맹본부의 그것과 동일선상으로 보는 오류를 범하여서는 안 된다는 것이다.

○○신문에 광고를 낼 수 있는 기업이라면... ○○신문은 믿을 수 있는 신문이 아닌가...라고 생각하면서 신문이 갖고 있는 신용상태를 가맹본부의 그것과 혼동

해서는 안 된다.

신문사는 단지 광고주의 의뢰에 의해 금전을 받고 광고기사를 게재할 뿐이며 신문사 자체가 가맹본부에 대한 어떤 평가나 판단에 의해 광고게재 여부를 결정하는 것이 아니기 때문이다.

③ 체인본부의 업종 업태가 자기의 적성과 기호에 맞는 것인지 아닌지를 우선 판단하여 결정하여야 한다.

외식업 컨설턴트인 P씨의 경험담을 들어 보면 재미있는 내용이 있다. 대부분의 가맹점 희망자가 자문을 청할 때 하는 이야기는 "요즈음 인기 있는 메뉴와 잘 나가는 체인본부는 어떤 회사입니까?" 혹은 "내 자금이 5,000만원 정도인데 이것으로 어떤 체인사업에 가맹하여야 밥을 먹고 살 수 있겠습니까?" "이것저것 해보아도 다 안 되어 그저 음식점 체인이나 하나 하면 밥은 먹을 수 있을까 하고 체인영업을 하려고 합니다. 어디 적당한 곳이 없겠습니까?" "대부분이 남이 하는 곳, 경향에 휩쓸려서, 아니면 자기 개성과 능력을 무시하고 적당히(?) 가맹본부를 선택하려고 하는 모습을 보면서 실망하지 않을 수 없다.

예컨대 자기가 양식을 좋아하면 가능한 양식메뉴가 주류인 체인을 선택하여야 하루 3끼 자기점포 음식을 맛보면서 품질을 검사할 수 있을 것인데, 자기는 한식을 좋아하는데 양식체인점을 개점했음으로 음식 맛 테스트하는 것이 고역일 수도 있기 때문에 자기 기호에 맞는 메뉴의 체인을 선택하는 것도 생각하여야 할 것이다.

(2) 기존점포 방문시의 체크사항

1) 눈으로 보고 판단하여야 할 내용

① 건물의 외관(外觀), 출입구의 정리정돈 상태확인– 본부의 관리기술 수준을 평가할 수 있다

> 예 간판의 전구파손, 많은 때가 묻어 있는 간판, 점포 입구의 노면이 변색되어 있거나 파손되어 있는 상태, 입구 주변에 담배꽁초나 쓰레기가 많이 떨어져 있는 경우, 유리창의 파손이나 손때가 묻어 있는 모양 등을 보면 점포의 영업상태나 본부관리가 허술함을 평가할 수 있다. 물론 그 반대인 경우는 우수한 것으로 평가가 가능하다.

② 피크타임시의 고객의 입점상태 – 영업의 내용을 확인할 수 있다.

> 예 점심시간, 저녁시간대, 심야시간대 등 메뉴나 업태에 따라 내점 고객수가 달라지겠
> 지만, 식사메뉴의 경우 피크타임에 테이블의 점유율이나 회전율 등을 파악하여 매
> 상고를 파악할 수 있다. 점포에 따라 차이가 있겠지만 중식시간과 석식시간의 매출
> 이 전체 매상고의 70~80%를 달성하거나 낮 11:00~2시 사이의 매출이 1일 매상고
> 의 40%를 달성한다는 등의 구체적인 사실을 확인한다.
> 그 외, 빵 상자 수나 빈 술병 수를 보고 매상고를 추정한다.

③ 종업원 수를 보고 인건비와 매상고를 추정한다.

업종별 인시생산성(人時生産性)이 있음으로 종업원 수를 보고 월평균 인건비와
매상고를 추정한다.

> 예 한식류의 경우 어느 정도 우수한 점포는 종업원 1인당 생산고(매상고)를 1일 200,000
> 원으로 계상한다. 6인의 종업원이 근무하는 점포라면 1일 매상고를 1,200,000원으
> 로 추정할 수 있다〔6인×200,000원 =1,200,000원/1일〕

2) 가맹점주 면담시의 체크사항(미리 대학노트에 질문내용을 기록해간다)

피크타임시에 매상고나 기타 영업상황을 점검하고 고객의 입장에서 메뉴의 맛
과 질, 종업원의 서비스 상태를 점검한 뒤 좀 한가한 시간에 점포경영주 또는 점
포책임자와 면담을 한다(물론 본부의 소개로 온 것임을 알려야 한다).

이때 파악할 내용은 다음과 같다.

① 매상고가 계약시에 본부가 말한 추정치와 어느 정도 일치하는가?

② 현재의 매상고는 개점 후 얼마의 시간이 지나서 달성할 수 있었는가?

③ 기본적인 인원수와 인건비가 당초 본부가 제시한 표준치와 어느 정도 일치하
는가?

④ 개점할 때 본부의 지원내용은 무엇인가(인원지원, 준비업무지원, 판촉물지원 등)?

⑤ SV의 지도방문은 만족스러운 수준인가?(지도내용은 구체적으로 어떤 내용이며 1
개월에 방문횟수는 몇 회인가? 등)

3) 가맹점 면담시의 체크리스트 〔사례〕

가. 정말로 점포의 이익이 발생하고 있는가?

① 본부의 사업계획(매상고 예측 등)의 정확성 여부
② 표준 모델수지계산상의 경비항목의 적정성 여부
③ 인건비의 적정성 여부
④ 식자재 원가율의 표준과의 차이 여부 및 그 범위
⑤ 기타 경비의 적정성 여부 및 표준과의 차이 여부

나. 개점일까지의 본부지원제도

① 연수기간, 연수내용, 각종 검사시스템의 적합성 여부
② 점포설계, 감리에 대한 확실한 룰의 존재 여부
③ 대 관청 인허가업무에 대한 본부의 지원 여부
④ 점포 공사완료 후 공사불비사항, 주방기기의 작동사항, 매인터넌스에 대한 본부의 대응수준과 그 방법은 어떤가?
⑤ 식자재, 각종 소모품 기타 물품의 배송방법과 그 정확성 여부

다. SV의 지도에 대한 만족도 조사

① 오픈시의 지원체제는 어떤 것이었나?
② 정기적인 지도는 확실하게 이루어지고 있는가?
③ 점포의 영업, 직원 교육 기타 운영상에 충분한 도움을 주고 있는가?

라. 기 타

① 매년 신메뉴, 신상품, 신소재의 식자재를 개발하여 제공하고 있는가?
② 영업에 도움을 주는 각종 시장 정보를 제공하고 있는가?
③ 연초 또는 연말에 전체 가맹점이 모여서 새로운 영업정책과 연간집행계획을 발표하고 있는가?
④ 가맹점 회의와 점장회의를 정기적으로 실시하고 있는가?
⑤ 판매촉진에 대한 본부의 지원 수준은 어느 정도인가?

4) 문서상 체크해야 할 사항

가. 법률에 관련된 사항

가맹금, 보증금, 로열티, 식자재대금, 건설대금의 입금처리에 대한 사항

① 가맹금과 로열티의 본질

가맹금은 본부의 영업 노하우, 상표의 사용권, 시스템의 사용권에 대한 대가라고 말할 수 있다. 즉 본부의 기존기술과 시스템이용 및 상표의 독점적 사용권에 대한 대가라고 일반적으로 정의한다. 로열티는 영업개시 후에 가맹점에 대한 계속적 지도, 신제품 및 신시스템의 개발을 지원받고, 수준향상을 위한 교육의 대가적 성격이 강하다. 즉 향후 본부의 신기술 및 신시스템을 계속 사용하는 대가로 설명할 수 있다. 물론 광의로 보면 노하우 대가, 상표 등의 계속사용에 대한 대가, 계속적인 지도에 대한 대가로 일정한 로열티를 지급한다고 볼 수 있다. 그러나 단순히 표현한다면 가맹금은 본부가 지금까지 이룩한 노하우 및 사회적으로 인정받아 이룩한 상표의 권능을 독점적으로 사용하는 대가에 해당되고 로열티는 개점 후 이런 내용을 포함하여 계속적인 지원을 받는 대가에 해당한다고 볼 수 있다.

대부분의 국가에서는 가맹금과 로열티, 물품대금 및 건설비는 엄격히 구분하여 정리하고 있음에 반해, 우리나라 프랜차이즈 관계법규는 가맹금의 범위를 너무 포괄적으로 정의하고 있어 오히려 혼란이 일어날 수 있는 소지가 많다. 우리의 경우는 가맹금, 로열티, 본부에 지급하는 상품대금 및 기타 건설대금까지 가맹금의 범주에 포함시키고 있다.

가맹금과 로열티의 차이를 이렇게 비유하면 무리가 있을까?

가맹금은 대학 입학시의 입학금에 해당하고 로열티는 등록금에 해당하는 성격이 있다고 볼 수 있다. 즉 입학금은 4년제 대학의 경우 여러 입학희망학생들 중에서 선발된 사람에게 특별히 해당 대학에서 공부할 것을 허가한 대가로 수령하는 내용이며, 등록금은 일단 입학한 학생에게 매학기 수업을 이수하는 대가로 수령하는 것이다. 대학 입학금과 등록금이 모두 대학의 수입이 될 수 없고 이것을 갖고 새로운 교과개발 및 교육기자재의 구매, 교수 및 관리요원의 급여, 각종 시설의 보수 및 시설확장 등에 사용하는 것처럼 가맹본부에서 수령하는 가맹금과 로열티는 그대로 본부의 수익이 되는 것이 아니라 본부 운영비, 인건비, 신제품 및 신

시스템개발 시장조사개발비 등 기업의 생존과 확대발전을 위한 경비로 사용되는 것이다.

또 이미 학교에 입학금을 내고 입학한 학생이 2년이 지난 뒤 학교를 중퇴하는 경우 기 지급한 입학금의 1/2을 반제 받을 수 없을 것이며 한 학기만 이수하고 다음 학기에 등록을 하지 않아도 결코 입학금을 반제 받을 수 없다. 가맹금의 반제문제도 이와 같은 논리로 해석하는 것이 보다 합리적인 것이 아닐까?

로열티의 성격에 대하여 몇 가지 다른 나라 전문가의 의견을 찾아 연구해보자. 이는 우리나라 프랜차이즈 법규제정 담당자, 수정안을 주장하는 입장에 있는 사람 그리고 프랜차이즈를 연구하는 학생들이 충분히 참고할 수 있는 내용이 될 것이다.

일본의 프랜차이즈 법규관계의 전문가인 川越 변호사는 그의 저서「프랜차이즈 시스템의 법리론(法理論)」에서 로열티에 대하여 다음과 같이 정의하고 있다.

〔프랜차이즈 계약에 있어서 로열티는 프랜차이즈 계약기간 중 프랜차이지(가맹점)로부터 프랜차이즈본부에 지급되어지는 금전이다. 프랜차이즈 패키지 제공에 대한 대가의 일부(가맹금 대상을 제외한 부분)이며, 좀더 상세히 말하면 노하우의 부여와 상표 등의 사용허락의 대가라고 보는 것이 일반적인 해석이다.〕

또 중소소매업진흥법 시행규칙에 의하면〔가맹자로부터 정기적으로 금전을 징수할 때는 당해 금전에 관한 사항〕을 개시(開示)하도록 함에 있어서는(명시하도록 함에 있어서는) 다음의 항목을 명시하도록 하고 있다

㉠ 징수하는 금전의 금액 또는 그 산정에 활용되는 매상고, 비용 등의 근거를 명확하게 산정하는 방법

㉡ 상표사용료, 경영지도료 기타 징수하는 금전의 성질(성격)

㉢ 징수시기

㉣ 징수방법

로열티의 성격을 고려하는 경우 ㉡의 징수하는 금전의 성질(성격 또는 내용)에 해당하며 이것은 개시사항(공개사항)으로서 개시(공개)하는 것이 본부의 의무로 되어 있다.

또 현실적으로 각 가맹본부가 로열티에 관하여 어떤 규정을 취하고 있는가를 THE FRANCHISE(법정개시서면〈우리의 경우 정보공개서면에 해당〉)을 개시하고 있는

site)에서 찾아보면 다음과 같다.

② **모스푸드서비스 주식회사**

　　㉠ 계속적 상표사용료

　　㉡ 계속적 경영지도료

③ **도도루 커피**

　　㉠ 상표사용료

　　㉡ 본부가 실시하는 메뉴개발, 판촉활동, 경영매뉴얼의 작성 내지 지도 등 대가

④ **나가유**

　　㉠ 계속적 상표사용료

　　㉡ 계속적 경영지도료

⑤ **일본맥도날드**

　　당사가 추진하는 경영지도 내지 계속적 서비스와 innovation, alliance, 신상품, 새로운 조리시스템을 포함한 맥도날드로부터 받는 은혜(恩惠 : 일본식 표현이나 우리식으로 해석하면 수혜의 의미정도로 봄)의 대가

　　이와 같은 몇 개 기업의 로열티에 대한 규정을 정리하여 川越씨는 로열티의 성격을 다음과 같이 결론짓고 있다.

　　㉠ 상표의 계속적인 사용료

　　㉡ 노하우의 사용료

　　㉢ 계속적인 지도료(SV에 의한 지도를 명확히 기록한 본부는 없음)

　　또 일본프랜차이즈 핸드북(일본프랜차이즈 체인협회 편집, 상업계 발행)에 기록된 상표사용료, 계속적 경영지도료, 노하우 사용료에 대한 정의를 소개하면 다음과 같다.

　　㉠ **상표사용료**

　　각 체인에서 사용하는 상표(사업자가 제조 또는 판매하는 상품의 출소(出所)를 표시하고 이것을 타인의 상품과 식별하기 위한 표식이며 그가 확립한 영업상의 goodwill을 표장(表章)하는 심벌이다. 상표는 일관된 품질의 상품에 계속해서 사용함으로써 출소표시 기능만이 아니고 품질보증 기능도 갖는다)의 계속적인 사용료를 가리킨다.

ⓛ 계속적 경영지도료

프랜차이즈 본부의 이미지를 유지하고 높이기 위하여 프랜차이즈 본부가 행하는 계속적인 지도, 원조를 받기 위하여 지급하는 비용을 가리킨다. 프랜차이즈 가맹점 측으로서는 매상고의 향상이라든가 이익의 확보에 유용한 지도가 대가를 지급할 가치가 있다고 생각할 것이다. 그러나 계속적인 지도는 SV에 의한 점포방문만의 업무가 아니고 회의, 강의, 직영점에 있어서의 실기지도 등도 포함된다.

ⓒ 노하우 사용료

노하우란 유형물에 고정되어 있는 것, 사람의 지식과 경험 등과 같은 무형의 것을 포함하여 기술, 경영 기타 사업에 필요한 정보를 지칭하는 용어로써 널리 사용되고 있다.

노하우 사용료란 각 체인이 보유하고 있는 독자적인 노하우를 계속적으로 사용하는 대가이다.

위에 소개한 내용은 우리보다 앞서 프랜차이즈 시스템을 도입하였고 상거래 관행도 우리와 유사한 점이 많은 같은 동양권 국가인 일본의 사례임으로 가맹금과 로열티에 대한 우리의 현행규정과 비교할 만한 충분한 가치가 있다고 생각된다.

따라서 우리나라 가맹거래진흥을 위한 법령이나 기타 가맹거래에 관한 법규의 가맹금, 로열티, 가맹금의 반제 문제 등은 좀 더 전향적인 자세로 접근하여 새로운 해석과 내용으로 개정될 필요가 있다고 생각한다. 무조건 규제중심으로 따라오라는 식의 관주도형 입법행태는 고쳐져야 하며 일부 사기성 영업을 하는 가맹본부의 행태 때문에 가맹금과 로열티에 대해 지나친 규제를 고집하거나 오해나 반감을 갖는 사고방식은 우리의 프랜차이즈산업 발전을 위해 결코 바람직한 것이 아니라고 생각한다.

또 현실상 가맹거래에서 가장 민감한 문제의 하나가 가맹금의 반환문제인데 외국의 경우 특별한 경우가 아니면 일단 본부에 입금한 가맹금은 사실상 반환이 어렵다. 수년 전만 해도 외국기업의 가맹계약서에는 대부분 〔가맹금은 여하한 경우에도 반환을 하지 않는다〕라고 명시된 사례를 많이 볼 수 있었다.

이것은 거래행위의 안전성을 보장하기 위한 내용으로도 볼 수 있다. 즉 다른 많은 경쟁자 중에서 일정 장소에서 선택되어 가맹점 계약을 한 뒤에는 당사자의 사망, 이민 등 영업의 계속이 불가능한 특수한 경우를 제외하고는 정당한 사유 없이 가맹점 희망자의 일방적 요구에 의해 가맹계약을 파기하고 가맹금을 반환해 준다면 본부로서 그에 따르는 책임을 묻지 않을 수 없다는 것이다. 즉 해약을 하려는 사람은 다른 사람이 그 장소에서 가맹점으로 출발할 기회를 박탈한 책임이 있으며 일정지역에서 점포를 확보하지 못하여 경쟁사에게 당해 시장을 빼앗기게 되는 본부의 손실에 대한 책임도 면할 수 없다는 이론이 제기될 수 있는 것이다.

우리나라의 가맹사업에 관한 법령내용에는 이 가맹금에 관한 규제가 많은 것이 특징이다.

가맹금에 대한 범위의 확대, 가맹금을 일정기간 제3의 기관에 예치하는 제도의 설치 등이 그것이다. 이는 경제적 약자인 가맹점 개설자를 보호한다는 목적이 있지만, 이런 내용이 입법화 될 때 고려하지 못한 근본적인 오류는 가맹본부의 기술이 현재의 수준에서 영원히 변화발전 없이 영업을 계속하는 것으로 판단한 때문이 아닌가라고 생각한다. 몇 번이나 강조한 내용이지만 건전한 프랜차이즈 본부라면 가맹금, 로열티 등은 대부분 기업의 생존을 위하여 혹은 경쟁에 이기기 위하여 신상품개발, 신시스템의 개발 등에 대부분 사용되는 것이지 그것이 그대로 본부경영자의 수입이 될 수는 없는 것이다. 관계기관, 가맹점 희망자들이 이점에 대한 오해와 편견이 없어지기를 다시 한 번 이야기하고 싶다.

사례 | 가맹금 반환에 대한 외국의 사례

A는 구조조정에 의해 직장을 그만두고 생계를 위해 B가맹본부와 계약을 체결하고 창업에 필요한 기술과 노하우를 위한 교육을 이수받았다. 즉 각종 핵심 매뉴얼을 대여받고 이에 대한 교육 및 조리교육, 점포관리교육을 이수받은 것이다. 가맹금은 3,000,000원으로 일단 가맹계약시에 1,500,000원을 입금하고 영업개시 후에 1,500,000원을 입금하기로 하는 조건이었다.

가맹계약 후 어느 정도 시간이 지나면 좋은 점포가 나올 것으로 예상하고 계약을 했으나 3~4개월이 지나도 적당한 점포가 나오지 않아 A는 가맹계약을 파기하고 기 지급된 가맹금을 반환해달라고 요구하였으나, 본부는 오히려 점포확보를 못한 것은 가맹계약자의 책임임으로 나머지 1,500,000원도 입금하라고 요구하였다. 이 경우의 가맹금의 처리는 어떻게 할 것인가?

해결방안 :

가맹금은 외국의 경우 영업노히우 제공과 상표의 독점적 사용권에 대한 대가임으로 이 경우 이미 본부에서 각종 매뉴얼과 이에 필요한 교육을 이수했음으로 영업노하우는 충분히 제공받았다고 생각된다. 단, 아직 영업을 개시하지 않았기 때문에 본부의 상표는 사용하지 않았다고 생각됨으로 기 지급한 가맹금은 반제받을 수 없으나 나머지 1,500,000원은 지급하지 않아도 좋을 것이다. 만약 재판에 들어가는 경우 양자 모두가 재판에 필요한 경비와 재판과정에 소모되는 시간적 손실이 큼으로 가능한 쟁송사건화하는 것은 피하는 것이 좋을 것이다.

법원의 경우도 노하우제공과 상표독점 사용권 중 어느 쪽의 비중을 높게 볼 것인지는 상당히 어려운 문제일 것이다. 외국의 판례는 우리의 가정법원에서 이혼판결을 바로 하지 않고 조정위원회 등에서 일정기간 두고 양자가 조정하는 기회를 갖도록 하는 것처럼 대부분 프랜차이즈 협회의 분쟁조정위원회 등에서 자율조정할 것을 권장하고 있다. 그만큼 거래행위에 대한 판결은 쉽게 결론 내릴 수 없는 사항이기 때문이다. 우리의 경우도 소상인을 보호한다는 명목으로 프랜차이즈 본부사업 운영에 대하여 지나치게 규제를 하는 것은 오히려 가맹점 경영자에게 피해를 줄 수도 있다는 것을 관계기관에서도 알아야 할 것 같다.

본부사업이 부실에 빠질 경우 가장 피해를 보는 것은 가맹본부가 아니라 가맹점 경영주 자신인 것은 두말할 필요도 없다.

우리나라에는 가맹거래사 제도가 법률상 존재하나, 현재의 시장여건에서는 이의 실효성이 의심되며 법령에 정한 정보공개서의 허위기재, 과장기재, 중요사항의 누락시에는 가맹금의 반환청구가 가능하다고 명시되어 있으나, 실행과정에서 과연 이 조항의 효력이 얼마나 발생할지는 의문시된다.

가령 전문지식이 없는 가맹점 창업자가 본부의 정보공개서의 허위사실 여부를 어느 정도의 시간이 경과해야 판단할 수 있으며, 그 판단기준이 단순한 매출규모나 원가율이 본부가 계약시에 제시한 표준수치와 어느 정도 차이가 일어나야 허위사실이라고 판정할 것인가는 참으로 애매하다.

가령 A가 가맹계약을 체결할 때 본부의 정보공개서면에 평균 매상고 추정액이

1일 500,000원으로 기재되었는데 개점 후 2~3개월이 경과해도 겨우 350,000원 수준의 매상고 밖에 달성하지 못했다고 하자. 이 경우 계약을 해지하고 가맹금 반환과 손해배상을 청구할 수 있는가?

현실적으로 어려운 문제이다. 가맹계약을 해지하면 건물주와 체결한 점포 임대계약은 어떻게 할 것이며, 본부가 A보다 작은 상권에서 혹은 일반적으로 A점포보다 열악한 입지에서 열심히 영업하여 1일 매상고 600,000원을 달성한 B점포의 사례를 들어 A의 노력부족을 이유로 내세울 경우 과연 법은 누구의 편을 들어 줄 것인가?

미국이나 일본의 경우는 정보공개서면에 제시한 매상고 추정이 합리적인 계산에 근거하여 산출한 내용이거나 이 추정매출은 반드시 보증하는 것은 아니다 라고 계약서에 단서를 붙이면 법률상 책임은 지지 않는다는 것이 일반적인 해석이다.

여기서 말하는 합리적인 계산근거란 기존점포의 시장여건, 본부의 매상고 구성 요소의 분석에 의한 매상고의 추정 및 신규점포와 유사한 상권에 있는 기존 점포의 매상고 등 여러 요소를 참고하여 합리적으로 수치화하여 계상한 매상고인 경우 어느 정도 합리적인 근거에 의해 산출한 매상고로 볼 수 있을 것이다.

여러 가지 프랜차이즈 사례를 다 소개할 수는 없지만 냉정한 판단에 의해 가맹점으로 시작한 이상 매상고 미달이나 문제점이 있으면 가능한 본부의 책임자에게 이를 알려 점포를 살리는 방법을 연구하는 쪽으로 문제를 해결하려고 노력하여야지 법에 호소한다고 하여 문제가 쉽게 해결되는 것이 아님으로 가맹점으로 생계를 꾸려가려는 초심자는 앞에서 몇 번이고 강조하였지만 자기가 선택한 것임으로 자기가 책임진다는 자기책임의 원칙을 항상 염두에 두고 가맹계약에 임하여야 한다.

상대에게 속아서 결혼한 사람이 그 사실을 알고 고소를 한다고 하였을 때 과연 원상회복이 된다고 볼 수 있을까? 이미 쏟아진 물은 다시 주워 담을 수 없는 것과 같이 가맹계약을 잘못하였을 때 원상회복을 하려고 하는 것은 대단히 어려운 문제라는 것만은 알아야 할 것이다. 더구나 가맹본부가 처음부터 사기성 영업을 한 경우는 소 잃고 외양간 고치는 격이 되어 해결방법이 없는 것이다.

나. 계약서 작성시의 유의사항

최종적으로 다음 사항을 점검해본다.

① 계약서 분량의 확인

계약서 분량이 최소한 4~5매 이상으로 자세히 정리된 것인지의 여부를 확인한다. 2~3매의 간단한 내용은 신뢰성이 없고 분쟁발생시 애매한 조문 때문에 가맹점 운영자가 불리한 경우가 많다. 따라서 계약서 각 조항이 까다로운 내용이 많고 가맹점주의 자격에 일정한 제한규정을 두는 본부가 오히려 신뢰성이 높다고 본다.

② 계약을 급하게 서두는 모습을 보일 때는 일단 계약을 미룬다.

"본부에서 많은 우수한 입지와 상권에 예비점포를 다량 확보하고 있음으로 계약만 하면 바로 점포를 소개해주겠다."

"사장님에게만 특별히 신경 써서 점포를 소개한다."

"계약희망자가 줄서서 기다리고 있으니 빨리 결정하라"라고 말하는 상담자는 일단 의심하고 계약을 미루고 재조사한다.

③ 기존 점포 방문시에 체크한 내용과 상담 실무자의 설명 내용이 상이한 경우

에는 그 차이에 대한 상세한 설명을 질문하고 그에 대한 해답이 분명하지 않을 때는 차 상급자에게 문의하여 확인을 한다. 애매한 내용에 대하여서는 서면으로 확인을 받아두어도 좋을 것이다. 자세하고 친절하게 가맹점 희망자를 가족으로 생각하며 귀찮은 표정없이 자세한 설명을 하는 것은 본부의 의무이며 자기들의 설명내용에 자신이 있고 본부와 가맹점의 공존공생을 생각하는 책임감 있는 본부라면 언제나 당당한 자세를 유지할 것이기 때문이다.

④ 계약서 외에 별도로 점포운영지침이나 관리규정의 존재 여부와 그 내용을

확인할 것.

즉, 점포의 원가계산방법, 표준원가 계산방법

모델점포의 투자규모 및 손익분기점 계산표

점포인테리어 공사사양서 및 일위 대가표

인건비 가이드라인(직급별 급여 테이블)

교육코스(초, 중, 고급 코스)

제품공급 물류시스템 수준 및 시행방법

영업시간에 관한 규정

각종 보고서 서식

회의 및 건의에 대한 처리방법 등

⑤ **매뉴얼에 관한 사항**

매뉴얼의 실물 존재확인

⑥ **자기 재산에 대한 평가**

㉠ 자신의 인적자원 확인

가족의 동의 특히 배우자의 동의가 필수적이다(좀 안 된 이야기이지만 부인의 동의 없이 외식프랜차이즈 가맹점에 가입하여 창업하였다가 이혼당한 사례도 있다. 이 부인은 어떤 경우에도 음식점 경영을 반대하였다). 가족 중에서 점포 근무에 동원 가능한 자원이 있는지 여부 확인), 각종 정보제공자의 유무 확인(프랜차이즈 전문가, 혹은 대학의 선후배, 친·인척 중에서 프랜차이즈의 전문지식이 있는 자, 타 프랜차이즈 본부에 근무하는 지인이나 가맹점 경영주 중에서 지인이 있는 경우 편리한 경우가 많다)

㉡ 외부로 필요한 인적자원 확보방법의 확인

㉢ 자금조달 능력의 확인(여유자금, 은행 등에서 융자 가능한 담보물건 보유 여부 등을 확인한다). 친지나 가족으로부터 자금을 차입하는 것은 실패할 확률이 높다.

section 4 법인(法人)이 가맹점 사업을 시작하려고 할 때 유의해야 할 사항

4-1. mega franchise의 장점을 연구해본다.

우리나라의 경우 어느 정도 규모를 갖춘 기업이 다른 외식기업의 가맹점으로 출발하는 것은 거의 찾아보기 어렵다. 왜냐하면 대부분은 직접 외식사업부를 만들어 신규창업을 하거나 외국의 브랜드를 도입하여 한두 점포 직영점을 운영해본 뒤 가맹사업을 개시하는 것이 일반적인 관행이기 때문이다. 그러나 법인이 국내에서 독자적으로 창업한 외식기업이 성공하는 예는 많지 않은 편이며 외식사업에 대한 경험이나 기본 이해 없이 해외브랜드를 그대로 도입하여 국내에서 외식업을 전개한다고 하여 바로 성공한다고 볼 수도 없다. 그만큼 경영자가 외식사업에 대한 이해를 얼마나 하고 있느냐 아니냐가 성공의 포인트가 되는 것이지 회사의 규모나 기존사업의 성공이 바로 외식사업의 성공으로 이어질 수 없다는 것을 앞에서도 이미 설명한바 있다.

그러나 외국의 경우는 꼭 외식프랜차이즈 본부를 창업하여 어려운 제품개발 업무나 인재육성 등의 교육업무를 행하지 않고 가맹점포만을 여러 점포 운영하여 체인 본부사업을 하는 이상으로 좋은 실적을 올리는 기업도 있다. 이때의 사업방향을 한 업종의 여러 점포 가맹점으로 운영하는 것보다 여러 업태의 가맹점을 병행하여 운영함으로써 시장여건 변화에 대응할 수 있고 여러 본부의 시스템의 장점을 파악할 수 있어 기업의 생존전략으로서나 신규 사업을 창업할 때 많은 도움이될 수도 있다. 여러 업태의 점포를 병행하여 운영하는 메가 프랜차이즈 시스템은 프랜차이즈 본부사업자나 가맹점운영자 모두가 시장변화나 고객의 기호변화가 극심한 현대 외식시장에서 위험분산과 생존전략의 하나로 연구해 볼 만한 시스템이라고 생각한다.

우리나라 외식시장에서는 본부가 메가 프랜차이즈 시스템과 유사한 조직으로 운영하는 기업은 있으나 가맹점만의 메가 프랜차이즈로 점포를 운영하는 기업은 아직은 없는 것 같다. 그러나 향후는 개인뿐만 아니라 법인도 이 메가 프랜차이즈 체인을 연구하여 운영해 보는 것도 좋은 개점전략의 하나라고 생각된다. 물론 이때 중요시 해야 할 것은 여러 업태의 체인점포를 보유하더라도 핵심이 되는 업종 업태에 중심을 두고 점포를 보유하여야 한다는 점이다.

4-2. 사전에 점검할 사항

기존의 자기회사 경영전략과 프랜차이즈사업의 위치관계를 처음부터 명확히 설정해야 한다.

단순한 부대사업 정도로 생각하고 시작하면 백전백패한다. 그리고 기존의 자기 기업 문화와 외식사업의 차이를 충분히 고려해야 한다. 법인이 프랜차이즈 점포로 출발하기 전에 우선 검토해야 할 내용은 다음과 같다.

① 본업과 신규로 시작하는 프랜차이즈사업과의 관계를 명확히 한다.

예컨대 식품메이커라고 하여 반드시 외식사업을 운영하는데 유리한 것은 아니며 식품사업의 성공과 외식사업의 성공은 전혀 별개 사항임을 인식하여야 한다.

② 객관적이고 명확한 사업계획을 수립하여 참가 타이밍을 결정해야 한다.

③ 기본적으로 프랜차이즈 체인시스템의 특성을 이해해야 한다.

프랜차이즈 본부의 각종 규정은 일방적이며 본부 위주로 작성되었다는 감을 줄 수 있다. 이때 본부가 정한 제반 룰을 무시하고 자기회사의 룰을 주장해서는 안 된다. 예컨대 가맹본부에서 공급한 물품 등의 결제일이 매월 10일, 20일, 말일로 정해져 있는데, 자기회사 회계규정은 월말 마감 익월 10일로 집행하니 여기에 따라 달라는 식의 사고방식은 곤란하다는 의미이다.

④ 조그만 한 회사가(외식프랜차이즈 본사) 제멋대로 일처리를 한다 등과 같은 자존심을 갖는 것은 곤란하다.

"외식에 관한 기술을 좀 가졌다고 건방을 떨고 있나?"라고 말하는 경영자도 있고 자기 기업에서 스카우트한 외식전문가를 보고 자기기업의 규정을 따르지 않는다고 그렇게 말하는 경영자도 있다. 이런 생각을 가진 경영자는 가맹점이던 독자적인 창업이든 거의 실패할 확률이 높다.

⑤ 회사에서 가장 우수한 인재를 선발하여 외식부분의 책임자로 임명하고 완전한 독립채산제로 운영토록하면서 기존 본사의 간섭을 배제하여야 한다.

⑥ 특히 식품메이커인 경우 자사제품의 사용을 강요해서는 안 된다.

물론 자사제품이 국내에서 제일 우수한 품질이고 가격이나 규격에서 프랜차이즈 본부에서 사용할 수 있다고 판정하면 별개의 문제지만, 품질이 우수하여도 외식사업부분에서 사용하는 제품과 규격이 상이하거나 공급가격이 높으면 사용이 불가능하기 때문이다.

로마에 가면 로마법을 따라야 한다.

⑦ 프랜차이즈 비즈니스에 대한 노하우를 자기 기업에 접목시키려는 인식전환이 필요하다. 대기업인 경우 소비층이 일반소비자가 아니고 유통단계와 일반제조업체가 많은데 외식업은 서비스업이고 최종 소비자가 이용하는 사업이다. 기존사업과는 전혀 고객이 상이하고 접객방법이 상이함으로 이러한 특색을 가능한 빠르게 자기 기업에 접목시키는 노력이 필요하다.

⑧ 외식기업의 체질을 완전히 이해하여야 한다.

어떤 학자는 다음과 같은 사고의 전환이 필요하다고 역설한다.

〔기존의 어떤 사업을 하고 있던 법인이 신규로 외식사업을 시작하려면 심해(深海)의 물고기가 담수(淡水)의 고기로 변하는 것만큼의 체질개선이 필요하다〕

section 5 프랜차이즈 본부에 대한 평가요소 FRANCHISE

5-1. 사업의 전망도 분석자료

(1) 점포수

점포수가 많을수록 신뢰도가 높다고 평가할 수 있다. 그러나 단기간에 지나치게 많은 점포수를 개점한 본부도 문제가 많은 경우가 있음으로 연 평균하여 일정한 수의 점포망이 확대되었는지 여부가 중요하다.

(2) 개업자금 합계(초기 투자액)

모델점포 개설 소요자금을 파악한다. 보증금, 가맹금, 설비자금(인테리어 및 주방기기), 초기 상품구입비, 기타 교육비 등 소요자금의 법위와 규모가 어느 정도인지 파악하여 자기가 조달가능한 자금의 규모와 비교한다. 투자항목을 자세히 검토한다. 회사에 따라서는 투자 금액을 축소 발표하려고 일부 항목을 제외시키는 경우도 있다. 예컨대 설계비용, 금전등록기 및 비품구입대금 등을 제외하고 큰 항목만 나열하는 경우도 있다

(3) 평당 개업자금

투자액 전체를 보고 판단하지 말고 설비 및 인테리어 등 시설비의 평당 단위 투자액을 체크한다. 개업자금 합계액이 많아도 점포 규모가 큰 경우 평당 투자액은 적기 때문에 유사한 업종업태의 타 체인본부와 상담하였을 때의 평당 투자금액과 비교하면 비교적 합리적인 판단이 가능하다.

(4) 평당 매상고

점포당 매상고 ÷ 점포면적에 의해 평당 매상고를 점검하고 유사업종 경쟁회사의 그것과 상호 비교한다.

(5) 월간 영업이익

표준점포의 실적란에 기재된 월간 평균 영업이익과 기존 점포의 영업이익을 비교한다.

(6) 투하자본 회수기간

투하자금을 회수하는 기간이 얼마인지 평가한다. 너무 단기간에 투하자금을 전부 회수할 수 있다는 것도 신용하기 어려우나 투하자금 회수기간이 너무 장기인 것은 영업실적이 문제가 있다는 의미이다. 또 발생한 이익은 보통 세전 이익으로 계상하는 경우가 많음으로 세후의 이익에서 얼마의 기간에 투하자금을 회수할 수 있는지를 체크한다.

(7) 점포 지도체제

점포수 합계 ÷ SV 인원수에 의해 산출된 SV 1인당 평균관리 점포수가 얼마인지 체크한다.

(8) 점포당 종업원 수

정사원과 파트타임 아르바이트를 구분하여 표준 근무인원이 몇 명인지 체크한다.

5-2. 본부를 평가하는 각종 지수

(1) 본부의 성장력을 판단하는 지표

① 연평균 점포수 증가

$$1년간 \ 평균점포수 \ 증가 = \frac{현재의 \ 점포수}{영업 \ 연수}$$

이는 그야말로 평균수치를 보는 지수이며 연간 몇 개의 점포가 계속해 왔는가를 단순하게 평가한 것이다.

예컨대 영업 연수가 5년이고 현재 30개 점포를 보유하고 있다면 연간 평균점포 증가수는 30점포 ÷ 5년 = 6점포이다.

(2) 최근 3년간 평균점포수 증가율

$$최근 \ 점포수 \ 신장율 = \frac{최근 \ 3년간 \ 증가점포수}{3년 \ 전 \ 점포수} \times 100$$

연간 점포수 증가를 평균적으로 파악하는 것은 의미가 적다. 창업시부터 현재까지 어떤 경향으로 점포수가 증가하였는지, 또 최근 3년간 그 증가율이 어떤 상태에 있는지를 파악하는 것은 현재의 본부 경영능력과 성장률을 판단할 수 있는 자료가 된다. 과거에 현저한 점포수 증가가 있었어도 최근의 신장률이 저조하면 그것은 본부의 미래가 불안하다는 징후가 나타나는 것으로 파악할 수가 있을 것이다.

아래 A, B 두 체인본부의 점포 증가상황을 비교해보자.

연도별	1994	1995	1996	1997	1998	1999	합 계	평 균
A체인점포수	20	15	15	5	3	2	60	10
B체인점포수	9	9	9	10	11	12	60	10

위 표에서 보면 A, B 두 체인의 연평균 점포증가 수는 다같이 10점포이나 성장면에서 보면 A체인은 초기에는 점포수 증가가 많으나 최근 연도에는 서서히 감소하고 있으나 B체인은 연평균 점포수 증가가 연도별로 큰 차이가 없고, 더구나 최

근 연도에는 오히려 증가하는 경향을 보이고 있음으로 평균적으로는 매년 같은 수의 점포가 증가한 것으로 나타났으나 성장이 가능한 것은 B체인인 것을 쉽게 알 수 있다.

5-3. 가맹점의 영업실적을 판단하는 3개의 지표

(1) 점포 평균 1년간 매상고

$$1점포당\ 연간\ 평균\ 매상고 = \frac{기말의\ 총\ 매상고}{(기초\ 점포수 + 기말점포수) \div 2}$$

이것은 연도 말 기준(또는 조사시점 전월 말 기준)의 총 매상고에 대한 점포 평균 매상고를 파악하기 위한 것이다. 예를 들면, 99년도 말 총 점포수가 25개 점포이고 총매출이 3억 6,000만원인 경우 1점포당 연간 평균매출은 단순계산으로 1,440만원이 된다(3억 6,000만원 ÷ 25점포). 이러한 단순 계산은 사실상 큰 의미는 없다. 왜냐하면 당해 연도 1월에 개점한 점포는 12개월분 매상고가 계상되지만 9월에 개점한 점포는 연간 3개월분 매상고만 계상됨으로 연간매상고 총계와 점포별 평균매상고는 큰 관련성이 없게 된다.

따라서 연간 월별로 개점한 점포수를 월별로 파악하여 전체 매상고를 총 영업월수(月數)로 나누어 산출하여야 정확한 월간 매상고가 파악된다.

예컨대 점포의 총 영업 월수는

<blockquote>
기존 점포수 12 점포×12개월 = 216개월 실적

2월말 개점 점포수 1점포 ×10개월 = 10개월 실적

5월말 개점 점포수 1점포×7개월 = 7개월 실적

6월말 개점 점포수 3점포×6개월 = 18개월 실적

9월말 개점 점포수 4점포 ×3개월 = 12개월 실적

합계 총 영업월수 263개월 총 매상고 10억원이라면 점포당 월 평균 매상고는 10억원 ÷ 263개월로 산출할 수 있다.
</blockquote>

(2) 기존 점포 매상고 신장률

$$기존점포\ 매상고\ 신장률 = \frac{이번기의\ 1점포당\ 매상고}{전기말\ 1점포당\ 매상고} \times 100$$

이 자료는 성장하는 본부와 반짝 떠오르다 퇴락하는 기업의 실적을 판별할 수 있는 자료가 된다. 우수한 프랜차이즈 본부라면 최소한 연간 10~15%의 신장률은 나타내어야 할 것이다.

(3) 투자효율

$$투자효율 = \frac{1점포당\ 연평균\ 매상고}{개업\ 총투자액} = (\quad)회$$

여기에 계산되는 개업자금은 점포 취득비(임대보증금)는 제외하고 주로 인테리어공사비, 주방설비, 주방기기 구입비, 교육비, 기타 비품구입비 등을 합한 금액이다. 우수한 본부라면 당연히 회전수가 높게 나타날 것이다.

5-5. 본부지도 및 지원업무를 판단하는 3가지 지표

(1) SV 1인당 관리 점포수

$$SV\ 1인당\ 관리점포수 = \frac{총점포수}{SV\ 인원수}$$

우리나라의 부실한 체인본부를 보면 이 SV기능이 문제가 되고 있는 경우가 많다. 그것은 SV의 숫자도 문제일 뿐 아니라 자격과 능력을 가춘 자가 많지 않다는 것이다. 즉 점포의 기술축적이나 인재양성기간도 없이 창업초기에 점포수만 확대하는 전략을 구사하였기 때문에 자기 무게에 눌려 압사하는 동물처럼 관리가 엉망이 되어 스스로 자멸하는 회사로 전락하는 것이다. 오래된 자료이지만 일본 프랜차이즈 관계 자료를 보면 햄버거 체인의 SV 1인당 관리점포수는 11.8점포, 피자

체인은 19.3점포, 라면전문점 7.6점포, 카레전문점 12.1점포, 소바우동전문점 16.6점포, 이사까야 25점포로 나와 있다.

(2) 메뉴 개발률

$$연간 \ 메뉴 \ 개발률 = \frac{1년간 \ 신규메뉴 \ 투입 \ 수}{기본 \ 메뉴 \ 수} \times 100$$

아무리 우수한 메뉴라도 시간의 경과에 따라 고객이 식상하게 된다. 더구나 최근의 소비자의 need와 욕구는 정보화시대에 걸맞게 수시로 변화하고 있다. 지금 시장에서 인기가 있고 우월적 지위에 있는 메뉴라도 언제 새로운 메뉴의 등장으로 후퇴당할 수도 있기 때문에 적어도 우수한 본부라면 연간 2~3개의 신규메뉴를 출시할 수 있어야 시장에서 살아남을 수 있다.

(3) 직영점 비율

$$직영점 \ 비율 = \frac{직영 \ 점포수}{총점포수} \times 100$$

미·일 등 선진국에서는 직영 점포수가 전체 점포 중 차지하는 비율이 낮을수록 좋다고 한다. 직영점 비율이 높으면 본부가 직영점 위주로 전략을 구사할 것임으로 가맹점의 비중이 약화된다는 것이다. 그러나 우리의 경우는 이것이 거꾸로 되어야 할 것이다. 직영점 비율이 높으면 본부의 자금도 넉넉하고 또 중도에 사업을 포기하는 일은 없을 것이라는 안심감을 가맹점 경영자들에게 줄 수 있기 때문이다.

section 6 가맹 후 영업을 시작한 이후에는 가맹본부와 트러블을 일으키지 말 것

가맹점과 본부는 사업상 같은 이념과 방향을 가야 하지만, 영업결과에 대하여서는 가맹점은 항상 부족하거나 불만족스런 상태가 되고, 본부는 본부대로 가맹점의 불성실과 비협조적인 것을 힐책하는 상태가 되는 것은 어쩔 수 없는 일이다. 그렇다 해도 일단 가맹점으로 투자하여 영업을 개시한 뒤에는 가능한 본부와 특히 SV와는 좋은 협조관계를 유지하여야 영업에 성공할 수가 있다. 본부와 좋은 관계를 형성하기 위한 몇 가지 방안을 모색해보자.

6-1. 본부와 커뮤니케이션을 원활하게 하는 방법

가맹점 오너는 자기점포에 국한된 문제만 생각하지 말고 체인 전체가 성장발전하지 않으면 가맹점의 일원으로서 자기점포의 장래도 보장할 수 없다는 마인드를 항상 가져야 한다.

본부와 가맹점은 공동운명체로서 서로의 역할을 책임지고 협력하는 것이 체인의 생존이나 성장에 불가결한 요소임을 우선 인식해야 한다.

본부와 가맹점 간의 커뮤니케이션 수단은 각종 보고의 시간 지키기 철저, 상호 필요시에 연락하며 어려운 일을 상담하는 것이다. 이를 원활하게 이행하기 위하여 다음의 사항을 잘 이행하여 본부로부터 협조적인 가맹점이라는 것을 부각시켜야 한다.

① 가맹점이 정기적으로 본부에 보고하여야 할 사항은 지체없이 행할 것.

② 신 메뉴 도입이나 판매촉진 캠페인 등 본부의 요청에 대하여서는 연락이나 발주관계의 룰을 지킬 것.

③ 이러한 일을 태만히 하여 본부측에 비협조적이라는 낙인이 찍히는 우를 범해서는 안 된다.

④ 적극적으로 본부에 문의하고 즐겁게 인사하고 인간관계가 좋도록 노력할 것.

⑤ SV의 지도를 희망하는 경우는 사전에 상담내용을 전화나 메일로 알려서 SV가 필요한 대응방법을 충분히 연구하여 내점하도록 할 것.

⑥ SV의 내점 빈도가 많지 않음으로 돌연한 상담을 희망하는 것은 효과가 적다.

⑦ 항상 상담노트를 준비하여 지난번에 지도를 받은 사항, 그 후의 개선사항, 활동이나 실적에 대한 의문점 등을 기록하고 이번의 상담사항을 기록 정리해 두면 단시간에 효과 있는 상담을 할 수 있다.

⑧ 본부의 내부평가가 좋게 되면 여러 가지 지원을 우선 받을 수 있다는 점도 알

아야 한다.

우리의 경우 대부분 매출문제나 가맹점주의 성격상의 문제 등 극히 사소한 문제로 본부와 트러블을 일으키는 경우가 많은데 이것은 결국 커뮤니케이션 부족이 주원인이다.

영업을 계속하는 한 본부에 대한 항의나 일방적인 불만표출, 자기점포에 국한된 문제에만 집착하게 되면 결국 본부와 문제가 발생하게 되고 SV 방문도 잘 이루어지지 않아 결국 모든 정보를 접하지 못하게 되어 외톨이로 전락하고 만다.

6-2. 문제해결을 한다는 자세로 SV와 미팅할 것

가맹점과 본부의 관계는 결국 SV와 가맹점의 관계이다. 대가맹점 창구인 SV와 좋은 관계를 유지하기 위하여 다음의 자세를 가져야 한다.

① 불평불만이나 일방적인 푸념만 되풀이하면 결국 SV의 발길을 멀게 한다.

② SV와의 커뮤니케이션은 객관적인 문제나 사실을 지적해서 행하고 가맹점으로서 아이디어를 제안하는 것이 중요하다.

③ 판매촉진, 메뉴개선 등 마케팅정책은 시행착오를 거치면서 체인의 노하우로 구축되어간다. 따라서 가맹점으로부터 정보수집이 SV의 중요 역할임으로 본부 CEO에게 항상 특수한 정보가 전달되도록 SV와 정보교환을 해야 한다.

④ SV도 좋은 관계가 유지되면 인간인 이상 적극적으로 가맹점에 협력하려고 할 것이며 일방적인 제안이나 문제지적만 하여 그를 피하게 해서는 안 된다.

section 7 우수한 프랜차이즈 본부를 선택하기 위한 최종정리

우수한 프랜차이즈 본부를 선택하여 점포경영에 최선을 다하고 가맹점포 경영자로 성공하는 것은 가맹점 희망자의 누구나가 바라는 희망이다. 그런데 이러한 선의를 무참히 짓밟는 사악한 본부가 있다는 것이 문제가 된다. 우리 사회는 아직도 프랜차이즈 체인의 역사도 짧고 관계법령도 현실을 반영하지 못한 부분이 많아 혼란스러운 점이 많다. 그러나 이러한 와중에서도 우수한 체인본부를 선택하여 직장을 그만둔 뒤 프랜차이즈 가맹자로서 창업하여 생계를 꾸려가려는 사람도 많다. 그 업무의 시발점은 무엇인가?

두말할 필요 없이 사전에 충분히 조사 검토하고 전문가의 자문을 받아 실패 없는 선택을 하는 것이 최선의 방법이며 그 이외에는 다른 어떤 좋은 방법이 없다. 이미 선택한 뒤 그 선택이 잘못되었다면 원상회복은 극히 어렵기 때문이다.

위에 기록한 프랜차이즈 본부 선정시에 참고해야 할 내용 중 몇 가지만 선별하여 그 내용을 정리해 보기로 한다.

(1) 대상 고객이 불분명한 프랜차이즈본부

프랜차이즈 본부 패키지 구성 내용을 설명할 때 핵심고객 설정의 중요성을 설명한 바 있다. 부분육(部分肉)을 주원료로 한 한식메뉴 체인을 전개하고 있는 C기업은 입지전략을 대도시의 변두리 지역 및 지방도시를 중심으로 점포전개를 시도하고 있다. 말하자면 이등지에 출점하는 전략인 것이다. 대도시의 큰 점포나 우수한 체인과의 경쟁을 피해서 틈새시장을 노린 것이다.

동사의 영업내용을 보면 사무실이 많지 않은 변두리지역임으로 점심영업보다는 저녁영업 그리고 토·일 휴일에 고객이 많은 편이다. 그리고 핵심타깃도 30~40대 남성고객 및 가족고객이 주류를 이루고 있다. 토요 휴무제 실시로 금요일과 토, 일요일에는 점심영업도 어느 정도 활성화되고 있다. 입지와 메뉴선정 그리고 핵심 타깃고객도 명확하다고 볼 수 있을 것이다. 비교적 투자규모도 적어 가족중심 경영의 점포로 적당한 규모라고 볼 수 있다.

이와 같이 입지, 투자규모, 메뉴의 선정이 핵심고객을 설정한 뒤에 이루어졌기 때문에 동 체인이 성공하였다고 볼 수 있다. 우리의 경우 대부분의 프랜차이즈 본부가 전개하는 영업양상을 보면 자기 기업의 핵심고객을 어느 계층으로 설정하고 체인의 비전과 장기전략을 구사하는 경우가 적음으로 초심자는 이 문제에 대해 충분한 연구가 필요하다.

(2) 입지 선정기준이 현실과 일치하지 않은 프랜차이즈 본부

프랜차이즈 본부 시스템 정립내용을 설명할 때 몇 번이나 강조한 바 있지만 과문한 탓인지 우리나라 프랜차이즈 본부기업의 점포입지에 관한 제대로 된 컨셉트 내용을 이 분야에서 30여년 이상 현업과 연구에 종사해온 필자는 아직 본적이 없다.

입지선정은 메뉴의 구성 및 가격대, 투자와 점포규모, 고객층의 수준과 서비스 형태, 교육수준과 직원의 수준 및 시장의 성숙도 등 여러 가지 요소가 종합적으로 결합되어 결정되는 것이다.

더구나 외식 점포는 초기 고정시설 투자가 많기 때문에 영업실적이 부진하여 폐점하는 경우 점포에 투자한 시설물은 거의가 폐기되며 오히려 점포원상회복작업 때문에 추가로 처리비용이 소요되기도 하며 영업실적이 나쁘다고 하여 수시로 다른 곳으로 점포를 이전할 수도 없다. 또 영업을 위하여 추가로 시설한 전기·수도 등 시설물은 누구에게도 보상받을 수 없다. 시설물이 아닌 주방기기나 점포비품도 구입시 가격의 불과 몇 퍼센트 정도밖에 보상받을 수 없다.

따라서 프랜차이즈 점포운영의 실패는 개인재산의 손실, 가족의 생계까지 위협하는 경우가 대부분임으로 본부선택에 신중을 기해야 하는데, 그 선택 내용검토의 가장 핵심이 되는 요소가 점포 입지설정에 관한 정밀도 높은 시스템의 구비 여부이다.

현재의 점포 인기도나 광고선전 등의 내용에 현혹되지 말고 연간 폐점률이 얼마인가를 체크하여 본부의 경영능력을 점검하는 작업을 반드시 하여야 하고, 이를 위하여 전문가의 조언이나 프랜차이즈 협회 등 통계자료를 보유한 기관을 찾아 조사하는 노력이 필요하다.

(3) 특수한 고객만을 대상으로 점포를 전개하고 있는 프랜차이즈 본부

점포의 핵심 타깃고객을 설정하여야 한다는 내용과 같은 의미로 오해될 수 있는 것이나, 여기서 말하는 특수고객이란 고급메뉴나 특수메뉴를 이용하는 고객을 대상으로 프랜차이즈 사업을 전개하는 경우를 말한다. 물론 대도시 중심으로 고급의 메뉴로 고급 레스토랑 체인을 운영하는 것은 그러한 시장과 그런 시장을 선호하는 고객이 어느 정도 존재하기 때문에 가능할 수가 있다.

예컨대 서울 강남의 일부지역에 최고급 인테리어와 고급 와인 그리고 서양요리 혹은 고급 한식요리를 주 메뉴로 단독점포나 몇 개의 체인을 운영하여 성공한 기업이 없는 것은 아니다.

그러나 이런 특수고객층을 대상으로 하는 체인은 체인전개의 한계성이 있음으로 일반적인 수준의 외식체인으로 채택하거나 가맹점으로 운영하기가 어렵기 때문에 이런 형태의 점포를 선택할 수는 없다는 것이다.

고객의 기호가 최고급 가격과 최저 가격으로 양극화하는 오늘의 외식시장 트렌드를 살펴보면 각 지역에 수백, 수천의 체인망을 구축하여 체인본부를 운영하는 기업도 있지만, 특수지역(특수한 고객층이 운집하여 주거하는 지역, 외국인 집단마을, 관광객이 많이 모이는 특수한 지역)에는 특수한 고객만을 대상으로 하는 외식체인이 나타날 수도 있다.

최근 식자재에 대한 불안심리나 식품의 위생사고 등은 더욱더 소비자들의 불안을 가중시키고 있는데, 지역의 식자재를 지역에서 소비하는 향토요리전문점 등은 바로 특수한 고객만을 대상으로 한 지역한정 체인이 될 것이다. 이웃 일본의 지산지소(地産地消)를 표방한 향토요리 전문점 등이 이에 속할 것이다. 그러나 이것은 어디까지나 한정적인 시장에서의 점포전개에 해당하는 내용인 점을 알아야 한다.

(4) 조리 레시피가 불명확하거나 조리 레시피의 습득에 시간이 많이 소요되는 시스템을 가진 프랜차이즈 본부

프랜차이즈시스템은 체인 전체의 정체성을 확보하는 것이 기본이다. 그런데 메뉴 레시피가 불명확하여 점포별로 품질의 차이가 일어난다면 그야말로 그 정체성을 지켜갈 수가 없으며 그것은 곧 고객의 신뢰를 잃어버리는 근본 원인이 될 것이다.

똑같은 식자재를 갖고도 할머니와 며느리가 조리한 음식 맛에 차이가 있는데, 요리의 전문적인 기술보다 주방기기의 시스템에 의해 메뉴가 조리되는 프랜차이즈 영업은 레시피가 확실하지 않으면 체인의 통일성과 정체성은 여지없이 무너지고 만다. 그것은 체인 자체의 존립을 어렵게 하는 것이다.

더구나 레시피가 명확하고 같은 주방기기로 요리를 하여도 온도관리의 차이, 제품보관 기술상의 차이(조리에서 판매까지의 시간 등), 식자재관리 기술의 차이 등으로 흔히 맛의 차이가 발생하는데, 불확실한 레시피는 100점포 100가지 맛을 내는 체인으로 전락하여 고객의 신뢰성을 상실하고 말 것이다.

또 전문점이나 조리사의 손맛이나 기술에 의존하는 고급점포와 달리 체인점포의 관리자는 대부분 요리기술에 의한 제품 맛내기보다 주방시스템에 의한 맛내기로 영업하는 것이 일반적인 일임으로 프랜차이즈 체인점에는 숙련된 요리사가 배치되는 경우가 적다.

대부분 개업초기 수일간 혹은 수십일 간의 조리교육과 주방기기 오퍼레이션 교육이 요리교육의 전부인 경우가 많다. 이런 사정인데도 불구하고 조리 레시피를 습득하는데 장시간이 소요되는 품목은 프랜차이즈 메뉴로서는 부적당한 것이다. 외국의 경우 아무리 우수한 점포도 프랜차이즈 체인을 전개하는 본부는 요리교육에 30일 이상을 소요하는 경우는 그렇게 많지 않다. 조리 레시피 습득과 그것을 조리장에서 운영하는 기술을 습득하는데 장시간을 필요로 하는 업종은 체인화보다 그 전문기술을 살려 단독 전문점으로 출발하여야 할 것이다.

(5) 계절에 따라 매상고의 변동이 심한 프랜차이즈 본부

외식프랜차이즈 점포는 전문요리사에 의해 메뉴를 조리하는 전문점과 달리 일반적으로 통일성이 강한 메뉴를 주 종목으로 운영됨으로 연간 평균적으로 지역에 따라 특별한 편차 없이 영업실적을 올리는 것이 특징이다.

메뉴선택도 전문점과 달리 본부의 정책에 의해서 결정되고 신메뉴 선택의 의사결정이나 시행도 시간이 많이 소요된다. 새로운 메뉴는 그때그때 경영자나 주방장의 솜씨나 시장사정에 따라 필요한 식자재를 구입하여 고객에게 대응하는 개별점포와 달리 메뉴변경의 경직성이 강하다. 이러한 메뉴가 연평균적으로 판매가 이루어지지 않고 계절적으로 변동이 큰 경우 경영상 어려운 사정이 많이 발생할 수 있다. 특히 하절기에는 성업중이나 동절기에 영업이 부진한 경우 이것을 회복시키는 방법이 사실상 어렵다. 인원관리 면에서도 성수기에 특별히 많이 고객이 올 경우 많은 인원이 필요한데, 바로 비수기가 도래하면 일단 채용된 고정 직원이나 아르바이트에 소요되는 인건비부담이 클 수 있다.

물론 비수기에 소수의 아르바이트만 고용하면 되겠지만, 우리의 인력시장에서 경영주나 점포 마음대로 필요시에는 채용하고 필요가 적을 때 퇴직시키는 것이 어렵기 때문에, 계절적으로 매상고의 편차가 큰 프랜차이즈 아이템을 가진 본부는 단순하게 점포 손익의 문제뿐만 아니고 인원관리상 대단히 어려운 경우가 많음으로 당연히 선택해서는 안 될 것이다.

(6) 점포별로 식자재 구매가 임의로 이루어지고 원가관리가 불명확한 프랜차이즈 본부

프랜차이즈 영업은 원칙적으로 전국통일성을 기도하는 영업임으로 극히 일부의 자재(원거리 공급이 어렵거나 보관기간이 짧은 야채나 제빵류)를 제외하고 점포에서 사용하는 거의 모든 원자재를 본부가 엄격하게 규격화하여 공급한다.

물론 미국 등 선진국에서는 본부가 물품을 전혀 공급하지 않고 사용하는 식자재의 규격만을 명확히 정하여 전 체인의 품질균일성이 유지되도록 하는 외식프랜차이즈 체인이 없는 것은 아니다. 그러나 이 경우도 식품산업이 발전하여 각 메이커의 제품규격과 물성을 정확히 알 수 있는 환경이 되어 있거나 책임과 권한을 명확히 구분하여 생활하는 사회적 공감대가 형성되어 있는 경우에는 본사가 명확하게 규격을 결정한 자재를 확실한 조리매뉴얼에 의해 조리함으로 굳이 본부에서 식자재를 공급하지 않아도 전국통일 메뉴관리가 가능하다.

그러나 우리의 현실은 본부가 식자재를 공급하고 있음에도 불구하고 본부에 대한 불신 때문에 본부제공 물품이 고가라는 이유를 들어 본부에서 공급한 식자재를 사용하지 않고, 가맹점 오너가 임의로 타사제품을 구입하여 사용하는 경우도 많고, 또 본부 물류시스템이 정비되지 않아 물품이 제때에 공급되지 못하거나 가맹점 관리자의 관리능력 부족으로 재고부족이 발생하면 점포 인근의 식품판매상으로부터 필요한 물품을 임의로 구입하여 사용하는 것이 관행처럼 되어 있다.

이렇게 되면 결국 소비자로부터 "같은 체인점인데 A점포의 메뉴맛과 B점포의 메뉴 맛, 그리고 그 볼륨에 왜 차이가 있느냐?"는 항의를 받게 된다.

또 이렇게 규격이 다른 제품을 사용하는 경우 같은 체인이라도 점포별로 원가율이 3~4% 이상 차이가 발생할 수 있다. 이런 수준의 프랜차이즈 체인은 결국 경쟁시장에서 살아 남을 수 없음으로 선택해서는 안 될 것이다.

(7) 점포인테리어 공사비가 너무 많거나 각종 기기운영 비용이 많이 소요되는 프랜차이즈 본부

　건설인테리어 투자를 최소화한다는 것은 총액중심의 절대금액이 아니고 단위당 단가를 중심으로 평가하는 것이다. 즉 평당 인테리어 단가가 얼마인가에 의해 비교되어야 한다.

　인테리어나 설비투자는 점포의 고정비를 구성하는데 고정비가 많다는 것은 결국 점포의 손익분기점이 높다는 것을 의미하여 이것은 알게 모르게 점포 생존에 큰 영향을 준다.

　손익분기점이 낮다는 것은 불황이나 개점초기 점포 매상고가 적을 때라도 점포운영을 지속할 수 있음으로 경쟁격화 시대에는 가능한 점포 투자의 최소화가 바람직한 체인경영이 된다.

　이것을 공식으로 표시하면 다음과 같다.

$$\text{불황 저항력 지수} = \frac{\text{현재의 점포 매상고}}{\text{손익분기점 매상고}} \times 100$$

　또 각종 주방기기나 설비운영비용이 최소화로 운영되는 점포인지 아닌지를 조사해서 투자액은 적으나 설비의 작동비용이 많이 소요되는 체인의 가맹은 피하여여 할 것이다.

CHAPTER

05

프랜차이즈 경영전략과
마케팅전략

경영전략(management strategy)이란 1960년대 초에 미국의 유명한 경영전문지 포춘(Fortune)에서 사용한 뒤 전 세계적으로 전파된 용어이다.

전략이란 기업의 장기적인 행동방침이다. 유사한 용어인 전술이란 기술적인 대응책이나 영업의 향상대책과 같은 내용이 포함된다.

40년 전 포춘지가 말한 경영전략이란 개념은 단순명쾌한 내용이다.

그것은 〔시장의 흐름에 대응하기 위한 경영궤도 만들기〕라는 의미이다.

그것을 위하여 변화(change), 도전(challenge), 경쟁(competition)이라는 기업전략이 필요하다. 이것은 환경의 변화에 적응(適應)하는 차원이 아닌 즉응(卽應)하는 전략을 의미한다.

기업의 경영궤도를 근본적으로 수정하지 않거나 미지의 세계나 미지의 분야인 새로운 사고방식, 언어, 기술, 지식 등에 대하여 과감하게 도전을 해야 하며 이제까지 좋다고 생각되는 부분에 대한 현상긍정이나 현상유지 자세는 안 된다는 것이다. 즉 현상을 타파하고 경쟁에 이겨야 살아남는 시장현실을 확실하게 인식하여야 한다는 논리이다.

여기에는 빠질 수 없는 행동원칙을 필요로 한다. 즉 적극적인 활력주의가 충만할 것, 경쟁이란 현상긍정이 아닌 승리하여야 한다는 것, 마지막으로 변화에 도전하여 개혁과 개선에 의해 승자가 되려는 의지가 필요하다.

시장의 변화를 민감하게 감지하고 그기에 재빠른 대응을 하며 좀 더 철저하게 변화하려는 적극적인 행동이 경영전략의 내용이 될 것이다.

우리나라 외식산업은 이제 80년대의 시스템가치 창조기, 90년대의 시스템 확대발전기를 지나 2000년대 초기의 기존 시스템가치 소멸에 따르는 새로운 전환기에 놓여있다. 즉 이제 과거와 같은 프랜차이즈 전략은 더 이상 효력을 갖지 못하는 시장여건이 되었다.

여기에서 대두된 것이 업태개발 전략경영이란 화두이다.

1-1. 업태개발 전략경영

(1) 왜 업태개발 전략경영이 필요한가?

업종경영, 업태경영, 업태개발 전략경영이란 용어는 확실하게 구별되는 개념이다. 업종경영은 말 그대로 한식, 양식, 일식, 중식 등의 메뉴 라인을 중심으로 한 경영이며, 업태경영은 제품(상품)의 제공시간, 서비스 방식, 적정한 가격감각, 식사동기, 내점 빈도, 가격대, 주요 고객층 등의 요소에 의해 구분하는 것으로 FF(fast food), FR(family restaurant), DR(dinner restaurant) 등의 점포경영을 의미한다.

'업태개발 전략경영'이란 '업태경영'만으로는 외식시장의 다양성, 성숙화, 고객 요구와 욕망의 초현대화에 대응할 수 없기 때문에 제안된 이론이다. 왜 이러한 업태개발 전략경영론이 태동하게 되었는가를 몇 가지 상황설명으로 풀이해본다.

최근 우리나라의 외식프랜차이즈 업계를 살펴보면 업종중심에서 업태중심 경영으로의 변화를 보이고 있으나, 아직은 명확히 구분할 수 없는 수준이다.

하나의 예를 들면, 닭고기 메뉴 제공 점포를 닭고기 전문점이라고 설명할 수 있으나, 업태 개념으로 보면 백제삼계탕 등의 패밀리형, 소형 닭튀김 전문점과 BBQ 등은 FF형, KFC 등의 FF와 FR의 혼합형 등으로 구분할 수 있을 것이다. 이 가운데서 FF형인 BBQ, 춘천닭갈비, 안동찜닭, 물찜닭 등 몇개 업태를 제외하고는 불과 최근 1~2년 사이에 출현한 업태로서, 새롭게 출현한 메뉴가 기존의 메뉴를 압도하는 양상을 보이고 있기 때문에, 기존의 업태로서는 계속 영업을 하기가 어렵게 되었다. 즉 외식산업의 환경이 성숙화 단계에 진입하면서 나타나는 현상의 하나로서 업태의 수정이나 보완이 아닌 전혀 새로운 업태의 창조라는 업태개발 전략경영에 의해 변신을 하지 않으면 안 되는 양상으로 나타난 것이다.

이를 다른 말로 표현하면 단순한 업태의 유지 또는 개선경영으로는 해결할 수 없을 정도로 고객의 욕구가 극히 단기간에 순간적으로 변화함으로써 기업의 상품수명주기(life cycle)가 극도로 짧아졌다는 것이다. 그 위에 외식고객이 5천만명이라면 5천만개의 욕구가 존재할 수 있기 때문에 이러한 욕구의 초개성화, 단순화, 개체화에 대응하여 위와 같은 닭요리 전문점이 새로운 업태로 창조되었고, 이는 기존 업태의 보완이나 수정이 되어 나타난 것이 아니라는 점이다.

우리나라 외식산업은 60년대, 70년대, 80년대를 거치면서 오일쇼크 등 약간의 어려움은 있었지만, 적어도 거품경기를 지나 IMF관리체제 이전까지는 고가격(高價格)의 대형점포 지향, 출점경쟁 내지 시장확대 전략의 일환으로 대규모 투자가 기업의 능력을 초과하여 이루어졌다. 여기에 더하여 점포인재를 제대로 양성하지 않아 우수한 인재의 부족현상을 초래하였고 이로 인해 미숙련 관리자의 점포배치 및 미숙한 파트타임 아르바이터를 점포에 투입하였기 때문에 점포운영이 정상적으로 이루어지지 않았다. 결국에는 채산성이 악화될 수밖에 없었고 점포운영의 기본 틀도 '고객중심'에서 회사중심 또는 점포중심으로 이루어졌다. 그러나 질 낮은 '서비스 수준'에 대한 깊은 반성의 기회마저 갖지 않고 오직 확대일변도의 전략에만 몰두해온 외식기업에 대해서 고객은 더이상 인내해 주지 않았다.

고객불만표출 현상의 하나가 외식점포에 가지 않아도 식사가 해결되는 밀솔루션(meal solution)의 대두라고 하겠다.

즉, 백화점의 델리카티션 점포, 편의점이나 슈퍼마켓의 조리완제품코너, 냉동 및 냉장 인스턴트식품 등 식당메뉴에 비해 품질이나 맛에서 뒤떨어지지 않는 제품들이 다수 출현하게 됨으로써 외식점포의 서비스에 호감을 갖고 있지 않았던 고객이 자연스레 외식점포로부터 이탈하여 이들 제품으로 이동하게 되었다.

우리나라의 경우 97~98년 외환시장에서 촉발된 경제위기, 즉 IMF사태의 와중에 광우병 파동, 구제역 사건, 비브리오균 사건 등이 연달아 일어났다. 이 과정에서 외식경영자들이 방향감각을 잃고 갈팡질팡하였으며, 일시적으로 어려움을 헤쳐나가기 위한 미봉책의 하나로 아무 메뉴나 도입하여 연명하는 식의 경영을 하게 됨으로써 '업태간의 국경'이 없어지는 양상으로 이어져 업태경영의 한계가 나타나게 되었다.

최근에는 해외 브랜드가 수없이 도입되고(본질적인 컨셉이나 경영노하우의 패키지 도입인 경우보다 외견상의 모방이나 아류가 대부분이지만) 소형참치전문점, 삼겹살구이전문점, 치킨전문점 등과 같이 컨셉이 불명확한 업태가 다수 등장함으로써 업태간 한계를 애매하게 만드는 카오스적 현상도 나타나고 있다. 문제는 이러한 일련의 현상이 일시적이 아니고 앞으로도 형식을 달리하여 새로운 양태로 진행될 것이라는 점이다. 즉, 어떤 하나의 업태가 기술적인 변화와 개선이 상당히 이루어졌다 해도 '고전적인 업태경영'으로는 계속 존속할 수 없는 여건이 외식업계에 도래했다는 점이다.

　다른 말로 설명하면 업태의 개선이나 보완이 아닌 '계속적으로 새로운 업태를 개발하지 않으면 도태되고 마는 여건이 도래하였음으로 계속적으로 새로운 업태를 개발해 가야 생존이 가능한 업태개발 전략경영'이 프랜차이즈의 핵심전략이 되었다는 점이다.

(2) 업태개발 전략경영이론의 내용

　최근 프랜차이즈 시장에 떠오르고 있는 업태개발 전략경영의 내용을 몇 개의 사례를 들어 설명해 보고자 한다.

　모든 산업은 그 산업이 속해 있는 경제적 환경에 크게 영향을 받는다. 따라서 변화가 격심해도 그 시대의 변화배경을 충분히 이해하고 향후의 변화에 대한 몇 개의 가설을 세워 그 가설과 동일하거나 유사한 상황이 발생하였을 때 즉각적인 대응방법을 수립하는 새로운 전략이 필요하다.

　말하자면 계속적인 도상연습을 행하고 이를 검증해감으로써 기업의 생존전략을 수립해야 한다는 것이다.

　이 업태개발 전략경영에서 가장 중요한 마케팅의 핵심요소는 '고객의 입장에서 수립된 전략'이라야 한다는 점이다.

　물론 업태경영 시대에도 고객우선주의나 고객만족주의가 서비스 행태의 중심이었으나, 엄격한 의미에서 보면 이것은 기업경영을 주체로 한 경영이었다. 만약 '고객의 입장에서 마케팅전략'을 구사해온 기업이라면 불황기가 와도 그것은 예측 가능한 상황의 도래 이상도 이하도 아니기 때문에 거품처럼 사라져 버리지는 않을 것이다. 여기서 업태개발 전략경영의 이론적인 근거가 마련될 수 있다.

　우리가 경험한 하나의 예로 IMF사태 발생 후 많은 기업이 가격파괴전략이나 저

가전략을 구사하였지만 기업의 생존에는 크게 기여하지 못하였다는 점이다. 이것이야말로 고객우선주의가 아닌 기업중심주의의 산물이었기 때문이다.

단순하게 낮은 가격을 제시하는 것은 기업중심주의 전략일 뿐이며, 고객의 입장에서 '낮은 가격＋높은 가치'의 이미지를 구축한 것은 아니라는 점이다. 고객의 가치추구욕구에 대한 대응은 '고객입장에서의 마케팅전략'을 수행하는 것이다.

불황이 도래해 전략을 수정한 것이 아니고 언제나 고객의 입장에 서서 시장변화를 예측하고 그에 따른 몇 가지 가상현실에 대한 대응책을 수립하여 왔기 때문에 IMF사태도 경제현상의 흐름이지 어떤 사건도 아니라는 관점에서 '언제나 준비된 업태예비군'을 확보해 가는 것이 업태개발 전략경영이다. 업태개발 전략경영은 바로 '새로운 가격체계＋새로운 가치체계'의 확립, 즉 '고객의 입장에 서서 수립하는 마케팅전략'이다.

그러면 이러한 업태개발 전략경영의 기본테마를 사례를 들어 설명해 보고자 한다. 아래의 내용은 일본외식산업협회의 자료에서 발췌한 것이다.

업태개발경영전략 수립사례

시대구분	제1세대	제2세대	제3세대
준비기간	1970~1975년	1976~1985년	1986~2000년
활동기간	1976~1985년	1986~1995년	1996~
마케팅전략	차별화전략	경쟁우위전략	개성화전략
시장개발 수준	시장세분화	중간시장세분화	맞춤시장화
상 권	대상권	중간상권	소상권
소구대상	다양한 고객층	약간의 집중화고객층	완전한 집중화고객층
상품컨셉	대량머천다이징	미들머천다이징	소규모 머천다이징
제품전략	가격중심전략	가치중심전략	가격전략+가치전략
서비스수준	빠른 서비스 (효율적 서비스)	더좋은 서비스 (기능적 서비스)	최선의 서비스 (고객의 입장중심서비스)
수요개발	잠재수요개발	최대수요개발	심층수요개발
사업의 형태	업종에서 업태중심으로의 전환시대	업태확립의 성장시대	업태개발전략 경영시대

업태개발경영전략 핵심요소 사례

요 소	내 용
삼품구성	종류, 아이템수, 단품관리
상 권	상세권전략, 상권전략, 입지전략
객 층	소구대상의 집중화, 어린이와 시니어 대책
제 품	고가치감, 트랜드, 식품소재, 규격화
가 격	가격대, 신가격체계
점 포	디자인정책, 레이아웃(lay out)
공급체계	조달방법, 가공방법, 구매방법, 물류시스템
제공방법	최선의 서비스, 서비스시스템
비용(cost)	투하자본, 저비용(low cost)
조직교육	조직화, 교육훈련 시스템, 인재개발

　앞의 표는 현대의 프랜차이즈 경영이 '업태의 개선'이나 '업태의 보완작업'에 의해 유지하기가 아주 어려운 현상을 잘 보여주고 있다. 특히 최근의 경제여건변화는 너무나 속도가 빨라 여기에서 탈락하지 않는 기업경영전략이 필요하다고 생각된다. 경제여건이 시대에 따라 변하고 마케팅소구대상도 변화한다. 이러한 변화에 따른 업태개발이 이루어지지 않으면 기업자체가 존립할 수 없다는 것을 보여주고 있다.

　즉 현대의 외식프랜차이즈 경영에서는 극도로 축소된 소상권에서 '고객을 낱알 줍듯이'하는 심층적 수요를 개발하기 위하여 고정적인 틀에서 벗어나 앞으로 변화될 경제현상을 몇 개의 가설로 설정하고 이 각각의 가설에 대한 대응책을 수립해 가는 끝없는 변신이 필수적이다(예컨대 군사작전에서 보는 도상연습이 이에 해당될 것이다).

　결론적으로 말하면 현대의 외식프랜차이즈경영이란 '업태경영'이 아닌 '업태개발 전략경영'으로서 언제나 계속적 '변신'을 전제조건으로 한다는 점이다.

　이런 이론으로 본다면 현재 우리나라의 많은 프랜차이즈본부가 극히 '단기적인 반짝 경영'의 '포말회사'로 소멸해 버리는 이유를 알 수 있다. 많은 체인본부가 '단순히 맛있는 메뉴'를 기본 컨셉으로 하여 체인점포망을 전개하고 있으며 메뉴의 라이프사이클이 아주 단명(短命)임을 의식하지 못하기 때문에 체인본부의 평균수명이 1~3년을 넘기지 못하는 것이다. 이를 업태개발 전략경영의 이론으로 풀이해보면 당연한 결과이며 결코 의외의 상황은 아닌 것이다.

문제는 이 업태개발 전략경영의 본래의 의미와 내용을 혼동하고 있는 일부 체인본부의 행태가 우리나라 외식시장을 교란하고 있음으로 이 전략의 기본 뜻이 오해될 수도 있다는 점이다.

그 첫째가 사기적인 업종업태 개발집단에 의한 시장교란의 문제다.

외식시장에는 많은 수자는 아니지만 단순히 메뉴개발요령을 알고 있거나 부동산시장사정에 약간 익숙한 사람들이 무리를 지어 어느 업종업태의 점포를 만들어 마치 성공한 업종업태처럼 광고물량공세로 프랜차이즈 창업자를 유인하여 기업을 인수토록하거나 몇 개의 가맹점을 개점한 뒤에는 본부자체를 철수한 뒤에 또 새로운 업종을 개발하며 새로운 희생자(?)를 찾아 이동하는 식의 상행위를 계속하는 행태로 외식시장을 교란하고 있다. 이 경우 본부 전체를 인수한 기업도 문제지만 이들 사기영업을 하는 본부에 가맹한 사람은 어디 호소할 곳도 없어진다.

시장교란행위자도 문제지만 그러한 기업을 사전조사나 철저한 분석 없이 인수하거나 그런 본부에 가맹하는 우리의 창업관행이 문제가 된다. 앞에서도 말했지만 외식사업을 잘 모르면서 왜 전문가나 경험자에게 문의를 하지 않는가하는 점이다. 결국은 이성적 판단보다 감정적 판단을 우선하여 행동하는 우리습관이 문제가 아닐까라고 생각된다. 다른 이야기이지만, 서울에서 시내버스 중심차선제를 처음 실시했을 때 초기의 그 제도가 익숙해질 때까지의 며칠을 참지 못하고 전 매스컴이나 정당단체, 시민단체나 일반 시민들이 이 제도가 마치 서울시 교통을 마비시키는 것처럼 반대하고 성토하였는데 버스 중심차선제 실시 후 불과 15일여 만에 모든 혼란은 사라지고 시민들은 즐겁게 대중버스를 이용하고 있다. 초기의 결사반대를 하든 그 모습은 다 어디로 갔을까 하고 의심이 들 정도다. 이 만큼 우리는 차분히 생각하고 분석하며 검토하는 진중한 자세가 부족한 것이 사실이다.

둘째는 기업내부의 혼란한 정책이 문제가 되는 경우가 많다.

예컨대 A기업에서 어떤 메뉴로 몇 년간 프랜차이즈 체인을 전개하여 전국적으로 수백의 점포를 확보하면 자체 체인점포간의 경쟁 혹은 유사 점포와의 경쟁에 의해 점포의 매출이 고착되거나 오히려 축소되는 시장포화상태에 이르게 된다. 이것은 경쟁이 크게 문제시되지 않는 시장지배적인 위치에 있는 체인에서도 유사한 상황이 발생할 수 있다. 즉 신규가맹점포를 증가시키려면 기존 가맹점포의 반발이 심해 더 이상 체인점포를 개설할 수 없다. 그렇게 되면 추가로 개설되는 점포가 줄어들어 프랜차이즈 본부는 더 이상 수익성을 확보할 방책이 없어지고 이제까지 잘 운영되어오던 기업이 마치 물결이 밀려가다가 방파제를 만나면 파도가 되어 없어지는 것처럼 기업자체가 소멸하게 된다.

이를 모면하고 기존 가맹점의 반발을 해소하면서 점포수를 확대하기 위하여 동일한 식자재를 사용하여 개발한 유사한 메뉴로 브랜드만 바꾼 새로운 업태의 체인을 전개하는 것이다.

예를 들면 생선구이전문점을 경영하는 본부가 더 이상 점포 개설방법이 없음으로 기존 가맹점의 반발을 피하기 위하여 같은 생선원료를 이용한 생선찜전문점으로 새로운 업태를 개발하여 동일 시장에 출시하는 것과 같은 내용이다

이것은 업태개발전략의 본래의 의미와는 전혀 다른 행태이나, 이를 악용하는 기업이 오늘의 우리나라 외식시장에 존재하고 있고 거기에 현혹되어 가맹점으로 투자를 했다가 가산을 탕진하고 가정이 붕궤되는 경우도 볼 수 있는 현상이다. 이것은 업태개발 전략경영의 기본적인 의미가 훼손되는 사례임으로 더 이상 논의할 필요가 없으나 하나의 문제점으로 지적할 필요는 있을 것 같다.

최근에는 관계기관에서도 가맹거래 진흥에 관한 법률을 제정하여 이런 행태를 금지하기 위한 노력도 하고 있음으로 이런 불성실한 악덕업자는 점차 없어질 것으로 보아 새로운 업태개발 전략경영의 본뜻이 살아나리라고 생각된다.

1-2. 개성화전략과 이노베이션

(1) 기획력이 요구되는 개성화전략시대

경영전략 또는 마케팅전략이란 다른 말로 표현하면, 기업을 둘러싸고 있는 사회경제적 환경과 마케팅환경에 기업이 대응하는 전략이라고 볼 수 있다. 여기서 말하는 대응은 단순히 그 환경에 따라 대응한다는 의미가 아니고 적극적으로 그 환경변화에 앞서서 그 변화를 선도해 가는 '즉각적으로 대응하는 형태'가 되어야 할 것이다. 물론 이것은 타이밍을 적절히 그리고 정확하게 맞추어 대응하는 '적절

한 대응형'일 것을 요구한다.

현대의 고객은 개개인의 개성을 중시하며 생활한다. '자기만을 위한 무엇을 요구하는 시대'의 고객으로 변화하고 있으며 이러한 경향은 더욱더 심화될 것으로 생각된다.

매슬로우가 자기실현욕구에서 설명한 대로 인간의 욕구는 생리적 욕구→안전의 욕구→소속과 사랑의 욕구→승인의 욕구→자기실현의 욕구로 변천하며 이와 같은 욕구는 점점 변화를 거듭해간다.

이제부터 이러한 욕구는 '업스케일', '익사이팅', '엔터테인먼트', '엠비셔스', '어메니티'라는 요소가 추가되어 나타날 것이며, 또한 '가격지향＋가치지향', '헬시지향＋구루메지향', '내추럴지향＋후레시지향' 및 금연(禁煙), 지방질축소(縮小), 감염(減鹽), 감당(減糖) 등의 요소도 가미됨으로써 더욱더 복잡다기한 양상으로 바뀌어질 것으로 생각된다.

이러한 욕구는 동일한 사람이라도 때와 장소에 따라 또다른 변화를 나타낸다. 변화무쌍한 고객의 욕구에 즉각적으로 또 적절히 대응해 가는 것은 현상의 연장선상에서의 변화가 아닌 '창조적 파괴'라는 전혀 새로운 전략을 필요로 하는 것이다.

앞에서 말한 업태개발전략 경영개념도 이러한 창조적 파괴현상에서 나타난 하나의 행태일 것이다. 단순한 차별화전략이나 경쟁전략이 아닌 기업의 총체적 힘을 집결해내는 '기획력'이 이러한 첨단적인 개성화시대의 전략요소가 되는 것이다.

그러면 우선 이러한 개성화전략의 내용을 이해하기 위하여 이제까지 마케팅의 중요한 요소 중 하나였던 경쟁전략의 내용을 설명하고 그 다음 단계로 개성화전략 내용을 풀이해 보기로 한다.

(2) 경쟁전략

① 경쟁전략의 본질

경쟁전략은 차별화전략이 종결된 후 나타난 전략의 하나다. 시장이 성장기에 접어들면 기업만의 경영논리는 통하지 않게 된다. 이것은 고객이 소비자에서 생활인으로 전환되었기 때문에 기업도 마케팅전략을 기업중심의 전략에서가 아닌 고객의 생활양태의 욕구에 맞춘 고객중심지향의 마케팅전략을 구사하여야 한다.

이러한 시장여건에서는 기업전략의 양상도 '차별화전략＋경쟁전략＝복합경쟁전략'이라는 마케팅 구도가 그려진다. 이러한 시대는 소매업, 외식산업, 서비스업이 대분류, 중분류로 이루어져 소매업은 전문점이나 편의점이라는 단위로, 외식산업은 패스트푸드, 패밀리 레스토랑, 디너레스토랑이라는 단위로 분류되어 단위중심으로 매상고의 과점화 현상이 일어나게 된다.

미국이나 일본의 외식산업에서 FF산업이 외식산업의 전체시장을 과점하는 현상은 이미 보아온 바 있다. 이러한 과점화 현상으로 인해 후발기업은 선발기업을 따라가기 어렵게 되고 종래의 차별화전략만으로는 생존하기가 어렵게 됨으로써 마케팅전략도 여러 가지 마케팅요소를 명확히 하여 생존과 직결되는 '경쟁화전략'으로 변환하게 된다.

② 경쟁전략의 내용

경쟁전략이란 앞에서도 말한 바와 같이 여러 가지 마케팅요소의 명확화전략이다. 즉 고객의 명확화, 상품의 명확화, 메뉴의 명확화, 점포컨셉의 명확화, 코스트의 명확화, 서비스의 명확화 등을 좀더 확실하게 표면에 내세우는 것이 경쟁전략의 핵심이다. 경쟁전략은 리더전략, 챌린저전략, 팔로워전략, 니치전략으로 나타나며 그 내용을 명확히 구분할 수 있다.

㉠ 마켓리더전략(market leader strategy)

자기 기업이 속해 있는 업종·업태가 시장내에서(예컨대 햄버거체인이나 편의점체인 중에서) 최대한의 경영자원(정보, 인력, 자금)을 갖고 해당시장에서 최대의 시장점유율을 확보하여 총체적으로 타기업을 압도하려는 전략이다.

FF체인인 경우 이러한 전략으로 나타나는 현상이 제품(메뉴)수는 적으나 가격리더(price leader)의 위치를 확보하는 것이다. 또한 신제품이나 시장개척도 적극적이며 항상 시장에 화제성의 뉴스를 제공한다. 맥도널드전략이 전형적인 예가 될 것이다.

㉡ 마켓챌린저전략(market challenger strategy)

이는 시장에서 리더기업에 버금가는 경영자원을 갖고 리더기업을 추격하는 전략으로서 항상 리더에 대항하는 전략을 구사하는 것이다. 그러나 리더기업에 비교하면 종합적으로는 타기업을 압도할 정도의 우수성을 갖고 있지 않는 기업의 전략이라고 보아야 한다.

FF의 경우 상품의 종류는 리더기업보다 많으나 가격면에서는 리더기업을 추종하는 양상을 보이며, 신제품과 새로운 시장개척도 적극적으로 행하고 있으나 히트 상품은 리더기업에 비해 적으며 시장에서도 화제성을 보여주지 못하고 있다.

일본의 경우 맥도널드에 대항하여 각종 전략을 구사하는 L햄버거체인의 전략이 이에 속한다고 본다. 맥도널드 햄버거 390엔 할인가격에 대항하여 380엔 전략을 구사한 예와 50%할인 정책도 맥도널드에 뒤따라(소위 뒷북치는 식) 실시한 L기업전략을 그 예로 들 수 있다.

ⓒ 마켓팔로워전략(market follower strategy)

이는 해당 시장에서 경영자원이나 경영의욕면에서 리더기업이나 챌린저기업의 지위를 위협할 수 있는 위치가 되지 못하고 종합적으로는 타기업과 비교해 우수성이 없는 기업이 취하는 전략이다.

FF업계에서는 리더기업과 챌린저기업이 시장점유율을 높여가기 위해 필사적인 경쟁을 하고 있어도 이에 자극받거나 당황하지 않고 자기의 페이스를 유지해 가는 전략이다.

상품의 종류는 비교적 많고 새로운 시장도 개척하고 있으나 화제성을 제공하지는 못한다. 신제품은 때때로 타사와 경쟁관계가 없는 상품을 제시하나 그 산업의 일반적인 장르의 제품이 아니기 때문에 제조나 판매율이 낮은 경우가 많고, 판매촉진면에서는 상품을 중심으로 한 캠페인만 한정해서 실시하는 경우가 많다. 우리나라에서 자생하였다가 사라진 많은 수의 햄버거체인이 행한 전략이 이에 해당한다고 볼 수 있을 것이다.

ⓔ 마켓니처전략(market nicher strategy)

이는 해당 시장에서 리더기업의 경영자원에는 미치지 못하나 챌린저기업에는 비견할 수 있는 기업이 취하는 전략으로 그 이상의 파워를 갖지 못한다.

경영의욕은 리더기업과 챌린저기업에는 이르지 못하나 나름대로의 독자성을 갖고 있다. 리더기업과 챌린저기업이 치열한 경쟁을 하고 있고 팔로워 기업이 이 경쟁에 말려 들어가도 냉정히 자신의 방향을 지켜가며 자기만의 기본이념과 오퍼레이션의 기본에 충실함으로써 혼란에 휩싸이지 않는 전략을 말한다.

신제품개발에도 적극적이고 타사가 흉내낼 수 없는 상품으로 고객의 인기가 두 터우며 만약 타사가 같은 상품을 개발판매해도 자신의 이름을 더 높이기 위해 제 품의 독자성과 우월성 유지에 전력을 다하는 전략이다.

일본의 햄버거체인산업의 경우 모스버거 기업이 이러한 전략을 구사하여 리더 기업인 맥도널드에 이어 챌린저전략을 구사한 L기업을 제치고 현재 업계의 제2위 의 자리에 올라서 있는 현상은 음미해 볼만하다.

우리나라의 많은 외식프랜차이즈사업본부 경영자들은 자기기업의 전략구사가 위에서 예시한 것 중 어디에 속하는지를 다시 한번 검토하여 점격(店格)과 사격(社 格)에 맞는 전략구사를 연구하여야 할 것이다.

다음에서는 마지막으로 외식기업의 개성화전략에 관해 설명하기로 한다.

1-3. 외식기업의 개성화전략

(1) 개성화전략

앞에서도 설명했지만 마케팅전략은 시장세분화, 잠재수요개발을 중심으로 한 차별화전략, 업종에서 업태로의 전환을 중심으로 한 경쟁전략, 심층수요개발을 중심으로 한 개성화전략으로 변화해 왔다. 이제부터 개성화전략의 내용을 검토해 본다.

① 고객의 개성화

모든 계층의 고객을 자기 점포로 유입시킨다는 포괄적이고 애매한 고객컨셉은 이제 통용되지 않는다. 고객의 구매동기나 외식동기는 시간, 소득수준과 같은 물 적 동기에 의해 결정되기보다 고객의 개인적 욕구에 의해 결정되므로 외식점포의 고객유입전략은 이러한 동기제공의 방법론으로 귀착하게 된다. 예컨대 실버화가 진행되는 가족구조에 3세대가 동시에 이용가능한 점포인가 또는 특수집단을 타깃 으로 한 점포인가, 택배영업이나 테이크아웃 영업이 가능한 점포인가 하는 요소 도 고객에게 동기제공의 방법으로서 고려되어야 한다.

조금 다른 의미로 표현한다면 같은 체인이라도 규모나 입지에 따라 메뉴의 개성화전략에 의한 공동메뉴와 점포별 개별메뉴를 동시에 운영할 수 있어야 한다. 특히 소규모 점포운영 체인인 경우 시장사정과 입지에 따라 지역의 여건에 맞는 개성있는 메뉴구성이 필요하다. 모든 햄버거전문점이 10대 청소년을 타깃으로 고객컨셉을 정하고 있는데, 이는 바로 과당경쟁으로 시장포화상태를 만들고 많은 기업이 도산하는 현상을 보여 주었던 일본 FF업계에서 모스햄버거 체인과 같이 중심고객을 20대의 여성사무원과 대학생을 타깃으로 한 전략을 구사하여 대기업 맥도널드를 위협하는 위치에까지 이르게 된 경우는 고객 개성화전략의 좋은 모델이 된다.

② 상품의 개성화

고객에게 사랑받는 점포를 만들기 위해서는 점포의 종합적인 점격(店格)을 어떻게 높은 수준으로 운영해 갈 것인가 하는 것이 문제가 되겠지만, 그중 가장 중요한 요소의 하나는 말할 것도 없이 상품＝메뉴의 맛일 것이다. 고객의 외식패턴이 점포에 대해 감성을 요구하거나 어메니티를 요구하는 형태로 변화한 이상 외식점포의 상품구성도 이에 맞추어가야 한다. '상품의 개성화'란 결국 상품의 독창성을 어떻게 추구해 가는가 하는 문제이다.

상품개성화전략의 독보적 존재는 역시 일본 햄버거 전문점인 모스햄버거를 들 수 있다.

우리나라나 일본의 햄버거 체인점포는 거의 미국식 맛으로 메뉴구성을 하고 있다. 미트패티, 케첩, 시즈닝 파우더 혹은 소스, 머스터드, 오이피클, 그리고 야채 등으로 맛을 내는 게 일반적이며, 체인별로 인테리어나 규모의 차이, 즉 하드웨어의 차이만 있다. 그러나 모스버거에서는 특수한 데리야끼소스 햄버거나 라이스버거 등 자기만의 개성있는 제품을 고객에게 제시해 성공한 케이스다. 이는 미국식 일변도의 맛이 대부분인 햄버거체인점과 달리 '미국식맛＋일본식 맛'을 가미해 제품을 개성화함으로써 성공한 것이다. 우리나라의 일부 햄버거 전문점에서도 김치버거, 불고기버거 등을 개발하여 일부 고객에게 호응을 얻고 있는데, 이 역시 상품개성화전략의 하나로 나타난 결과라 할 수 있다. 그러나 개성화에는 어느 정도 성공했으나 특수화에는 성공하지 못하여 상품의 수명주기에 문제가 발생하기도 하였다.

③ 가격의 개성화

가격에 대한 이론은 학자에 따라, 기업의 운영방침에 따라 여러 가지 이론이 제기되는 문제다. 하나의 예로서 '화폐단위 접근설'을 들 수 있다. 이는 우리나라의 경우 화폐단위가 5백, 1천, 5천, 1만원으로 되어 있는데 대부분의 외식점포 상품의 단가(단, 외식점포에 국한되지 않고 식품일반에도 적용되고 있다)가 이 화폐단위를 중심으로 설정되어진다는 이론이다.

이러한 화폐단위 접근설은 상당히 설득력이 있지만, 경기의 호·불황이나 경쟁업체의 가격할인전략에 관계없이 자기점포의 개성에 맞추어 고유의 가격영역을 지켜가는 전략을 구사하는 것이 가격의 개성화전략이다.

우리나라의 햄버거전문점들이 최근 들어 경쟁적으로 50%할인전략을 구사하며 시장쟁탈에 열을 올리고 있지만, IMF사태 이후 일시 유행하였던 가격파괴전략은 가격개성화전략과는 거리가 있는 내용이다. 과거 1987년 일본 햄버거업계의 양대 산맥이었던 맥도널드와 롯데리아가 할인전략으로 390엔 세트와 380엔 세트 품목으로 피나는 시장확보전략을 전개하다가 이것도 미진하다고 생각한 M사가 360엔에 세트가격을 제시하는 등 끝없는 시장쟁탈전을 전개한 결과 고객의 불신만 초래하게 되어(저렇게 낮은 할인가격으로 판매해도 회사가 유지되고 이익이 발생하는 모양인데, 그렇다면 과거 너무 비싼 햄버거를 구매한 것이 아닌가하는 업계 전체에 대한 불신감 증대현상 초래) 일시적으로 양사가 어려운 경영여건에 처한 경우도 있었다. 이는 결국 기업위주의 전략이지 고객위주의 전략이 아니었기 때문에 고객의 불신만을 초래한 것이다.

만약 가격할인전략을 구사할 수 있는 여력이 있었다면 한 품목 더주기 캠페인이나 고객프리미엄 서비스전략을 구사하여 훨씬 더 고객에게 어필할 수 있었을 것이다. 가격할인이나 가격파괴와 같은 전략은 기업의 생존과 활성화에 도움이 안 된다는 것을 명확히 증명한 사례가 될 것이다.

이런 M사, L사와는 달리 모스버거의 경우 가격경쟁에 뛰어들지 않고 자기의 고유가격 영역을 굳건히 지키며 장기 가격전략을 구사한 결과 현재 업계 제2위의 자리를 확보한 것은 가격개성화전략의 성공전략으로 볼 수 있다. 가격개성화전략을 구사하기 위해서는 시장상황을 무시할 수 없으므로 '화폐단위 근접설', '도시락 가격과 아르바이터 시급에 맞춘 햄버거가격 결정설', '담배 한갑과 햄버거가격 연동설' 등 햄버거업태의 가격연동설 등을 참고하여 자기 업태 나름대로의 가격개성화전략을 수립해 가야 한다.

④ 서비스의 개성화

일반적으로 외식점포에 가보면 "어서 오세요. 몇 분이시지요?" 등의 접객용어를 구사하고 있으며 스마일을 강조하는 접객교육을 실시하고 있다. 한 사람이 오든 두 사람이 오든 모두 똑같이 "어서 오세요. 몇 분이시지요?"를 판에 박힌 듯 말하고 있다. 이를 두고 어떤 이들은 '로봇식 접객방법'이라고 탓하기도 한다.

서울 S의료원내 A점포에 가보면 "어서오세요" 대신 종업원들이 "안녕하십니까?," "안녕하세요?"라고 인사한다. 훨씬 친숙함을 느끼게 하는 용어라고 생각된다. 대부분의 햄버거전문점에서는 접객의 효율성을 강조하며 고객 1인당 1분의 점객처리를 직원들에게 실시하게 하고 있다. 물론 단시간내에 최대수치의 고객을 접객하기 위해서는 스피드가 중요하다. 그러나 단시간에 많은 고객을 대하기 위해서는 메뉴를 미리 생산해 두어야 한다. 자연히 품질에 문제가 생기고 맛 유지에 문제가 발생하게 된다. 초기 개척시장에서는 큰 문제가 발생하지 않았으나, 첨예한 시장경쟁여건하에서는 이러한 제품전략이 자칫 고객으로부터 외면받기 쉽다.

앞에서 예를 든 모스버거의 경우 효율면에서는 약간 뒤떨어지나 고객의 주문을 받은 뒤에 조리를 하는 시스템을 구사함으로써 따뜻하고 맛있는 햄버거전문점으로 인식되고 있는 것은 서비스 차별화의 하나일 것이다. 이 회사는 입점하면 주문순서에 따라 고객에게 번호표를 배부하고 제품이 완성되면 깔끔한 미모의 여직원이 미소와 함께 고객의 테이블까지 메뉴를 서비스한다. 일반 레스토랑의 테이블서비스방식을 패스트푸드 점포에 도입한 것이다.

또한 FF에서 일반적으로 채택하고 있는 QSC 컨셉 대신 HDC라는 특유의 컨셉을 시도했다. HDC는 H(hospitality : 마음속에서 깊이 우러나오는 서비스), D(delicious : 맛있는 고품질의 상품), C(cleanliness : 밝고 청결한 점포)라는 기본철학을 강조하는 서비스의 개성화를 시도하고 있다.

⑤ 입지의 개성화

입지의 개성화 내지 특성화의 성공사례도 역시 일본 햄버거전문점 모스이다. 타업체에서는 1등지, 번화가, 역세권 등 보증금과 임대료가 고가인 입지에 점포를 확보하는데 반해 이 회사는 2등지, 3등지 등 틈새시장을 공략했다. 이는 최소한의 매상고로서도 고정비가 적게 소요됨으로써 채산성을 확보할 수 있게 되며, 또한 투하자본 회수기간도 짧아지게 되는 이점이 있다. 더구나 성숙기의 시장이나 불경기의 경제여건에서도 최소한의 손익분기점 및 도산분기점 매출을 확보할 수 있어 기업의 생존을 가능케 한다. 우리나라 대부분의 외식프랜차이즈본부(해외 도입 브랜드나 국내 자생점포 모두)는 서울 강남지역의 최고입지를 선정하여 1호점포를 개점한 뒤 그 실적을 기준으로 전국체인점을 모집하려고 하는데, 이야말로 무개성(無個性)의 점포입지전략에 해당되며 어떤 경우에도 성공하기 어려운 행태라고 본다.

⑥ 점포의 개성화

체인점은 원칙적으로 동일간판, 동일메뉴, 동일인테리어로 운영하는 것이 일반적이다. 전국통일원칙이 적용되어 왔다. 그러나 이러한 전국체인운영방식도 고객개성화시대를 맞아 변화의 조짐이 일고 있다. 점포의 입지에 따라 동일체인점이라도 점포의 분위기와 좌석의 배치방법을 달리하고 역통일화(逆統一化)에 의한 점포별 개성을 연출하는 체인이 등장하고 있다. 호화스런 인테리어를 필요로 했던 70, 80년대의 점포꾸미기는 이제 고객에게 어메니티를 제공하는 개성화전략으로 바뀌고 있다. 단순히 본부에서 정한 룰에 의한 점포구성이 아니라 입지에 따른 점포구성을 별도로 실행하는 전략연구가 필요한 외식환경이 도래한 것이다. 이 점은 특히 10~20년의 역사를 가진 소위 성공한 체인본부가 반드시 짚고 넘어가야할 내용으로 판단된다.

⑦ 정보의 개성화

종래 기업의 경영자원은 사람, 물자, 자금이었다. 그러나 이제는 정보, 사람, 물자, 자금이 기업의 중요한 경영자원이 되었다. 정보화시대에는 정보가 가장 중요한 경영자원임은 재언할 필요조차 없다고 본다. 우리나라의 많은 소규모 체인점들은 대부분 시스템에 의한 점포전개가 아닌 인기있는 메뉴 또는 특수한 메뉴중심으로 창업했기 때문에 당초부터 시스템의 기본요소인 정보화가 제대로 정비되지 않아 후일 점포수 증가에 따라 운영상의 많은 로스를 가져왔고, 결과적으로 도산을 맞이한 경우가 많았다. 아직도 점포와 본사간에 전화 또는 팩스로 식자재를 발주하는 체인본부가 의외로 많다. 이는 정보화의 중요성을 이해하지 못하거나 정보화에 투자하는 자금이 부족해서 창업초기 이에 대한 투자를 하지 않았기 때문이다.

정보화시스템을 도입하지 않으면 주문시의 품목누락 방지, 배송일정의 합리화, 재고관리의 합리화, 매상고관리의 합리화, 원가관리의 합리화, 직원인건비관리의 합리화, 신상품개발의 정보수집 등을 제대로 행하여 기초원가 및 부대비용의 최소화를 가능하게 하는 시스템이 정립될 수 없다. 대기업을 흉내낼 필요 없이 자기기업의 점격(店格)에 어울리는 정보시스템을 구축하는 것이 정보의 개성화전략이다.

1-4. 고객요구에 발맞춘 새로운 감각의 마케팅

(1) 새로운 마케팅 감각의 이해

개성화전략시대를 맞이한 외식서비스산업은 개성화전략시대에 걸맞은 마케팅 감각을 필요로 한다. 향후 10년, 20년 후에도 프랜차이즈사업은 계속해서 성장과 쇠퇴를 반복하며 존재할 것이다. 그 조건은 언제나 채산성을 유지해야 한다는 점이다. 이를 위한 본사의 역할은 예나 지금이나 같다.

즉, ① 산업으로서 확고한 자리매김을 할 수 있는 시스템의 확립, ② 업태의 개발 및 발전을 위한 포맷의 확립, ③ 업태 발전을 위한 계속적인 이노베이션, 즉 창조적 파괴가 마케팅의 기본요소가 될 것이다.

이러한 업무수행을 하기 위해서는 종래와 같은 마케팅전략을 180도 전환시켜 새로운 감각을 도입해야 한다. 이제부터 이 새로운 감각의 마케팅은 어떤 특성이 있는가를 연구해 보자.

① 마케팅의 문화성, 예술성, 국제성

현재의 마케팅활동을 업스케일(up scale)시킴에 있어 필요불가결한 요소로서 마케팅의 문화성, 예술성, 국제성 요소가 정보통신의 발전과 유통의 세계화 물결에 의해 크게 주목받고 있다. 예컨대 대형 백화점 등 유통서비스기업이 해외로부터 유명 뮤지컬이나 발레단을 초청해 고객에게 관람하게 함으로써 고객을 감동시키는 이벤트를 행하는 것은 다분히 마케팅의 문화성 및 예술성을 나타내는 기획으로 보여지며, 이제 서비스기업의 마케팅활동 영역도 문화적이고 예술적인 부분까지 넘보는 시대가 도래하였음을 알리고 또 그러한 접근의 필요성을 각 기업이 인식하기 시작했다는 점을 알 수 있다.

외식서비스기업이 유명 화가의 그림이나 분재 또는 관광식물을 렌탈하여 점포를 가정적인 분위기로 꾸미는 것도 기업의 문화적·예술적 마케팅활동의 일환으로 보아야 할 것이다.

우리나라 대부분의 프랜차이즈기업이 해외로부터 브랜드를 도입할 때 그 브랜드의 기술적인 면, 시스템적인 하드웨어만 주로 도입하였고, 그것을 우리나라 정서에 알맞은 문화와 예술적 토양으로 가꾸는데는 연구가 부족하였다고 보며, 이러한 부분에 대한 경영자들의 인식전환이 요구되고 있다. 또한 국내에서 자생한 브랜드도 우수한 기업문화를 마케팅에 연결시킨 업체도 있겠으나, 주로 메뉴중심, 단기 채산성 확보중심으로 외식프랜차이즈사업에 참여한 경우가 대부분이기 때문에 장기 비전이나 미래에 대한 청사진, 경영주의 철학이 무엇인지 모르는 애매한 경우가 너무 많아 마케팅의 문화성·예술성을 논하는 것이 우스꽝스럽게 느껴지기도 한다.

마케팅의 국제성 문제도 오늘의 국제경제여건에서 새롭게 대두되는 테마이다. 이제 국내시장도 서서히 포화상태를 맞이하고 있고 국내시장만을 상대로 우물안 개구리식 경영을 하면 조만간 경쟁에서 탈락하는 운명을 맞게 될 것이다. 프랜차이즈기업이 모두 해외로 진출할 수 있는 기능을 갖추기는 어려우나 계속기업(going concern)으로서 체인가맹점의 생존을 책임져야 하는 체인본부로서는 국내체인과 해외진출 체인을 인사의 합리화, 마케팅전략의 국제화, 새로운 시장영역의 확대라는 종합적인 전략차원에서 검토할 때가 되었다. 특히 세계가 블록경제권으로 재편성되는 과정에 있고 블록경제권에서 국내영업만을 하는 체인본부는 시장의 축소, 국제경영정보 수집의 지연, 우수인재의 확보난 등으로 발붙일 곳을 찾을 수 없게 된다. 이제부터라도 국제무역 마찰을 일으킬 수 있는 문제의 연구, 즉 각국의 무역거래에 관한 법령을 비롯하여 외국환거래법, 독점규제 및 공정거래에 관한 법률 등에 대한 충분한 사전연구를 할 필요가 있다.

② 창조성, 독창성 익사이팅(exciting : 자극적인), 엔터테인먼트(entertainment : 오락, 재미), 엠비셔스(ambitious : 열망), 어메니티(amenity : 쾌적성)

오늘날 대부분의 사람들은 스스로를 사회생활상 중류(中流)계층으로 인식하는 경향이 강하다. 따라서 생활의 향상을 위하여 새로운 제품과 서비스를 추구하고 있다. 그런데 이 서비스와 제품을 제공하는 공급자측에서는 이것을 고급화의 추구로 오인하는 경우가 많다. 여기서 말하는 새로운 고급화 지향은 높은 가격에 의한 고품질이 아니고 '동일한 제품이라도 동일한 가격이라면 품질이 두배 이상 우수할 것'과 '동일한 품질이라면 타사의 가격에 비해 50% 정도 저렴한 가격일 것'의 고급화를 의미한다. 이러한 상대적인 고급지향을 위해서는 경쟁사와의 특별한 차이를 갖는 시스템을 보유하거나 개발시켜 나가야 한다. 예컨대 물품구매선의 변경, 원산지 구매, 국제물품가격동향의 파악에 의해 세계에서 가장 염가의 식자재구매선 확보 등 새로운 분야에 눈을 번뜩이는 자세전환이 필요하다. 단순히 국내에서 조달된 구매품으로는 고객에게 폐선적이며 드라마틱한 경영전략을 구사할 수 없을 것이다.

무미 건조한 합리성추구에 못지 않게 가정생활과 같은 분위기 연출, 지역의 문화생활공간의 연출이라는 활동영역을 넘어 고객들의 초개성적인 욕구에 맞추어 가는 기능은 기업의 독창적인 구매활동이나 타사가 흉내낼 수 없는 창조성에 있다. 점포의 단순한 디자인 변화나 메뉴의 일부 수정이 아닌 점포마케팅활동 전부가 익사이팅하고 엔터테인먼트적인 그리고 쾌적성의 요소를 갖추어야 한다는 것이다.

도쿄 디즈니랜드의 경우 전문적인 예술단원이 아닌 파트아르바이터에 의해 테마성 있는 공연을 고객에게 연출하고 있고 우리나라 S호텔의 양식당(fusion)에서는 직원에게 댄싱교육을 시켜 일정 타임마다 고객에게 즐거운 댄싱쇼를 연출하거나 '고객과 함께 춤을'이라는 시간을 마련해 가벼운 마음으로 고객이 그 분위기에 휩쓸려 함께 춤을 추며 열광하게 하는 연출을 하고 있다. "정말 신나고 고급스런 서비스를 받았다"고 이구동성으로 말하는 고객이 증가할 때 그 점포의 성공은 더 설명할 필요가 없을 것이다. 이와 같이 고객이 함께 참가하여 열광하는 분위기를 연출하는 것이 현대 마케팅의 새롭고 감각적인 접근법의 하나다.

③ 새로운 또하나의 마케팅감각 시간절약형, 대행업무집행, 홈딜리버리의 등장

최근 남녀고용평등법의 강력한 시행 및 사회적 여건변화로 여성의 취업기회 확대는 물론 취업영역(취업업종)의 확대현상이 두드러지게 나타나고 있다. 이것은 곧 여성의 자유시간 축소를 의미하며 기업환경은 다수의 인원보다 소수정예주의를 택하는 노동시장의 첨예한 변화를 보여준다. 이러한 노동환경은 결국 시간절약형 수요의 개발, 가사시간을 단축시킬 수 있는 새로운 상품의 개발, 자신의 업무를 대행시켜주는 시스템을 필요로 하게 되며, 한편으로 휴일 증가에 의한 레저욕구 증가나 해외 여행붐 등 인간의 문화적 생활에 대한 욕구가 강해져 이러한 생활수요의 증가현상에 의한 새로운 인력시장이 형성되고 있다. 즉, 노동시간을 축소하며 문화지향적인 생활을 추구하는 욕구가 증가하는 반면 축소지향적인 기업의 인력구조 조정의 와중에서 절충적인 대안을 모색하면서 나타난 것이 홈딜리버리마케팅, 각종 업무대행업, 시간절약형 제품의 등장 등이다. 외식프랜차이즈 기업도 고전적인 시스템에 의한 이트인(eat in) 스타일의 점포운영만 고집할 수 없게 되었다.

④ 건강지향(healthy), 자연(천연)지향(natural), 미식(탐식)지향(gourmet),
   전통지향(traditional), 역사성(historical)지향

오늘날 세계는 중동에서 이스라엘과 이슬람간의 전쟁, 아프가니스탄의 테러범 관련 전쟁 그리고 최근에는 미국의 이라크전쟁 등이 일어난 일부 지역을 제외하고는 대부분 평화스러운 환경에 놓여 있으며, 우리나라, 일본, 중국 등으로 대표되는 동북아시아 지역도 한국전쟁 이후 비교적 평화로운 상황이 계속되어 왔다.

물론 우리나라와 같이 남북이 대치되어 긴장 속 평화를 누리는 국가도 있으나, 전체적으로는 평화무드가 지배적인 경제사회적 환경이라고 볼 수 있다.

물론 80년대와 90년대를 거치면서 오일쇼크, 버블경기의 붕괴 등 어려운 경제환경에 처한 경우도 있었고, 특히 우리는 IMF외환위기라는 큰 시련을 겪기도 했다.

그러나 이러한 경제여건 속에서도 일상생활에서는 어느 정도의 풍요를 구가해 온 것이 사실이다. 또한 풍요무드의 소비환경 속에서 물자가 풍부해지면 그에 따르는 정신적인 풍요를 추구하는 현상도 증가하여 왔다.

대부분의 사람들은 그들이 소유한 주택의 크기나 자동차의 보유유무에 관계없

이 또 자기 개인의 소득이나 급여를 타인과 객관적으로 비교하지 않고 소비의 일반적인 행태에 따라 대부분 자신을 중류계층으로 생각하고 있는 현상도 많은 연구조사에서 나타났다.

이 중류의식의 증가현상은 그대로 그들의 소비패턴과 연결되어 바쁜 생활 속에서도 자기만의 시간, 자기개성을 강하게 표현하는 새로운 패턴을 보이고 이러한 패턴은 바로 외식소비에서도 동일한 현상으로 연결되고 있다.

또한 의학의 발달은 질병퇴치는 물론 인간의 수명을 연장시키는 효과를 가져왔고, 수명연장을 위한 욕구의 증가는 건강제품에 대한 수요로 연결되었다.

종래 비타민으로 대표되던 영양제의 수요에서 식품 자체가 인간의 건강에 직결될 수 있는가 어떤가에 대한 문제에 관심이 높아졌다. 즉, 약효(藥效)보다 식효(食效)의 중요성을 인식하기 시작했으며 이러한 인식변화의 하나로 나타난 현상이 인공 식자재보다는 자연적(천연적)인 식자재, 농약이나 첨가물을 사용하지 않은 식자재의 선호증가 추세이다. 즉, 값이 약간 고가(高價)라도 자연산 식자재에 대한 요구가 현저하게 높아지고 있다는 것이다.

최근 미국이나 서구제국은 물론 일본이나 우리나라에서도 구제역 파동, 광우병 파동의 여파로 식자재의 안전성이 소비자의 식생활에 심각한 문제로 떠오르게 됨에 따라 유기식자재(有機食資材)에 대한 수요가 폭발적으로 증가하고 있다.

이러한 현상은 인간의 식생활이 수명연장 및 건강문제와 직결된다는 점에 대한 인식과 관심의 고조현상이라고 할 수 있다.

아주 간단한 사례지만 어개류(魚介類)의 수요는 양식(養殖) 식자재보다 자연산이 훨씬 고가임에도 불구하고 수요가 많으며, 특히 활어(活魚)류에 대한 수요는 값의 고하를 막론하고 자연산 쪽이 절대적으로 높다.

한편, 여성들의 경우는 미모에 대한 욕구가 강한 것이 특색인데, 이것은 동서고금은 물론 연령에 관계없이 나타나는 현상이다.

최근의 에어로빅 붐, 수영 붐 현상이나 다이어트에 관한 기술개발, 이와 관련된 각종 식품과 의약품의 범람은 여성들의 미에 대한 욕구가 얼마나 강한가를 보여주는 좋은 예라고 하겠다. 이러한 다이어트 붐 현상에 의해 나타난 것이 식사량의 축소나 식사횟수의 축소현상이다.

이러한 식사기피현상이 야기되는 한편으로 미식(美食)의 추구현상도 증가하는 이중적인 양상이 나타나고 있다.

전국의 맛있는 집 탐방여행이나 인삼먹인 닭고기, 유황오리구이 등 미식과 건강식에 대한 추구현상도 동시에 일어나 혼란스러울 정도로 외식요구가 다양해지고 있다.

이러한 외식메뉴의 핵심고객이 대부분 여성들이므로 이들의 외식수요가 다이어트와 미식추구라는 이중적인 형태로 나타나는 것은 재미있는 현상이 아닐 수 없다.

또하나의 특수현상은 이탈리안 파스타, 햄버거, 돈까스, 카레요리 등 현대적인 메뉴의 수요증가현상과 함께 전통식에 대한 수요증가현상도 일어난다는 점이다.

옛날 맛에 대한 회귀현상 또는 식사의 가정회귀현상은 식(食)자체만의 문제로 발생한 것은 아니며 최근 지역사회를 중심으로 지역의 전통문화 부활운동이 활발하게 진행되고 있는데, 이 운동의 하나로 지역문화축제와 지역전통음식축제의 복원움직임이 많으며, 이와 연계된 각종 여행코스가 경주나 부여, 안동 등 문화유적이나 유명사찰이 많은 지역을 중심으로 도시인들을 타깃으로 하여 개발되고 있다.

이러한 문화탐방여행에 연계된 순수 국산 콩으로 만든 옛날식 된장, 순두부, 대나무 통밥, 옛날식 만두, 옛날식 보쌈 등 옛 맛 중심의 메뉴 개발과 수요증가도 새로운 현상으로 나타나고 있다.

현대와 옛것의 혼재, 다이어트와 미식(탐식)에 대한 선호의 이중성 등 다원적인 수요증가현상은 외식프랜차이즈사업이 현대적인 것에만 국한되면 안되고 옛날 것에 대한 연구도 필요함을 알리는 신호로 보아야 한다.

또한 오늘날 세계화 경영시대를 맞이하여 외국의 유명브랜드 도입도 필요하겠지만, 우리 것을 개발하여 국내에서 충분히 인프라를 구축한 뒤 해외로 진출하지 않으면 안 되는 운명적인 여건이 우리나라의 외식프랜차이즈업계에도 도래했다는 것을 인식해야 한다.

⑤ **생업의 시스템화, 비즈니스화**

청소, 세탁, 취사 등 극히 일반적인 가정주부의 가사노동이 전업주부나 직장인 주부 구분 없이 가히 혁명적이라 할 정도로 변화됐다.

이러한 변화는 자동세탁기, 자동건조기 등이 발명되고 보편화되었기 때문에 주부의 가사노동이 경감되었다는 측면의 요인도 있으나, 식품자체의 인스턴트화, 델리커트슨의 발달, 야채류의 패키지화 진행, 전자레인지의 보급증가, 편의점의 상품개발 확대, 식기세척기의 보급 등으로 주부의 가사업무가 근본적으로 변화하였기 때문에 야기된 내용이며, 더구나 최근에는 남성들의 가사업무 증가현상도 보여지고 있어 주부의 가사업무가 근본적으로 변화하고 있다.

그러나 이러한 수준의 가사업무 축소나 변화는 이제 차원을 달리하는 현상으로 나타나고 있다. 즉 단순한 작업수준의 경감이나 변화의 수준을 넘어 주부의 가사노동을 대신하는 하우스클리닝이나 메이트서비스 등 주부대행업의 등장이 그것이다.

전통적인 가사업무를 시스템화 혹은 비즈니스화하여 등장한 이러한 사업은 새로운 마케팅감각의 포맷확립에서 등장한 것이다.

최근 영업이 상당한 수준으로 활성화되고 있는 외식점포경영자들의 공통적인 하소연은 사람 구하기가 어렵다는 문제이다.

이는 여러 가지 요인에 의해 발생되는 문제지만, 주된 원인은 외식점포의 근무시간이 장시간이고 작업이 어렵다는 점에 있다고 본다.

외식점포 근무자는 요리, 청소, 정리정돈, 식자재 처리, 접객 등의 과중한 노동을 행하고 있기 때문에 이직률이 타산업에 비해 높은 편이며, 또한 생산성이 낮기 때문에 노동시간에 비해 상대적으로 인건비가 낮은 편이다. 이러한 인사관리문제는 앞으로 더 어려운 국면을 맞게 될 것이 불을 보듯이 명백하다.

따라서 중대형 이상의 점포나 체인경영점포는 점포업무의 상당부분, 예컨대 영업종료 후의 청소 정리정돈작업, 영업개시전의 준비업무, 식자재 전처리업무, 요리의 일부 등 점포업무의 많은 부분을 과감히 아웃소싱하는 노력을 적극적으로 행하여야 할 것이다.

⑥ 업스케일(up scale), 퍼스널리티(personality), 엘리트(elite)화 현상

개성화전략론에서 개론적인 설명이 있었지만, 최근에 나타나고 있는 현대인의 생활양태와 마케팅의 전략적 접근에 대한 내용을 추가하여 설명해 보기로 한다.

이간의 행동에는 매슬로우의 「자기실현욕구」에서 말한 대로 현대인들은 물질의 풍요에 따라 정신적인 풍요에 대한 욕망도 커져간다는 점이다.

물질의 풍요는 바로 가정의 부엌을 현대화·기계화시켰고, 마이홈에 대한 열망의 증가와 함께 새로운 생활정보를 여러 경로를 통해 쉽게 접하게 됨으로써 여행과 여가에 대한 욕구의 증가, 자기계발과 개성을 표현할 수 있는 새로운 세계에 대한 동경 등 자기개인의 인간적인 삶의 질을 높이려는 욕구가 점점 커져가고 있다.

종래의 대량생산, 대량소비 등 획일적인 상품과 서비스를 제공하는 마케팅전략은 더 이상 발붙이기 어려운 상황이 되었다.

우리 국민이 5천만명이면 구매나 식사동기도 5천만개 이상이기 때문에 이 동기에 걸맞은 메뉴개발과 서비스가 필요하다고 생각된다.

소위 고객을 낱알 줍듯이 해야 하는 초(超)경쟁시대에 접어든 것이다.

한 사람의 외식동기가 5종류이면 우리 국민의 외식구매동기는 2.5억개가 될 수 있기 때문에 이러한 총 구매동기에 맞추어 가는 전략이 필요한 시대가 된 것이다.

상품이나 서비스를 공급하는 측에서는 가능한 이러한 동기나 욕구의 공약수를 정리하여 고객이 요구하는 품질과 서비스의 고급화, 개성화, 엘리트성을 충분히 가미하고 그 위에 끝없이 새로운 이노베이션으로 품질과 서비스를 업스케일하는 마케팅전략을 구축해 가야 한다.

⑦ 렌탈화(rental화)

오늘날 리스나 렌탈이 행하여지는 업종과 업태는 무수히 많다.

렌탈 백화점, 레코드전문점, 비디오대여점, 서적대여점, 플라워렌탈, 다스타(물수건)컨트롤, 렌터카, 자전거렌탈, 유니폼렌탈, 실내장식렌탈, 식기렌탈, 보건기구렌탈, 가구리스, 사무기기 리스, 주방기기 리스, 운동회 축제나 문화제용 기자재 렌탈 등 많은 분야에 이르고 있다.

말하자면 물자의 소유개념보다는 일정기간 이용 또는 사용한다는 개념이 확산되고 있다. 외식산업도 새로운 업태 개발이나 업태의 리뉴얼 등을 시행할 때 이러한 신개념의 시스템을 적극적으로 도입해야 할 때가 되었다고 생각된다.

다만, 렌탈이나 리스에 대한 전문화된 업체가 많지 않고 리스나 렌탈에 소요되는 비용이 과다하여 지금까지는 큰 관심을 갖지 못해 왔으나, 창업투자의 축소와 합리적인 아웃소싱의 연구와 함께 새로운 경영시스템으로 리스나 렌탈의 도입을 적극적으로 검토해야 할 것이다.

② 프랜차이즈 본부 시스템과 서비스마크

2-1. 서비스마크

(1) 서비스마크의 의미

프랜차이즈본부 구성요소 중 서비스마크란 무엇이며 얼마만큼 중요성을 갖는 내용인지 살펴보기로 하자.

서비스마크란 무엇인가?

"금융, 수송, 광고, 외식, 유통, 교육, 오락, 숙박, 정보 등과 같이 서비스를 취급하는 기업이 자기회사가 제공하는 서비스를 타사의 그것과 구별(식별)하기 위하여 자기기업의 서비스상품에 대하여 사용하는 표지"가 서비스마크이다.

이것은 서비스를 제공받는 고객에게 서비스를 제공하는 기업을 명확히 식별할 수 있게 하고 프랜차이즈사업에서는 체인의 전체 이미지에 해당하는 것으로, 말하자면 기업의 얼굴에 해당된다고 말할 수 있다.

(2) 서비스마크의 기능

우리의 주변을 둘러보면 몇 개의 음식메뉴로 개인점포를 운영하다가 조금 성공을 하면 이를 기초로 프랜차이즈를 전개하여 일확천금을 노리는 기업가가 상당히 많다.

그들이 사용하는 서비스마크 등도 기업이념이나 기업의 컨셉, 사용방법 등을 깊이 생각하지 않고 간단하게 제작(제정)하거나 그것조차 없이 일단 시작하고 보자는 식으로 체인사업을 전개하는 경우도 있다.

그러나 서비스마크는 소비자 보호, 합리적인 경쟁, 유통질서의 확립이나 환경보호 등에 대하여 기업의 책임을 묻는 오늘의 경제현실에서 그렇게 간단히 제정되거나 무책임하게 사용할 대상이 아닌 점에 유의할 필요가 있으며, 프랜차이즈본부운영자나 가맹점 운영희망자는 서비스마크가 갖는 본래의 기능을 분명히 인식하고 기업전략의 집행이나 생업의 선택에 임해야 한다.

① 출소표시기능(出所表示機能)

고객은 ○○체인이라는 서비스마크를 통해 최초로 그 서비스가 ○○체인으로부터 제공되었음을 인식한다. 또한 이 서비스를 제공하는 ○○체인은 이 출소표시 기능이 있기 때문에 이 서비스마크를 통해 자기회사 서비스의 우수성이나 특징을 고객에게 인식시킬 수 있다.

② 품질보증기능(品質保證機能)

이는 같은 서비스마크를 사용해 제공하는 서비스, 즉 ○○체인이 제공하는 서비스는 항상 어디서든지 동일한 품질임을 보증하는 기능을 갖는다는 의미이다.

또한 ○○체인이면 어디에 있는 점포에 가도 동일한 서비스를 받을 수 있다는 신뢰감과 마음을 편히 갖게 하는 기능인 것이다. 이것은 고객에 대한 기업으로서의 품질보증의 이행을 약속하는 하나의 표시이다.

③ 광고기능

서비스마크를 사용함으로써 기업은 서비스의 광고선전효과를 높일 수 있다.

고객은 ○○체인이 자기의 서비스마크를 사용하여 제공하는 서비스를 받아본 경험이 있을 때 이러한 서비스마크를 이용한 광고를 접하면 ○○체인의 실체를 기억할 수 있기 때문에 일정한 이미지형성이 가능하고 점포의 정보전달 능력도 높일 수 있게 된다.

(3) 서비스마크와 상표의 차이는 무엇인가?

위 두 가지는 다같이 영업상의 표지이다.

상표는 상품거래에 있어 사업자가 자기 상품을 다른 상품과 구별하기 위하여 자기상품에 사용하는 표지이다. 상표는 서비스마크와 같이 출소표시기능, 품질보증기능, 광고기능 등이 있다.

그러나 서비스마크는 무형자산에 대한 표시인데 반해 상표는 상품이라는 유형자산에 대한 표시이다. 식별의 대상이 서비스와 상품이라는 점에서 다르다.

(4) 서비스마크와 상표, 상호

상호는 기업(개인영업자)이 영업활동을 함에 있어 자기를 표시하기 위해서 사용하는 명칭이다. 서비스마크와 상표는 거래대상인 서비스와 상품을 중심으로 한 식별이며 상호는 상거래 주체의 인적표시인 점에서 다른 것이다.

회사이름 등의 상호는 기업의 영업상의 명칭으로서 상법상에서 주로 등기제도에 의해 등록된 상호로서 지역중심으로 법적 보호를 받고 있다.

이해 대해 서비스마크와 상표는 서비스와 상품의 식별마크로서 상표법의 등록제도에 의해 전국적으로 또는 전세계적으로 보호받는 것이 특색이다.

(5) 서비스마크의 마케팅전략

서비스마크는 법적 보호장치가 되어 있기 때문에 법적 요건에 맞추어 등록된 서비스마크는 그것을 소유한 자만이 독점적으로 사용할 권리를 갖는다.

프랜차이즈사업을 전개하는 기업에서는 자기점포 이미지에 알맞은 서비스마크를 제작했으나 등록이 안되어 많은 비용만 지급하고 아무 결과가 없는 작업을 하게 돼 당황하는 경우가 있는데, 우선 이를 제작할 때에는 제작하려는 서비스마크가 법적으로 등록가능한 것인지를 사전에 철저히 조사할 필요가 있다.

서비스마크는 향후 기업의 경영전략 구사에 있어 중요한 역할을 담당하기 때문에 간단하게 생각해서 제작하거나 선정할 대상이 아니고, 기업의 이미지, 영업내용, 경영철학 등을 고려해서 신중하게 그리고 누구도 흉내낼 수 없는 특별한 내용으로 제정되어야 한다.

① 서비스마크의 제정목적

ㄱ 고객에게 안정감과 신뢰감을 주기 위해서

프랜차이즈 시스템의 특징 중 하나가 모든 직영점과 가맹점이 같은 이미지로 연결되어 있고 동일한 오퍼레이션 매뉴얼에 의해 영업이 이루어진다는 점이다.

고객의 눈으로 보면 전혀 직영점과 가맹점의 차이를 식별할 수 없으며 동일 수준의 상품과 서비스를 제공받을 수 있으므로 같은 서비스마크의 점포에 대해서는 전에 받은 서비스경험에 의해 안심하고 이용할 수 있게 한다.

ⓛ 가맹희망자에게 안정감을 주게 된다.

프랜차이즈 가맹희망자의 입장에서는 본사가 고객에게 안정감, 신뢰감을 주는 서비스마크를 보유하고 있다는 확신이 선다면 안심하고 가맹계약에 임할 수 있을 것이다.

그렇기 때문에 지명도 높은 체인의 서비스마크에 의해 가맹사업이 좌우될 수 있다.

ⓒ 프랜차이즈본부의 보호역할을 한다.

프랜차이즈 비즈니스의 패키지는 시스템＋노하우＋서비스마크로 구성되어 있다.

이중 시스템과 노하우는 정보를 중심으로 한 무형의 지적재산이며 유일하게 서비스마크만이 법률적인 보호를 받을 수 있다.

프랜차이즈본부는 가맹자에 대해서 여러 가지 노우하우와 운영방법에 대한 기술을 사용하게 하고 또 장기간 계속적으로 경영지도를 행한다.

장기간 프랜차이즈 영업을 하면서 고객에게로부터 쌓아올린 기업이미지를 구축하는데 이것은 사실상 측정하기가 어려운 것이며 그 대표적인 것이 서비스마크인 것이다.

그런데 가맹점에서 빠지기 쉬운 함정은 어느 기간 영업을 하여 노하우나 운영시스템을 습득하면 본부의 간섭을 벗어나서 독자적으로 점포를 경영하려고 하거나 현재의 점포와 유사한 업종·업태의 점포형태로 체인본부를 운영하려는 경우도 가끔 볼 수 있다.

만약 이때 서비스마크에 대한 법률적인 보호장치가 없으면 본부 자체의 존립이 어렵게 될 것이다.

사실상 본부의 시스템에서 벗어나 독립체인을 만든 기업이 별로 성공하는 경우가 적은 것은 서비스마크의 이미지 차이 때문으로 생각할 수도 있다.

② 서비스마크가 갖추어야 할 기본요소

㉠ 고객이 쉽게 알 수 있을 것

이미지가 좋고 훌륭한 내용을 갖춘 서비스마크라도 우선 고객이 바로 그것을 보고 어떤 내용인지를 알 수 있어야 한다.

고객이 자기동료와 이야기할 때 점포이름을 기억할 수 없는 수준의 서비스마크를 가진 점포라면 그다지 우수한 서비스마크라고 할 수 없을 것이다.

ⓛ 독특한 내용일 것

고객의 마음속에 선명한 인상을 남길 수 있을 정도로 특이한 개성을 가진 서비스마크일 필요가 있다.

개성이 있으면 타점포와의 차이를 명확히 할 수 있고 등록하기도 용이하다.

ⓒ 발음하기가 쉬울 것

고객이 알기 쉬운 것이어야 하지만 발음하기 쉬운 글자로 만들 필요가 있다. 발음하기 어려운 이름일 경우 우선 기억하기가 어렵다. 발음하기가 쉽다는 것은 듣기 쉽다는 것과 같다. 귀에 거슬리는 발음의 서비스마크를 싫어하는 것은 인간의 공통된 심리이다

이와 더불어 최근에는 기업의 영업영역이 국제화·세계화됨으로써 한글과 영문 표기를 함께 하는 서비스마크를 사용하는 경우가 많은데, 이때에도 양쪽 언어 모두 발음하기 쉽고 귀에 거슬리지 않는 서비스마크가 되어야 한다.

ⓔ 가능한 간단 명료한 내용일 것

이름이 길면 암기하기도 어렵고 발음하기도 어렵다.

예컨대 켄터키 프라이드 치킨이라는 이름은 길고 발음하기도 어려운데 이것을 케이에프시(KFC)로 하면 간단명료하여 기억하기 쉽다.

ⓜ 고객에게 사랑 받는 내용일 것

고객에게 친숙하게 느껴지고 고객의 정서에도 부합되는 내용이 되어야 한다.

ⓗ 기업의 컨셉과 일치하는 내용일 것

서비스마크 내용 중에 그 기업의 컨셉에 관련 있는 내용이 있으면 식별하기가 용이하고 고객에게 사랑 받는 네이밍(naming)이 될 수 있다.

ⓢ 기 타

판매촉진과 광고선전에 사용될 수 있을 것, CI(corporate identity)가 될 수 있을 것, 국제적으로 통용될 수 있을 것, 법적 보호를 받을 수 있을 것 등이 서비스마크가 갖추어야 할 기본요소이다.

section ③ 외식점포 서비스의 기본요소와 직무별 서비스 기능

고객에게 친절한 서비스를 제공하는 것은 외식점포의 가장 기본적인 업무다. 그러나 대부분의 외식점포는 자기점포 서비스의 기본요소(그것은 업태·업종 규모에 따라 물론 다르다)에 대한 인식의 결여 또는 이러한 기본인식이 부족한 상태에서 종업원 교육을 실시하거나, 단순히 서비스 매뉴얼만을 작성하여 종업원 교육을 실시함으로써 교육적 효과를 별로 얻지 못하고 있다.

그것은 우수한 기업의 매뉴얼을 모방해서 보유했거나 자기점포의 서비스 기본요소에 대한 철저한 이해가 안된 상태에서 "무조건 친절해야 한다.", "어떤 점포에 가보니 직원들의 서비스가 아주 우수하더라. 우리도 그렇게 해야 한다"는 식의 의식이 결여된 교육을 집행했거나 점포의 각 부분 조직기능별 서비스요소에 대한 이해가 부족했기 때문에 야기되는 문제가 아닐까?

전사적인 입장에서 보면 본부직원이나 점포 전직원이 경영자(점포책임자)는 물론 하부직원까지 자기점포서비스 컨셉에 맞는 서비스의 기본요소를 명확히 파악하고 그것이 서비스 매뉴얼 내용에 반영된 전제 위에 서비스교육을 실시함으로써 효율성 있는 교육이 이루어지고 고객감동에 연결되는 서비스가 이루어질 수 있다.

이하에서는 극히 간단한 서비스 기본요소의 사례를 들어 보고 점포조직의 서비스 직무내용을 기술해보기로 한다.

이 내용은 우수한 기업의 경우는 거의 참고할 필요를 느끼지 못할 만큼 아주 기초적인 내용이지만, 이 글을 읽는 독자 중에는 초심자도 있을 것이라고 생각하고 정리하였으며, 또 프랜차이즈 업무내용의 설명에 필요한 부분이므로 기록하고자 한다.

3-1. 외식점포 서비스의 기본요소(사례)

서비스요소는 우선 경영주 자신이 이에 대한 충분한 인식이 필요하고, 그 인식이 제대로 되었다는 전제 아래 직원교육이 이루어져야 하고, 또 교육을 반복적으로 실시해야 바르게 이해될 수 있다.

대부분의 점포가 창업시에 서비스교육 전문기관에 의뢰하여 교육을 실시하거나 자체교육을 1회 정도 실시한 뒤에는 현장업무에 매달리다 보니 중간교육이나 반복교육을 행하지 못하고 있는 것이 현재 우리나라 외식프랜차이즈 업계의 현실이다. SV 등에 의해 간접교육을 실시하고 있으나, 대부분 감시감독(예컨대 일부 조리교육이나 본사공급 식자재의 사용확인 등)업무에 치중할 뿐이다.

교육은 아침 조회, 영업 중, 휴식시간, 일과 종료후 단 몇 분이라도 반복적으로 실시하는 끈기와 분위기 조성, 책임자의 서비스요소에 대한 기본인식 철저, 적절한 교육기자재 등의 준비가 선행되어야 한다.

한번 더 강조하지만 서비스 기본요소의 인식은 서비스 매뉴얼에 의한 교육이 아니라는 점이다. 물론 서비스 매뉴얼은 직원의 서비스 수준향상을 위해 필수불가결한 요소다.

그러나 여기서 말하는 서비스의 기본요소는 왜 우리가 그런 서비스를 해야 하고, 서비스의 가장 기초적인 내용은 어떤 것이며 가장 수준 높은 서비스는 어떤 것인가를 종업원이 납득하고 승복할 수 있는 정신적 측면이 강조되는 내용이 되어야 한다는 점이다.

종업원이 정서적으로 납득·이해된 상태에서 서비스교육을 실시한다면 가장 단시간 내에 소기의 성과를 거둘 수 있으며, 점포의 현장업무를 사실대로 반영하여 작성된 매뉴얼이라면 그에 의해 실시한 교육적 효과 역시 빠르게 나타날 수 있을 것이다.

(1) 서비스요소(사례)

① 당연한 일을 당연히 행할 것
② 민첩하나 정중함을 잃지 않을 것
③ 예의바른 행동
   ㉠ 고객에 대한 예의
   ㉡ 동료에 대한 예의
   ㉢ 상사에 대한 예의
④ 고객에 대한 기본인식(의식)확립

⑤ 접객용어의 명확성

⑥ 같은 서비스 수준이면 가급적 빠른 서비스

⑦ 질문을 받으면 충실한 답변(성의 있는 답변)

⑧ 감사의 마음, 친절한 마음의 진솔한 전달

⑨ 건강미 충일(생동감, 생기발랄)

⑩ 소음은 가급적 최소화

⑪ 고객의 얼굴, 이름 기억하기

⑫ 모든 고객에게 똑같은 마인드로 서비스

⑬ 팀워크가 이루어지도록 한다.

⑭ 모든 업무가 정확하게 이루어져야 한다.

위에 기록한 서비스요소는 간단히 보면 그대로 읽어가면서 이해할 수 있는 내용이다. 그러나 자기점포 서비스수준을 위의 서비스요소의 하나하나에 맞추어 분석해 보면 점포책임자가 지향하는 서비스의 질과 현재의 서비스의 질 사이에는 상당한 격차가 있다는 점을 발견할 수 있을 것이다.

또 그 격차를 분석할 수는 없어도 이 서비스기본요소가 자기 점포 서비스 매뉴얼 내용에 어떤 모양으로 정리되어 있는지 다시 한 번 검토할 필요는 있을 것이다.

예컨대 '소음을 가급적 최소화한다'는 서비스 기본요소와 점포현장을 연계하여 분석해보자. 영업시간에 고객에게 서비스하는 백뮤직(back music)의 음량이 객석의 모든 고객에게 조용하고 확실하게 그리고 기분좋게 전달되는지를 체크하는 매뉴얼이 어떻게 작성되어 있고 관리하고 있는가를 생각해보자.

백뮤직을 위한 스피커의 크기, 스피커 설치 대수, 전체 플로어에 평균적으로 잘 들리게 장치되어 있는지를 검증하고 체크하는 방법이 제대로 설정되어 있는가. 대형 스피커가 장치되어 있는 경우 스피커의 바로 옆자리의 소음은 대화에 지장이 없는지, 스피커에서 멀리 떨어진 좌석에도 뮤직을 즐길 수 있는지, 아마 이런 사소한 문제까지 매뉴얼에 담아 관리하기는 어려울 것이다.

여기서 바로 서비스의 기본요소 인식의 중요성이 나타난다. 즉 서비스 매뉴얼에 기록된 기계적이고 의무화(?)된 서비스보다 서비스요소를 잘 인식하여 자발적으로 행하는 서비스가 더 수준 높고 더 중요하다는 의미다.

(2) 서비스요소와 점포의 직무기능

점포의 조직은 반드시 도표화할 필요가 있다. 아무리 소규모 점포라도 점포의 룰이 필요하고 점포직원간 팀워크를 구성하기 위해서 점포의 조직도는 필요한 요소다.

조직을 명확히 하지 않으면 직무분담이나 지휘계통이 불명확하여 결국은 점포 오퍼레이션기능이 혼란스럽게 된다.

그런데 소규모 점포를 보면 이 조직도가 불분명하여 책임소재도 애매하고 열심히 일은 하나 성과가 잘 나오지 않는 경우가 많다. "우리 같은 소규모 점포에서 조직은 무슨 필요가 있겠는가? 모두 힘을 합쳐 열심히 하면 되지…"

이것이 대부분 경영주들의 변이다. 그러나 이런 조직은 결국 '열심히, 정신 없이 일하는 오합지졸의 집합체'에 불과한 조직으로 전락되어 버린다. 점포조직의 직능별 서비스기능은 일정한 패턴이 있는 것은 아니며, 점포여건에 따라 별도의 기능적 관리가 필요하다.

예컨대 점포가 1층, 2층으로 나누어져 있으면 각각의 플로어에 플로어 매니저를 둘 수도 있는 것과 같은 것이다.

(3) 점포조직과 서비스기능(사례)

조직내 직급내용	주요 업무 서비스요소	세부 서비스요소
점주 (점포 책임자)	점포전체 오퍼레이션의 최고책임자	① 플로어, 키친관리 등 여러 가지 기능을 효과적으로 운영하기 위한 plan, do, check 업무를 행함 ② 점포조직의 효율적인 운영과 인원계획, 모집, 면접, 채용, 배치, 교육훈련을 실시 ③ 상품, 원재료의 재고관리·발주관리 체크 ④ QSC 실시상황 체크 ⑤ 종합적인 관리업무실행과 체크
어시스턴트 매니저	점주(점장)의 업무지원 점주 부재시 대행업무	① 점주의 업무내용에 준함 ② 점주의 업무지원, 플로어매니저, 키친매니저와의 커뮤니케이션 활동 및 팀워크의 실행

플로어 매니저	플로어 전체의 오퍼레이션	① 플로어 전체의 오퍼레이션 컨트롤 ② 플로어 업무 plan, do, check ③ 플로어 직원의 근무계획표 작성 및 진행체크 ④ 고객의 서비스업무 컨트롤과 조정 ⑤ 플로어 직원의 교육훈련 ⑥ 플로어 부문의 소모품 재고관리·발주관리 ⑦ 백뮤직관리 ⑧ 기계, 설비, 비품관리 ⑨ 주차장관리 ⑩ 식물, 화분관리 ⑪ 판촉, pop, 광고관리
접객담당	고객의 입점환영, 안내, 회계	① 고객맞이, 객석확인 ② 메뉴전달, 서빙 전담자에게 연결 ③ 회계업무, 고객환송
웨이트리스 ·웨이터	접객서비스	① 접객서비스(오더접수, 테이블세팅, 권유판매, 식기치우기) ② 준비작업〈개점전 준비, 중간준비, 폐점준비(다음날 영업준비), 폐점후 정리〉 ③ 소모품 재고 체크 ④ 클린리니스, 점포내 온도체크 ⑤ 집기, 비품의 체크 ⑥ 식물, 화분체크
키친매니저	키친 전체의 오퍼레이션	① 키친 전체의 오퍼레이션 ② 상품의 제조, 컨트롤, 조정(오더확인, 작업지시) ③ 키친직원의 교육훈련 ④ 키친의 재고관리, 원가관리, QSC관리 ⑤ 기계, 설비, 비품관리
조리담당 (쿡)	상품의 제조(조리)	① 제품제조 ② 준비작업 ③ 재고체크 ④ 클린리니스 ⑤ 주방기기, 설비, 비품의 체크 ⑥ 창고 정리정돈 ⑦ 원자재 검품작업
세척정리 담당	세척정리	① 식기세척 ② 식기의 수납, 보충 ③ 식기의 재고관리 ④ 클린리니스

3-2. 접객서비스의 대응형태(사례)

이제부터는 기본적인 접객서비스에 철저를 기하면서 여러 가지로 점포 현장에서 일어날 수 있는 고객과의 접점에서 어떠한 서비스 대응이 필요한가를 설명해보자. 문제는 이러한 대응이 원활하게 이루어지기 위해서는 계속적이고 반복적인 교육을 필요로 한다는 점이다.

(1) 접객서비스의 기본정신

접객서비스란 우선 기본을 철저히 행하는 것이나 최상의 서비스를 실행하기 위해서는 이러한 제안만으로는 충분하지 않을 수도 있다.

왜냐하면 이 기본이란 것은 경쟁이 격심한 오늘날의 외식시장에서는 서비스의 초보형태에 지나지 않기 때문이며 이 기본의 수준이 시간이 지날수록 높아지기 때문이다.

고객의 외식점포에 대한 욕구는 다양하다. 그리고 그 욕구는 점점 개성화, 개인화되고 다양성 자체도 빠르게 변화한다. 따라서 고객의 외식점포 서비스에 대한 욕구 수준도 매년 높아져서 전형적인 서비스 대응이란 것이 존재하기 어렵게 된 것이다.

소위 서비스 매뉴얼의 존재와 비중이 이전의 그것만큼 높지 않다는 점이다. 오히려 종업원의 개성과 개인능력에 따라 점포의 현장상황에 맞는 서비스가 이루어져야 한다.

이것을 실행하기 위해서 필요한 수단은 서비스에 관한 철저한 교육훈련을 쌓아가는 길밖에 다른 방법이 없을 것이다.

경영자는 접객서비스의 응용 및 상황에 맞는 대 고객 서비스방법을 위하여 리더의 역할을 담당하는 사람이며 경영자의 수완은 교육에 의한 효율성 높은 서비스가 발휘되도록 함에 있다고 볼 수 있다.

1) 접객서비스시의 응용

① 영업시작 전 입점하는 고객에게
   • 잔돈 준비가 아직 안되었을 때
     어서 오세요(안녕하세요), 죄송합니다만 지금 거스름돈을 준비중이므로 조금만 기다려 주시겠습니까?

- **상품이 진열되지 않았을 때**

  어서 오세요(안녕하세요), 지금 정리 중이오니 잠시 기다려 주시면 고맙겠습니다. 어떤 경우에도 작업을 잠시 중단하고 고객의 요청에 응답을 할 것. 또한 "오래 기다리셨습니다" 혹은 적절한 인사를 할 것(준비작업중이라도 고객에 대한 관심을 결코 단절하지 않도록 할 것)

② **주문을 듣지 못하였을 때**

  예! 어느 것으로 결정하셨는지요?

  예! 잘 알겠습니다. 다음은 어떤 것으로 결정하시겠어요?

③ **어린이가 좋아하는 메뉴와 부모의 의견이 다를 때**

- 가능한 부모의 의견을 따르도록 한다.

  이 쪽으로 결정하시겠어요?

  어린이에 대해서는

  이쪽 것이 좋아요, 맛있고 예뻐요.

④ **포장여부를 물을 때**

  이대로 포장해드려도 좋겠습니까?

- **그대로 포장할 때**

  그러면 비닐과 포장봉투를 준비하겠습니다.

- **고객의 포장물건이 2개 이상일 때**

  한꺼번에 포장봉투에 넣어 드릴까요? 따로따로 포장해 드릴까요?

  당연히 깔끔하고 깨끗하게 포장해서 제공한다.

⑤ **고객이 "이것도 포장해 주세요"라고 말했을 때**

- **구입한 물건 외에 다른 물건이 따뜻한 물건이 있거나 부서지기 쉬운 물건일 때**

  함께 포장하면 지장이 있지 않겠습니까?

- **내용물에 따라 함께 포장할 수 없을 때**

  이것은 별도로 갖고 가시는 게 좋지 않을까요?

⑥ 물건을 인도할 때 첨가해서 해야 할 서비스 용어

- 옆으로 놓으면 안 되는 상품일 때

  물건이 부서지기 쉬우니 똑바로 해서 갖고 가셔야 합니다.

- 생물일 때

  생물이므로 오늘 중으로 잡수시는 게 좋습니다.

  생물이므로 가능한 빠른 시간 내 잡수시는 게 좋습니다.

⑦ 점포를 닫을 시간에 맞이하게 되는 고객에게

예! 괜찮습니다, 들어오세요.

죄송합니다만 거스름돈이 없어서 그러는데 잠시만 기다려 주시겠습니까?

⑧ 잃어버린 물건을 문의할 때

일시, 장소, 잃어버린 문건의 특징을 묻고 있는가 없는가를 확인한다.

죄송합니다만 말씀하신 물건이 여기에는 없습니다....

section 4 경영전략의 필요성과 과제 　　　　　　FRANCHISE

4-1. 프랜차이즈에 관한 이론적인 내용과 기술적인 내용 중 어느 것이 우선되어야 하는가?

본고를 기술하는 과정에서 일반 독자들이나 프랜차이즈 기업경영자, 프랜차이즈본부경영을 기획중인 경영자나 실무자들로부터 주로 프랜차이즈의 기술적인 부분에 관한 내용을 많이 다루어 달라는 요청을 받았다. 매뉴얼 작성기법 및 주요 기업체의 매뉴얼 소개, 공정거래에 관한 관계법령과 프랜차이즈계약서와의 상충점에 대한 대응책, 경영상 애로를 타개하기 위한 인사교육문제 등과 프랜차이즈의 본부 핵심노하우인 프랜차이즈 패키지 작성방법 및 사업설명회 진행 절차 등 주로 프랜차이즈의 기술적인 부분에 대한 요구가 많았다.

그러나 필자의 생각은 조금 다르다. 물론 기술적 부분도 중요하다고 보지만, 그보다 앞의 여러 장에서 중간 중간에 간략히 설명한 내용 즉 시장상황에 따른 마케팅전략의 수립과 경영전략에 관한 본부의 명확한 컨셉이나 실행방법이 정립되지 않으면 기술적인 문제는 큰 의미를 가질 수 없게 되고, 계속기업으로서 생존상의 위험문제가 발생할 수 있으므로(실제로 많은 프랜차이즈기업이 단순한 메뉴 조리 등 기술상의 특성만 갖고 시작하였으나 경영전략 내지 마케팅전략의 실패나 부재로 인해 창업 후 일정기간이 지나 포말회사로 전락해버리는 예를 많이 볼 수 있다), 경영전략이나 마케팅전략에 관한 부분이 프랜차이즈 시스템을 운영하는데 있어 더 중요한 문제라고 본다. 따라서 이 문제를 좀더 다루어 보고자 한다.

이에 따라 외식기업의 컨셉이나 마케팅전략 부분에 대한 내용을 간략히 정리한 뒤 실무편으로 프랜차이즈 패키지 작성에 필요한 기술적인 내용을 다루어보기로 한다.

4-2. 프랜차이즈 전략확립의 필요성

(1) 경영전략(management strategy)의 의미

경영전략이란 기업이 그를 둘러싸고 있는 사회·경제적 환경변화에 대응해 기업성장을 위한 최적의 기본방침을 수립하고 그것을 실천하는 조직적 활동을 위한 기본적인 의사결정이라고 말할 수 있다.

그렇다면 불확실성의 시대, 변화를 전혀 예측할 수 없는 시대에 왜 경영전략이 필요한가? 호경기에는 시대의 흐름에 편승해 경영전략이 조금 애매해도 실무적인 전술만 있으면 기업의 성장은 어느 정도 가능하였다. 전략적인 면보다 전술적인 사고방식의 도입이 우선되었다고 볼 수 있다. 그러나 전략과 전술의 개념은 명확히 구분된다. 전략은 말 그대로 전쟁이라는 상황에 대처하는 방법론이며, 전술이란 국지적인 전투에 사용되는 용어라고 볼 수 있다. 앞서 말한 대로 호경기나 시장확대기에 일반적으로 나타나는 현상은 전술적인 내용이 우선되어 기업을 운영하는 경향이 있다. 즉, 기업의 성장이나 체질 강화를 위한 설비투자 및 인재육성 등을 태만히 하고, 눈앞의 단기이윤에만 치중하여 부동산 구매, 주식투자, 재테크 등에 기업활동이 집중된다. 버블경기 때에 기업의 사정이 사상누각처럼 기초가 부실한데도 불구하고 정신 없이 위와 같은 투자행태를 계속해오다가 IMF외환위기라는 치명타를 맞고 많은 기업이 도산한 예는 우리나라에서 일어난 일이고, 장기불황으로 큰 사회적 문제가 계속되고 있는 일본의 경우는 이러한 전술적인 기업경영으로 초래된 현상의 좋은 예가 될 것이다.

이러한 현상이 되풀이되어서는 안 된다는 의미에서 경영전략의 중요성과 그 개념을 다시 풀이해보자.

"경영전략이란 호황기에는 경영의 눈을 어둡게 하지 않는 경영의 기반을 만들고, 체질강화를 위한 인재육성과 정보기능의 정비 및 설비투자를 행할 수 있게 하며, 불황기에는 매상고 증가만이 아닌 수익을 상승시킬 수 있는 의사결정력과 실행력을 높게 할 수 있는 기업의 기본적인 방침이다."

위기(危機)란 위험(危險)과 기회(機會)가 공존하는 상태이기 때문에 이를 경영전략이라는 관점에서 보면 불황이란 성장을 위한 기회이지 위기가 아니라고 보아야한다는 점이다.

(2) 경영전략의 기본과제

경영전략은 최상의 기본방침을 만들기 위하여 다음과 같은 분야별 내용이 고려되어야 한다.

- **기업외부환경** : 사회경제적 환경에 대응하는 경영전략
- **경영자원** : 경영자원의 최적이용을 가능케 하는 경영전략
- **조직활동** : 기업활동을 추진하는 조직구성원이 최적의 행동을 할 수 있도록 하는 경영전략

① 사회경제적 환경에 대응하는 경영전략

경영전략의 기본과제는 기업을 둘러싸고 있는 사회경제적인 환경이 너무나 빠르게 변화하고 있으며, 그 환경은 국내뿐 아니라 세계적인 변화가 동반되기 때문에 경영전략의 시야도 글로벌적으로 변화되어야 한다는 점이다. 또 그 환경은 정체적이지 않고 동태적이어서 우리의 IMF사태와 같은 치명적인 여건이 도래할 수도 있고, 이라크전쟁, 북한의 환경변화 및 주민의 대이동사태, 중국경제의 성장과 그 영향력의 증가 등 예측할 수 없는 변화도 도래할 수 있으므로, 이에 대응하는 전략을 항시 준비해두고 변화에 따른 각각의 상황에 대한 시뮬레이션이 행해져야한다.

주 5 일근무제도의 정착, 인구의 절대감소와 수명연장에 의한 노인인구의 증가 등 우리의 외식환경도 수많은 변수를 내포하고 있으므로 다양화, 개성화, 업스케일(up scale)화는 물론 자기실현과 자기주장이 소비자행동의 기본 패턴이 되는 향후의 경제환경에 적응하는 경영전략이 요망되는 것이다. 전술적인 경영으로는 현대의 시장여건에서 프랜차이즈 기업경영이 어렵다는 의미이다.

② 경영자원의 최적이용을 가능케 하는 경영전략

경영자원이란 사람과 물자와 자금이라고 했으나 최근에는 정보, 사람, 자금, 물자를 경영자원으로 하는 시대가 되었다. 이러한 경영자원은 독립적으로 역할을 수행하지 않고 유기적으로 결합되어야 하며 사회경제적으로 적절한 밸런스를 유지하여야 한다. 특히 정보화시대가 도래하여 고도의 질높은 정보와 스피드 있는 정보가 필요하게 되고, 또한 고도의 정밀한 정보 작성과 점포의 개성화를 이룩하기 위해서는 그에 따르는 인재의 질과 양이 요구되므로 인재(人材)가 아닌 인재(人財)의 시대로 대변화가 일어나고 있음을 인식해야 한다.

③ 경영조직의 최적화가 이루어지게 하는 경영전략

기업 내에서 경영전략을 확립하는 것은 최고경영자의 몫이 되겠지만, 이 경영전략에 따라서 실행전략을 수립하고 구체적인 행동을 실천하는 것은 조직구성원들이다. 따라서 우수한 경영전략을 수립하고 조직을 활성화시켜 전체 구성원의 참여의식과 창조적 파괴의 능력을 발휘할 수 있도록 하는 것이 경영조직전략이 될 것이다. 조직의 잠재능력을 최대한 최적상태로 발휘할 수 있게 하는 전략은 단순하고 단기적인 전술에 의해 작성되어질 수 없는 기업전체의 경영전략차원에서 다루어져야 한다. 예컨대 프랜차이즈본부구성 초기단계에서부터 점포수 증가에 따른 조직구성방향과 필요한 인재양성프로그램, 그에 필요한 투자규모 등을 면밀하게 수립해야 하며, 그때 그때 상황에 맞춰 수립하는 전술만으로는 장기적인 대응책이 될 수 없는 것이다.

(5) 경영전략 수립방법

5-1. 환경적응전략으로서의 경영전략

프랜차이즈본부전략으로서 가장 중요한 것은 현재의 경영환경에 적응하는 경영전략 수립보다는 앞으로 도래될 경영환경을 예측하여 그에 대응하는 전략을 수립하여 가는 과정이 경영전략의 기본이 되어야 한다는 점이다. 이는 과거의 통계적 경향치에 의해 수립되는 전략만으로는 미래의 경영환경을 예측하기 어려울 정도로 경영의 외부조건이 지나치게 가변적인 상황이 되었기 때문이다.

대부분의 우리나라 외식체인기업, 특히 한식메뉴 체인기업이 창업 초기에 수년 동안 상당히 성장하였다가 시간이 경과됨에 따라 점포수가 축소되고 결국에는 자취도 없이 소멸해버리는 것은 메뉴를 중심으로 창업하여 단기간은 인기를 누리며 성업했지만, 환경변화에 즉응(卽應)할 수 있는 경영전략을 개발하지 못하였거나 또는 경영전략개발의 중요성을 경영주들이 인식하지 못하였기 때문에 자초한 결과라고 생각된다. 창업 1년 뒤, 2년 뒤의 사회적·경제적 환경변화를 예측하지 못하고 단기간에 점포망을 확대하여 이익확보에만 열을 올리다 보니 기업의 방향감각을 상실해버린 결과이다.

지금도 상당수 외식체인본부 경영자들이 내일의 비전은 버려 둔 채 단기간에 가맹점으로부터 수익을 확보한 뒤 바로 기업을 소멸시켜버리는 행태를 계속하고 있으며, 많은 가맹점 운영자들도 냉철한 판단이나 점포경영에 대한 준비 없이 이러한 포말성의 체인본부에 투자하여 실패하는 사례가 많다고 생각된다. 법률적 견제장치로 이들을 보호하는데는 한계가 있으며, 어디까지나 가맹점 경영을 희망하는 사람은 자기재산은 자기 스스로 관리하는 것이며 투자에 대한 결과는 누구에게도 책임이 돌아가지 않는 자기책임이기 때문에 냉철한 판단으로 투자할 필요가 있다.

프랜차이즈사업은 지역밀착형 사업이므로 지역의 사회경제적 환경에 가장 민감하게 영향을 받는다. 그런데 국가나 지역의 사회경제적 여건을 무시하고 일방적으로 기업을 확장하거나 어떠한 업종이나 업태를 운영한다는 자체가 벌써 실패할 것을 전제(?)로 기업경영을 하는 것과 마찬가지다.

지금은 21세기의 사회다. 현재의 사회경제적 환경을 분석함에 있어 이를 과거의 연장선상에서만 행할 수 없는 여건이 된 것이다.

경영환경의 급격한 변화는 단순히 과거의 사실을 기초로 하여 현재나 미래를 분석했던 종래의 전략이 통할 수 없게 만들었다. 지금은 미래예측에 있어 선견성(先見性)과 민감성(敏感性)을 필요로 하는 시대가 된 것이다.

경영전략이란 전술한 바와 같이 '기업성장을 위한 최선의 기본방침을 확립'하기 위하여 기업의 외적조건인 사회경제적 환경의 변화를 정확히 예측해 그러한 경향에서 탈락하지 않도록 기업의 방침을 정하고 기업의 목표를 구체화하고 달성해가기 위한 것이며, 이를 위해 필요불가결한 것이 환경에 대한 민감성이다.

종래에는 환경에 대응하는 대경관리(對境管理)전략이 일반적인 전략이었으나, 지금은 환경변화에 즉응(卽應)하는 전략이 필요하다.

외식프랜차이즈사업에는 항구(恒久) 여일(如一)하게 우위를 점하는 업종이나 업태가 존재할 수 없으며, 쉽게 그리고 빠르게 변화하는 고객의 욕구에 호응하여야 생존이 가능한 환경즉응사업(環境卽應事業)이 된 것이다. 그런데도 환경변화의 예민성을 감지하지 못하고 현재의 실적에 만족하여 안주하고 있다가 소멸해 버리는 기업을 자주 볼 수 있다.

어떤 환경이 도래되어 어떤 변화가 우리 앞에 전개될지는 누구도 모른다. 따라서 외식프랜차이즈본부 경영자는 민감성, 선견성, 예측성을 함양해야 하고 환경에 적응(適應)하는 전략이 아닌 환경에 즉응(卽應)하는 전략, 즉 경영전략을 환경즉응전략으로 바꾸어 가지 않으면 안 된다.

5-2. 왜 프랜차이즈사업의 핵심전략이 환경즉응전략인가?

프랜차이즈본부가 환경즉응전략으로 기업을 운영해 간다 해도 결국은 가맹점에 대하여 리더십을 가져야 하며 사회경제적 환경, 즉 경제동향, 금융제도 변화, 물가동향, 인구동태, 도시구조, 교통환경, 정보시스템 기술혁신수준, 소비구조의 변화, 가치관의 변화, 노동시장의 변화, 의식의 변화, 국제문제의 변화, 교육수준의 향상, 업계의 동향 등을 충분히 인식하여 경영전략을 수립해야 한다는 것이다.

특히 최근의 소비둔화와 디플레이션에 대한 우려, 이라크전쟁 발발, 북한 핵문제 등 전혀 예측하기 어려운 문제가 세계 여러 곳에서 동시다발로 일어나고 있다.

이러한 문제가 현실경영에 미치는 영향을 예측하여 이에 즉응하는 전략수립을 해야 하는 것이 외식기업경영자들의 숙명이며, 특히 외식수요는 환경에 민감하게 반응하기 때문에 미래환경 변화에 대한 선견성을 기르는 것이 기업의 체질로 정립되어야 한다.

오늘의 외식고객은 외식소비자라기보다는 외식문화생활인이라는 개념으로 바뀌어져 가고 있다. 이는 고객이 자기주장과 자아실현을 위한 소비동향과 구매동기가 다양화·개성화되고 복잡화되어 생활 그 자체가 교차하고 메뉴나 기업의 수명주기가 극히 짧아져서 기업이 잠깐 한눈을 팔다보면 경제현장에서 도태되는 환경이 도래했기 때문이다.

여기에서 유의해야 할 것은 호경기에 '진정으로 고객의 입장에 서서' 미래의 변화를 예견해가면서 불황에 대비해 가는 전략이 필요하다는 점이다.

불경기가 되면 흔히 취하는 광고비 삭감, 교육비 삭감, 출점 정지, 신규채용 중지 등 기업의 체질을 약화시키는 고질적인 환경적응전략을 취하는 것은 이제 한번쯤 재고해볼 내용이 아닐까 생각된다. 미래를 예견하는 선견성이 있었다면 이러한 불경기상황은 호황기에 충분히 대비할 수 있기 때문이다.

경영환경이 어떻게 변화하더라도 이는 예견된 상황이므로 이를 극복할 수 있는 환경즉응산업의 일원으로서 프랜차이즈본부의 입장이 되어야 할 것이다.

결론적으로 말하면 프랜차이즈사업은 메뉴기술이나 점포운영과 같은 물리적인 전략산업이라기보다는 도리어 환경변화에 즉응(卽應)하는 '환경즉응전략사업'이라고 생각된다.

5-3. 경영환경변화와 새로운 경영과제

외식프랜차이즈본부가 새로운 환경에 즉응하는 경영과제와 이에 대한 전략요소를 풀이하면 〈표 1〉과 같은 내용이 될 것이다.

〈표 1〉 경영환경변화와 새로운 경영과제

경영환경변화	경영과제	경영전략
장기적인 경제불황	• 밝은 경제전망의 어려움 • 매상고 저하 • 이익의 저하 • 높은 원가의 흡수곤란	• 본격적인 경영전략의 확립 • 기업의 구조조정 • 기업의 리엔지니어링 • 물류배급체계의 확립
고객이탈	• 마케팅부재 • 서비스부재 • 생활인의 동향 인식부족	• 고객의 입장에선 마케팅전략의 수립 • 호스피탈리티정신의 확립 • 한 단계 높인 마케팅전략 수립 • 가치마케팅전략의 수립
시장의 글로벌화 국경없는 경제여건의 도래	• 저가격의 실현곤란 경쟁격화 • 글로벌네트워크의 과제 • 세계동일코스트, 동일품질 시대 • 현지와의 이반현상 • 기술원조의 과제 • 보호주의의 과제 • 해외진출문제	• 신가격전략의 확립 • 개성화전략 • 국제분업전략 • 현지화전략 • 기술원조전략 • 국제협조전략 • 세계화전략(글로벌전략)의 확립 • 경영이념공유화전략 • 해외파트너 선정과 해외파견 인재확보전략
기술혁신의 진전 저코스트화의 진전 에너지, 자원문제의 변화 지구환경문제의 제기 고도정보화시대의 도래	• 시스템 혁신의 지연 • 코스트다운의 미숙 • 에너지자원문제의 심각화 • 환경보호 및 생태계보존 문제의 심각화 • 정보화의 미진전	• 연구개발전략 • 시스템화전략 • 신에너지 활용화대책 • 자원의 리사이클화 • 환경기술개발의 활용화 • 정보화전략 확립 • PC, 통신네트워크 시스템의 고도화 • 국제적 정보시스템의 구축 • 정보의 축적 및 정보 부가가치의 확대
노동환경의 변화	• 고령화사회의 진전 • 한국적 노동관행의 변화 • 인적자원의 활용미흡	• 자동화, 무인화의 촉진 • 생애교육제도의 확립 • 고령화사회 인사제도의 확

	• 국제노동문제의 발생 • 회사이탈현상, 창업의 확산 • 주5일근무제의 확산	립 문제 • 신인사제도의 확립 • 능력위주의 인사제도의 확립 • 조직전략, 교육전략의 확립 • 기업매력도의 향상 • 국제인력수급전략의 확립
자금조달환경의 변화	• 재무전략 부재	• 재무전략의 확립 • 경영인프라의 확립 • 경영자원의 재개발

section 6 프랜차이즈 마케팅전략 FRANCHISE

6-1. 마케팅전략과 경영전략과의 관계

'경영전략'은 기업이 나가야 할 기본방향을 나타내는 것인데 반해, '마케팅전략'은 경영전략의 한 부분으로서 "소비패턴이나 고객의 변화 등 경영환경에 대해 회사로서 어떻게 대응해 갈 것인가를 나타내는 전략"이다.

따라서 마케팅전략의 중요내용은 '체인 오퍼레이션전략,' '업태개발전략,' '고객전략,' '상품전략,' '가격전략,' '서비스전략,' '입지전략,' '점포전략,' '상품전략,' '정보전략,' '개성화전략,' '서비스마크전략' 등이 된다. 그런데 흔히 이 양자가 혼동되어 사용되고 있다.

경영전략과 마케팅전략의 관계를 보다 구체적으로 표시하면 다음과 같다.

경영전략	마케팅전략
① 외식산업론의 확립	① 마케팅컨셉 입안전략
② 경영이념의 확립	② 체인오퍼레이션전략
③ 기업문화의 확립	③ 업태개발전략
④ 비전의 확립	④ 고객전략
⑤ 프랜차이즈영업의 경영이념 확립	⑤ 상품개발전략
⑥ 경영전략의 확립	⑥ 가격전략
⑦ 재무전략	⑦ 서비스전략
⑧ 물류전략	⑧ 입지개발전략 · 점포개발전략

⑨ 조직전략 · 인재개발전략	⑨ 판매촉진전략 · 점포개발전략
⑩ 시스템개발전략	⑩ PR전략 · 퍼블리시티(publicity)
⑪ 글로벌전략	⑪ 개성화전략
⑫ 기술개발전략	⑫ 서비스마크전략
⑬ 생태환경전략	⑬ 지역전략

6-2. 프랜차이즈 비즈니스는 가장 좋은 마케팅전략사업

FC사업은 지역의 고객과 밀착되지 않으면 안 되는 사업이기 때문에, FC체인점은 가능한 빠르고 정확하게 고객의 동향을 파악하고 분석하여 그것을 본사에 알려 정책을 입안할 수 있도록 하는 기능, 즉 정보수집측면에서 강한 조직체계를 갖추고 있어야 한다. 더구나 가맹점의 운영과 지원을 우선 과제로 하는 본부의 SV는 직접 가맹점을 방문하여 그 점포에서 발생하는 제반사항을 수시로 빠르게 알아내며 그 지역사회의 경제 · 문화 · 사회의 변화현상을 조사할 수 있는 기회를 가질 수 있다.

프랜차이즈본부 업무가 변화하는 시장환경에 즉응(卽應)해서 새로운 방향설정을 해야 하는 이상, 이러한 다양한 정보수집기능을 갖는 FC본부는 항상 자신의 고객은 누구인가, 자신의 고객을 어디에서 찾을 수 있는가, 고객은 어떤 메뉴를 선호하는가, 고객이 자기점포에서 가장 가치를 느끼는 요소는 무엇인가, 고객은 어느 정도의 범위에서 구매행위를 하는가를 탐색해야 하는 책무를 지고 있는 것이다. 그러한 의미에서 우수한 체인본부는 경영환경에 민감하게 적응하고 미래를 예견할 수 있는 최적의 마케팅전략을 수립할 수 있는 포지셔닝에 위치하고 있다고 볼 수 있다. 따라서 FC본부는 항상 새로운 마케팅전략을 제안해서 점포의 구조조정을 행하지 않으면 경쟁자에게 뒤진다는 것을 인식해야 된다고 본다. 그런데 여기서 더욱 깨달아야 할 것은 점포에 내점하는 고객에 관한 정보파악도 중요하지만 점포에 한번도 내점하지 않은 고객(잠재고객)의 소비동향과 생활패턴 변화에 관한 정보를 파악해야 한다는 점이다.

6-3. 마케팅의 환경분석

최근까지 우리나라의 외식시장은 97~98년 우리나라를 소용돌이에 몰아 넣었던 외환위기를 어렵게 극복한 이후 조금은 회복세를 보이는 듯했으나, 스포츠 마케팅으로 기대를 모았던 2002년 한·일월드컵 이후부터 오히려 매출저조현상을 보이고 있으며, 업종·업태에 따라서는 외환위기 극복 직후보다 상황이 더 어려워졌다고 말하기도 한다.

이것은 여러 가지 요인으로 설명할 수 있겠지만, 결국은 외식기업의 마케팅전략 부재가 가장 큰 요인이라고 볼 수 있다. 우리나라 외식FC사업은 그사이 양적 팽창은 있었으나 그에 따르는 질적 향상을 크게 이루지 못한 점이 가장 큰 문제점으로 지적되고 있다. 더욱이 해외에서 도입된 브랜드나 국내에서 자생한 브랜드 모두 경제여건 변화에 대응하는 마케팅전략을 확실하게 정립하지 못해왔으며, 월드컵이라는 커다란 이벤트를 맞이하여 막연한 기대만을 영업에 연계시키려고 했을 뿐, 장기적인 마케팅전략수립 업무에는 등한시해온 것도 사실이다. 또한 사람 부족, 인건비상승, 지가상승, 출점 기자재비 상승, 인테리어 건설비 등의 상승요인을 전부 고객에게 전가시켜버리는 전략만을 구사해왔다. 자체노력으로 원가절감이나 고정설비에 대한 투자비축소 등의 문제에 대해서는 심각하게 생각하거나 철저한 노력은 하지 않고 그저 안일하게 객단가 인상, 고가메뉴의 개발 등으로 그 부실요인을 고객에게 책임전가시켜버림으로써 오히려 버블경기 시대로 회귀하는 마케팅전략을 구사한 측면도 없지 않았다. 때문에 국내소비둔화 현상이 일어나자 바로 예민한 반응의 제1차 대상인 외식업이 심대한 영향을 받게 되고, 즉응대책이 수립 안된 여건에서 경영을 계속하다보니 불황의 회오리 속에서 방향감각을 상실하고 우왕좌왕하게 된 것이다.

IMF사태의 시련을 교훈으로 삼아 장기전략의 필요성을 제대로 인식하였다면 어떻게 해서라도 식자재 구입방법을 개선하고 구매처의 확대변경으로 식자재의 원가절감에 적극 노력했어야 함에도 불구하고 도리어 고객의 상향된 욕구에 고가제품으로 대응하는 잘못된 전략만을 구사했던 것이다.

즉 객수(客數) 증가대책을 철저히 연구하고 식품비나 건설비 등 높은 코스트를 기업내부에서 잘 흡수하여 최저 코스트화하는 전략을 수립하고 시행해야 함에도 불구하고 이를 등한시하면서, 오히려 어려운 국면을 벗어나기 위해 막연하게 준비 없이 해외진출로 방향을 바꾸거나, 객수 감소로 인한 매출감소를 메뉴가격 상승으로 상쇄시키는 식의 단순하고 편의적인 마케팅전략을 대부분의 기업이 행하여 왔다. 현대의 고객은 정보의 빠른 접속으로 인해 생활의 욕구가 무한히 확대되고 있음에도 외식FC기업이 이에 대응하는 마케팅전략을 수립하지 못하고 단순한 매가(賣價) 변경이나 판촉행사로 대응하는 것이 문제가 되고 있다. 즉, 외식마케팅은 환경변화 '예측전략'으로 바뀌어야 된다고 보며, 어떤 상황이 도래하면 그제서야 그러한 상황에 대처하는 전략 즉 '환경적응전략'은 이제는 통용되지 않는다.

외식산업의 환경변화를 분석하여 그에 즉응(卽應)하는 전략을 수립하기 위해서 다음과 같은 분석항목을 이해할 필요가 있다.

시장환경분석 항목사례

항 목	세분항목내용
① 인구동태	인구, 세대수, 고령화상황, 핵가족, 독신세대, 결혼연령, 이혼율, 출생률, 어린이 없는 세대
② 여성의 동향	직업영역확대상황, 자유시간, 학력, 레저, 자기표현과 자기실현현상, 문화생활여건, 커리어우먼 상황, 주부의 직장 진출상황
③ 남성의 동향	직업의 범위, 자유시간, 학력, 레저, 자기표현, 자기계발, 스포츠참가 및 여행
④ 가정의 동향	가족단란, 외식·중간식, 내식, 레저, 스포츠, 교육, 주택, 통근시간, 의료상황
⑤ 생활시간	자유시간, 노동시간, 주휴2일제, 여가시간, 가족단란시간, 장기휴가, 재택근무
⑥ 마케팅동향	하이퀄리티 오프 라이프(high quality of life), 업스케일(up scale), 익사이팅(감각마케팅), 엔터테인먼트(즐거움추구마케팅), 환경마케팅, 어메니티(쾌적성), 생태마케팅
⑦ 트렌드	가치감, 호스피탈리티, 구어메, 헬시, 후레시, 리치, 내추럴, 하이패션, 판타지, 드림, 자극, 신기함

외식프랜차이즈 마케팅전략의 시대적 흐름을 이해하기 위해서는 추가적으로 업스케일 마케팅 컨셉인(베이붐 세대의 지원에 힘입어 성장한 선진국 FF나 FR의 기본적인 마케팅전략컨셉) 업스케일 디스카운트 점포, 오프 프라이스 점포(off price store), 카테고리 킬러(category killer), 팩토리 아울렛(factory outlet), 파워센터(power center), 스페셜리티 스토어(speciality store), 어덜트 패스트푸드(adult fastfood), 구어멧버거(gourmet burger), 캐주얼레스토랑, 뉴아메리칸 누벨 퀴진(new American nouvelle cuisine) 등의 개념에 관한 연구도 필요하다.

CHAPTER

06

외식FC 매뉴얼에 대하여

section 1 본부구성 패키지 결정체로서의 매뉴얼에 대한 고찰

외식프랜차이즈 본부사업을 시작할 때 가장 먼저 접하는 용어는 컨셉트(concept)와 매뉴얼(manual)이다. 외식업체에 종사하는 모든 사람들이 이제 컨셉트나 매뉴얼이라는 용어에 상당히 익숙해져 있다.

1-1. 매뉴얼이란 무엇인가

매뉴얼(manual)은 영어사전에서 명사로 그 뜻을 풀이해 보면 소책자, 편람, 안내서, 입문서, 군대의 교범 등으로 풀이하고 있다.

프랜차이즈 시스템에서 매뉴얼이란 모든 업무의 가장 핵심이 되는 부분을(가장 통일되게 프랜차이즈비즈니스의 이미지가 구축될 수 있도록 하기 위한) 함축시킨 도구이다. 종이 위에 그려진 엔지니어링이라고 할 수 있다.

이를 기업전체 이미지와 관련지어 본다면 매뉴얼이란 "회사의 경영이념이나 비전, 경영전략, 마케팅, 경영방침, 운영지침 등의 여러 가지 정책을 목표한 대로 달성하기 위해 구축된 것으로 체인오퍼레이션을 수행해 고객에게 최적의 상품과 서비스를 제공하기 위한 표준화된 룰이다"라고 정의하기로 한다.

원래 매뉴얼은 군(軍)에서 출신지역, 학력, 신분, 사상, 종교, 습관이 상이한 신병을 단기간에 훈련시키기 위한 표준적인 교범(敎範)으로 사용해 왔는데, 이를 외식업에서 원용, 점포의 제반 오퍼레이션을 표준화하기 위해 접합시킨 것이라고 한다.

프랜차이즈사업을 좀더 구체적으로 생각해보면 본부의 구비요건으로서 '기업의 사명'이 있다. 본부와 가맹점 모두의 공동발전과 고객에게 봉사한다는 사명감이다. 다음은 기업으로서 '산업내에서 위치설정'이다. 이는 경영자의 경영이념과 '경영전략', '마케팅전략'이 상호작용하여 '기본방침'으로 확립되는 것이다. 이 기본방침에 의해 상품(메뉴), 판매가(판매가격), 판매방법, 서비스 수준 등이 구축된다.

이러한 시스템이 가맹점 개설희망자에게 이해되어야 비로소 본부에서 작성된 매뉴얼이 실질적으로 활용되고 훈련에 이용돼 기업(체인)의 컨셉이 점포단계에서 제대로 실현되는 것이다.

우리나라에서는 학자들 간에 매뉴얼에 대한 여러 정의가 오가고 있으나, 명확하게 정리된 내용은 확인되지 않고 있다.

『외식서비스업 신경영(1995, 한국마케팅연구원, 김헌희)』에서는 매뉴얼을 "굳이 우리말로 표현하면 안내서, 소책자, 입문서, 핸드북, 편람으로 표시할 수가 있다. 매뉴얼은 이 단어들이 보여주는 바와 같이 어떤 내용이나 행동양식을 축소정리, 간편화시켜 그것을 읽고 보고 습득함으로써 그것이 작성돼 효과를 기대하는 목표를 누구나 쉽게 달성할 수 있도록 짜여진 행동요강 내지 업무지침이라고 말할 수 있다"고 정의하고 있다.

참고로 프랜차이즈기업 영업이 비교적 활성화되고 있는 일본 프랜차이즈체인협회의 「용어의 어의(語意)」에서는 다음과 같이 정의하고 있다. "일반적으로는 소책자, 편람, 필휴(必携 : 반드시 갖고 있어야 하는 것) 입문서 등을 말한다. 프랜차이저(본부운영자)는 점포운영매뉴얼, 상품관리매뉴얼, 접객매뉴얼, 제조(가공)매뉴얼 등의 매뉴얼을 프랜차이지(가맹자)에게 제공한다. 이러한 매뉴얼은 계약서의 일부인 운영규칙이나 운영규정과는 달리 그 프랜차이즈시스템에 있어 하나의 도구이다. 프랜차이저(본부)가 프랜차이지(가맹자)에게 대여 또는 기타의 형태로 제공하는 매뉴얼은 프랜차이지나 그 종업원이 읽고 보아서 프랜차이즈사업 운영상의 작업, 동작, 사무 기타 업무를 그 프랜차이즈 시스템이 정한 또는 기대하는 표준에 따라 정확·확실하게 효율적으로 실시하기 위한, 또 업무를 행하기 위한 기본적·기초적인 순서, 수속, 방법 등을 구체적·실제적으로 기재한 것이므로 그 표현방법, 형식 또는 체제는 프랜차이지(가맹자)나 종업원이 실제로 활용하기 쉬운 내용으로 작성되어져야 한다."

1-2. 매뉴얼에 대한 몇 가지 오해

① 체인시스템의 모든 업무는 매뉴얼대로 또는 매뉴얼에 의해 이루어져야 한다는 오해

흔히 실무경험이 없는 체인본부의 경영층이나 경력이 많지 않은 외식업 종사자들은 체인시스템을 운영한다고 할 때에는 매뉴얼을 무슨 헌법과 같은 기준으로 생각하고 '전가의 보도'인 양 이 매뉴얼을 지키고 매뉴얼대로 일해야 모든 일이 처리되는 것처럼 지나치게 매뉴얼을 강조하는 경우가 많다. 매뉴얼은 숙달된 사람을 위해 있는 게 아니고 미숙련자를 단기간에 훈련시키기 위한 것이며, 체인시스템의 본질을 유지하기 위한 최소한의 업무집행수준이기 때문에, 매뉴얼을 준수하는 것만으로는 다른 체인경쟁점과의 차별화전략에서 승리할 수 없다고 본다.

② 매뉴얼은 지키기 위해서 존재하는 만고불변의 진리라는 오해

매뉴얼은 수시로 변화·발전시켜 정밀도가 높아지도록 해야 한다. 점포의 모든 업무는 시장상황에 따라 새로운 메뉴의 도입 또는 프로모션전략 등에 의해 직원의 교육 및 훈련수준에 의해 좀더 고도화되고 정밀도가 높게 변화시켜야 한다. 따라서 일단 정해진 매뉴얼은 만고의 진리처럼 준수해야만 하는 것은 아니다. 매뉴얼은 '변화를 전제로 존재한다'는 것을 이해하면 된다.

소규모 점포에 가보면 창업초기에 매뉴얼을 작성해두고 그것이 무슨 보물인양 계속 점포에 방치해두는 예를 볼 수 있는데, 이것이야말로 체인시스템 기술수준의 미숙함을 의미하며 시스템이 후퇴하는 전형적인 예가 될 것이다.

③ 매뉴얼은 불필요하다는 오해

최근 일본을 중심으로 매뉴얼 불필요론이 대두되고 있다. 즉, 매뉴얼적인 서비스로서는 격심한 경쟁에서 이길 수 없다는 것을 강조하다보니 생겨난 오해일 것이다. 특히 서비스측면에서 FF 등에서 미숙련 아르바이트생들이 고객 한 명이 입점하든 세 명이 입점하든 매뉴얼에 기록된 접객용어대로 "어서 오십시오. 몇 분이십니까?"라는 접객용어 사용모습을 보고 이를 "기계적 서비스", "로봇식 서비스"라는 말로 표현하며 매뉴얼 불필요론을 제기했으나, 그것도 본래의 의미를 찾아가야 한다고 본다.

이는 최소한의 서비스가 매뉴얼에 의해 이루어지도록 하는 것이며, 사실은 매뉴얼 이상의 서비스가 이루어져야 경쟁에 이긴다는 것을 강조하기 위한 의도에서 나온 말이다. 프랜차이즈 시스템은 신입사원이나 무경험 아르바이터에 의한 인적구성이 주가 되기 때문에 이들을 위한 교육훈련을 제대로 하기 위해서는 반드시 매뉴얼이 필요하다. 다만, 앞에서 언급한 대로 계속해서 수정해야 될 대상이기 때문에 수시로 점포의 작업상황을 분석해서 점포의 오퍼레이션에 가장 알맞은 내용으로 만들어져야 한다는 것이다.

④ 매뉴얼은 본부 시스템 개발팀 등에서 전략적으로 제작되고 점포는 이를 엄격히 준수해야 체인본부기능이 강화된다는 오해

이 역시 커다란 오류에서 나온 얘기다. 대부분의 신흥체인기업의 초기단계를 보면 외국의 우수한 프랜차이즈기업의 매뉴얼 복사판이나 국내의 우수한 체인기업의 매뉴얼을 용하게도(?) 구해 비치해두고 자사의 매뉴얼을 이를 모방하여 제작한 뒤 "우리는 일류기업에 못지않은 시스템을 갖추고 있고 매뉴얼도 정비하고 있다"고 자랑하는 예가 많다. 그러나 이야말로 위험한 발상이 아닐 수 없다.

매뉴얼은 점포수가 증가해 가면서 점포에서 일어나는 모든 작업이 시행착오를 거치면서 다듬어지고 정리되어 통일된 작업의 정수(精髓)를 문서화한 현장의 산물이지, 우수한 본부 기획스텝이 책상 위에서 제작하거나 자기점포의 현장과 맞지 않는 '남의 것'을 흉내내어 제작하여서는 안 되는 것이다.

점포에서 실험을 거치지 않고 제작된 '세계에서 가장 우수한 매뉴얼'은 존재할 수 없기 때문에, '점포작업의 표준화, 간소화, 합리화'를 위해 제작된 것이 점포운영매뉴얼이라면 그 기초는 어디까지나 점포현장에서 이루어지는 작업의 흐름 속에서 가닥을 찾아야 하는 것이다.

section 2 FC 매뉴얼의 체계 FRANCHISE

2-1. 매뉴얼화하는 FC시스템

현대의 외식기업이 산업화하는 특징의 하나가 체인화에 의한 다점포 전개이며,

이 다점포화는 각 외식기업이 갖고 있는 고유의 매뉴얼이라는 수단이 있기 때문에 가능하다.

따라서 이러한 매뉴얼이 필요한 프랜차이즈의 여러 가지 기능을 정리해 보면 다음과 같다.

① **경영전략시스템**
    ㉠ 경영환경에 대한 적응력의 확보
    ㉡ 전략적인 경영기획력의 확보
    ㉢ CI전략시스템의 보유
    ㉣ 경영자본력의 확보
    ㉤ 국제경쟁력의 육성
    ㉥ 새로운 FC 비즈니스의 창출

② **마케팅전략시스템**
    ㉠ 마케팅전략 컨셉의 확립
    ㉡ 고객에 대한 접객컨셉의 확립
    ㉢ 상품개발시스템의 확립

③ **정보전략시스템**
    ㉠ 정보의 입수방법 확립
    ㉡ 정보의 분석방법 확립
    ㉢ 정보의 전달방법 확립

④ **점포개발전략시스템**
    ㉠ 입지개발전략의 확립
    ㉡ 중장기 입지개발전략의 확립

⑤ **점포 오퍼레이션시스템**
    ㉠ 점포 오퍼레이션시스템의 개발
    ㉡ 매뉴얼개발 시스템의 확립
    ㉢ 교육과 트레이닝시스템 확립
    ㉣ 슈퍼바이저(SV)시스템 확립

⑥ 보급배송시스템의 확립

　　㉠ 물품구매관리시스템의 확립

　　㉡ 생산관리·품질관리시스템의 확립

　　㉢ 보급·배송시스템의 구축

⑦ 경영관리시스템

⑧ 인재개발시스템 등이 있다.

2-2. 매뉴얼의 구성체계

　　프랜차이즈시스템의 매뉴얼체계는 앞에서 설명한 프랜차이즈기능을 발휘하도록 체계화되어 있다. 그리고 이 기능을 수행하기 위하여 프랜차이즈본부용 업무매뉴얼과 가맹점 훈련 및 교육을 위한 매뉴얼(점포운영을 위한 매뉴얼)로 크게 나눌 수 있다.

(1) 본부관리를 위한 매뉴얼체계

① 매니지먼트 매뉴얼

　　본부의 경영이념, 비전, 경영전략, 회사방침에 관한 내용

② 마케팅 매뉴얼

　　마케팅전략, 마케팅리서치(marketing research), 머천다이징, 세일즈 프로모션 진행 등에 관한 내용

③ 정보시스템 매뉴얼

　　정보시스템 운영전략, POS시스템의 효용과 취급방법, POS 데이터의 추출 및 활용방법의 지도요령 등

④ 점포개발시스템 매뉴얼

　　점포개발기본전략, 입지조사, 경쟁점 조사, 매상고계획, 이익계획, 설비투자계획, 개점비용계획, 가맹점모집방법, 가맹점 선정기준, 교육훈련방법, 개점준비계획, 개점지도방법 등에 관한 업무

⑤ 점포 오퍼레이션시스템 매뉴얼

점포 오퍼레이션시스템, 매뉴얼 개발시스템, 교육훈련시스템, 슈퍼바이저 시스템, 경쟁점 조사시스템을 규정하는 매뉴얼

⑥ 물류관리 매뉴얼

구매관리, 생산관리, 품질관리, 물류관리

⑦ 경영관리 매뉴얼

재무관리, 사무관리, 인사관리, 노무관리 매뉴얼

⑧ 인재개발시스템 매뉴얼

인재개발, 자기계발, 목표관리 매뉴얼

⑨ 커뮤니케이션시스템 매뉴얼

고정처리, 리더십, 커뮤니케이션 관련업무 매뉴얼

⑩ 계약 매뉴얼(contract manual)

프랜차이즈계약업무 절차에 관한 업무내용의 정리

(2) 가맹점(점포용)매뉴얼 체계

① 매니지먼트 매뉴얼

경영이념, 비전, 회사의 방침, 서비스마크의 의미, 회사의 역사, 회사의 조직업무에 대한 내용

② 가맹점주 매뉴얼(점장 매뉴얼)

점포의 조직, 가맹점주(점장)의 역할, 가맹점 오너(점장)의 직무내역 등의 정리

③ 머천다이징 매뉴얼

상품구성계획, 진열방법, 재고관리, 발주관리, 품질관리, 검수·검품관리업무의 정리

④ 접객서비스 매뉴얼

고객의 정의, 접객서비스의 기본정신, 접객서비스의 응용, 클레임의 처리방법,

팀워크 구성방법 등

⑤ **판매촉진 매뉴얼**

　판촉의 의미, 판촉기자재의 취급방법, 각종 이벤트 및 지역행사 참가방법 등

⑥ **교육훈련 매뉴얼(인사ㆍ노무관리)**

　직원모집 및 채용, 교육훈련, 취업규칙, 승급, 상여, 제수당, 복리후생, 작업할당, 동기부여, 인센티브에 관한 제반업무

⑦ **POS시스템매뉴얼**

　POS시스템의 정의, 취급방법, 데이터추출 및 활용방법

⑧ **점포유지관리 매뉴얼**

　설비, 기계의 취급방법, 매인티넌스 방법, 기기고장처리방법

⑨ **클린리니스(cleanliness) 매뉴얼**

　클린리니스의 기본의미, 클린리니스의 스케줄, 클린리니스의 방법, 클린리니스 용구와 세제의 사용방법

⑩ **사무관리 매뉴얼**

　보고서의 작성방법, 금전관리, 회계처리, 임금 기타 여러 경비의 지급방법, 대관청보고서의 종류 및 작성방법, 부가세 및 소득세에 관한 기본지식

⑪ **긴급사항 매뉴얼**

　화재발생시의 대처요령, 도난ㆍ강도 발생시의 처리방법, 고객의 사고발생시 처리방법

⑫ **창고작업 매뉴얼**

　선입선출의 원칙, 반입반출의 룰, 온도관리, 청소방법, 정리정돈방법, 구충작업 운영

⑬ **결산처리 매뉴얼**

　결산방법, 손익계산서 및 대차대조표의 작성방법, 세무신고 요령 등

⑭ 쿠킹 매뉴얼

주방기기, 기구의 취급방법, 작동준비방법, 쿠킹방법, 온도관리, 품질관리, 위생관리, 홀딩타임 관리

⑮ 식기세척기기 오퍼레이션 매뉴얼

기계의 취급방법, 세제의 종류와 취급방법, 세정작업, 식기관리 등

이상의 각종 매뉴얼은 창업초기에 완전히 갖출 수 있거나 또는 완성되는 것은 아니다. 완성된 매뉴얼도 정지상태로 보관 관리되는 것이 아니고 경제환경의 변화와 사업영역의 확대, 신제품의 개발 등 사업영역의 변화에 따라 수시로 변화하는 것이 기본원칙이다.

하지만 아무리 나쁜 상태에 있는 매뉴얼이라도 그것이 수정되기 전에는 정해진 규칙대로 각종 업무를 집행해야 체인 전체의 업무통일성을 기할 수 있다. 현장에서 매뉴얼대로 업무가 진행됐는데도 업무차질이 계속되면 분명히 매뉴얼에서 정한 기준이 잘못된 것이므로 이를 계속 준수하면 많은 손실과 착오가 발생하게 된다. 따라서 체인본부는 점포현장의 업무를 항상 분석·연구하여 매뉴얼이 요구하는 대로 차질 없이 이루어지는가를 확인하여 차이가 발생할 때에는 즉각 이 기준을 수정해야 할 것이다.

앞에 기록된 모든 매뉴얼은 모든 업태 및 업종에서 구비할 필요는 없다. 점포의 규모(표준점포), 메뉴의 조리, 원자재 취급의 난이도, 교육훈련기간의 장단, 투자비용 과다 등 업태·업종에 따라 중요부분만 매뉴얼화하고 나머지 부분은 점포관리규칙이나 점포운영규칙에 포함시켜도 된다. TGI프라이데이즈와 같은 대형 FR 점포용 매뉴얼과 15~20평 규모의 소형 체인점의 각종 매뉴얼이 정밀도나 볼륨, 그리고 구성에 있어서 같을 수는 없다는 것이다.

그러나 FC체인본부를 구성하여 체인경영을 목표로 하는 기업은 최소한 위에 열거한 업무를 어느 수준으로 또는 어떤 내용으로든지 매뉴얼화하여야 체인점 모집시 설득할 수 있는 자료로 활용될 수 있을 것이며, 또 점포작업의 정밀한 분석에 의해 이루어진 매뉴얼이어야 작성과정에서 본부 스스로 수준향상을 기도할 수 있는 것이다. 하지만 체인본부를 구성해 FC 영업을 하려는 기업가나 체인가맹점으로 생업을 꾸려나가려는 가맹희망자 모두 유의해야 할 것은 기초적인 매뉴얼도

준비하지 않고 단순히 메뉴가 인기 있다든지 점포디자인이 스마트하다든지 하는 극히 단순하고 일시적인 현상을 기준으로 체인운영을 하려는 기도를 절대로 해서는 안 된다는 점이다.

2-3. 매뉴얼 작성방법

(1) 매뉴얼 작성을 위한 조직구성

각급 외식기업에서 필요로 하는 매뉴얼을 작성하기 위해서는 특별팀의 가동이 필요하다. 물론 이러한 팀 구성은 기업의 규모에 따라 다를 것으로 본다. 대기업의 경우는 이미 자체 시스템과 매뉴얼을 구축한 곳이 많으므로 여기에서는 체인본부나 신규 FC본부 운영희망자들을 위해 필요하다고 생각되는 (소규모 조직의) 매뉴얼 작성에 대한 조직점검 및 업무구성을 기술해 보기로 한다.

기업의 역사가 짧고 또 소규모 기업인 경우에 매뉴얼은 보통 기업의 사장이나 총괄관리자가 작성한다. 소규모기업은 매뉴얼 자체가 기술적 측면의 정리 못지않게 경영자의 개인철학이나 경영방침 등이 깊이 각인될 수 있게 정리되어야 하기 때문이다.

국내 자생 브랜드인 경우 초기단계에서는 점포의 모든 업무가 수작업으로 이루어진다. 따라서 사장이 직접 매뉴얼을 만들거나(점포운영요령 등 가장 간단한 내용) 또는 사장 가까이서 업무를 총괄하는 책임자가 만들어 사장의 승인을 받은 후 점포에서 시행하도록 하고 있다. 물론 계속해서 수정작업이 이루어진다.

이때 총괄책임자의 자질은 우수업체의 점포운영경험이 있으면 이상적이지만, 그렇지 못하더라도 우선 점포작업에 대한 분석력이 있고 사실을 제대로 기록할 수 있는 문장력 및 표현력과 함께 조직적이고 합리적인 사고의 소유자여야 한다. 감각적이거나 정서적인 성격보다는 계수적 사고가 충분한 성격의 소유자가 이상적이다. 즉 '시스템적 사고의 소유자'라고도 말할 수 있을 것이다.

마땅한 인재가 없으면 외부 전문가집단에 의뢰해 공동작업을 하는 것이 유리하다. 기초작업을 튼튼히 해야 기업의 시스템이 안정적으로 운영될 수 있으므로 매뉴얼 제작을 위한 약간의 투자는 반드시 필요하다.

이들 업무를 구분·정리해 보면 다음과 같다.

구성원	역할과 직무
대표 (톱매니지먼트)	경영이념, 미래의 비전, 마케딩진략, 경영방침 등의 설정, 매뉴얼의 최종 결정권자
총괄책임자	① 점포에서 운영경험이 있는 사람 ② 관리, 회계, 통제업무 경험자 ③ 리더십이 있는 사람 ④ 관찰력이 있는 자 ⑤ 사장의 지시에 무조건 순종하지 않고 주관이 뚜렷한 성격의 소유자 ⑥ 언제나 고객의 입장에 서서 생각하는 사람 ⑦ 인내심이 있고 건강한 사람 ⑧ 시스템 설계를 할 수 있는 사람 ⑨ 표현력, 그림, 도식에 경험이 있는 사람 ⑩ 매뉴얼 작성의 실제 책임자
외부전문가	사내 멤버만으로는 자기중심적인 작업이 되기 쉬움으로 객관적인 외부 컨설턴트를 활용한다.

(2) 매뉴얼 작성의 기본원칙

① 모든 업무집행방법이 고객의 입장에서 정리정돈되어야 한다.

매뉴얼을 활용하는 이유는 고객을 맞이하여 식사와 서비스를 제공하고 만족을 얻어내어 고객들로부터 호응을 받기 위한 것이며, 이러한 목표가 달성되어야 점포의 존립이 가능하다. 따라서 매뉴얼은 고객과 이루어지는 모든 접점에서 실시하는 행동지침이기 때문에 모든 원칙이 고객을 위주로 이루어져야 하며 그것을 정리해서 제작한 것이다(고객과 접하는 모든 접점을 진실의 순간들이라고 말하는 이유도 여기에 있을 것이다). 간혹 점포운영방침과 고객의 이해가 상충되는 경우가 발생할 수도 있다. 이러한 극히 예외적인 상황은 그 상황에 따라 대처하면 되겠지만, 원칙적으로 고객의 편에서 업무가 이루어지도록 매뉴얼이 작성되어야 한다.

② 최우선업무가 어떤 것이어야 하는가를 결정한다.

점포에서는 여러 가지 서비스가 행하여지고 있다. 또 한 사람이 동시에 몇 개의 서비스를 행할 수도 있다. 이때 서비스의 타이밍 및 경중에 따라 고객에게 최선의 도움을 줄 수 있는 내용으로 서비스의 순위가 결정될 수 있도록 매뉴얼을 작성해야 한다.

③ 업무의 목적을 명확히 해야 한다.

매뉴얼을 설정하는 이유는 목표로 하는 업무를 최선의 방법으로, 가장 적은 비용으로, 효율적으로 달성하기 위한 것이다. 따라서 매뉴얼은 그 매뉴얼에 의해 이루어지는 업무에 대한 목표를 명확히 할 필요가 있다.

④ 3S주의에 철저해야 한다.

매뉴얼은 간편하고 표준적이고 복잡하지 않아야 한다. 즉 누구나 쉽게 습득할 수 있고 또 행할 수 있어야 한다. 그것이 3S, 즉 단순화(simplification), 표준화(standardization), 전문화(specialization)의 첫글자 S를 3개 합쳐 표현한 것이다.

⑤ 매뉴얼은 현재의 관행을 기준으로 작성해야 한다.

매뉴얼은 항상 좋은 목표를 향해 수정해가며 달려야 하는 가변적인 것이기는 하지만, 막연한 계획이나 비전만을 위해 작성되어서는 안되고, 언제나 현재 행해지고 있는 업무내용을 중심으로 작성되는 것이 기본이다. 그러나 앞에서도 언급했지만 매뉴얼에서 정한 기준이 현실에 맞지 않아 착오가 발생할 때에는 현장에서 맞게 수정해야 하지만, 그 수정작업이 이루어지기 전까지는 어디까지나 '현재 진행형 업무'를 최우선으로 하는 매뉴얼이 구성되어야 한다.

⑥ 매뉴얼은 문자화하여 책자로 제작하는 것이 원칙이나, 이용자들의 편의를 위해 도표나 일러스트, 만화나 그림 등을 사용하면 편리하다.

최근 복잡한 법률상식이나 철학강의 내용을 만화로 표현하여 공부하기 쉽게 하는 방법이 동원되는 예를 볼 수 있는데, 외식업 매뉴얼도 이러한 방법으로 작성하면 편리할 것이다.

⑦ 매뉴얼은 기본적으로 문자와 표, 그림 등으로 표현하지만, 이를 형상화하여 교육하면 집중력이 훨씬 강화된다.

최근의 젊은 세대는 원서(原書)보다는 만화 또는 VTR 교재를 좋아한다. 따라서 복잡하고 어려운 문자화된 매뉴얼보다는 실제로 행동이 보여지는 영상화된 매뉴얼이 좀더 쉽게 현실적으로 받아들여진다. 예를 들어 "A메뉴 조리매뉴얼이 B원료 몇 g, C원료 몇 g 등으로 하여 몇 ℃에서 끓이고 조리한다"고 되어 있으면 쉽게 이해되지 않으나, 이를 영상화하여 그림으로 표시해 설명하면 생생하게 현장감을 살릴 수 있는 교육이 될 것이다. 따라서 현대적 매뉴얼은 전부를 다 영상화할 수는 없으나 현장 오퍼레이션 매뉴얼은 영상화하는 것이 좋다고 본다.

⑧ 부정적 표현보다 긍정적 표현이 좋다.

"~해서는 안 된다,"　"~는 곤란하다"는 표현보다는 "~대로 행한다,"　"~를 필히 지킨다"라는 긍정적인 표현이 좋다. 어느 자동차회사의 근무수칙을 보면 운전기사에게 "80마일 이상 속도를 내지 말 것,"　"손님이 다 내리기 전에는 발차해서는 안 된다."　"차내 라디오 스피커 음량을 너무 크게 해서는 안 된다" 등의 금지나 부정적 표현 일색으로 되어 있는 것을 볼 수 있는데, 이것을 "우리는 규정된 속도를 지킨다."　"문이 닫힌 것을 반드시 확인하고 발차한다."　"고객의 기분에 알맞은 스피커의 음량을 유지하도록 노력한다." 등의 긍정적 표현으로 바꾸는 것이 좋다고 생각한다.

음식업의 매뉴얼도 위의 사례에서 본대로 긍정적 표현으로 제작되는 것이 좋다고 생각한다.

⑨ 매뉴얼은 항상 개정 또는 개선을 염두에 두고 관리해야 한다.

한번 작성된 매뉴얼을 전가의 보도인 양 캐비닛에 모셔두는 기업은 없겠지만, 시장환경이나 점포의 작업여건이 바뀌었는데도 매뉴얼을 그대로 방치해 두는 일은 없어야 한다. 항상 현장에 맞는 매뉴얼을 갖기 위해서는 끊임없는 정진이 필요하다. 즉 "멋지고 훌륭한 매뉴얼"보다 현장과 일치하는 내용의 "정밀도 높은 매뉴얼을 보유한 기업이 우수한 기업"이다.

2-4. 매뉴얼 작성요령

(1) 표현요령

① 누구라도 보고 바로 이해할 수 있을 것
② 문자는 가능한 적게 표현할 것
③ 하나하나 해석을 필요로 하는 표현을 하지 말 것

④ 잘못된 사례를 나란히 적을 것

⑤ 표현은 쉽게 해도 좋으나 절대적으로 지켜야 할 내용은 기록할 것

⑥ 일러스트(삽화) 등으로 표현할 것

⑦ 목표치는 반드시 숫자로 표시할 것

⑧ 도식(圖式)으로 표시할 수 있을 것

⑨ 작업공정이 있으면 PERT(발전검토기술 : Program Evolution & Review Technique)
　 로 기록할 수 있을 것

⑩ 도식(圖式)은 표준화된 것일 것

(2) 매뉴얼 작성시 유의사항

① 보통 기업에서는 기획부분의 우수인재를 선발하여 매뉴얼 작성작업에 임한다.
그러나 실제 이 매뉴얼에 의해 현장작업을 하는 사람은 미숙련 아르바이터인
경우가 많다. 따라서 그 내용이 무경험자가 습득하는데 무리가 없도록 작성되
어야 한다.

② 사람의 능력범위 내에서 수행가능한 내용이어야 한다. 매뉴얼을 작성할 때에
는 상당히 높은 수준에서 제반 기준을 설정한다. 인간의 능력에는 한계가 있으
므로 이를 넘어서지 않도록 해야 한다는 인식이 따라야 한다.

③ '실패는 성공의 어머니'라는 말과 같이 실패사례는 좋은 교과서이다. 매뉴얼은
가맹점 운영의 지도서에 불과하지만, 이 실패교훈이 중요한 역할을 한다는 것
을 잊어서는 안 된다.

④ 예외가 없는 법칙(규칙)은 없기 때문에 '예외가 발생하는 경우의 처리방법'을
명확히 설정해 두고 나머지는 보편적인 원칙에 의해 정리해야 한다.

⑤ 현장에서 요구한다고 하여 바로 간단하게 수정해서는 안 된다. 좀더 치밀하게
조사하여 그 사항이 모든 점포에 상당기간 공통적으로 발생한 내용인지를 검
토한 후 기본원칙의 수정을 행하여야 한다.

(3) FR의 서비스 매뉴얼 작성(사례)

사례 | **작업 우선순위의 명확화**

첫째 : 고객을 최우선으로 할 것

왜 고객이 최고로 만족하여야 하는가에 대한 회사의 방침을 명확히 한다.

〔예1〕 따뜻한 메뉴는 따뜻한 상태로, 찬 메뉴는 차게 하여 고객에게 제공할 것

〔예2〕 고객이 입구에 들어오면 바로 인사할 것. 절대 눈길을 피해서는 안 된다.

둘째 : 작업의 우선순위를 명확히 할 것(레지스타 담당이 별도로 없을 때의 사례)

당신의 3개 우선순위는 다음과 같다.

① **제1 : 따뜻한 요리의 픽업(pick up)**

〔제일 중요한 것은 따뜻한 요리가 나올 때 가능한 재빨리 움직일 것〕

- 벨소리를 들으면 반사적으로 호출등(call light)을 볼 것
- 자기가 주문받은 요리가 나올 때쯤에는 호출등을 바라볼 것. 반대로 자신의 번호가 일정시간(허용가능한 시간=10분)이 지나도 켜지지 않을 때에는 주방에 물어 볼 것.
- 캐셔를 담당하고 있을 때 담당한 번호가 호출등에 나올 때에는 그 일을 재빨리 마치고 따뜻한 요리가 우선 제공되도록 할 것
- 점포에 들어온 고객을 자리에 안내할 때 번호가 켜지면 좌석안내를 마치고 메뉴를 보일 것. 그리고 나서 따뜻한 요리를 운반할 것.
- 테이블에서 주문을 받고 있는데 번호가 켜질 때에는 재빠르게 그러나 자연스럽게 "죄송합니다만 따뜻한 요리를 운반하여야 합니다. 바로 돌아오겠습니다"라고 말하고 테이블에 주문표를 놓고 따뜻한 요리를 운반할 것.
- 근처에 있는 서빙 담당의 호출등이 켜질 때 그 사람이 바로 따뜻한 요리를 운반할 수 없는 경우에는 그것을 운반할 것.

② **제2 : 대금의 수수절차**

- 따뜻한 요리의 픽업 다음으로 중요한 일은 대금의 수수이다.
- 자신은 레스토랑의 출입구로부터 '눈이 떠나지 않도록' 훈련을 받을 것.

- 고객이 캐셔에게 대금을 지급할 때 당신이 만약 요리를 운반하지 않으면 캐셔레지스타에 가서 대금을 받을 것. 캐셔에 가지 못할 때에는 다른 서빙 담당자에게 신호를 보낼 것.

- 새 고객을 안내하고 있을 때 신호를 들으면 우선 고객을 자리에 안내해 메뉴를 전해줄 것. 그래도 누가 캐셔에 가지 않을 경우 자기가 가서 대금을 받을 것.

- 다른 곳에서 좌석을 기다리는 사람이 있을 때에는 신호를 가능한 빨리 할 것. 물론 그때 기다리는 고객에게는 대신하는 사람이 바로 온다는 뜻을 전달할 것.

- 귀하가 테이블에서 주문을 받고 있을 때 신호가 들린다면 다른 데서 서빙하는 사람이 있는지 주변을 살필 것. 누가 없으면 테이블에 주문표를 놓아두고 고객에게 가서 대금을 받을 것. 그것을 마치고 테이블로 되돌아 올 것.

③ 제3 : 고객의 환영인사(Greeting)와 좌석안내(Seating)

- 따뜻한 요리의 픽업과 대금의 수수 다음으로 중요한 일은 환영인사와 좌석안내이다.

- 반복해서 말하지만 출입구의 상황을 항상 주의할 것.

- 고객이 좌석안내를 기다릴 때 만약 당신이 따뜻한 요리를 운반하지 않거나 회계를 하지 않는다면 고객을 안내할 것. 또한 귀하가 따뜻한 요리를 운반하고 있거나 회계를 보고 있을 때에는 다른 서빙 담당자에게 신호를 보낼 것.

- 귀하가 테이블에서 주문을 받고 있을 때 신호를 들으면 다른 서빙하는 사람이 대응하는가 어떤가를 살펴볼 것. 만약 누구도 대응할 수 없다면 당신이 주문표를 테이블에 놓고 재빠르고 자연스럽게 그곳을 떠나 좌석안내 완료 후 가능한 빨리 먼저 테이블로 되돌아 갈 것.

셋째 : 점장의 우선순위 발견

점장은 당일의 고객흐름을 보아가면서 수분 후, 30분 후, 1시간 후, 2시간 후, 3시간 후 발생할 가능성이 있는 점포의 상황을 예측해 지금 무엇을 해야 하는지, 지금 무엇을 준비해야 하는지, 어떠한 인원배치를 하여야 하는지 등의 업무의 우선순위를 발견하고 그에 대한 대응책을 마련해서 바로 실행할 것.

- 우선순위의 발견은 점장업무의 가장 중요한 것임을 명심할 것.

- 이러한 일은 매뉴얼을 뛰어넘는 경험이 필요함으로 적극적으로 행동할 것.

• 이 우선순위의 발견은 메모를 해둘 것.

(4) 매니지먼트 매뉴얼 작성(사례)

매니지먼트 매뉴얼은 점포 오퍼레이션을 행하는 '회사의 기본방침'으로서 경영자 또는 경영관리자로부터 각 계층스텝에 이르기까지 그 경영정책을 항상 염두에 두고 고객을 즐겁게 하고 만족시켜 다시 내점하게 하는 접객서비스의 경제성을 위한 가장 우수한 교과서이다.

매니지먼트 매뉴얼은 점포 오퍼레이션에 관한 여러 가지 매뉴얼의 자세한 부분까지 자기 체인의 기본사상과 철학이 살아나도록 해야 한다. 즉, 회사의 '행동기준'의 전부이며 대단히 중요한 위치를 점하고 있다.

① 인사말〔사례 A사〕

체인스토어 매뉴얼은 폐사의 경영이념, 비전, 경영전략, 마케팅전략, 경영방침, 상품구입방법, 제조방법 및 판매방법, 접객서비스방법, 상품지식, 점포관리방법, 관리기준 등이 기록된 것입니다.

가맹점 경영주 또는 관리자는 평소의 영업활동에서 (A체인 스토어 매뉴얼)이 살아 있도록 이를 활용하고 경영주 또는 관리자 자신은 모든 내용을 숙지하여야 하며, 점포 오퍼레이션을 효과적으로 운영하여 고객의 마음에 '감동'과 '만족'과 '즐거움'을 줌으로써 각 점포가 계속 발전하도록 해야 합니다.

또한 (A체인 스토어 매뉴얼)은 필요에 따라 점진적으로 개정할 것입니다. 우리는 '질 높은 식생활 제안'을 고객에게 행할 수 있도록 그때 그때의 형편에 따라 가장 적절한 내용으로 매뉴얼을 수정 제작하여 각 점포로 송부할 것입니다. 그때 오래 된 것, 폐기된 내용은 반드시 본사로 보내야 합니다.

이 매뉴얼은 가맹점 오너나 관리자를 위한 것이므로 타인에게 보이거나 카피를 하여 다른 곳으로 유출되지 않도록 해야 하며, 파손되지 않도록 취급에 유의하시기 바랍니다.

마지막으로 귀 점포가 폐사 체인점의 하나로 잘 관리되도록 하기 위하여 반드시 〔이 매뉴얼〕이 가장 가치있게 활용될 수 있을 것으로 확신합니다.

2002년   월   일
주식회사 체인
대표이사 ○ ○ ○

'매니지먼트 매뉴얼'을 작성함에 있어 '매뉴얼의 목적, 사용방법, 개정시 주의사항' 등에 대해 서문에 간단히 기록하는 것이 일반적인 구성방법이다.

② 회사소개 및 사업목적(사례)

1) 회사개요	비 고
① 회사명 ② 창업연월일 ③ 회사설립연월일 ④ 자본금 ⑤ 종업원수 ⑥ 직영점 및 가맹점 수 ⑦ 매상고 ⑧ 센트럴 키친 ⑨ 물류센터 ⑩ 기타시설	
2) 사업목적	
3) 사업개요	
4) 임원진 구성	
5) 회사조직도	
6) 회사의 역사	(점포 전개 등)

③ 경영방침

　　㉠ 경영이념(일반적으로 경영철학, 사시(社是) 등으로 표현된다)

경영이념(사례 1)

▶ 우리는 고객으로부터 신뢰받는 성실한 기업을 지향한다.

▶ 우리는 거래처, 주주, 지역사회에 신뢰받는 성실한 기업을 지향한다.

▶ 우리는 사원에게 신뢰받는 성실한 기업을 지향한다.

경영이념(사례 2)

▶ 우리는 창업자의 창업정신을 존중하여 경영활동을 통해 인류사회의 진보와 조화에 공헌한다.

▶ 고객지향의 철저한 상품과 서비스 제공

▶ 경영의 효율화

▶ 독창성 발휘

▶ 인간성 존중

경영이념(사례 3)

▶ We make people happy

경영이념(사례 4)

▶ 사랑과 성심과 감사를 다하여 고객에게 사랑받는 회사가 되자.

▶ 여기서 '성심'이란 마음속 깊이 우러나오는 것.

▶ '사랑'이란 고객에 대한 친절함을 최대로 하는 것.

▶ '감사'란 우리 점포를 선택해 주신 데에 대한 '감사합니다', '고맙습니다'라는 의미를 갖는 것입니다.

▶ 우리가 사랑과 성심과 감사의 마음을 갖고 대하면 우리들의 성의는 반드시 고객에게 전달되어 그 노력에 상응하는 번영의 기쁨이 우리 점포와 우리 자신에게 돌아올.것을 믿습니다.

▶ 우리들은 이 마음가짐을 잊지 말고 건강하게 일하는 것을 즐겁고 감사하게 생각하며 매일매일의 영업활동에 노력해야 합니다.

ⓒ 비전(vision)

비전은 경영이념을 기초로 한 하나의 커다란 목표이며 그것을 목적으로 기업의 여러 가지 활동이 전개되는 것이다.

예컨대 매상고 목표, 매상고 점유율, 점포수 목표 등 구체적인 숫자로 표시하는 경우가 많으나, 이러한 목표는 연도에 따라 계수변경이 잦기 때문에 경영 매뉴얼이나 경영전략, 마케팅전략 등과 같이 인쇄하지 않는 경우도 있다.

비전(사례 1) - 일본 맥도널드

▶ 매상고는 1990년에는 2천억엔, 창업 30주년인 2000년에는 5천억엔, 점포수는 1990년 750점포, 2000년에는 1250점포를 목표로 한다.

비전(사례 2) - 이토우 요카당

▶ 일본의 소매업 전체 매상고가 1백조엔이 될 때 그 10%에 해당하는 10조엔의 시장점유율을 목표로 한다.

비전(사례 3) - 한국 롯데리아

▶ 2003년까지 3천 점포, 매출액 1조원을 달성한다.

③ **상표 · 서비스마크**

프랜차이즈본부가 소유하며 가맹점에 사용되도록 하기 위한 '상표·서비스마크'가 있다. 그 의미를 설명하여 가맹점 오너나 관리자에게 철저하게 인식되도록 한다.

상표 · 서비스마크(사례 1) - 불이가(不二家)

패밀리마크란 불이가를 상징하는 마크이다. 이 'F'이니셜에는 다음과 같은 5가지 의미가 있다.

▶ Family ······················ 쉽다.
▶ Flower ······················ 아름답다.
▶ Fantasy ····················· 꿈
▶ Fresh ······················· 가득하다.
▶ Fancy ······················· 품질

상표 · 서비스마크(사례 2) - 모스푸드 서비스

▶ '자연을 사랑하자' 이것이 모스푸드 시스템의 생활신조다. 이 정신이 상표가 된 것이다.

mountain(산), ocean(대양), sun(태양)의 머리글자를 취한 MOS는 대자연을 그 정신으로 하고 있다.

④ 경영지침

경영지침(사례 1) - M사

'QSC+V' 이것이 M사의 기본이념이다.

▶ Quality ⋯⋯⋯⋯⋯⋯⋯ 전 능력을 모아서 고품질의 상품을 ⋯⋯⋯⋯⋯⋯
▶ Service ⋯⋯⋯⋯⋯⋯⋯ 미소를 지으며 초단위의 서비스를 ⋯⋯⋯⋯⋯⋯
▶ Cleanliness ⋯⋯⋯⋯ 맛에 절대 결함이 없는 청결함 유지를 ⋯⋯⋯⋯
▶ Value ⋯⋯⋯⋯⋯⋯⋯⋯ 그리고 고객을 마음속으로부터 만족시킬 수 있는 종
합가치를 경영지침으로 한다.

이 QSC+V는 외식산업에 종사하는 사람으로서는 당연히 이해될 기초적인 개념이지만, 이를 높은 수준으로 유지하는 것은 어려운 일이다.

맥도널드는 이것을 타사에 비해 비교적 우수하게 유지관리하며 국가에 따라서는 타기업이 따라 올 수 없는 수준으로 운영하고 있다.

(5) 서비스 매뉴얼(사례)

① 서비스 매뉴얼의 목적

서비스 매뉴얼은 매니지먼트 매뉴얼과 같이 프랜차이즈 운영의 핵심이 되는 내용이다.

21세기의 외식프랜차이즈 비즈니스를 둘러싸고 있는 환경은 20세기와는 기본적으로 다른 새로운 발상의 전환을 필요로 한다. 이제는 '소비자'라는 개념에서 '외식생활을 영위하는 사람들'로 변화하였고, '소비의 창조'에서 '외식문화의 창조'의 시대로 발전하였으며, '외식생활을 영위하는 사람들'의 욕구내용도 '메뉴의 양(量)문제'에서 '메뉴의 질(質)'로 선택방법이 변화하였다. 이는 고객의 상품과 서비스에 대한 욕구가 증대돼 높은 품질수준 즉 업스케일(up scale)된 것을 공급하지 않으면 경쟁사회에서 살아 남을 수 없다는 것을 의미한다.

서비스매뉴얼에는 이러한 경제·사회·문화여건의 변화를 인식시키는 내용을 머리말에 삽입시키는 것이 좋다.

처음부터 서비스행동 요령을 교육하는 형태의 매뉴얼은 '로봇 서빙형태'를 만들

염려가 있다. 즉, '진정한 서비스 혼과 마인드'가 만들어지지 않은 여건에서 서비스행동만을 교육시키기 위한 매뉴얼을 만드는 것은 '꼭두각시 서비스'로 연결될 염려가 있는 것이다.

서비스 매뉴얼 사례

머리말

고객에 대한 접객서비스란 대단히 중요한 업무입니다. 그 중요성은 점점 증가하고 있습니다. 현대의 고객이 점포에 요구하는 메뉴와 서비스의 '니드(need)와 원트(want)'는 업스케일(up scale)되어져야 하고 그 핵심은 호스피탈리티(hospitality)의 제공입니다.

귀하가 전국적인 체인을 전개하고 있는 우리 A체인의 오너로서 명심해야 할 것이 있습니다. 고객이 수많은 외식점포 중에서 어떤 점포를 선택하는가는 맛있는 상품인가, 즐거운 분위기인가, 가격이 얼마인가의 여러 가지 이유가 있지만, 어떤 권위 있는 조사보고서에 의하면 가장 중요한 것은 '서비스'이었다는 점을 인식해야 할 것입니다.

우리 A체인은 장기간의 역사에서 '우수한 서비스'를 자랑해 왔으며, 고객들도 이 점은 인정하고 있습니다.

이런 면에서 귀하는 '접객서비스'라는 업무의 중요성을 이해하시리라 생각되나, 귀 점포에서 일하고 있는 파트너인 동시에 고객과 귀 점포간의 교량역할을 하고 있는 사원들, 말하자면 귀 점포는 무대이고 이들은 배우들이며 귀하는 오너로서 서비스를 연출하는 프로듀서입니다. 점포 전체의 팀워크를 이루며 놀라운 호스피탈리티를 고객에게 제공해서 고객이 만족함으로써 다시 점포에 오시게 하는 것이 귀하의 중요한 업무입니다. 서비스 매뉴얼은 두 가지 목적이 있습니다.

첫째, 우리 점포에서 고객에게 접객서비스를 하는 사람(직원)들의 룰북(Rule Book) 입니다

둘째, 서비스라는 중요한 업무에 관한 정보가 필요할 때에 판단하기 쉬운 참고자료입니다.

귀하는 이제까지 서비스업무에 대한 경험이 없을지도 모르나, 그러한 분일수록

처음부터 매뉴얼에 대한 내용을 숙지하여 좋은 습관을 갖도록 해야 하며, 만약 서비스에 관한 업무에 경험이 있다면 자기의 서비스기술의 수준향상에 배전의 노력을 함은 물론, 특히 다른 점포에서 익혀온 나쁜 관습이 몸에 배어 있다면 이를 과감히 버리고 이 매뉴얼이 규정하는 정신에 동참하여 주십시오.

어쨌든 우리들은 고객에게 좋은 메뉴를, 청결한 점포에서, 정성을 다한 서비스로 제공함을 모토로 한 사람 한 사람이 언제 내점하더라도 감동을 받을 수 있도록 최선을 다해야 합니다. 귀하는 컨덕터임을 언제나 잊어서는 안됩니다.

② **접객서비스 매뉴얼(사례)**

고객이 점포에 첫발을 들여놓는 순간부터 돌아갈 때까지 점장(오너)을 시작으로 부점장, 전체 스텝진이 미소와 밝은 태도, 팀워크로 리듬 있는 작업을 이룸으로써 고객이 기분 좋게 메뉴를 선택·구입토록 하는 것이 무엇보다 좋은 서비스이며 내점에 대한 만족감을 느끼게 하는 방법이다. 호스피탈리티가 있는 '최선의 서비스'를 제공하며 최고의 즐거움을 느끼고, 가까운 시일내에 다시 오고 싶다는 생각이 들도록 교육해야 할 것이다.

㉠ 고객 맞이하기

번호	순 서	용 어	동 작
①	대기중		• 몸가짐, 복장 점검 • 밝은 표정으로 고객을 기다린다. • 서로 몸을 기대거나 잡담을 하지 않는다.
②	인사말을 한다	"어서오십시오." (시간대별로) "안녕하세요." 또는 "오랜만입니다."라고 인사할 것	스마일 • 고객이 출입문을 들어서면 고객의 얼굴을 보면서 미소를 짓는다. • 밝고 명랑한 얼굴을 한다. • 작업중이라도 반드시 손을 멈추고 인사를 할 것.

㉡ 영업중의 서비스 순서와 방법 – 접객서비스방법(사례)

프랜차이즈 운영에 대한 연구가 매뉴얼에 국한되지는 않으나, 많은 수의 소규모 체인의 경영주나 관리자들이 이 부분에 대한 관심이 높고 요구가 많아 전문점과 패밀리레스토랑의 서빙매뉴얼을 소개하기로 한다.

번호	순 서	용 어	동 작
①	주문을 받아 주세요.	"어서오세요." "어떤 메뉴로 결정하시겠습니까?" "전부 몇 개로 결정하셨습니까?"	• 말을 하는 타이밍에 유의한다. • 응대를 해가며 새로운 고객이 보이면 "어서오세요"라고 인사한다. • 고객을 응대중에 다른 고객이 주문을 하면 "죄송합니다만 잠시만 기다려 주시겠습니까"라고 말한다.
②	복창하면서 주문표(메뉴북)을 보세요.	"예, 잘 알겠습니다." "○○가 몇 개 △△가 몇 개입니다."	• 고객이 상품의 이름을 말하지 않고 손가락으로 메뉴를 가리킬 때 이쪽에서 이름을 확인한다. • 배색과 배열을 명확히 할 것.
③	메뉴북을 보여준다.	"여기에 말씀하신 메뉴가 있습니다. 좋으신지요?"	미소(스마일) • 고객이 한가운데를 볼 수 있도록 각도를 조정한다.
④	포장을 해 준다.		• 필요한 라벨을 붙인다.
⑤	상품을 건내준다.	"오래 기다리셨습니다. 이것이 ○○○입니다."	미소(스마일) • 양손으로 정중히 건내준다.
⑥	계산금액을 고객에게 알린다.	"합계 ○○○원입니다."	
⑦	대금을 받는다.	(꼭 맞을 때) "예, 맞습니다." (거스름돈이 필요할 때) "○○○원 받았습니다. 거스름 금액이 ○○○입니다. 확인해 보십시오. 감사합니다."	미소(스마일) • 5천원권, 1만원권을 받았을 때에는 자석으로 레지스터 위에 놓아둔다. • 지폐가 여러 장일 때에는 반드시 펴서 놓는다. • 동전과 영수증을 소형 트레이에 넣어 건내준다(은행 등에서 사용). (가장 밑에 지폐, 그 위에 동전, 영수증 순으로 놓아둔다)
⑧	배웅을 잘 한다.	"감사합니다. 다음에 또 이용해 주십시오(또 들려주세요)."	• 가볍게 인사를 한다. • 고객이 출구를 나갈 때 다시 한번 인사한다.

주의사항

① 고객이 몇 명 기다리고 있는데 계속 오는 경우 내점순서를 생각하고 먼저 온 고객부터 접객한다(특히 2인석이 비어 있는데 3인 고객이 먼저 오고 2인 고객이 나

중에 온 경우, 편의에 따라 나중에 온 2인 고객을 안내할 때도 반드시 먼저 온 3인 고객에게 "좌석이 2인석밖에 없는데 2인 고객을 먼저 안내해도 되겠습니까?"라고 양해를 구하는 예의를 지킬 것).

일반적인 경우 나중에 온 고객에게 "죄송합니다. 잠시(10분 또는 5분)만 기다려 주시면 좌석을 만들어 드릴 수 있습니다"라고 안내할 것.

② 장시간 기다린 고객에게는 "오래 기다리셨습니다"라고 분명하고 정중한 어조로 말하고 머리를 깊이 숙여 접객을 시작한다.

③ 1만원 고액현금을 받았을 때에는 "1만원 받았습니다"라고 반드시 확인하고 고객이 거스름돈을 확인하고 수령한 후에 지폐를 금전등록기에 넣을 것(이때 지폐가 흩어지지 않도록 자석으로 된 용구를 사용할 것).

④ 고객이 돌아갈 때에는 등을 향하여 가볍게 인사하는 것이 중요하다. 얼굴이 보이지 않아도 고객은 등뒤의 느낌을 감지한다는 것을 잊어서는 안 된다.

⑤ 자기가 담당한 고객이 아니더라고 돌아가는 고객에게 정중한 자세로 목례를 하고 가까이 있을 때에는 분명한 발음으로 "안녕히 가세요. 감사합니다"라는 인사를 할 것.

접객서비스 사례(FR)

〔1〕 **환영인사(Greeting)와 객석안내(Seating)**

(1) 기본적인 안내방법

번호	순 서	용 어	동 작
①	인사를 한다.	어서 오세요. 안녕하세요. (상황에 따라 구분사용)	• 입구 문밖에 고객이 보이면 객석 상황을 파악해 메뉴북을 사람 수에 맞추어 준비한다.
②	사람(고객) 수를 확인한다. (고객수를 알 수 있다면)	몇 분이신지요? 몇 분이십니까? (고객 3명이 내점하면) 3명이시군요.	
③	객석으로 안내한다. (객석이 만석일 때) (고객이 희망하는 좌석을 안내할 때)	이쪽으로 오십시오. 지금 ○명의 좌석은 잠시 기다려 주십시오. 이쪽으로 오십시오.	• 고객보다 2~3보 앞에서 몸을 약간 구부려 고객과 보조를 맞추며 걷는다. • 걸어가면서 테이블 담당자에게

			고객수를 손으로 신호할 것. • 테이블을 손바닥으로 알려준다.
④	메뉴북을 건낸다. (끝나면 착석을 도움)	메뉴북이 여기 있습니다. 바로 담당자를 오도록 하겠습니다. 잠시 기다려 주십시오.	• 메뉴북을 한 사람 앞에 한 개씩 제시한다.(인수에 맞춰서) (보조테이블, 보조의자를 준비하고 이동 가능한 의자는 일단 끌어내어 앉는 시점에 맞춰 제공한다)
⑤	담당자와 인수인계 한다.	○번 테이블 ○명 손님 부탁합니다.	• 담당자와 인계 확인을 할 수 없을 때에는 담당자가 있는 곳까지 가서 확인을 해 준다.

(2) 안내할 때 유의해야 할 사항(사례)

① 새로 고객이 내점할 때에는 전원이 "어서 오세요"라고 인사를 한다.

② 마음으로부터 우러나오는 '스마일'은 직원의 가장 중요한 도구다. 아무리 많은 미소를 지어도 1원도 소요되지 않으며 고객의 식사 즐거움을 증대시킬 수 있는 것이다.

③ 더러워진 테이블에는 아무리 바빠도 안내하지 말 것. 항상 뒷 처리가 깨끗이 정리된 테이블에만 고객을 안내할 것.

④ 고객 수에 맞춰 테이블에 안내한다.

　(예) 1~2명…2인석　　3~4명…4인석　　5~6명…6인석

⑤ 각 에리어별로 골고루 안내하여 각 담당자의 업무가 편중되지 않도록 유의한다.

⑥ 고객이 희망하는 좌석이 정리되지 않았을 때에는 그 이유를 설명하고 준비가 된 다음 좌석으로 안내한다.

⑦ 거동이 불편한 고객이나 고령층 고객이 내점했을 때에는 우선적으로 입구에 가까운 테이블로 안내한다.

⑧ 어린이를 데리고 온 고객에게는 "어린이용 의자를 준비할까요?"라고 안내한다.

⑨ 한가한 시간대에는 가능한 한 고객이 희망하는 좌석으로 안내한다.

⑩ 어린이 동반 고객에게는 착석할 때 어린이가 먼저 착석하도록 도와준다.

⑪ 테이블이 전부 사용되고 있을 때

　㉠ "죄송합니다만 지금 만석입니다. 약 5분 정도 기다려 주시면 좌석을 만들

어 드릴 수 있습니다"라고 설명한다.(고객의 의사를 묻는 식으로)

ⓒ (대기하고 있겠다고 할 경우) "잘 알겠습니다. 테이블이 나오는 대로 안내해 드리겠습니다. 성함을 알려주시겠습니까?"라고 하면서 대기석으로 안내할 것.

ⓒ (테이블이 비었을 때) "오랫동안 기다리셨습니다. 좌석준비가 되었으니 안내 하겠습니다"라고 말하며 안내한다.

ⓒ (기다리지 않겠다는 고객에게) "대단히 죄송합니다. 다음 기회에 뵙겠습니다" 라고 인사하고 고객의 뒷모습에 가볍게 인사하며 보낸다.

⑫ 테이블이 만석이 되어 기다리는 고객이 있는데 나중에 온 고객이 안내 없이 착석할 때에는 "대단히 죄송합니다만 손님보다 먼저 와서 기다리는 분들이 계 시니 그분들을 안내해야 합니다"라고 인사하며 "잠시 기다리시면 좌석을 만들 어 드리겠습니다"라고 하면서 먼저 오신 고객을 순서대로 안내한다.

⑬ 만약 고객이 안내하지 않았는데 뒷처리가 안된 좌석으로 가서 앉을 때에는 "지 금 정리해 드릴 터이니 잠시만 기다려 주십시오"라고 안내하고 가능한 빨리 테 이블을 정리하고 바로 메뉴를 건네준다.

⑭ 고객이 안내한 테이블이 아닌 다른 테이블을 희망할 때에는 "잘 알겠습니다"라 고 기분 좋게 응대하며 고객이 지정한 테이블로 안내한다.

⑮ 고객이 부를 때에는 아무리 바빠도 움직임을 멈추고 고객에게 눈을 돌려 "잠시 기다려 주십시오. 담당자를 부르겠습니다"라고 하면서 즉시 담당자에게 연락 한다.

(6) 점포의 일반 룰 작성법

보통 회사에는 '취업규칙'이라는 것이 있어 직원의 출퇴근, 휴가, 근무요령 등 을 규정하고 있는데, 외식점포에도 이와 유사하게 점포근무에 따른 기본수칙 또 는 룰(rule)이 있다.

이것은 점포의 실질적인 관리를 위하여, 또는 신입 및 일반직원의 교육을 위한 기초자료가 되며, 보통은 소형책자로 만들어 직원 누구나 소지하고(파트타임 및 아 르바이터 포함) 수시로 읽어 이 기본 룰대로 업무가 이루어지도록 한다.

업태·업종, 점포의 규모, 본사조직의 규모에 따라 이 '점포운영 기본 룰'은 내용이

다르나, 일반적으로 다음의 내용을 포함한다(보통은 핸드북의 형태로 제작되고 있다).
- 우리 점포 성장의 기본 축
- 우리 점포의 운영방침
- 우리 점포 직원의 기본수칙 5가지
- 우리 회사가 요구하는 사원상(社員像)
- 우리 점포가 지향하는 기본 컨셉
- '기본 룰' 또는 '핸드북'이용방법
- 회사연혁
- 경영진의 경영철학 및 사회경력
- 점장과 주방장의 업무지시에 따른 업무집행자세
- 근무시간의 결정 및 근무시간표 작성요령(정사원 휴무일 및 아르바이터 근무시간표 작성요령 등)
- 출근예정표 작성사례(표)
- 아르바이터 시간급 지급요령
- 우리 점포 기본 접객 용어
- 스마트한 인사방법(그림 및 표 포함)
- 남자직원의 복장관리요령
- 여자직원의 복장관리요령
- 전화받는 요령
- 우리 점포 메뉴 및 메뉴단가표
- 객석(floor)에서 접객시 주의사항
- 주방내 작업시 주의사항
- 우리의 결의
- 메모란 등으로 구성되어 있다.

점포기본 룰 : 근무요령(사례)

　본 핸드북은 우리 A체인에 근무하는 모든 직원이 즐겁고 유쾌한 마음으로 근무할 수 있는 분위기 조성을 위해 작성된 것입니다. 귀하는 이를 철저히 숙지하여 실천하고 또 신규사원이나 후배사원이 잘 이해하지 못할 때에는 선배로서 친절히 지도하고 후배사원은 선배사원에게 겸손하게 묻는 자세를 갖도록 해야 합니다.

질책보다는 선도, 화를 내기보다는 미소와 설득으로 점포분위기가 항상 밝고 명랑하게 되도록 노력합시다.

1. 회사개요

① 우리 회사는 ○○년도에 설립하였고 당시 본사 사무실은 서울특별시 ○○구 ○○동이었다.

② 19○○년 5월 현재의 사무실로 이전하였고 창업후 3년이 지난 현재 직영점 12점포, 체인가맹점 17점포 합계 29개 점포로 동일업계의 선두주자로 자리 매김하고 있다.

③ ………… ④ 추가내용 기록

2. 점포조직도

점장, 부점장, 주방실장, 사원(조리팀 및 객석 서비스 팀으로 나눈 인명)을 기록한 조직표.

3. 우리 점포 서비스의 기본자세

① Good Food(맛있는 식사)

② Cheerfulness(기분을 최고로 좋게 하는 서비스)

③ Cleanliness(청결감이 넘치는 점포분위기 연출)

④ Efficiency(능률적인 작업진행)

4. 우리 점포의 팀워크 특성

① 팀워크(team work)란 무엇인가?

경영주(또는 점장)를 중심으로 이루어지는 '팀워크'는 그것이 잘 이루어졌는지 아닌지가 바로 고객에게 민감하게 감지된다.

점포에서 근무하는 직원들이 서로 '마음'을 터놓고 존중하여 한 사람 한 사람 모두가 합심협력하고 5명이 한 팀이 되어 7명이나 8명의 실력(실적)을 보이도록 해야 한다.

팀워크가 우수한 점포는 고객에 대한 서비스도 자연스럽게 훌륭한 수준으로 이루어진다.

이러한 점포내의 '팀워크'가 잘 이루어지도록 하기 위해서는 직원 각자가 자기의 입장과 상대의 입장을 알고 '상호 신뢰하고 존중하는 것'이 중요한 요소가 된다.

　　무엇보다 상대의 입장에 서서 상대를 이해하는 자세 : On your point가 더 요구된다.

　　우리 점포에서 이루어지는 모든 업무는 다른 직원과 연결된 업무를 어떻게 서로 존중하며 솔선수범하고 협조하는가에 따라 그 성과가 크게 달라질 수 있음을 잘 인식해야 한다.

② 팀워크가 잘 이루어지도록 하기 위해 지켜야 할 수칙은 다음과 같다.

　　㉠ 점포에서 규정한 보고, 연락, 상담일정을 준수할 것.

　　㉡ 상사는 부하를, 부하는 상사를 '서로 신뢰하고', 특히 상사는 부하로부터 신뢰받을 수 있도록 의식적으로 노력할 것.

　　㉢ 점포직원 전체가 항상 '신뢰와 존중'하는 분위기 만들기에 노력할 것.

　　㉣ 부여된 업무는 마지막 마무리까지 '자기의 책임하에 집행한다'는 마음가짐을 갖도록 할 것.

　　㉤ '약속한 일'은 꼭 준수할 것.

③ 출퇴근 요령

　　㉠ 직원의 근무시간은 '근무예정표에 기재된 시간'에 따라 실시할 것.

　　㉡ 점포의 사정 또는 업무상 필요에 따라 근무시간을 변경하는 경우에는 본인과 사전협의에 의해 시간을 조정할 것(점장 또는 경영주가 일방적으로 근무시간의 연장 또는 변경을 해서는 안된다).

　　㉢ 출근요령

　　　• 출근시간은 늦어도 '근무예정시간 10분전'에 입점 완료되도록 할 것.

　　　• 입점시에는 점포에서 지정한 유니폼으로 갈아입고 타임카드가 있을 때에는 카드를 입력시키거나 출근부가 있을 때에는 출근부에 기록할 것.

　　　• 근무에 들어가기 전에는 반드시 '손을 씻고(규정된 소독제를 사용한다)' 거울 앞에 서서 복장과 손톱의 청결상태와 정돈상태를 확인할 것.

　　　• 근무시간이 되면 책임자 또는 점장에게 '○○지금부터 근무 시작합니다'라고 말해 근무확인을 받을 것.

　　㉣ 식사와 휴식

　　　• 근무시간표에 정해진 시간대로 행할 것.

- 식사, 휴식에 들어갈 때에는 반드시 책임자(자기분야)에게 신고하고 승인을 받도록 할 것(고객이 예상보다 많이 입점할 때에는 서로 상의하여 식사 및 휴식시간을 조정할 것).
- 휴식시간에는 휴식실에 마련된 '서비스 관련 VTR'을 보며 공부할 것.
- 휴식 중 외출시에는 반드시 상사의 승인을 받고 행할 것.
- 식사, 휴식시간이 끝나 근무에 들어가기 전에 반드시 손을 씻고, 복장과 손의 위생상태를 아침 근무에 들어갈 때의 요령대로 정리정돈할 것.

㉤ 퇴근요령
- 업무의 뒷처리까지 완전히 처리한 뒤에 퇴근할 것.
- 타임카드는 유니폼을 입은 상태에서 행할 것.
- 퇴근시에는 반드시 다음날 자기의 근무시간표를 확인할 것.
- 사복으로 갈아입은 뒤에는 가능한 빨리 퇴근할 것. 근무중인 동료와 사담을 삼갈 것.

㉥ 조퇴 · 지각 · 결근
- 스스로 판단하여 조퇴, 지각할 사유가 발생할 경우 하루 전에 책임자에게 알려 승인을 받을 것.
- 예상치 못한 사태로 긴급히 조퇴, 지각을 하지 않을 수 없을 때 즉시 책임자에게 연락할 것
- 무단결근, 무단지각을 3회 이상 했을 때에는 근무에서 제외시키거나 결근 1회로 처리함.
- 부상 또는 몸에 이상이 있을 때에는 가능한 빨리 책임자에게 알려 적절한 조치를 취할 수 있도록 할 것.

㉦ 직장내의 호칭과 인사말
- 점포내의 호칭
  - 상사는 직명을 부른다.
    예 : 사장님, 실장님. 점장님, ○○님
  - 동료나 부하직원은
    예 : ○○씨, 미스터 김, 미스 양, 연배의 여성직원은 반드시 ○○씨라고 부르며 호칭에 유의한다. "아줌마," "야, 영식아" 등 비하의 의미가 포함된 호칭을 부르는 것은 예의가 아니며 아주 저급한 직장

분위기를 만들기 쉽다.

- 점포 내에서의 인사하기
  - 출근시에는 "안녕하세요" 또는 "안녕하세요, ○○님"
  - 식사, 휴식시간에는 미소와 함께 "안녕하세요"라고 반드시 소리내어 인사한다.
  - 동료에게 무엇을 부탁할 때, 일을 의뢰할 때에는 "○○씨 부탁합니다"
  - 퇴근 시에는 "먼저 퇴근합니다," "수고하세요"

　　　동료 간의 간단한 인사 한마디는 전체 직원의 '대화의 장' 마련에 중요한 역할을 하게 되고, 점포내의 인간관계 형성에도 큰 도움을 준다. 상호신뢰, 따뜻한 직장분위기를 만들기 위해 이러한 기초적인 수칙을 철저히 교육시켜 이행할 필요가 있다. 그런데 실상은 이런 간단한 예절을 잘 지키지 못하고 있는 경우가 많다.

④ 기본수칙

　㉠ 몸가짐

　　　음식점의 직원은 항상 몸의 청결을 유지하여 남에게 불쾌감을 주지 않도록 주의하여야 한다. 직원 몸가짐의 청결감은 경영주의 품성과 깔끔함이 어느 수준인지를 가늠할 수 있는 좋은 본보기가 된다.

〈남자직원 유니폼 착용 룰(사례)〉

① 유니폼, 신발, 양말
- 점포에서 지정한 유니폼을 착용한다.
- 지정된 명찰을 오른쪽 가슴에 부착한다.
- 항상 세탁한 청결한 상태로 착용한다.
- 바지는 구겨지지 않도록 하여 착용한다.
- 구두와 양말은 검은색 또는 회사에서 지급하는 것만 착용한다(슬리퍼 등은 어떠한 경우에도 착용해서는 안 된다).
- 주방용 신발 또는 장화 등은 지정된 것, 착용을 허용한 사람, 착용시간에 한해 착용한다(특히 장화 등은 청소시간에 한해 착용할 것).

② 두발·얼굴·손톱
- 퍼머넌트한 머리는 피할 것.
- 두발은 귀를 덮지 않는 상태, 뒷머리는 어깨에 닿지 않는 길이로 할 것.

- 머리 염색은 가급적 하지 말 것.
- 빗으로 정갈하게 정리한 머리를 유지할 것.
- 턱수염, 콧수염은 절대 엄금한다.
- 손톱은 짧게 깎고, 손톱 밑은 깨끗이 씻어 위생적인 상태를 유지할 것.

〈여자직원 유니폼 착용 룰(사례)〉

① 유니폼, 구두, 양말
- 점포내에서는 정해진 유니폼을 착용한다.
- 지정된 명찰을 오른쪽 가슴에 착용한다.
- 세탁된 것, 유니폼만을 착용한다.
- 구두나 신발을 꺾어 신어서는 안 된다.
- 스타킹은 살색에 가까운 것으로 착용한다.

② 두발·얼굴·손톱
- 화려한 퍼머넌트는 하지 않도록 한다.
- 어깨보다 긴 두발은 묶어서 작업에 임한다.
- 두발은 염색을 요란하게 하지 않는다(젊은 세대의 염색풍속을 어느 정도는 이해하여 허용범위를 정하되, 지나치게 튀는 염색은 피할 것)
- 화장은 엷게 한다.
- 입술컬러는 엷은 핑크색으로 하고 흑갈색 등 혐오감을 주는 개인화장은 영업시간내에는 금한다.
- 귀걸이, 반지는 착용을 금한다.
- 손톱은 짧게 한다.
- 메니큐어는 하지 말아야 한다.

ⓛ 사고, 도난시의 업무처리 요령

사고나 도난이 발생할 때에는 재빨리 경영주나 책임자에게 보고할 것.

ⓒ 물품의 분실이 일어났을 때

물품의 분실(점포의 것이든 고객의 것이든 마찬가지다)이 일어났을 때에는 점포에서 정한 룰에 따라 경과를 기록 정리하여 보관하고 책임자 또는 관할 경찰관서에 신고한다(필요한 경우).

ⓔ 설비·집기·비품·상품·원자재

위의 품목에 대해서는 그 취급방법을 충분히 숙지하여 손실, 부패, 파손 등이 발생되지 않도록 하며, 경영주나 책임자의 허가 없이는 여하한 경우도 점포 밖으로 유출해서는 안 된다.

⑤ 금지사항

즐거운 기분으로 근무하고 명랑한 직장분위기를 위하여 근무 중에는 물론 근무하지 않는 시간에도 직원으로서 품위를 유지하며, 특히 다음의 사항을 철저히 지킨다.

㉠ 근무중일 때 해서는 안 되는 일

- 임의로 직장을 이탈하는 일
- 사적으로 전화하는 일
- 벽에 기대어 서 있는 일
- 모발에 손을 대는 일
- 친구나 지인이 내점했을 때 개인행동을 하는 일.
- 점포 안에서 뛰어 다니는 일
- 이유여하를 막론하고 점포 안에서 동료와 다투거나 언쟁하는 일
- 친구나 지인에게 무료로 점포의 상품을 제공하는 일
- 금전을 임의로 사용하거나 착복하는 일
- 타인의 유니폼이나 배지를 무단 사용하는 일
- 점포의 상품이나 원자재를 갖고 나가는 일
- 점포의 물건을 개인용도에 사용하는 일
- 음식물을 맛보기로 시식하는 일
- 점포 내에서 타인의 물건을 훔치는 일
- 점포 내에서 담배를 피우거나 코를 푸는 일

㉡ 근무시간 이외에 해서는 안 되는 일

- 휴일이나 근무시간외 점포에 불필요하게 남아 서성거리는 일
- 불평, 불만이나 타인을 헐뜯는 일
- 유니폼을 입고 통근하는 일
- 점포의 문서, 매뉴얼, VTR 등을 사외에 유출하는 일

⑥ 안전에 관한 유의사항

㉠ 가스가 누출되지 않도록 유의하고 영업이 끝난 후 체크표를 활용, 가스기기 잠그는 일을 철저히 할 것(담당자)

ⓛ 불을 사용하는 장소에 연소하기 쉬운 물건을 놓아두지 말 것

ⓒ 전기기기 가까이 물에 젖은 기기를 놓지 말 것

ⓔ 지진이나 화재시에는 가스 원전을 잠글 것

ⓜ 가열된 기름, 더운 물 등의 취급에 주의할 것

ⓗ 소화기의 사용방법을 전원 숙지할 것

ⓢ 소화기는 반드시 정기점검을 실시하여 냉매 등을 보충하여 둘 것

ⓞ 담배꽁초의 처리는 반드시 물이 들어있는 통을 사용하여 마지막 처리를 할 것

ⓩ 비상구를 확인하고 피난통로를 반드시 확인할 것

ⓣ 자전거. 오토바이, 자동차로 통근하는 사람에게는 안전운전에 유의하도록 철저히 교육할 것

ⓚ 칼(식도)의 취급은 특히 유의할 것

ⓔ 각 도어의 잠금을 확인할 것

조리매뉴얼(사례 1)

메뉴명	게크림 고로케		
분 류	튀김류		
매 가	3,500원	식재이익	2,356원
원 가	1,144원	칼로리	340kcal
원가율	32,7%	쿠킹타임	3분

사용식자재 내역				
사용재료	사용량	사용가격	비 고	유보율
게크림고로케	2개	954		100
파 세 리	2g	41		90
토마토케첩소스	30g	89		100
마요네즈	20g	60		98
토마토케첩소스(9인분)				
케첩	150g	645		98
물	100cc			
후지가라아지	10g	137		99
설 탕	10g	21		99

상 품 특 징
M사의 오리지널인 게크림고로케를 손작업으로 만든 특제 소스에 묻혀서 드신다. 볼륨감이 있는 상품이다.

입고 및 식자재 보관방법
• 게크림고로케는 해동불가
• 케첩소스는 입고시부터 냉장고에 보관한다.
〈케첩소스 9인분〉
케첩 150g, 물 100cc
후지가라아지 10g, 설탕 10g을 냄비에서 가열한다.
약간 걸축해지면 완료한다.
식힌 후 냉장고에 보관한다.
(홀딩타임 3일)

사 용 식 기	
v표 접시 (19cm)	
오더 읽기	가니 고로케
전표기입	가니 고로케

① 게크림고로케는 냉동상태로
175도 기름에 튀긴다(약 4~5분)

② 그릇에 케첩소스를 가
볍게 바른다.

※ 기름이 부글부글
끌어 오른 상태

③ 그릇의 중앙에 고로케를 놓고
마요네즈를 10g 넣고 고로케를 무친다.

④ 마지막으로 고로케의 위에 마요네즈를
10g 얹고 파슬리를 첨부하여 제공한다.

마요네즈

마요네즈

파슬리

식자재관리매뉴얼(사례 2)

식자재명	사용메뉴	식자재 발주 단위, 입고정리	보관 방법	맛 유지 기간
모시 조개	모시조개 사개훈제	모시조개는 판매예정수량을 미리 결정한다. 그에 맞추어서 발주한다. ① (모래가 나올 때) 우선 물로 씻어내고 손으로 문지르듯이 불순물 제거. 접시에 해수정도의 소금물을 넣어 랩핑후 냉암소에서 모래를 뺀다(약 2분). ② 충분하게 모래가 빠지면 뚜껑 있는 용기에 넣어 소금물과 같이 냉장고에 보관한다.	냉장고보관	2일
냉동 문어	문어무침 문어 카레쵸코 문어튀김	냉동으로 배송된 문어는 사용시에 해동한다. ① 머리와 동체를 분리한다. 칼을 넣는 위치는 눈 알로부터 1cm 정도 다리쪽을 택한다. ② 다리를 하나 하나 절단하여 랩핑후 냉동보관한다.	냉동보관 당일 사용분은 냉장보관	2일
냉동 오징어	오징어 통구이	해동되면 동체의 가운데로 손가락을 넣어 다리에 붙어있는 곳을 잡고 배 가운데를 꺼낸다. 동체를 물로 씻어 1매씩 랩핑해서 냉장고에 보관. 당일 판매 예상수량은 미리 해동한다.	냉동보관 당일 사용분은 냉장보관	3일

참 치	참치회	냉동배송된 참치는 나누어서 1개씩 랩핑해서 냉동보관한다. 또 당일판매 예상수량은 미리 자연해동해서 냉장고에 보관한다. ① 칼이 들어갈 정도로 반해동하여 껍질을 없앤다. ② 개별작업한 것의 크기는 폭 5cm, 두께 1.5cm로 절단한다.	냉동보관 당일 사용분은 냉장보관	2일
방 어	조리매뉴 얼참조	① 배를 눈쪽으로 놓고 가슴지너러미 아래를 절단한다. 배쪽으로 칼을 향하게 하여 배가운데 창자를 꺼내고 물로 씻어낸다. 물기를 닦아낸다. 꼬리를 절단한다. ② 머리를 절단해버리고 몸지너러미에서 꼬리까지 배를 가른다. ③ 등쪽도 등뼈에 따라 절개하고 꼬리에서부터 가운데 뼈 위에까지 칼을 넣어 2매로 절단한다. ④ 반대측도 같이 작업한다. ⑤ 동체가 둥글기 때문에 껍질을 평평하게 해서 칼을 전후로 이동하며 절단자업을 한다.	냉장보관	2일
빈도로	도로춘권 도로튀김	냉동배송된 도로는 당일사용분을 물로 잘 씻어서 냉장고에서 약 5분 정도 방치한다. 물기가 뚝뚝 떨어지면 물기제거용 종이로 싸서 냉장고에 보관한다.	냉동보관 당일 사용분은 냉장보관	2일

드링크류 레시피(사례 3)

상품명	콜라	식자재	유보율	사용컵
판매가	2,500	콜라 1병 630원	100%	
원 가	630			
원가율	25.2%			
식재이익액	1,870	레시피		
오더용어	콜라	1. 글라스에 콜라를 넣는다		
점표기입	콜라	2. 얼음을 5~6개 넣어서 제공한다		칵테일 글라스

상품명	칼피스	식자재		유보율	사용컵
판매가	2,500	new칼피스 30cc 177		100%	
원 가	177	얼음 120cc		100%	
원가율	7.1%				
식자재이익	2323	레시피			
		1. 글라스에 new칼피스를 30cc 넣는다.			
오더용어	칼피스	2. 물 120cc 넣는다.			
전표기입	칼피스	3. 얼음을 5~6개 넣어 가볍게 섞어서 제공한다.			칵테일글라스

상품명	오렌지주스	식자재	유보율	사용컵
판매가	2,500	1. 오렌지 100% 150cc 300	100%	
원 가	300			
원가율	12%			
식자재이익	2,200	레 시 피		
오더 용어	오렌지주스	1. 글라스에 오렌지 100%를 150cc 넣는다.		
전표기입	OJ	2. 얼음을 5~6개 넣어 제공한다.		칵테일글라스

칼작업요령 도해(사례 4)

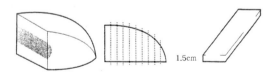

참치

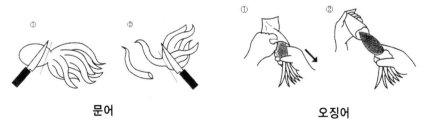

문어   오징어

실무편

FRANCHISE

　　이제까지 우리나라 외식프랜차이즈업계의 현상(특히 문제점중심), 프랜차이즈본부 구성방법, 프랜차이즈 경영전략과 마케팅전략, 외식프랜차이즈 매뉴얼 등 주로 프랜차이즈에 관한 원론적인 내용을 기술해 왔다.

　　앞으로는 이 이론적 기술내용을 바탕으로 하여 실제 프랜차이즈본부나 점포단위에서 실행해야 될 실무내용, 프랜차이즈 관련법규와 실무연결문제 등 체인본부나 체인가맹점으로 사업을 전개하려는 분들에게 도움을 줄 수 있는 내용으로 기술할 예정이다. 가능한 참고할 수 있는 도표와 각종 양식(樣式)을 많이 소개하여 실무파악에 도움이 되도록 하였다. 또한 앞으로 기술할 내용은 주로 본부운영이나 가맹점 운영을 하려는 초심자가 평이하게 읽을 수 있는 내용으로 꾸몄기 때문에 보다 높은 수준의 이론을 연구하려는 분들에게는 별로 참고가 되지 않는다는 점을 분명히 밝혀둔다.

CHAPTER

07

프랜차이즈 패키지 구성과 프랜차이즈계약서 작성포인트

1-1. 개업자금의 설정방법

프랜차이즈 가맹점을 운영하려는 것은 개인이 독립하여 생계를 꾸려가려고 할 때와 법인이 업종다양화 전략의 하나로 새로운 사업을 시작하려는 경우가 일반적인 패턴이라고 생각된다. 개인이 독립하여 운영하는 점포는 가맹점사업자가 경영자이거나 점장으로서 점포를 직접 경영하는 오너 경영체제이며 법인의 체인사업자는 경영다각화의 하나로 가맹하기 때문에 그 나름대로 패키지 구성에 약간의 상이점이 있을 수 있다. 특히 개업자금 조달방법이나 인재구성 등에서 차이가 날 수 있다.

개업자금 설정을 어떻게 해야 하는가는 창업초기에는 큰 관심사가 아닐 수 없다. 그러나 안타깝게도 지금까지 어떤 정부기구나 연구단체에서도(외식분야뿐만 아니라 타산업 분야에서도) 프랜차이즈의 업종별·업태별로 초기투하자금 규모에 대한 통계자료를 정확하게 발표한 적이 없어 투자가들이 프랜차이즈본부를 비교분석하거나 초기투하 자금내역을 비교 분석하여 본부를 선택할 수가 없었다. 그러나 최근 한국프랜차이즈협회 등에서 업종·업태별로 이에 대한 기초통계자료를 집계하여 발표한다고 하니 그나마 다행이 아닐 수 없다. 구체적으로 모든 업종·업태별 자료가 만들어지려면 더 많은 연구가 필요하다고 생각된다. 일본, 미국 등 선진국에서는 업종·업태별로 초기 투하자금에 관한 통계자료가 연구단체나 협회 중심으로 파악되어 언제 어디에서도 간단하게 인터넷에 접속하거나 업계정보지를 통해서 명확히 알 수 있는 데 반해, 우리의 현실은 아직도 이러한 수준에 이르지 못하고 있는 점 실로 안타까울 뿐이다. 여기서는 타업종 일부와 외식업의 몇 가지 업태에 관한 초기의 항목별 투자내역을 비교하는 정도로 초기 투하자금 항목을 정리하기로 한다.

〈표 1〉 서비스업의 프랜차이즈 창업자금 사례　　　　　　　　　　　(단위 : 천원)

	내외장비	비품설비	가맹금	보증금	교육비 기타	합 계
영어기초학원		1,400	4,400	초기홍보비 2,000	초기상품비 800	약 96,000원
DPE점포		45,000	10,000			약 55,000원
PC방						약 145,000원
비디오대여	9,000	7,000 간판 2,500	4,500		초기물품비 15,000	약 38,000원
실내클리닝		9,500	2,000		초기상품비 1,500	약 13,000원
미용, 피부관리	20,000	비품 600 간판 1,500	2,000	홍보및전단 1,000	초기상품비 20,000	약 45,000원
비만클리닝	2,000		500	2,000	초기상품비 8,500	약 13,000원

※ 위 표는 같은 업종이라도 점포 규모에 따라 차이가 있으며, 점포획득에 필요한 보증금 부분은 생략했고, 인테리어 투자내용도 평균적인 금액이거나 파악이 불가능한 것은 생략하였다. 개략적인 투자내용을 알기 위한 참고자료로 취급하여 주기 바람.

〈표 2〉 유통·소매업의 프랜차이즈 창업자금 항목 사례　　　　　　　(단위 : 천원)

업 종	내외장비	비품비	가맹금	보증금	교육비 기타	초기물류비	합 계
편의점	30,000	5,000	3,000	개업준비금 2,500		5,000	45,000원
한복대여점	15,000			15,000		45,000	75,000원
건강식품							10,000원
침구가구류	20,000		10,000	30,000		20,000	80,000원

※ 건강식품 등은 특별히 인테리어 등의 투자가 불필요. 편의점은 운영형태나 규모에 따라 차이가 큼.

〈표 3〉 외식업체 프랜차이즈 점포 창업자금 사례 (단위 : 천원)

	내외장비	비품비	가맹금	주방기기	교육비 기타	합 계
한식갈비	30,000 간판 3,000	2,000	5,000	3,000	홍보비 500	약 43,500원
커피전문점	14,000	간판 1,000	4,000	17,000	홍보비 1,000	약 39,000원
샌드위치	13,000	간판 2,000	3,000	9,500		약 28,500원
제 과 점	20,000	7,000	2,000	30,000	300	약 59,300원
치킨전문점	12,000	설비공사 1,000	5,000	13,000		약 31,000원
우동국수 전문점	12,000	1,500	5,000 보증금 1,000	5,600	이벤트행사비 1,000	약 26,000원
김밥전문점	13,000	간판 3,000	5,000 보증금 2,000	7,000		약 30,000원
피자전문점	10,000	간판 3,000 전기공사 2,500	3,000	15,000	홍보비 3,000	약 36,000원
간이주점	52,000		10,000	8,600 보증금 3,000	초도물류 6,000	약 79,6000원
더덕순대	20,000	간판 3,000	3,000 보증금 2,000	7,500	홍보비 2,000 초도물류 1,000	약 38,500원

※ 위 표의 외식프랜차이즈 점포의 투자비용도 소규모점포 중심으로 선별하여 기록한 것임으로 본부별, 점포규모별로 투자금액은 차이가 있으며 점포획득에 필요한 투자비는 제외한 내용임.

1-2. 로열티 설정방법

로열티란 가맹체인점이 가맹계약을 체결한 후 영업을 개시한 뒤 일정기간마다 계약서에 정한 바에 따라 가맹본부에 지급하는 기술 및 상호, 상표 등의 사용에 대한 대가, 가맹점을 계속적으로 지도 원조하는 대가로서 생각되는 것이다.

그 산정방식은 매월 일정액을 정한 정액식(定額式)과 매출액에 일정률을 곱해서 산출하는 정률식(定率式)이 있다.

정액식은 가맹점점포의 규모에 따라 차등금액을 지급토록 하는 방식과 모든 점포를 동일금액으로 하는 방식, 또는 대도시와 지방도시에 따라 차등금액을 적용하는 방식이 있다.

일반적으로 이 정액법을 적용하는 프랜차이즈본부는 간이주점과 라면전문점, 우동전문점, 소규모 택배전문점 등의 프랜차이즈에 많다. 그리고 이 정액법을 채택하는 이유는 본부가 가맹점의 판매고를 파악하기 어렵거나 가맹점의 판매실적을 상세하게 파악하기 어려운 시스템인 경우, 즉 체인으로서 본부시스템이 정립되지 않은 상태이거나 취약성을 갖고 있을 때 채택되고 있는 경우가 많으며, 본부의 시스템이 정립되지 못하고 유명무실한 본부가 난립하고 있는 시장의 혼란상황을 잘 나타내주는 현상의 하나라고 생각된다.

그 외의 이유로서는 가맹점의 업무가 시스템이나 자동화기계에 의한 작업보다는 주로 종업원의 개인적 기술이나 체력을 주로 하여 작업이 이루어지거나 경영자가 직접 현장에서 열심히 노력하여야 수익이 보장되는 업종에서 이 방법을 적용하는 케이스가 많다. 부부를 포함하여 가족 2~3명의 종업원으로서 점포를 경영하는 경우 시스템보다는 개인의 육체적 노력에 의해 운영되는 점포가 이 경우에 해당되는 체인인 경우가 많다. 우리 외식시장의 경우 김밥 전문 체인점 등이 이러한 업태에 속한다고 보나, 실제로 로열티를 정액으로 지급하는 예는 그리 많지 않은 것 같다.

이에 대하여 정률식은 외국의 외식프랜차이즈업체에서 가장 많이 채택하고 있는 방식으로서 가맹점의 매상고에 일정률을 곱해서 산출하는 방식이다. 전체 매상의 5~8%를 로열티로 정하고 있는 것이 미국, 일본의 외식기업에 많다. 우리나라의 경우는 3~5% 정도의 로열티를 받고 있으나, 세무처리 등의 애매한 문제, 가맹점들의 판매고 누출기피현상 등으로 이 정률법 적용은 상당히 어려운 여건에 있다고 생각된다.

외식산업은 아니지만 원가계산방식이 외식산업과 다른 완제품판매 중심의 콘비니언스 점포는 가맹점의 영업이익에 대해 일정률의 로열티를 적용하는 경우도 있다.

또 로열티를 징수하지 않고 식자재나 부자재판매금액에 일정률의 마진을 첨부해서 가맹점에 판매함으로써 로열티에 가름하는 금액을 징수하는 본부도 많다. 우리나라와 같이 영세업인 외식산업에 10%의 부가가치세를 납부해야 하는 여건에서는 대부분의 외식점포가 매출액노출을 꺼리는 경향이 있음으로 점포의 대소규모, 업태·업종구분 없이, 시스템의 정립에 관계없이 이 방식을 거의 모든 프랜차이즈본부가 채택하고 있는데, 본부의 입장에서는 가장 편리한 방법일수도 있지만, 식자재의 원가가 높아지고 시중가격보다 본부공급 식자재 공급단가가 높은 경우도 발생하여 가맹점과의 분쟁이 많이 발생하기도 한다

이렇게 되면 로열티는 본부의 기술과 노하우 및 상표·상호 사용에 대한 대가로 지급하는 것이 아니고, 단순히 본부가 공급하는 상품에 대한 대가로 인식되어져 프랜차이즈시스템 자체가 붕괴되어 버리는 우를 범하게 되기 쉬우며, 사실상 오늘날 우리 외식업계의 상당수의 본부가 이러한 상황에 처해 있다고 본다.

물론 본부가 가맹점을 계속적으로 지도하거나 원조할 필요가 없는 프랜차이즈는 로열티를 받지 않는다. 창업초기 간판이나 식자재 규격, 조리방법만 제공하고 1회의 기술용역료만 받는 업태가 여기에 속하는데, 우리나라에는 그리 흔하지 않은 형태이다.

어떻든 로열티는 본부가 가맹점을 관리하기 위하여 직원을 파견하거나 신제품 개발, 새로운 시스템을 개발하기 위한 재원으로 사용되는 금전이다. 본부가 로열티를 가맹점으로부터 징수하여 위와 같은 본부 고유의 업무를 집행할 수 있느냐 없느냐 하는 문제와 본부의 업무범위를 어떤 수준까지 행하느냐에 따라 로열티의 징수율이 정해져야 할 것이다.

선진국의 일반적인 로열티 징수율을 보면 소매업이 3%, 음식업이 6%, 서비스업이 10% 정도가 평균적인 수치이다. 왜 이러한 수치가 적용되는가를 살펴보면 영업이익률이 높고 낮은 정도에 따라 로열티를 설정하지 않으면 본부의 수익이 적어지기 때문이다. 평균적으로 선진국에서는 영업이익률이 소매업 30%, 음식업 60%, 서비스업 90%가 평균이다. 본부가 가맹점에 공급하는 물품이 가장 많은 것이 소매업이고 서비스업이 가장 적기 때문에 이러한 관계에서 로열티의 산출률이 설정되어지는 것이다.

로열티는 뒤에 설명하는 가맹금과 같이 어디까지나 시중의 일반적인 수준을 기준으로 하나, 가맹점포의 영업실적과 영업이익의 정도에 따라 유사업체보다 높게 책정되거나 낮게 책정된다고 보아야 한다. 한때 미국의 맥도널드가 매상고의 8% +광고선전비 4% 합계 12%를 로열티 형식으로 징수했어도 가맹점희망자는 줄을 이었다. 그러나 한국의 맥도널드는 12%의 로열티 징수가 불가능하였다. 또 지금 미국 맥도널드는 로열티 8%를 징수할 수 있을 만큼 자신감과 영업실적이 좋은 것

이 아니다. 따라서 영업실적과 이익률에 따라 로열티의 요율이 결정된다는 논리가 성립되는 것이다.

1-3. 가맹금(가맹료)의 설정방법

가맹금 또는 가맹료는 가맹점이 가맹점계약에 의해 본부의 가맹점으로 가맹시에 본부에 지급하는 금액이다. 가맹금은 업종·업태에 따라 다르며, 유사업종이라도 본부의 역사, 점포의 손익의 크기, 시스템의 정립수준에 따라 차이가 있다. 가맹금은 본부가 가맹점에 대해서 계약에서 개업에 이르기까지 지도 원조를 하는 업무에 대한 대가로서 징수하는 것이다. 일반적으로 체인가맹점이 개업할 때까지 입지조사, 사업계획서 작성지도, 점포의 설계시공 감리, 연수교육 등을 행한다. 이러한 지원에 대한 대가로서 가맹점으로부터 징구하는 것이 가맹금이다. 따라서 가맹금은 개업초기 본부노하우에 대한 단 1회의 대가성이 있는 수익항목이며 영업의 진행중에 영업성과에 따라 계속적으로 본부에 지급하는 로열티와는 전혀 다른 수익항목인 것이다. 말하자면 본부 스텝진이 많은 기존의 업무를 집행하는데 특히 가맹계약을 한 가맹희망자에게는 창업의 초기임으로 많은 일을 전담하여 교육하고 지도하여야 원만한 창업이 이루어진다. 그만큼 경험 없는 가맹희망자에게 마음을 편히 가질 수 있도록 하기 위하여 많은 시간을 할애하여야 하는데, 그러한 업무집행에 대한 대가가 가맹금이다. 그런데 우리나라는 프랜차이즈사업에 관련된 법령에서 계속적으로 발생하는 로열티와 개업초기 일시적으로 발생하는 가맹금을 모두 가맹금 항목에 삽입하여 정리하고 있어 많은 논란거리를 남겨놓고 있다. 즉 초기의 교육내용과 영업의 계속진행과정에서 본부가 행하는 업무를 동일한 것으로 오해한 데서 오는 결과가 아닌가 생각되기도 한다. 이와 같은 법령 입안자의 가장 큰 실책은 가맹본부가 개점초기에 조리기술이나 관리기술만 교육하면 일년이고 이년이고 같은 기술로 영업이 가능한 것으로 착각한 데서 연유한 것이 아닌가 생각된다. 가맹금은 창업초기의 기술용역료이고 로열티는 계속영업에 필요한 기술과 신제품개발 추가교육지도에 대한 대가란 점을 확실히 인식하지 못한 데서 오는 오류라고 생각된다.

기업에 따라서는 가맹금을 전부 일괄하여 수익으로 처리하지 않고 교육연수비,

점포설계비, 시장조사비 등의 항목으로 하여 징수하는 경우도 있다. 우리나라 대부분의 외식프랜차이즈본부는 이러한 형식을 취하고 있다. 간단하게 판단해보아도 교육연수비와 점포설계비, 시장조사비 등이 계속영업중에 발생하는가 아닌가를 판단하면 가맹금과 로열티를 혼동하는 오류는 범하지 않을 것이라고 생각된다.

　가맹금의 설정방식은 여러 가지가 있겠으나, 유사한 업태의 결정방식과 비교하여 가능한 동일금액으로 결정하는 경향이 있다. 이것은 다분히 시스템적인 발상이 아니고 시장경쟁의 원리에 의해서 결정하는 방식이 될 것이다. 일반적으로 소규모 생업형 프랜차이즈는 3,000,000~5,000,0000원, 대형 기업형에는 5,000,000~10,000,000원 정도의 가맹금을 징수한다. 일본의 경우 생계형의 소형 프랜차이즈본부는 보통 50~100만엔, 대형 기업형인 경우에는 100~200만엔 정도의 가맹금을 징수한다.

　가맹금은 동일한 형태나 유사한 기업이라도 점포단위당 매상고가 높거나 영업이익이 많이 발생할 때에는 그 금액을 높게 책정하는 것이 일반적이다. 본부가 영업에 자신있는 경우라면 가맹금은 유사기업보다 높게 책정되는 것은 당연하다. 결국은 시장원리가 적용된다고 보아야 한다. 가맹금을 타 본부보다 많이 지급해도 그만큼 이익이 많이 발생하거나 가맹희망자가 경쟁적으로 많을 때에는 가맹금은 높게 책정되지 않을 수 없을 것이다.

　예컨대 한국의 L기업은 창업초기에는 가맹금을 5,000,000원으로 책정했으나 창업 15년 후에는 영업실적이 오르고 가맹희망자가 많아지니 가맹금을 10,000,000원으로 상향시켜 징수하였는데, 이는 단순히 물가상승요인이라기보다는 영업실적에 따른 자신감의 표시인 것으로 보아야 하며, 가맹희망자가 그만큼 많았기 때문에 결정한 것으로 보아야 할 것이다. 물론 기본은 어디까지나 시중의 일반적인 평균치가 가맹금 범위를 결정하는 지표가 된다는 전제에서 자신감을 나타낸 것이라고 보아야 하며, 단지 물가상승에 따라 무모하게 가맹금을 인상한 것은 아닐 것이다.

1-4. 보증금의 설정방법

　보증금은 가맹시에 본부가 가맹자에게 공급하는 각종 기자재 대금을 징수하기 위한 채권의 담보역할을 하는 본부의 가맹점에 대한 부채이다. 그것은 본부가 개업 후 가맹점에 제공하는 식품자재, 각종 포장재 및 영업에 필요한 소모품 등에 대하여 가맹점이 그 대금지급을 담보할 수 있는 일시 보관금의 성격을 갖는 금전이다.

그 설정범위는 점포의 월 평균매상고 및 본부의 물자공급 배송횟수 등에 의해 일반적으로 결정된다.

보통 월 2회 본부에서 물품대금지급을 요청하는 경우와 월 1회 대금지급을 요청하는 경우, 매일 물자공급시에 현금지급을 요청하는 경우 등 대금지급기한에 따라 설정범위를 정한다. 이렇게 보면 보증금은 본부가 공급하는 물품대금을 일정기간 그 지급을 연기하는데 대한 채권확보의 수단으로 가맹점으로부터 징구하는 것이며 회계계정상 본부의 채무에 해당된다.

예컨대, 월 평균매상고가 50,000,000원이고 각종 식자재 및 물품 공급가액이 전체 매출의 30%라면 월 평균 본부에서 공급하는 물자대금은 15,000,000원이 된다. 이를 월 2회로 분할 납부하게 하는 경우 1회 지급하는 본부의 물자 공급가액은 7,500,000원이고, 월 1회의 대금을 지급하는 경우 물자공급가액은 15,000,000원이 된다. 그런데 영업을 위해서는 일정수준의 기초재고액 및 대량주문에 대비한 특별재고량도 필요하다.

따라서 점포의 기본 발주량에 대해 월 2회 대금지급을 할 경우 7,500,000원보다는 많을 것이다. 또 이것은 평균 소요량이며 성수기에 매출이 증가할 때에는 이보다 더 많은 식자재 및 소모품들을 필요로 할 것이다. 따라서 위 점포의 경우 월 2회 대금지급을 행하고 연중 최고 판매액이 50,000,000원 수준이라면 다음의 범위에서 보증금 범위를 결정할 수 있을 것이다.

① 기초식자재 및 소모품제품 공급량 15,000,000원(판매액의 30% 해당액)
② 1회 지급물품대금 15,000,000÷2회=7,500,000원(50%)
③ 기초재고액 및 특별소모량 비축량 20% 1,500,000원(7,500,000원의 20%)
　합계(보증금의 설정범위)=9,000,000(②+③)원이면 적당할 것이다.

위 산식에서 일반적으로 지급기일별로 정한 채권액의 70% 정도를 보증금으로 산정하는 기업이 많다. 위 기업의 경우 월 1회 대금을 지급하는 경우는 보증금 설정범위가 18,000,000(9,000,000원×2)원이 될 것이다.

보증금은 물론 가맹계약이 종료되면 대금지급 및 기타 계약서상에 약정된 의무이행을 완료하면 보증금 반제조건에 따라 가맹사업자에게 반제하여야 한다. 그러나 기업에 따라서는 이 보증금을 가맹점에 대한 단순한 채권확보금액으로 취급하지 않고 가맹금은 단순히 상표·상호 사용권에 대한 대가로, 보증금은 본부가 개업시에 가맹점에 제공하는 노하우 등의 대가로 징구하는 케이스도 있음으로 가맹희망자는 계약시에 이 점을 잘 파악해야 할 것이다.

자금이 빈약한 체인본부 중에는 가맹점의 물품대금에 대한 담보와 관계없이 본부의 자금부족을 보충하기 위해 가맹점으로부터 일정액의 보증금을 징수하는 경우가 많은데, 체인본부가 도산하는 경우 회수가 불가능해져서 사회경제적으로 큰 문제가 되는 경우를 가끔 볼 수 있다. 가맹점 본부를 선택할 때 어떤 점에 유의해야 하는지를 알게 해주는 하나의 사례가 될 것이다.

그러나 가맹점과 본부는 공동운명체이며 상호신뢰를 존립의 기반으로 하기 때문에 반드시 가맹점이 창업시에 자금의 어려움이 있는 점을 감안하고 가맹점의 자금부담을 적도록 하기 위해서 또는 많은 가맹점이 본부사업에 가맹하도록 유도하기 위하여 현금보증금 대신 부동산 근저당을 설정토록 하여 각종 공급품의 대금지급에 대한 채권확보수단으로 채택하고 있다. 더구나 경쟁이 격심해지고 가맹점 모집이 어려워질 때 소규모 현금 소지자를 본부의 가맹점에 가입토록 유도하기 위하여 주방기기 및 영업비품 등에 대해 리스나 렌탈업무를 집행할 경우 이에 대한 채권확보방법으로 현금대신 부동산 근저당을 설정하여 보증금에 갈음하는 방법을 연구해보는 것은 바람직한 일이라고 생각된다. 또한 현금보관시 발생하는 이자문제, 현금보관에 따르는 세무처리방법 등의 문제도 단순한 것이 아니다. 엄격히 따지면 가맹금은 가맹업자가 본부에 일시적으로 보관한 상태임으로 어디까지나 가맹자의 자산이다. 일정기간 보관 중에 발생한 법정이자 청구를 할 수 있는 소지는 충분히 있다고 볼 수 있다.

따라서 어떤 기업에서는 연말에 일정액의 법정이자를 가맹점사업자에게 지급하기도 한다. 우수한 체인본부는 이러한 문제발생의 소지를 없애고 가맹점의 창업자금부담을 덜어주기 위해 부동산 근저당설정으로 채권확보를 하는 경우가 일반적이다. 이에는 현금보증금과 달리 채권액 외에 쟁송사건처리에 따르는 기간을 고려(이자 및 소송비용)하여 일반적으로 월 평균 원자재 공급가액의 120~150%의 최고한도액을 정하고 여기에(최고한도액) 근저당권을 설정하고 있다. 토지나 건물 등의 등기부등본의 (갑)구란은 소유권 변경을 기록하고 있고 (을)구란은 채권채무의 내용이 기록되어 있는 것으로 "○○은행 2002년 월 일 근저당권설정 ○○○원"이라고 기재되어 있는데, 이 금액은 실재 채무액보다 큰 금액이다.

우리나라의 '주택임대차보호법'에서는 주택임대차에 그 등기가 없는 경우에도 임차인(賃借人)의 권리를 강화하기 위하여 임차인에게 대항력을 인정하는데 그치지 않고 일정한 요건을 갖춘 임차인에게 순위(順位)에 의한 우선변제권을 인정하고 있다. 즉, 주택의 임차인은 주택의 인도(引渡·入住)와 주민등록(전입신고)을 마치고 임대차계약증서상의 「확정일자(確定日字)」를 갖추었을 때, 경매 또는 공매시 임차주택의 환가대금(換價代金)에서 후순위권리자 기타 채권자보다 우선하여 보증금을 변제받을 권리가 있도록 한 것이다.

여기서 임대차계약증서상의 〈확정일자〉란 공증인 또는 법원서기가 그 날짜 현재에 임대차계약서가 존재하고 있다는 것을 증명하기 위하여 확정일자부의 번호를 써넣거나 일자인(日字印)을 찍는 것을 말하며, 확정일자인을 받기 위하여는 임대인의 동의는 필요없다.

1-5. 개업자금 및 운전자금의 설정방법

상품이나 식자재 및 제품대금은 투자금액은 아니지만 개점 초기에는 가맹점의 자금계획에 포함시켜야 한다. 따라서 초기 운전자금을 어느 정도로 설정할 것인지를 지도하는 것도 본부의 중요한 임무이다. 흔히 주방기기나 인테리어 주방비품과 영업비품 등에 소요되는 고정투자는 팸플릿이나 프랜차이즈사업 설명서에 자세히 기재하여 설명하고 있으나, 개점초기 기타 필요한 자금까지 고려한 종합적인 자금계획을 설명하는 체인본부는 많지 않은 것 같다.

가맹본부는 종합자금계획서를 작성하여 이를 가맹희망자에게 알려야 한다. 간단히 사례를 들면 다음 표와 같다.

〈개업자금소요계획표〉

가맹관련자금	가맹금	5,000,000원	소계	8,400,000원
	교육비	400,000원		
	POS도입비	3,000,000원		
점포 내외장 설비공사	인테리어	40,000,000원	30평×평당@	1,300,000원
	주방기기	15,000,000원	소계	64,800,000원
	주방비품	5,000,000원		
	영업비품	4,000,000원		
	소방비품 기타	800,000원		
상품 · 비품대금	초기점포사입	5,000,000원	기존설비인수비 포함	
	기존품인수비	4,000,000원	소계	9,000,000
개업준비금	판촉비	2,000,000원	소계	4,000,000원
	개업행사비	1,000,000원		
	예비비	1,000,000원		
합 계		약 86,200,000원		

1-6. 표준수지계산의 산정방법

표준수지계산서를 정확하게 작성하여 가맹희망자에게 서면으로 제공하는 프랜차이즈본부는 거의 없는 것 같다. 무작정 고객이 많이 모이고 매출액만 높으면 개점하는 가맹점도 있다. 개점 후에 매출은 어느 정도 달성했으나 기대한 이익은 전혀 발생하지 않는다고 불평하는 체인점도 있으며, 같은 매출규모인데도 이익이 많이 발생하였다고 좋아하거나 매출규모에 비해 이익규모가 높은 수준인데도 불평불만을 말하며 본부를 불신하는 경영자도 있다. 특히 소규모 투자의 경우나 본부가 로열티 수익대신 식자재나 기타 자재에 일정 이익률을 더하여 각종 자재를 공급하는 경우에 이러한 불평 불만이 많이 나타난다. 이것은 가맹계약시에 가맹점의 표준수지내역을 설명하지 않았기 때문에 발생하는 오해이다

예컨대 소규모 생계형 체인인 경우 경영주 부부가 점포를 직접 운영하는 경우 본인들의 인건비를 비용에 포함하여 영업이익을 계상하였는지 여부, 주방의 조리 책임자의 인건비가 높을 경우 유사한 매출이지만 영업이익은 차이가 있을 것이다. 대형 투자점포는 매출이 많아 영업이익이 많이 발생하기 때문에 직원 한두 사

람의 급여가 큰 비중을 차지하지 않지만, 소규모 점포는 직원의 급여가 2백만원을 넘어서면 점포이익이 40% 정도 축소될 수도 있기 때문에 매출과 이익에 대한 상반된 생각을 갖게 되는 것이다. 따라서 처음부터 표준손익계산내역을 명확히 설명하는 것은 차후 발생할지도 모를 문제점을 없애기 위한 필수적 요건이다.

세무관계처리업무에 미숙한 소규모 점포에서는 투자금액과 비용을 구분하지 않고 현금으로 지출한 모든 항목을 일시에 비용으로 처리하거나 또는 현금지출이 이루어지지 않는 감가상각이나 자기자금이자 등은 비용으로 계상하지 않음으로 표준손익계산서상의 이익액과 현금잔고와는 일치하지 않는다. 이 점도 충분히 설명할 필요가 있다. 예컨대 저장품계정의 설정여하에 따라 당월의 손익은 그 만큼 차이가 발생한다. 따라서 누구나 잘 알고 있는 내용이라 하더라도 참고삼아 표준수지계산에 관한 몇 가지 점포의 계산방법을 설명해 보고자 한다.

① 세금신고시에 사용하는 계산방법(일반적인 회계처리방법)

사업의 수익에서 그 사업에 필요한 경비를 제외하고 추출한 잔액이 이익이 되는 것이다. 이 방법은 수익과 비용의 산정을 그 항목의 수익과 비용이 발생하는 시점을 기준으로 하여 행한다는 점이다. 소위 비용수익의 발생주의원칙이 적용된다는 점이다. 반드시 현금의 수익이나 지출에 국한하지 않고 현금의 증가 및 감소에 변화가 없어도 수익과 비용의 계산이 이루어지는 항목을 포함시켜 손익을 계산하는 방법이다. 예컨대 점포의 설비나 주방기기 등은 구입시에 전부 비용으로 처리하지 않는다. 사용가능한 기간이 있어 이를 내용연수로 하여 일정기간에 걸쳐 감가상각처리함으로써 비용을 기간배분한다. 또한 일시에 입고되어 장기간 사용하는 상품이나 제품도 저장품계정으로 하여 일정기간에 사용한 수량만큼 비용으로 처리한다. 이와 같이 기간수익과 비용을 철저히 계상함으로써 기간손익을 명확히 계산할 수가 있다. 세무와 관계되는 실무를 잘 모르는 가맹점사업자에게 이정도의 설명은 본부입장에서는 당연한 것으로 생각된다.

② 일반적으로 프랜차이즈 영업에서 사용하는 수지계산방법

전술한 발생주의계산방법 외에 현금수지를 기준으로 하여 현금수입에서 현금지출을 뺀 계산방법으로서 매월말 기준으로 남아 있는 현금을 이익금으로 처리하는 단순계산법이다. FC본부에서 사용하는 대부분의 표준손익계산은 이 방법을 채택하고 있다고 본다. 따라서 대부분의 수지계산은 기업초기에 지출하는 설비기구 등의 사용료에 해당하는 감가상각 항목이 없음으로 현금지출이 이루어지지 않아서 수익에서 제외되지 않게 된다. 특히 개업시에 다액의 설비자금이 필요한 경우 자기자금으로 이를 집행하고 그 후에 현금지출이 일어나지 않게 됨으로 초기에는 이익이 적게 발생하나, 일정기간 경과 후에는 영업이 활성화되면 이익이 크게 발생하는 것으로 나타난다. FC본부가 이 방법을 채택하는 이유는 간단하다. 현금 증가에 따른 이익을 계산해서 가맹점오너에게 매월의 잔액을 이익으로 하면 처음부터 영업상황을 이해시키기 쉽기 때문이다. 이 방법을 채택함에는 다음과 같은 주의가 필요하다.

첫째, 계산서상에 남은 현금잔고가 전부 가맹점오너의 이익이 아니라는 점이다.

프랜차이즈영업이든 개인사업이든 개업을 하여 이익이 발생하면 우선 개점에 필요한 원금을 회수한다. 이 회수방법으로 감가상각의 회계처리를 행하는 것이다. 그런데 수익에서 비용을 제한 잔액 전부를 생활비나 차입금 반제에 충당해버리면 5년 후 또는 10년 후에 차입금은 반제할 수 있어도 개업시에 사용한 자기자금의 원본은 남아 있지 않는다. 그래서 몇 년이 경과하여 점포가 낡아져서 개장을 해야 하는 때에는 다시 개점시와 같은 자금을 필요로 할 것이다. 가맹점으로 사업을 하는 사람은 이 점을 잊어서는 안 된다. 대부분의 가맹사업자가 영업이익을 최종 순이익으로 잘못 판단하기 때문에 표준손익의 결과에 대해 일희일비하는 것이다. 물론 적어도 프랜차이즈 체인을 경영하려는 사업자가 이 정도의 기본지식도 없겠는가 하는 반론도 있겠으나, 아직도 이 부분을 깊이 생각하지 못하는 사람들이 의외로 많다.

둘째, 경영주와 가족의 인건비를 포함한 경우의 손익문제이다.

체인가맹점의 경영주가 개인인 경우 총이익은 넓은 의미로 보면 모든 비용을 제한 금액임으로 경영주의 급여에 해당하는 내용이 된다. 일반기업에서는 경영자에 대한 급여를 미리 책정해두고 지급하고 있으나, 소규모 외식체인의 경영주 인건비는 범위가 설정되어 있지 않는 게 일반적이다. 또한 대부분 경영주의 인건비는 현금수지표에 계상되지 않음으로 그만큼 이익액은 크게 나타난다. 일반적으로 FC 수지계산에는 경영주가 1인 정도 근무한다는 전제에서 계산한다. 경영자의 근무여부에 따라 이익의 결과가 크게 나타나는 업무스타일이다. 오너가 열심히 장시간 근무하여 파트타임 아르바이터 등의 인건비를 감소시키면 감소하는 정도만 큰 이익이 형성되는 것이 소규모 FC사업인 것이다. FC본부가 감안해야 하는 점은 자기체인의 업무내용이 별도의 조리사를 두거나 점포책임자를 두어야 하는 시스템인가 아닌가를 아는 이상, 별도의 조리기능인을 둘 필요가 없는 점포라면 FC사업의 성격상 이익은 전부 오너의 일한 대가, 즉 급료임으로 이를 별도로 비용에 포함하지 않고 계산하는 것이 표준 모델임을 설명해주어야 할 것이다.

② FC계약서 작성포인트

FC사업을 시작함에는 필요한 FC계약서, 법정표시의무(우리나라의 경우 정보공개서), 가맹안내서 등이 기본적으로 필요하다. FC계약서는 체인본부기업의 컨셉이나 업태에 따라 내용을 달리하고, 법정표시의무는 FC에 관한 법령의 정하는 바대로 작성되어야 하며, 가맹점안내서는 본부의 사정에 따라 법령에 정한 범위 내에서 핵심사항만 기록하여 작성하거나 볼륨을 크게 하여 작성할 수 있다. 이하 사례를 중심으로 위의 3개 항목을 설명하고자 한다.

2-1. 가맹계약서의 작성방법과 사례

가맹계약서는 생각하기에 따라서는 아주 대단한 내용이 아니다. 계약서보다는 가맹본부 시스템의 우수성과 본부경영층이나 간부진의 의식문제, 그리고 최종적으로는 가맹점사업자의 경영에 대한 열의와 노력이 중요한 것이지, 계약서 자체는 극히 일반적인 사항을 기록한 데 지나지 않는다. 분명한 것은 가맹본부의 영업정책에 동의하거나 실적 등을 가맹희망자가 파악하고 분석한 뒤에 계약에 임하였음으로 그 결과에 대한 것은 모두 가맹점주의 책임으로 돌아간다는 것이다. 물론 가맹본부의 사기행위로 피해를 보는 경우도 있겠으나, 그것 역시 가맹점주가 법령의 정하는 범위 내에서 자기판단에 의해 결정한 사항이기 때문에 잘잘못은 전부 자기책임의 원칙이 적용된다고 보아야 한다. 국가에서 보호해 줄 것이다, 법이 보호해줄 것이다라는 기대는 금물이다. 민법, 상법 또는 공정거래에 관한 관계법령이 정한 내용의 불이행 등 명확한 위법사항이 발생하여 재판에 의해 시비를 가리는 때에만 가맹계약서가 필요할 뿐이며, 자기재산관리를 위한 가맹본부선택에 대한 책임은 전적으로 개인의 판단에 의한다는 점을 이해해야 할 것이다.

　이러한 의미에서 가맹계약서는 가맹자의 재산보호장치 수단이라기보다는 가맹점의 영업부진으로 쟁송사건이 발생하였을 때 증거로 이용되는 정도의 문서라는 점을 이해해야 할 것이다. 가맹의 목적이 사업을 하여 이익을 확보함에 있는 것이지, 처음부터 영업부진을 예상하여 쟁송사건의 증거문서로 계약서에 날인하지는 않을 것이다. 그런데 본부경영자나 가맹희망자 중에는 가맹계약서가 무슨 큰 노하우나 비밀인 것처럼 관리하는 모습을 볼 수 있는데, 알고 보면 실로 가소로운 일이라 아니할 수 없다.

　가맹계약서는 너무 단순해도 불성실하게 보이며, 또 지나치게 세세한 부분까지 기록하면 너무 내용이 방대하여 가맹계약의 방해요소가 될 수도 있음으로 적정한 수준에서 작성되어야 하고, 영업에 관한 세부사항은 운영규칙이나 별도의 영업활동지침서 등으로 보완하는 것이 좋다.

A사의 가맹계약서(사례)

　본 계약은 주식회사 A(이하 "갑"이라 칭한다)를 본부로 하고 B(이하 "을"이라 칭한다)를 가맹점으로 해서 양자간에 프랜차이즈에 관한 계약을 다음과 같이 체결한다.

제1조(목적)
　1. (갑)은 본 계약에서 (을)에 대해서 ○○○체인점포의 경영에 관한 노하우를 제공하고 (을)은 그 노하우에 따른 사업을 운영하고 상호 협력해서 사업의 번영과 발전을 도모한다.
　2. (을)은 본 계약에서 정한 각 조항에 따라서 자기의 경영책임으로 점포의 경영에 전념한다.

제2조 (○○○체인의 개요)
　○○○체인은 (갑)에 의해 체인시스템 전체의 통합과 각 체인점에 대한 지도협조, 각 가맹점에 의한 원활한 영업활동에 의해 운영되어지는 것이다.

제3조(영업명의 및 영업장소)
　1. (을)은 ○○○라는 명칭 및 서비스마크의 사용과 함께 영업을 한다. 단, (을)은 그 사용에 있어서는 (갑)의 지시에 따른다.
　2. (을)이 본 계약에 의해 영업하는 점포의 명칭은 〔○○○점포]로 한다.
　3. (을)이 본 계약에 의해 영업하는 점포는 다음의 장소로 한다.
　　　(　　　　　　　　　　　　　　　　　　　　　　　)

제4조(각종 시설물 및 영업장치 구비 등)

1. (을)은 (갑)의 지시에 따라 ○○○체인시스템의 동일성을 유지하기 위하여 필요한 내장공사 및 주방기기, 주방비품, 간판, 기타의 표지물을 자기의 비용으로 점포에 설치하여야 한다.
2. (을)은 (갑)의 요청이 있을 때에는 점포의 노후시설이나 주방기기의 성능상 문제가 있는 부문을 수리 또는 개보수하고 항상 점포의 시설유지 관리에 최선을 다해야 한다.
3. (갑)은 전체 체인점의 통일성 이미지관리를 위하여 규정된 인테리어공사와 간판·로고 등의 설치를 (을)에게 요구할 수 있으며, 이를 위해 필요한 인테리어업체를 추천하거나 설비도면 등을 (을)에게 제시하여 공사를 시행할 수 있으며, 공사감독자 혹은 감리자를 파견하여 공사의 적정성을 감독하거나 시정토록 할 수 있고, 이에 대해 (을)은 이의를 제기할 수 없다.

제5조(영업지역의 표시)

1. (갑)은 (을)에게 일정 지역 내에서 체인영업을 할 것을 승인한다.
2. (갑)과 (을)이 합의하여 설정한 영업지역 내에 (갑)의 직영점을 개설하거나 제3자에게 체인가맹점을 개설하고자 할 때에는 (을)과 합의하여야 한다. 다만, 이때에는 (갑)은 새로운 점포개설로 인하여 (을)의 점포매상이 축소되지 않는다는 객관적 사실을 증명하여야 하며, (을) 또한 무조건적으로 (갑)점포의 출점을 거부하여서는 안 된다.
3. (을)의 정상적인 영업활동에도 불구하고 신규점포 출점으로 인하여 (을)의 점포매상고가 신규점포의 영업개시일로부터 3개월이 경과한 후 2개월 동안 변화가 없으면 장래에도 매상고의 변화가 없는 것으로 간주하며, 3개월 경과 후 2개월 계속적으로 매상고가 축소하면 (갑)은 이에 대한 손실을 계약기간 동안 계속 보전(補塡)하여야 한다.

제6조(지도 및 원조)

(갑)은 (을)의 점포에 대하여 다음 각호의 업무를 지도 또는 원조한다.
1. 개업에 관한 모든 업무에 관한 지도·원조
2. 설비·비품류의 설치, 그것의 개선이나 운전에 관한 지도업무
3. 광고선전활동에 관한 지도·원조
4. 경영, 회계, 원가관리 등 관리업무 전반에 관한 지도
5. 기타 직원교육 및 보고서작성업무, 세무관리, 주문관리 등 운영 전반에 관한 업무지도
6. 조리 및 식자재관리·재고관리업무
7. 기타 (을)이 특별히 요청하는 점포운영에 관한 지도

제7조(가맹금 및 로열티)

1. (을)은 본 계약 체결시에 ○○○체인의 가맹금으로 일금   원을 (갑)에게 지급하여야 한다. 이 가맹금에 대하여 (을)은 이유여하를 막론하고 (갑)에 대하여 반환을 청구할 수 없다. 또한 (을)은 본 계약 체결시에 보증금으로 일금   원

을 (갑)에게 지급하여야 한다. 보증금의 반환은 계약기간이 만료되거나 제20 조의 규정에 의하여 계약을 해지하는 경우에는 (갑)이 (을)에 대한 채권 및 손 해배상액을 해당 보증금에서 공제할 수 있으며, (을)의 (갑)에 대한 계약종료 또는 해지에 따른 의무이행이 완료되면 완료되는 날로부터 15일 이내에 (을) 에게 지급한다.

2. (을)은 월정액   원을 로열티로 (갑)에게 지급하여야 한다. 단, 창업시에 영업 개시일이 당월 20일을 경과하거나 계약종료나 계약해지일이 당월 10일 이내 의 일자인 경우 해당 월의 로열티는 지급하지 않는다.
로열티는 당월 25일에 (갑)이 지정하는 은행계좌에 입금하여야 한다.

3. (을)이 계약갱신에 의해 계약이 연장되었을 때에는 가맹금은 재계약당시의 타 가맹점이 지급하는 가맹금의 2분의1에 해당하는 금액을 다시 (갑)에게 지급하 여야 한다.

〔해설〕

본 난에서 가맹금 문제를 굳이 설명하는 것은 우리나라의 프랜차이즈관련 법규 내용과 위 사례에서 설명한 내용이 상이하기 때문이다. 우리나라의 프랜차이즈관 계 법령(「가맹사업거래의 공정화에 관한 법률」제3조)에서는 가맹금의 범위를 위에서 설명한 순수한 의미에서의 가맹금 외에 항목의 명칭에 관계없이

1. 가맹점사업자가 가맹점운영권을 부여받을 당시에 영업표지의 사용허가와 영 업활동에 관한 지원·교육 등의 대가로 가맹본부에 지급하는 다음 각목의 1에 해당하는 금전

　가. 개시지약금 : 가입비·입회비·가맹비 또는 계약금 등 그 명칭여하에 불 구하고 가맹희망자 또는 가맹점사업자가 가맹점운영권을 부여받기 위하 여 가맹본부에 지급하는 금전

　나. 가맹점사업자가 사업을 착수하기 위하여 가맹본부로부터 공급받는 정착 물·설비·원자재 또는 가맹사업을 운영하기 위하여 최초로 가맹점사업 자에게 인도되는 물품의 가격 또는 부동산의 임차료 명목으로 가맹본부에 지급하는 금전 중 적정한 도매가격(도매가격이 형성되지 아니하는 경우에는 가맹점사업자가 정상적인 거래관계를 통하여 해당 물품 또는 용역을 구입·임차 ·교환할 수 있는 가격을 포함한다. 이하 같다)을 초과하는 금전

2. 계약이행보증금

가맹보증금·보증금 등 명칭여하에 불구하고 가맹점사업자가 상품의 판매대

금이나 자재대금 등에 관한 채무액 또는 손해배상액의 지급을 담보하기 위하여 가맹본부에 지급하는 금전

3. 가맹사업자가 가맹본부와의 계약에 의하여 승낙받은 영업표지의 사용과 영업활동에 관한 지원·교육 등의 대가로 가맹본부에 정기적으로 지급하는 다음 각 목의 1에 해당하는 금전

　　가. 정기지급금 : 가맹점사업자가 상표사용료·리스료·광고분담금·지도훈련비·간판류임차료 등의 명목으로 가맹본부에 정기적으로 지급하는 금전

　　나. 가맹점사업자가 사업을 영위하기 위하여 가맹본부로부터 공급받는 상품·원재료·정착물·설비·자재의 가격 또는 부동산의 임차료에 대하여 가맹본부에 정기적으로 지급하는 금전 중 적정한 도매가격을 초과하는 금전

〔문제점〕

우리나라의 법령에서는 위 계약서 사례에서 설명한 가맹금, 보증금, 로열티 등을 전부 가맹금의 범위에 포함시키고 있다.

그런데 가맹금은 본부가 갖고 있는 노하우나 기술, 기업의 역사, 브랜드 파워 등 다년간 가맹본부가 이룩해온 종합적인 성가(聲價)에 대하여 가맹점사업자가 그 체인의 일원이 된다는 조건에서 동일한 지역에서 타인의 가입을 배제한 특권을 제공받는 대가로서 가맹희망자로부터 본부가 지급받는 금액이며, 그것은 경쟁적인 타 후보자를 제외하고 특별한 자격을 부여한 대가이며, 그 효력은 1회성이다. 개업초기에 배타적인 자격을 부여받은 가맹점사업자에게 창업에 필요한 기초지식과 노하우를 교육하는 대가이며, 그것은 영업이 계속되는 과정에서 발생하는 로열티와는 아무 관계가 없는 항목인 것이다. 예컨대, 대학에 입학한 학생이 신입생으로서 해당학교의 학생자격을 부여받는 조건으로 입학금을 납부하는 것과 같으며, 그 학생이 대학생활을 1년 또는 2년 정도 하다가 중퇴했다고 하여 입학금을 되돌려 받을 수 없는 것이다. 이와 같이 해당 학교의 대학생이 되면 단 1회 학교에 납부하는 입학금과 마찬가지로 가맹본부에 회원자격으로 참가한다는 것은 다른 많은 경쟁자 중에서 선택받고 많은 운영기술과 교육을 받을 수 있는 권리의 대가로 지급하는 것이 가맹금인 것이다. 매 학기별 등록금은 이와는 달리 학기 중 강의를 듣지 않거나 퇴학을 하는 경우를 제외하고는 학년별로 재학하는 경우에는

계속적으로 학교에 납부하는 것이다. 등록금은 학교를 졸업할 때까지 계속적으로 학교에 납부하여야만 학생으로서의 자격을 지속하게 되는 것이다.

입학금과 등록금은 엄연히 다른 내용이다. 이 점에서 가맹금의 범위를 계속적인 물품의 거래당사자간의 채권채무행위에까지 확대한 것은 어느 나라의 프랜차이즈 관련법규에서도 찾아볼 수 없는 내용이다. 물론 우리나라의 법령제정이 경제질서를 바로잡고 경제적 약자인 가맹점사업자를 보호하고 무분별하게 가맹점을 모집하여 경제질서를 혼란시키고 있는 일부 불성실한 가맹본부사업자를 규제하기 위한 정신에서 입안된 것으로 보나, 무형자산 가치의 대가적 성격을 가진 가맹금을 물품, 상품, 건설인테리어, 설비비품 등 유형자산으로서 시간의 경과에 따라 그 원본이 다른 가치로 전환되거나 소멸되어버리는 실물가치를 동일시한 점과 거래관계에서 이루어진 대가가 아니고 단순히 거래당사자의 채권·채무에 관한 지급보증을 위한 일시 예치금적인 성격(가맹본부가 일시적으로 보관하는 보증금은 가맹점사업자에 대한 부채이지 거래대상이나 상각대상이 될 수 없다)인 보증금을 1회성인 가맹금과 같은 범주에 포함시킨 것은 무리라고 생각된다. 보증금의 경우 그 반환의 이행이 문제가 된다면 역으로 가맹본부가 가맹점사업자에게 안전장치를 해주는 방법(예컨대 보증보험 등의 강제가입 등)을 찾으면 되는 것이지, 가맹금의 범주에 포함한 것은 이해하기 힘들다. 왜 가맹금의 범위가 문제가 되느냐 하면 중도해약시에 이의 반제문제에 대한 법조항(동법 제10조 1항)이 있기 때문이다. 앞의 계약서 사례에서 본 바와 같이 선진국의 경우 가맹금의 반환을 명문화한 법령이 과문한 탓인지 모르나 본적이 없고 각 체인본부기업이 중도해약한다고 하여 가맹금을 반환한다는 조항을 계약서에 포함시킨 예를 본 적이 없다.

예컨대 가맹점사업자의 일방적인 사정으로 3년의 가맹계약기간 중 1년 정도 영업을 하다가 가맹본부가 제공하는 정보가 허위 또는 과장된 것으로 생각하든가 또는 정보공개서에 허위 또는 과장된 정보가 있다고 생각하여 가맹점계약을 취소하려고 할 때 과연 정보의 내용이 허위 또는 과장되었음을 무엇으로 입증할 수 있겠는가?

예컨대 가맹본부가 월평균매상고를 20,000,000원 달성한다고 가맹점 모집안내서에 기록하였는데, 실제 영업을 개시한 결과 15,000,000원 수준이었다면 이를 허위정보라고 간단히 판정할 수 있는 것일까?

만약 다른 가맹점이 일정한 매상고와 이익률을 확보하는데 적어도 6개월의 소요기간이 필요하다면 그때까지 기다려야 할 것이며, 이의를 제기한 가맹점보다 평균적으로 열악한 시장에서 오히려 이의를 제기한 가맹점보다 많은 매상고를 달성한 가맹점이 있었는데, 이는 당해 경영주가 적극적인 판촉활동과 본사의 권고에 따른 영업활동과 직원교육을 철저히 한 결과라면 실적을 달성하지 못하였다고 이의를 제기한 가맹점사업자의 영업의 적극성과 직원교육을 실시하지 않음으로 인하여 고객이 이탈해간 사실에 대한 책임 여부는 어떤 기준에서 평가할 것인가?

또하나의 예로서 가맹점사업자가 자기의 비용으로 자기가 선택한 건설업체에 의해 본부의 기술지도로 인테리어 공사를 시행하였는데, 계약을 중도 해지하였을 때 이 인테리어 금액책정시 참가하지 않은 가맹본부에 대해 어떤 책임을 물을 수 있는가?

사실상 가맹점사업자가 중도 해약하는 경우 인테리어 공사대금은 그대로 일시에 전액손실로 변하며 주방기기의 경우 감가상각 잔존가액이 있어도 이미 새로운 주방기기가 개발되어 이를 사용할 수 없는 제품이면 거의 그 가치는 제로에 가깝게 된다. 이러한 경우 도매가격은 누가 어떤 가격을 기준으로 판정해준다는 것인가?

상품이나 제품이 농수축산물인 경우 연중 도소매가격의 등락폭이 크다. 그러면 어떤 시점을 기준으로 도매가격을 설정하여 가맹금 반제시 평가 도매가격으로 설정하는지 실제 시행에서 많은 문제점을 안고 있다. 여기서 군이 외국의 계약서 사례를 기록한 것은 법령은 경제현실에 맞추어 변경할 수 있는 것임으로 향후 우리나라의 프랜차이즈사업의 발전을 위한 연구자료로 활용되기를 바라는 마음에서다.

가맹사업거래의 공정화에 관한 법률 및 동법 시행령의 내용에 관해서는 차후 기회가 닿는 대로 발전적 방향에서 필자의 의견을 기술할 예정이다.

제8조(경업의 금지)
　(을) 또는 (을)의 관계자는 (갑)의 승인 없이 계약의 유효기간은 물론 계약이 종료된 후 1년간은 당해 체인사업과 유사한 체인사업을 경영하거나 (갑)과 경쟁관계에 있는 체인사업의 점포를 경영할 수 없다.

〔해설〕

우리나라의 경우 경영시스템 정립이 되지 않고 경영능력이 우수하지 않은 체인점포를 경영하다가 영업실적이 부진한 경우 가맹계약을 취소하고 본부의 간판을 철거하고 다른 간판으로 종래의 체인점과 유사한 영업을 계속하는 경우가 많은데, 그것은 누구나 모방할 수 있는 본부기술의 취약성을 단적으로 나타내는 사례이고, 많은 가맹점사업자가 세밀한 분석 없이 가맹사업에 뛰어들고 있다는 의미로 해석할 수 있을 것이다. 사실상 이 조항은 우리나라의 현실에서는 구속력이 약한 조항이라고 볼 수 있다.

제9조(상품, 소모품, 기타 자재의 판매 등)

1. (갑)은 체인브랜드의 동일성을 유지하기 위하여 필요한 상품, 제품, 자재를 (을)의 점포 소재지까지 공급하며 (을)은 이를 식품위생법과 기타 관련법규에 정한 규정대로 철저히 관리보관하여야 하며, (을)이 인수한 뒤에 발생하는 식품위생상의 사고에 대하여는 전적으로 (을)의 책임으로 처리한다.
2. (갑)은 (을)이 요청한 각종 자재의 주문량을 (갑)이 정한 배송일자에 따라 (을)에게 공급한다. 단, (을)의 특별한 요청에 의해 정기 배송일자 이외에 추가배송을 하여야 할 때에는 (갑)은 이에 필요한 비용을 (을)이 부담하는 조건으로 추가배송할 수 있다.
3. (을)은 (갑)의 승인 없이 (갑)이 공급한 각종 자재를 임의로 제3자에게 제공판매할 수 없으며 동일체인점에 대여할 때도 본부의 승인을 얻어야 한다.

제10조(상품제품의 검수와 하자)

1. (을)은 (갑)으로부터 각종 원자재 및 기타자재를 공급받는 즉시 수량 및 품질상태를 검수하여 품질이상 및 수량 차이 등을 (갑)의 운송대리인 및 (갑)이 정한 담당자에게 서면 또는 구두로 통보하여야 한다.
2. 식품자재는 인수 후 7일 이내, 기타 내구성 제품은 인수 후 10일 이내에만 하자신청을 할 수 있으며, 박스단위로 포장된 제품은 박스 해체 후 3분의 1이상을 사용한 뒤에는 하자문제를 제기할 수 없다.
3. (을)로부터 제기한 제품하자가 명백하다고 인정되면 (갑)은 이를 즉시 보충해 주어야 한다. 단, (을)의 관리상 잘못으로 하자가 발생한 경우에는 수량보충은 해주되 그 비용은 (을)이 추가로 부담한다.

제11조(자재의 공급중단)

(갑)은 다음의 사태가 발생할 때에는 각종 자재의 공급을 중단할 수 있다.

1. (을)이 3회 이상 약정된 대금결제일을 연기할 때
2. (갑)이 공급한 원자재의 총액이 (을)이 (갑)에게 지급한 보증금의 범위를 초과하거나 담보금액을 초과할 때에는 전항의 내용에 관계없이 즉시 자재의 공급을 중단할 수 있다.
3. (을)이 (갑)의 품질관리기준을 3회 이상 위반하거나 (을)이 이유 없이 5일 이상 영업을 하지 않고 점포를 방치하였을 때
4. (을)이 (갑)이 요구한 판매보고서나 (갑)이 파견한 SV 등의 활동에 비협조적이고 본부의 영업상의 지시에 응하지 않을 때

---

5. (을)이 파산하거나 금치산선고를 받았을 때 혹은 강제집행처분을 받았을 때
6. 천재·지변 또는 화재 등 불가항력적인 사태가 발생하였을 때

제12조(대금지급)

1. (을)은 (갑)으로부터 공급받은 각종 자재대금을 별도의 규정에 의해 특별 공급하는 것을 제외하고는 매월 1일부터 15일 공급분은 당월 25일, 16일부터 말일까지 공급분은 다음달 10일까지 (갑)의 은행계좌에 입금하여야 한다. 단, 대금지급일이 금융기관의 휴무일인 경우에는 다음 영업개시일에 입금하여야 한다.

제13조(연수 및 교육, 영업지도 등)

1. (을) 또는 (을)이 선발한 점포책임자는 (갑)이 정한 교육과정을 반드시 이수하여야 하며, 교육을 이수하지 않은 자는 점포의 책임자로 근무할 수 없다.
2. 교육기간과 교과목 교육비용은 (갑)이 결정하며 (갑)은 교육실시 10일 전에 교육장소와 일정 등을 (을)에게 통보하여야 한다. 단, 교육비는 가맹점계약시에 가맹 개설자금에 포함하여 징수한다.
3. 교육은 창업교육, 보수교육, (을)의 요청에 의한 특별교육 등으로 구분하여 실시한다. 단, (을)의 요청에 의해 추가로 교육을 실시할 때에는 필요한 경비는 (을)의 부담으로 한다.
4. (갑)은 창업지도를 위하여 최소 3일간의 개업지도업무를 행한다. 이 기간이 경과한 후에도 (을)에게 계속지도가 필요하다고 인정할 때에는 (갑)과 (을)이 협의하여 경영지도기간을 연장할 수 있다. 이 연장기간의 비용은 실비로 (을)의 부담으로 한다. 단, 이 연장기간도 특별한 사유를 제외하고는 최대 7일을 초과할 수 없다.

제14조(광고 및 판매촉진)

1. (갑)은 전체 체인영업의 활성화를 위하여 전국적인 전파매체 및 인쇄매체 기타의 광고를 할 수 있다. 광고의 방법 및 실시는 전적으로 (갑)의 판단에 의해 시기 및 회수를 결정하며, 광고문안도 (갑)이 결정한다.
2. (갑)은 (갑)이 시행하는 광고에 대하여 전체 가맹점의 일원으로서 (갑)과 전체 가맹점이 공동부담하는 광고선전비용에 대하여 전체 가맹점 분담금의 일부를 (을)에게 청구할 수 있다.
   이 분담금의 분담결정은 가맹점대표자회의 또는 전체 가맹점의 의견을 대표할 수 있는 가맹점협의체와 (갑)이 협의하여 결정한다.
3. 전국적으로 실시하는 판매촉진의 집행도 전 1항, 2항에 정하는 방식으로 실시한다. 단, (을)이 단독으로 실시하는 판촉활동은 사전에 (갑)과 협의하여 실시하되, 그 비용은 (을)의 부담으로 처리한다.
   (을)이 단독으로 판촉활동을 하기 위하여 판촉의 실시방법, 시기 등의 자문을 요청할 때에는 (갑)은 이를 적극 지원하여야 하며, (을)의 판매촉진활동이 전체 체인이미지 향상에 유익하다고 판단할 때에는 판촉비용의 일부나 판촉자재를 지원할 수 있다.

제15조(영업시간의 준수)

1. (을)은 월간 ( )일 이상 영업을 하여야 하고, 주방기기 고장 수리 및 인테리어 보수개축공사, 화재, 천재·지변 등 특별한 사유에 의하지 않고는 연속하여 3일 이상 휴무할 수 없다.
2. 전항에 규정한 일자를 초과하여 휴무한 경우에는 사전 혹은 사후에 그 사유를 서면으로 (갑)에게 제출하여야 한다.
3. 영업시간은 아침　시부터 밤　시까지를 원칙으로 하나, 평일, 휴일에 따라 1~2시간 범위 내에서 축소 또는 연장할 수 있다. 단, 영업시간의 축소 또는 연장은 사전에 충분한 시간을 두고 고지하여 고객에게 불편을 주어서는 안 된다.

제16조(기밀의 엄수)

1. (을)과 (을)의 직원은 본 계약내용, 부대계약내용, 취업규칙 및 영업요령지도 문서, 제품규격서, 각종 매뉴얼의 내용을 계약기간은 물론 계약이 종료된 뒤에도 제3자에게 유출하거나 제공하여서는 안 된다.
2. 전항의 의무를 이행하지 않아서 (갑)이 손실을 입었을 때에는 (갑)은 그에 대한 손해배상을 청구할 수 있으며 그 손해보상액의 산출은 전적으로 (갑)이 행한다.

제17조(현장조사의 실시와 협조)

1. (갑)은 필요하다고 인정할 경우 (을)의 점포현황에 대하여 현장에 입회하여 다음의 사항을 점검조사하고 부적당한 작업에 대해서는 즉시 시정조치를 요구할 수 있으며, (을)은 (갑)의 요청을 거부할 수 없고 (갑)의 작업진행에 대하여 적극 협조하여야 한다.
   1. 여러 장부, 전표 기타 문서의 조사
   2. 판매품목의 가격, 할인내역, 품질 기타의 조사
   3. (갑)이 대여한 물품의 관리상태
   4. 안전관리, 보건위생, 청소상태의 점검
   5. 종업원의 교육, 복장상태, 접객자세, 규칙준수 여부 조사
   6. 기타 체인관리를 위하여 필요한 사항

제18조(계약기간 및 계약의 연장)

1. 본 계약은 계약체결일로부터 만 3년이 되는 서기　년　월　일까지로 한다.
2. 본 계약이 종료되기 30일전까지 (갑)(을) 쌍방이 해약에 관한 의사표시가 없을 때에는 계약은 자동연장된 것으로 하며, 계약연장에 의한 가맹금의 지급은 전 제7조의 규정에 의한다.

제19조(계약의 해지)

1. (을)이 다음의 각호에 해당하는 행위를 하였을 때에는 2개월에 걸쳐 3회 이상 계약해지사유를 최고하여야 한다.
   ① (을)이 제12조에 정한 규정을 위반하였을 때.
   ② (갑)이 지시하는 각종 지시사항을 이행하지 않았을 때
   ③ (을)이 제15조의 사항을 위반하였을 때

2. (을)에게 다음의 사유가 발생하였을 때에는 (갑)은 사전최고 없이 계약을 일방적으로 해지할 수 있다.

　① 제3자로부터 재산의 압류처분·보전처분을 받거나 또는 파산선고·금치산 선고를 받았을 때

　② 지급정지, 지급불능상태 등 신용상태가 악화되었다고 판단될 때

　③ (을)의 수표가 부도일 때

　④ (을)이 금치산, 한정치산 등의 처분을 받았을 때

　⑤ 불의의 사고나 사망으로 영업을 계속할 수 없을 때

제20조(계약의 종료와 처리)

1. 본 계약이 기간만료 및 해제 등의 사유로 계약이 종료되었을 때에는 (갑)과 (을)은 다음의 사항을 처리해야 한다.

　① (을)은 (갑)이 대여한 비품·집기 등을 (갑)에게 즉시 반환해야 한다.

　② (을)은 (갑)의 상호·상표 및 서비스마크 등을 자기의 비용으로 즉시 철거해야 한다.

　③ (을)은 본계약서, 부대계약서, 각종 규정, 매뉴얼, 연락문서, 소정용지, 팸플릿 등의 인쇄물을 전부 무조건 (갑)에게 반환한다.

　④ (갑)은 (을)로부터 각종 물품대금의 정산이 완료되고 전항의 각 조항의 업무이행이 완료되면 (을)로부터 수령한 보증금을 반환해야 한다.

　단, 계약종료후 (을)이 (갑)에게 지급할 채무잔액이 남아 있을 때에는 보관중인 보증금으로 상계처리할 수 있다.

제21조(지연이자)

　(을)이 (갑)에게 지급해야 할 제반 채무관계를 지정한 날짜에 이행치 못하는 경우 그 지연일 다음날부터 지급일까지의 경과기간 중 연간 20%의 지연이자를 징구할 수 있다.

제22조(계약상의 권리의 양도)

　(을)은 (갑)의 승인을 얻지 아니하고는 본 계약상의 지위를 제3자에게 양도하거나 담보로 제공할 수 없다.

제23조(보험)

　(갑)은 (을)에게 영업상의 과실, 상품의 하자, 화재, 교통사고, 천재·지변 등의 사고로 인해 제3자에게 손해를 입혔을 때 이를 배상하기 위하여 보험가입을 권장할 수 있으며, (을)은 자신의 비용으로 필요한 보험에 가입하여야 한다.

제24조(정보공개서 및 정보공개서의 요청)

　(갑)은 법령의 정하는 바에 따라 별도의 정보공개서를 비치하여야 하고, (을)은 법절차에 따라 필요한 경우 (갑)에게 정보공개서를 요청할 수 있다.

제25조(재판의 관할)

　(갑)과 (을) 사이에 쟁송사건이 발생하였을 때의 법원은 (갑)의 본사 소재지의 관할법원으로 한다.

이상의 계약을 증명하기 위하여 계약서 2부를 작성하여 날인한 뒤 (갑)과 (을)이 각각 1부씩 보관한다.

서기 200×년 월 일

(갑)

(을)

section 3 **법정정보공개서의 작성포인트**   FRANCHISE

정보공개서란 가맹계약을 체결하기 전에 가입사업가입자가 알아야 할 각종 가맹본부의 정보를 기록한 문서이다. 가맹계약의 체결에 앞서 가맹사업본부는 반드시 공정거래위원회에 등록한 정보공개서를 가맹사업희망자에게 계약체결 14일 전에 제공할 의무가 있다(단, 변호사나 가맹거래지도사의 자문을 받은 경우는 제공기간을 7일로 단축할 수 있다. 정보공개서의 사전 제공제도는 2002년 가맹사업법 제정 시 도입되었다. 가맹사업법 제6조 2항 및 제7조에 규정됨).

① 가맹사업법상 정보공개서 기재사항

항 목	주요내용	비 고
1. 가맹본부의 일반현황	·가맹본부의 기본정보, 계열회사의 정보 ·임원명단 및 사업경력 등	
2. 가맹사업현황	·최근 3년간 가맹점 현황(개점, 폐점 수 등) ·전년도 가맹사업사업자 평균매출액(추정치)	
3. 법위반 사항	·최근 3년간 공정거래법 및 가맹사업법 위반내용 ·가맹사업과 관련된 민사, 형사상 위반사항	
4. 가맹사업자의 부담한계	·영업개시 이전 가맹금, 보증금 실비 및 기타 투자비용 내용 ·영업 중 로열티, 가맹본부의 감독 내용 ·계약종료 후 재계약, 영업권 양도 시 부담비용	
5. 영업조건 및 제한	·상품판매, 거래상대방 가격결정에 따르는 제한 ·영업지역 설정, 변경 등에 관한 내용 ·계약기간, 계약연장, 해지 등에 관한 내용	
6. 영업개시절차	·영업개시까지 필요한 절차, 기간, 비용	
7. 교육훈련	·교육, 훈련의 내용, 이수시간, 비용 ·부담비용, 불참 시의 불이익 내용 등	

② 해외의 사례

국 가	규제 명칭	규제 기관	정보공개서 제공기간	정보공개서 등록제 여부	비고
미 국	프랜차이즈 규칙	연방거래위원회	14일	14개 주에서 실시	주별로 프랜차이즈법 존재
일 본	중소소매상업진흥법 프랜차이즈 고시	경제산업성공정거래위원회	계약체결 전	등록제 아님	소매체인의 경우에만 해당
캐나다	일부 주법	주당국	14일	등록제 아님	3개 주에서 프랜차이즈법 운영
호 주	프랜차이즈 관행규정	경쟁소비자위원회	14일	등록제 아님	
중 국	상업특허경영관리방법	상무부	30일	가맹본부등록제	등록하지 않은 경우 영업 불가

· 유럽은 협회 EFF(European Franchise Federation)의 자율규약에서 정보공개서 사전제공규정을 두고 있음.

최근 미국, 일본 등 선진국에서는 정보통신산업의 발전에 힘입어 일반시민 누구나 쉽게 각종 체인본부의 정보를 접할 수 있도록 정부당국이 프랜차이즈본부의 정보를 데이터베이스화해서 인터넷 등에 공표할 것을 의무화하게 함으로써 법정공개서의 요구절차의 복잡성을 없애고 체인가맹희망자에게 편의를 제공하는데 우리나라에서도 이러한 제도는 바로 실천할 수 있다고 본다.

법정정보공개서 작성은 별다른 요령이 있다기보다는 법률이 정하는 절차에 따라 각 체인본부가 보다 쉽고 핵심적인 내용을 가맹희망자에게 전달하는 것임으로 사례를 들어 설명하는 것이 좋을 것이다.

여기서는 일본의 사례 및 일본의 프랜차이즈 데이터베이스를 소개하고 한국의 K기업의 사례를 들어 설명해보기로 한다.

법정개시서면(사례) – 일본

　일본의 경우 중소소매상업진흥법에 의해 가맹계약을 체결하기 전에 계약내용에 관해서 알기 쉽도록 문서로 설명하도록 하고 있는데 이것을 법정개시서면이라고 말한다. 이 법률이 적용되는 것은 소매업, 음식업의 프랜차이즈의 경우이다. 서비스업에는 적용되지 않고 있다. 그러나 법적용을 하지 않는 서비스업에서도 법정개시서면을 작성하는 경우가 많다.

〈법정개시서면의 내용〉
① 사업주의 성명 내지 주소
② 프랜차이즈사업의 개시시기
　FC사업을 직영점으로 언제 개시한 것인지 가맹점 1호점의 개시시기를 기재한다.
③ 가맹시 본부가 징수하는 금전항목과 금액에 관한 사항
　금전은 산정방법, 금전의 성격, 징수시기, 징수방법, 반환되는 항목은 그 반환조건을 기재한다.
④ 대금 또는 산정방법, 대금의 성격, 징수시기, 징수방법에 관하여 기재한다. 정기적으로 지급하는 항목에는 로열티가 있으며 그 핵심내용을 기재한다.
⑤ 점포의 구조 또는 내외장에 관하여 어떤 의무를 지게 되는지를 기재한다.
⑥ 가맹점에 대한 상품판매방법
⑦ 경영지도에 관한 사항
⑧ 가맹자로부터 정기적으로 징수하는 금전에 관한 항목
⑨ 상표, 상호, 서비스마크, 기타의 영업표지물에 관한 사항
　그 사용조건에 관한 내용을 기재한다.
⑩ 계약기간, 경신·해지에 관한 사항

정보공개서(법정개시서면 – 사례) – 일본

항 목	내 용
1. 본부의 개요 (1) 명 칭 (2) 대표자 이름 (3) 주소지 (4) 전화·팩스, e – 메일 (5) 사업개시 시기	(1) 주식회사 ○○○○ (2) 김 개 똥 (3) 도 시 동 번지 (4) (03) 000-0000 (5) 사업개시연도　년　월　일 　　프랜차이즈점포개시연도　년　월　일
2. 가맹금, 개점지도료, 　점포설계비 　(1) 금 액 　(2) 성 격 　(3) 대금지급시기 　　및 방법 　(4) 당해 금액의 　　반환조건	(1) 금액 ① 가맹금　　　원 　　　　② 개점지도료　　　원 　　　　③ 보증금　　　원 (2) ① 가맹금은 계약시에 제시하는 모든 노하우에 대한 대가 　② 개점지도료는 오픈전에 본부에서 행하는 연수 수강 　　비(숙식비와 교재, 실험실습비 포함) 출점준비에서 　　개점까지의 업무지도료 　③ 보증금은 상품비품 등의 대금에 대한 보증금 (3) ① 본계약체결시까지 본부가 지정하는 은행계좌에 입 　　급한다. 　　○○○은행 ○○지점 계좌번호 : .... (4) 가맹금, 개점지도료는 중도해약 내지 계약만료 또는 어 　떠한 경우에도 반환되지 않는다. 　보증금은 계약완료 후 본부에 대한 채무이행 완료, 간 　판 등의 철거의무 등을 완료한 후 채무액을 차인한 금 　액을 지급한다.
3. 상품인도조건 　(1) 가맹점에 판매하는 　　상품의 종류 　(2) 대금지불방법	(1) ① 각종 식자재 　② 집기·가구·비품 　③ 소모품류 　④ 광고용전단지 내지 판매촉진자료 　⑤ 기타점포에 공급하는 물품 (2) 매월 15일 분은 당월 말일까지, 매월 15일부터 말일까 　지의 공급분은 다음달 15일까지 본부가 지정하는 은행 　계좌에 입금할 것(입금일이 금융기관 휴일인 경우에는 　다음 영업일에 입금한다)
4. 가맹점에 대한 　교육지도 　(1) 연수 또는 　　연수회의 개최	(1) 가맹시에는 개점전 3일간 점포연수를 개최, 직영점 혹 　은 타가맹점에서 개최하는 것으로 한다. (2) ① ○○○프랜차이즈시스템 　② 상품지식, 점포운영에 필요한 사항

(2) 연수내용 (3) 계속적인 경영지도	③ 기타 점포운영에 필요한 사항 (3) 정기적인 영업보고, 개별지도 본부의 스텝이 점포에서 판매·원가관리 등 점포운영에 관한 보고서작성법을 교육하거나 개별지도가 필요할 때에는 별도의 교육을 행한다. 지도요원의 교통비·숙박비 등은 실비로 가맹점이 부담한다.
5. 상표, 상호의 사용 (1) 사용하는 상표 　　등의 표시	(1) 상표　[○○○○○○] 상표등록번호 123456 계약에 의해 가맹자가 사용하는 상표, 서비스마크, 로고체(이하 상표라 한다)는 다음과 같다. 　　　　□ ☆ ◎ (2) 전기한 상표 등은 ○○○체인의 경영을 목적으로 하는 업무이외의 타용도에 사용할 수 없다. 또한 계약에 정한 점포이외에는 사용할 수 없다. 가맹점주가 단독으로 행하는 선전, 간판 등 본부가 제시한 이외에 사용하는 경우에는 본부의 사전승인을 얻어 사용하여야 한다. 계약종료후에는 즉시 사용을 중지하고 차량조작물 등에 표시된 상표 등을 소멸 또는 철거하여야 한다.
6. 계약기간, 계약경신 　내지 해지 　(1) 계약기간 　(2) 계약경신 또는 해지 　(3) 계약해지조건과 　　　수속절차	(1) 계약기간은 계약체결일로부터 3년으로 한다. (2) 계약종료일 6개월전까지 본부 또는 가맹점 쌍방으로부터 계약경신의 거절이 없을 때에는 본계약은 2년간 자동연장되며 그 이후로도 같은 방식으로 처리한다. (3) ① 가맹점은 계약기간 중 3개월의 예고기간을 설정해서 서면으로 계약해지를 통보하여야 한다. ② 본부는 가맹점의 본계약에 위반되는 행위를 발견하는 경우 그 행위의 시정 또는 중지를 요구하고, 그 행위가 30일 이내에 시정되지 않을 경우 계약을 해지할 수 있다. ③ 가맹점이 다음의 사태가 발생할 때에는 본부는 최고없이 즉시 본계약을 해지할 수 있다. 　ⓐ 가맹점이 압류·가압류처분, 경매처분, 파산선고, 회사정리의 수속을 개시할 때 　ⓑ 가맹점의 수표가 부도처리되었을 때 　ⓒ 경영자가 징역 또는 금고형을 선고받았을 때 　ⓓ 경영자 본인의 사망, 법인해산, 폐업, 합병 등의 조직변화, 임원의 이동 등에 의한 계약의 존속이 어려운 사유가 발생하였을 때

⑷ 계약해지에 의해 발생하는 손해배상의 처리 등	⑷ ① 계약해지시에는 본부의 상호·상표 등의 사용은 즉시 중지하여야 하며, 매뉴얼 등 본부가 대여한 물품은 즉시 반납하여야 한다. ② 계약해지의 원인행위에 의해 본부 피해를 입은 경우 가맹점은 그 피해에 대해 배상하여야 하며 그 피해액의 책정은 본부가 행한다. ③ 계약해지 또는 계약이 완료된 때에는 가맹점은 7일 이내에 본부에 대한 일체의 채무액을 완제하여야 한다. ④ 계약종료후에도 본부의 상표를 사용하는 경우 또는 계약조항을 위반한 경우 과거 12개월분의 매상고의 10% 해당액 또는 본부의 피해가 이를 초과하는 경우 그 금액을 지불하여야 한다.
7. 가맹점이 정기적으로 지불하여야 하는 금전 ⑴ 내 용 ⑵ 금 액 ⑶ 성 격 ⑷ 지불시기 및 방법	⑴ 로열티 ⑵ 점포계약면적 (평)×10,0000원 ⑶ 본부의 상표 등의 사용료 ⑷ 매월 말일기준 본부가 지정한 은행계좌에 입금하여야 한다(지불일이 금융기관의 휴무일인 경우 그 다음 영업 개시일에 지불한다).
8. 계약체결시의 제출서류	⑴ 인감증명서 ⑵ 주민등록등본 2통 ⑶ 음식점영업허가 ⑷ 기타 가맹점경영주의 이력서 ⑸ 사업을 집행하기 위한 의견서

정보공개서(사례) - 우리나라

1. 가맹본부의 일반현황
가. 상호 및 브랜드
- 상호 : 주식회사 ○○○
- 브랜드명 : 백두산산신령
- 본사주소 : 서울 특별시 용산구 갈월동 54번지
- 물류 및 교육센터 : 서울특별시 강남구

나. 폐사의 가맹사업을 위한 상호 및 상표, 서비스표, 메뉴품목, 매뉴얼은 다음과 같다.
- 상호 표시 ▲▲▲
- 서비스마크 ◎◎◎

• 기본 로고체 백두산 산신령
　　　　• 매뉴얼 : 별첨 참조
　　　　• 메뉴명 : 별첨한 메뉴북 참조
　　다. 폐사의 과거 3년간 대차대조표 및 손익계산서
　　　　• 2000년도 대차대조표 및 손익계산서
　　　　• 2001년도 대차대조표 및 손익계산서
　　　　• 2002년도 대차대조표 및 손익계산서
　　라. 당사의 임원현황
　　　　• 대표이사 : 성명
　　　　　학력
　　　　　외식업 경력 및 기타 경력
　　　　• 영업이사 : 성명
　　　　　학력 및 경력
　　　　• 기회이사 : 성명
　　　　　학력 및 경력
　　　　• 개발담당이사 : 성명
　　　　　학력 및 경력
　　마. 폐사의 연혁
　　　　1965년 자본금 2억원으로 창립 초대대표이사 김두한 취임
　　　　1966년 직영점개점(서울 종로구)
　　　　1967년 자본금 증자(자본금 총액 4억원) 직영점 3개점개점
　　　　1967년 교육센터 및 물류센터 건설
　　　　1968년 직영점 6점포 개점 총점포수 10점포로 증가
　　　　1969년 가맹점 1호 대전광역시에 개점. 직영점 5개점. 가맹점 6점포
　　　　합계 11개 점포개점 총점포수 21개점포로 확장
　　　　본사 사무실 이전 : 서울 특별시 관악구 신림동 본사건물신축
　　　　(대지 약 250평, 건물 연건평 300평 3층)
　　　　1999......
　　바. 폐사보유 상표권 서비스표 또는 지적재산권 내용
　　　　① AAA : 1995년　월　일 등록(등록 제　호)
　　　　② BBBB : 1996년　월　일 등록(등록 제　호)
　　　　③ CCC
　　　　④ ㄴㄴㄴㄴ
　　　　⑤

2. 가맹본부 및 그 임원의 법위반 사실에 관한 내용
　　해당 사항 없음

3. 가맹점사업자의 부담내용
　　가. 귀하가 폐사와 가맹계약을 체결하여 폐사 소유의 브랜드로 가맹점을 운영하
　　　　기 위해서는 다음과 같은 항목의 금전을 폐사에 납부하여야 합니다.

① 보증금　일금　　　원
② 가맹금계약과 동시에　일금　　　원
③ 교육비　일금　　　원
④ 인테리어　일금　　　원
⑤ 간판　일금　　　원
⑥ 집기비품비　일금　　　원
⑦ 주방기기　일금　　　원
⑧ 영업개시초기물품대　일금　　　원
합계　　　　　　　　　원
※ 위 항목 중 보증금은 계약종료 후 채권·채무 정리가 완료되면 100% 환급하는 금액입니다.

나. 초기투자 총 금액은 일금　　　　원
폐사에 지급하는 총액은 일금　　　　원
폐사 이외의 제3자에게 지급하는 금액은　　　원입니다.

(1) 지급금액	(1) 견적서에 기재된 금액
(2) 지급기일 　① 계약체결일까지 　② 개점예정일 7일전까지	① ⓐ 가맹금 　　 ⓑ 교육비 및 개점지도료 　　 ⓒ 보증금 　② 상기 이외의 전체 청구금액
(3) 지급방법	(3) 본부가 지정한 은행계좌에 입금
(4) 리스계약	(4) • 리스계약을 희망하는 가맹점에 대해서는 계약일전까지 신청하고 리스가능 여부를 확인받아야 한다. • 리스계약을 할 경우 이에 필요한 수속은 가맹본부가 대행해주고 리스에 따르는 소요경비 및 리스료의 지급 등에 관한 내용은 가맹점과 리스회사간에 직접 이루어지도록 한다.

4. 가맹사업자의 영업활동에 관한 조건 및 제한사항

가. 귀하가 폐사의 가맹사업자로서 영업을 하기 위해서는 인테리어, 점포규모, 설비비품, 식품원자재 등 각종 원자재 또는 포장재 등 각종 부자재의 구입과 사용에 관하여 폐사의 지정품과 폐사의 규격품만을 사용할 것을 요구하며 이에 해당되는 품목은 다음과 같습니다.

분 류	품 목	지 정
시 설	인테리어, 간판	시방서에 따른 당사가 규정한 통일화된 내외장 인테리어 지정 상표 및 B.I 사용
상 품	메 뉴	당사의 정형화, 표준화된 Recipe에 의한 상품 사용
설 비	집기, 기기류	당사 상품구성에 따른 집기, 기기류
기 타	유니폼, 영업표지	당사가 지정하는 통일된 유니폼. 사용을 인정받은 캐릭터 및 상표의 통일된 사용

나. 귀하는 상품 또는 원자재 등에 대하여 다음과 같이 제한을 받습니다.

　　ⓐ 귀하는 당사의 상표권 및 서비스표를 보호하고 상품 또는 메뉴의 동일성을 유지하기 위해 당사가 공급 또는 지정하는 상품 또는 원재료를 사용하여야 한다.

　　ⓑ 당사는 귀하의 가맹점 사업을 당사와 가맹계약관계에 있는 다른 가맹점사업자로부터 보호하기 위해 계약서상에 표시한 영업지역을 준수하도록 하며, 또한 귀하는 당사의 다른 가맹점사업자의 영업지역을 침범하여서는 안 된다.

ⓒ 귀하는 상품이나 메뉴의 통일성을 유지하기 위하여 당사의 매뉴얼화된 Recipe를 철저히 준수하여야 하며 당사의 지도·교육내용을 철저히 이행하여야 한다.

---

5. 당사의 가맹사업 현황에 대한 설명

　가. 귀하와 가맹계약을 맺은 브랜드인은 ＿＿＿＿＿＿＿의 전년도 당사와 가맹계약을 맺고 영업중인 가맹점 수는 총 ＿＿＿＿개 점포입니다.

　나. 귀하와 계약당시 동일한 형태로 직영하고 있는 직영점의 수는 총 ＿＿＿＿개 점포입니다.

　다. 귀하가 개설을 희망하는 지역의 가장 가까이 있는 당사의 가맹점포는 다음과 같습니다.

　　• 가장 최근 거리 점포명 : 　　　　　　점

　　• 이간거리 : 　　　　　km

　　• 주소 : 　　　　　　　　　　　　　　(TEL : 　　　　　)

　라. 귀하가 당사와 가맹계약을 체결할 경우 계약체결일로부터 실제로 귀하의 가맹점 개설될 때까지 소요되는 기간은 대략 ＿＿＿일 정도가 예상되며, 그 때까지의 제반 절차는 당사의 각 담당자와 협의하여 진행합니다.

　마. 당사는 귀하가 가맹계약을 체결할 경우에 다음과 같은 교육훈련 프로그램을 실시합니다.

　　• 교육훈련의 주요내용 :

　　• 교육훈련의 소요기간 : 　　　박　　　일 (총　　　시간)

　　• 가맹점사업자가 부담하는 교육훈련비용 : 총 ＿＿＿＿＿원

이상의 귀 정보공개서가 제3자에게 제공되거나 누설되었을 때에는 이에 대한 책임은 신청인에게 있음을 서명하며 이 정보공개서를 수령하였음을 확인합니다.

　　　　　　　　　　　　　　수령일시 : 　　　년　　월　　일

　　　　　　　　　　　　　　수령자 : 　　　　　　　　　인

데이터베이스 사례 ○ 일본

일본 통산성의 경우 법정공개서면(우리의 경우 정보공개서)보다 더 광범위한 내용으로 프랜차이즈에 관한 정보를 데이터베이스화하여 이를 인터넷 등에 공개하게 함으로써 일반시민이 여러 프랜차이즈본부의 정보를 손쉽게 얻을 수 있는 사업을 확대하고 있는데, 우리나라에서도 어렵게 규제만 할 것이 아니라 일본통산성에서 행하는 사업을 전개함이 바람직하다고 생각된다. 이하 그 내용을 소개한다.

〈일본통산성 프랜차이즈 정보공개서의 데이터베이스화 항목〉

1. 체인본부의 소속기업의 개요
   1) 회사의 명칭
      ① 명칭
      ② 명칭(복수체인의 경우)
   2) 대표자
      ① 성명과 연령
      ② 직장경력
   3) 임원구성
   4) 영업실적
      ① 최근의 연간 매출실적
      ② 최근의 경상이익
      ③ 자본금
      ④ 결산 월
   5) 주거래은행
   6) 중요 주주그룹기업

2. 체인본부의 개요
   1) 체인의 명칭, 업태, 업종, 계약당사자의 성명
      ① 체인의 명칭
      ② 업태, 업종
      ③ 계약담당자의 성명

2) 체인본부의 위치

① 소재지

② 대표연락처(전화, FAX)

③ 홈페이지, e-Mail

④ 가맹점 모집시의 문의처(담당자명, 소속 부서, 전화, FAX, e-Mail)

3) 대표적인 거래처

4) Sub-Franchise Chain(해외포함) 관련회사의 명칭과 담당지역

5) 체인본부의 연혁

3. 가맹시 필요로 하는 자금

1) 가맹자가 지불하는 금액과 지불방법, 시기

① 가맹금, 보증금, 설비자금(집기, 비품, 소모품 등), 개점시의 상품구입, 연수비, 기타자금

② 상기 각 항목의 금액

③ 상기 각 항목의 지불방법과 시기

2) 본부 이외에 가맹자가 지불하는 금액(건물 취득비는 제외)

① 설비자금(인허가신청, 전화설치, 가맹자가 부담하는 소비재에 관한 비용), 기타자금

② 상기 각 항목의 금액

3) 상기 1)과 2)의 합계액

4) 상기 1)과 2)의 각 항목에 포함된 내용

① 본부에 지불하는 금액

가맹금, 보증금, 설비자금, 개점시의 상품 사입, 연수비, 기타자금

② 본부이외에 지불하는 금액

설비자금, 기타자금

5) 가맹시에 본부에 지불한 금액의 반제될 때의 조건

가맹금, 보증금, 설비자금, 개점시의 상품 사입, 연수비, 기타자금

4. 가맹자에 대한 상품 판매조건

1) 가맹자에 대해서 판매 또는 판매를 알선하는 상품, 서비스 등에 대해서 상품, 반가공품, 원자재, 부자재 등의 주된 종류

2) 가맹자에 대한 상품, 서비스의 제공 내지 공급체제에 대한 대표적인 지역
의 사례

3) 본부의 신상품, 신 서비스 개발상황

4) 가맹자에 의한 독자의 사입, 상품, 서비스의 개발에 대한 조건

5) 상품, 서비스의 대금 결재방법

5. 가맹자에 대한 경영지도

1) 가맹자에 대한 연수 또는 강습회

① 가맹에 있어서 연수 또는 강습회 개최여부

② 가맹자가 개점할 때까지의 지도, 연수할 내용

③ 가맹자가 개점한 후의 지도, 연수할 내용(계속적인 경영지도는 제외)

④ 상기 ②③ 이외의 연수제도의 중요항목

2) 가맹자에 대한 계속적인 경영지도

① 경영지도원(SV)의 유무

② SV의 지도내용(구체적인 메뉴), 지도방법

③ 경영지도원의 총 인수, 1인당 담당 점포 수

3) 가맹자에 대해서 제공하는 매뉴얼의 명칭, 종류

6. 상표, 기타의 표시

1) 가맹자에 사용되어지는 상표 또는 서비스마크 등의 대표적인 항목

2) 상기항목이 상표인 경우 그 상표등록 상황

3) 가맹자가 상표, 서비스마크 등 표시를 사용하는 경우 조건 유무

4) 상기 사용조건의 구체적인 내용

7. 점포의 구조 또는 내외장

1) 점포의 구조 또는 내외장에 대해서 가맹자에 대해서 특별한 의무를 부과하
는지 여부

2) 특별한 의무를 부과할 때의 그 내용

8. 계약기간, 경신, 해제

1) 계약체결일로부터 계약기간

2) 계약경신의 조건 내지 수속

3) 계약해제의 조건 내지 수속

4) 계약위반, 중도해약 등에 대해서

　① 계약위반 행위에 대한 손해배상금 청구의 유무

　② 중도해약에 대한 위약금청구 유무

　③ 경쟁금지 의무의 유무와 만약 있을 경우의 금지기간

9. 가맹점이 정기적으로 지불하는 금전 등

1) 가맹점이 정기적으로 지불하는 금전에 대해서 그 종류와 금액의 정산방식, 산출식 내지 지불방법, 지불시기

2) 상기 1)의 명세

3) 가맹점의 매상금 관리방법

　① 체인본부가 관리

　② 가맹점이 관리

　③ 기타(구체적으로)

10. 체인의 개항

1) 과거 3년 간의 점포수의 추이

　① 연도별 가맹점의 출점 수와 폐점 수

　② 연도별 직영점의 출점 수와 폐점 수

2) 과거 3년 간의 매상고 추이

　① 연도별 가맹점의 매상고

　② 연도별 직영점의 매상고

3) 가맹점의 대표적인 상품, 서비스(상위 6품목) 내지 매상고에 접하는 그러한 상품의 비율

4) 현재 영업을 행하고 있는 표준적인 가맹점 또는 직영점에 대해서 점포면적 영업시기, 정기휴일, 종업원 수(정사원, P/A)

11. 가맹의 조건

1) 가맹자의 조건

　① 가맹자의 속성(개인인가, 법인인가)에 의한 가맹제약의 유무

　② 모집지역에 자택이 있는 것을 가맹조건으로 할 것인가의 제한유무

2) 본부가 행하고 있는 사업과 그 이외의 사업과의 겸업

  ① 동일점포의 겸업가부

  ② 타점포의 겸업가부

3) 가맹자 모집지역

4) 기타 가맹에 대한 조건

12. 체인의 모토, 이념 내지 체인의 PR

〈그 외 일본체인협회(JFA)는 별도로 다음과 같은 사전게시물기준을 제시하고 있다.〉

〔JFA의 계약정보의 사전 개시 등에 관한 자주적인 기준〕

■ 제도별 정보개시

  ■ 법정 개시사항

    A. 사업자의 개요

      a. 명칭과 이름

      b. 소재지

      c. 대표자의 이름

    B. 당해 사업의 개시시기

    C. 가맹시에 징수하는 가맹금, 보증금 등 금액 또는 산정방법, 징수하는 금액의 성격, 징수시기, 징수의 방법, 반환조건

    D. 가맹자에 대한 상품의 판매조건

      판매하는 상품의 종류, 대금의 결제방법

    E. 가맹자에 대한 경영지도

      가맹에 있어서 연수 또는 강습회 유무, 연수 등의 내용, 계속적인 지도방법 또는 그 실시횟수

    F. 가맹자에게 사용케 하는 상표, 상호 등 사용케 하는 상표, 상호 외의 표시, 사용의 조건

    G. 계약기간, 경신, 해제 등

      계약기간, 경신의 조건 내지 수속, 해제의 조건 내지 수속, 해제에 따르는 손해배상금의 유무

    그 외의 내용

H. 가맹점으로부터 정기적으로 징수하는 금액, 징수하는 금전의 금액산정방
      법, 금전의 성질,
      징수의 시기, 징수방법
   I. 점포의 구조 또는 내외장에 대하여 가맹자에게 부과하는 특별의무
■ JFA 등록사항
   상기의 법정개시 사항 외 하기와 같은 사항을 추가한다.
   A. 본부기업의 설립연월일, 자본금, 종업원 수, 주요 주주, 연혁
   B. 대표자의 약력
   C. JFA의 회원의 종류(정회원, 준회원, 비회원 등의 구분)
   D. FC체인명, 업종·업태(또는 취급상품)
   E. 본부 소재지
   F. FC사업의 담당부문, 담당책임자 이름 등 직급 명, 본부 전담종사자수, SV 등
   G. FC 1호 점의 개시 연월일
   H. 과거 3년간의 점포수 내지 최근 매상고 추이 표준점포의 개요(면적, 수용인
      원수, 월 매상고, 영업이익, 점포개설 투자액, 영업시간, 필요인원, 출점지역)
■ FC계약의 안내
   상기의 법정개시사항, JFA 등록사항 외 하기 사항을 추가한다.
   A. 우리회사의 이념
   B. 조직
   C. 이사진 일람
   D. 매상고, 출점사항

^{section} ④ 가맹안내서의 작성방법   FRANCHISE

   가맹안내서는 가맹희망자가 상담차 본부를 방문하였을 때 가장 먼저 접하게 되
는 본부의 공식문서다. 지나치게 화려하거나 너무 빈약하거나 이해하기 힘든 내
용으로 되어 있으면 초심자인 가맹희망자는 당황하게 되고 본부에 대한 신뢰감을

갖지 않게 된다. 가능한 성의를 다하여 사진·도표·그림 등을 삽입하여 이해하기 쉽고 간결하게 내용을 정리함이 좋으며, 지나치게 많은 정보를 삽입할 필요는 없다고 생각된다.

물론 허위나 과장된 내용으로 제작되는 것도 문제가 된다. 어떤 오피스빌딩의 분양사무실에서 제작된 분양안내서를 보니 10평 정도의 사무실에 욕조나 탕비실 등이 호텔처럼 호화로운 사진으로 표시되어 있어 현장에 가볼 필요도 없이 입주를 포기한 경우가 있었다.

또 비용을 아낀다는 의미로 한꺼번에 대량으로 제작한 뒤 기업의 사정이 바뀌어져서 아무 쓸모 없는 물건이 되어 문서보관창고만 차지하는 경우도 있음으로 사용기간, 기업의 성장속도 등을 고려하여 기업의 사정변화에 따라 새로운 내용의 가맹안내서가 제작될 수 있도록 적정량을 발주하는 방법도 연구되어야 할 것이다.

이하에서는 가맹안내서 작성시에 유의해야 할 사항을 살펴보고자 한다.

4-1. 과대한 비용을 들여 호화스런 내용으로 제작하는 것은 금물

호화롭게 많은 비용을 들여 화려한 사진과 내용을 기재한 가맹안내서를 보고 이러한 점포를 운영하면 참 좋을 것이라고 생각할 수도 있겠지만, 중소규모의 가맹점운영을 희망하는 사람들은 그렇게 자금이 넉넉하거나 여유 있는 사람들이 아니고 어떤 면에서는 사업에 실패한 사람, 직장을 사직하고 독립하려는 사람, 친지나 부모로부터 자금을 원조받아 새로운 생업을 발견하려고 생각하는 사람들이며, 전반적으로 성실하고 열심히 인생을 살아가는 사람들이다. 이러한 사람들에게 지나치게 호화롭게 제작된 가맹안내서는 오히려 거부감을 느끼게 할 수도 있다는 점을 간과해서는 안될 것이다. 물론 동일업종의 가맹본부를 비교할 때 일반적으로 가맹안내서가 화려하고 보기 좋게 작성된 쪽을 선택하기 쉬운 것이 인간의 심리일 것이다. 그러나 다음의 예도 생각해 보자.

만약 가맹본부를 선택하기 위하여 가맹희망자가 2개의 본부를 방문했다고 가정하자. A회사는 호화롭고 화려한 사진과 내용으로 가맹안내서를 제작했고 다른 B사는 워드프로세스로 타자하여 컬러 카피한 수작업 제작품이었다. 양 사를 비교해보면 영업내용이나 시스템이 별 차이가 없었다. 그런데 가맹금이나 주방기기대금, 각종 비품대금, 인테리어 비용이 화려한 가맹안내서를 제작한 회사의 것이 더 많았다고 가정해보자. 최근 어느 나라에 관계없이 프랜차이즈 본부에 대해 좋은 감정과 신뢰감이 높지 않은 현실에서 판단력 있는 가맹희망자라면 비록 워드프로세스로 타자하고 컬러 복사한 내용이지만 실속 있는 내용을 갖춘 B사를 가맹본부로 선택할 가능성이 높지 않을까 하고 생각한다.

이와 같이 가맹안내서는 가맹희망자가 본부를 선택함에 있어 큰 영향을 줄 수 있는 것임으로 단순히 호화롭게 제작되었다고 본부를 좋게 평가하지는 않는다는 점을 인식할 필요가 있다. 분량도 A4용지 4~5페이지 정도로 컬러로 제작함이 좋다고 본다.

4-2. 본부의 FC성장 단계별로 적절한 내용

우선 본부가 FC사업을 시작하는 초기단계의 가맹안내서는 비교적 간단한 내용이 될 것이다. 제작방법도 워드프로세스로 간단하게 몇 페이지 정도로 제작될 것이다. 그러나 가맹점 개점수가 점점 증가하고 본부의 기구가 확대되거나 광고선전방법도 다양화되며, 물류센터의 개설 등이 이루어지는 등 본부의 기구확대나 시스템도 정착하게 되면 이에 따라 가맹점안내서도 충실해지고 내용도 다양해질 것이다.

그리고 영업실적도 좋아져서 본부의 자금운영도 어느 정도 여유가 생긴다. 이때에는 어느 정도 기업사정에 맞게 인쇄된 가맹안내서를 제작하게 된다. 사업이 정상궤도에 오르면 여기저기에 회사소개신문기사나 잡지에 점포소개기사가 나오기도 한다. 이러한 기사는 가맹본부로서는 사회적으로 또 객관적으로 평가받은 좋은 자료임으로 가맹안내서에 이러한 내용을 기재하는 것이 좋을 것이다.

한편, 이때쯤이면 유사 업종·업태의 다른 가맹본부로부터 도전을 받게 된다. 이때의 가맹본부는 차별화·개성화전략으로 경쟁에서 살아 남기 위하여 노력하지만, 시장은 점점 성숙화단계에 진입하게 되고 각 본부의 차별성이 거의 소멸해버리게 된다. 예컨대 우리나라에 상륙한 세계적인 햄버거 체인이 각 본부에 대해 고객이 특별히 어느 점포를 선택하여 내점하는 비율이 그렇게 높지 않을 만큼 성숙화단계에 와있는 것과 같은 현상을 말한다.

이렇게 시장이 성숙화단계에 진입해 있고 어느 본부에 가맹해도 커다란 차이가 없는 여건이 되면 가맹희망자는 단순히 가맹안내서의 내용을 보고 본부를 판단하고 선택하는 경향이 있다. 이때에는 물론 가맹안내서 제작이 초기 단계와 다르게 어느 정도 고급화하고 타본부에 비해 화려해질 것이다. 이때의 본부는 더욱더 가맹점포수를 증가시키기 위해 전력투구하게 되고 본부의 공신력을 높이기 위해 노력하게 된다.

그 다음 시장이 성숙기를 지나 쇠퇴기에 이르면 가맹안내서는 또다른 입장에서 제작되어야 할 것이다. 화려한 제품보다는 비용이 가능한 최소화되는 방법으로 제작되어야 할 것이다. 서서히 폐업하는 가맹점도 생기게 되고 새로운 가맹희망자도 차츰 줄어들기 시작함으로 본부의 가맹점 모집활동도 소극적이게 된다. 가맹안내서도 1~2매 정도로 축소하여 제작하는 경향도 있다. 이러한 단계에 이르면 FC사업이 부업정도로 취급되어지는 본부도 있게 된다. 가맹점 모집도 신문광고보다는 입 소문 또는 친지 등의 소개에 의해 성공하는 비율이 높아짐으로 가맹안내서의 역할은 그만큼 축소될 것이다. 가맹안내서를 성장단계별로 내용을 달리하여 제작해야 한다는 것은 이러한 의미에서이다.

4-3. 가맹안내서의 내용과 표현방법

물론 법적으로 가맹희망자에게 공개하여야 할 본부정보내용을 허위과장 없이 사실 그대로 기록하는 것이 원칙이나, 안내서는 본부의 시스템의 특성과 사업의 특징 및 미래의 성공가능성 및 비전을 제시하는 것임으로 본부 나름대로 표현방법이 있을 것이다. 이를 정리하면 다음과 같다.

(1) 체인영업의 시장성과 장래성 소구

가맹희망자가 갖는 가장 큰 관심은 장래의 체인본부의 성장과 영업의 번창가능성 여부이다. 체인본부사업이 시대를 앞서가는 사업인가 아닌가가 가장 큰 판단의 잣대가 될 것이다. 지금은 최고의 성숙단계지만 2~3년 뒤에 시장포화상태가 예견되는 본부체인에 큰 금액을 투자하는 가맹희망자는 없을 것이다. 한때 우리나라에서 외식프랜차이즈사업의 최선두주자로 인정되던 FF점포에 최근 가맹희망자가 거의 투자를 하지 않는 경향을 보면 이해할 수 있을 것이다.

따라서 시장성과 장래성을 잘 표현하는 내용을 핵심용어로 하여야 한다.

예컨대 ① 고령화시대에 대비하기 위하여, ② 건강지향시대를 향하여, ③ 독신

세대와 단신세대의 증가에 대비하기 위하여, ④ 어린이세대의 출생률 저하, ⑤ 주 5 일근무제도의 확대로 여가시간의 증가현상, ⑥ 시간소비형 지출의 변화, ⑦ 소비의 개성화 및 자기주장화 등에 대응하는 비즈니스 등의 표현을 키워드로 하여 소구한다.

또한 시장성을 표현하는 방법에는 본부의 연평균 신장률과 국내 시장규모, 선진국의 시장성장사례 등과 업계단체나 학술단체 국가기관인 통계청 등에서 발표한 구체적 수치를 사용하고 자료발표기관을 밝히는 것이 효과적이다.

(2) 영업의 특징 표현

어떤 업종·업태도 나름대로 장점과 단점이 있다. 자기체인의 장점과 특징을 다른 업종의 영업과 비교해서 처음부터 명확히 표현한다.

예컨대 투자가 최소단위 → 실패했을 때 위험부담을 최소화한 시스템이다. 고정투자가 최소임으로 환경변화에 대응하기 쉽다.

- 투자가 크다 → 운영이 시스템에 의해 이루어짐으로 파트타임 아르바이터에 의해 점포가 운영될 수 있어 인재부족시대에 적절한 영업이다.
- 재고부담이 없다 → 영업이 활성화되어 수익성이 확보된다.
- 영업이익률이 높다 → 소규모 매상으로도 채산성을 확보할 수 있다.
- 깔끔한 영업 → 종업원 확보가 용이하다.

동업경쟁자가 많이 나타날 때에는 동업자의 영업상태 시스템을 비교분석하여 자기체인의 장점을 표현하여야 한다.

(3) 가맹점의 업무내용과 업무의 특징의 간결한 표현

가맹점 오너로서 점포를 직접 경영하는 경우 자신이 그러한 일을 감당할 수 있을까? 요리를 전혀 모르는데 과연 단기간의 교육으로 이를 감당할 수 있을까 하는 불안감은 개인이든 법인이든 누구나 갖는 것이다. FC개발이 좀더 수준높은 시스템에 의해 이루어지기 위해서는 이 불안감을 어떻게 해소하는가 하는 점을 명확히 해야 할 것이다. 가맹점에 가입하는 것은 독립하여 생업을 갖기 위하여 또는 사업 다각화의 목적으로 행해지는 것이다. 가맹하는 측에서〔이 본부의 운영방법을 잘 모른다)라는 상태에서 시작하여 운영방법을 본부로부터 배워서 시작하려는 것이다. 어떤 업무인가를 알 수 없기 때문에 가맹에 임해서 자기가 잘 할 수 있을까?)불안해하고, 그렇기 때문에 가맹의 결단을 잘하지 못하는 경우가 많다. 가맹안내서를 작성할 때에는 이러한 점에 유의해서 가맹점 오너가 아무 문제없이 교육만잘 받으면 경험이 없어도 성공할 수 있다는 자신감을 심어줄 수 있는 내용으로가맹안내서가 제작되어져야 한다.

(4) 표준적인 수지모델과 투하자금의 표시

가맹희망자가 가맹안내서를 보고 그 사업에 흥미를 갖게 되면 우선 자기가 보유한 자금으로 그 사업을 할 수 있을까 없을까를 검토할 것이다. 따라서 가장 쉽게 투하자본 내역을 알아볼 수 있도록 하는 표현방법이 필요하다.

또 이 체인사업은 어느 정도의 매출에서 어느 정도의 이익이 발생할 것인지가최대의 관심사가 될 것이다. 따라서 기존 점포의 실적을 중심으로 점포의 표준수지모델을 제시하여야 한다. 그리고 이 표준수지모델은 점포의 규모 위치, 투자규모에 따라 수치의 차이가 발생할 수 있다는 내용도 분명히 기록할 필요가 있다.실적이 평균적인 표준수지와 지나치게 차이가 발생할 때 점포규모나 시장여건을생각하지 않고 단순비교만 함으로써 분쟁발생의 소지가 있기 때문이다. 이때 개점 후 최소한 고객에게 인지되는 시간이 어느 정도 필요하며 영업의 정상궤도 예정시간도 설명되어지는 것이 좋을 것이다

4-4. 가맹희망자에 대한 흥미환기

가맹점계약이 이루어지는 것은 가맹희망자가 기존점포를 방문하여 음식을 시식한 뒤 나름대로 흥미를 갖게 되거나 신문·잡지나 기타 매스컴에 본부의 가맹점모집광고를 보고 본부의 연락처를 알아서 전화나 Fax, e-Mail 등으로 가맹안내서의 송부를 요청함으로 시작된다. 이 경우 가맹안내서의 역할은 우선 그것을 보고싶은 사람에게 그 사업의 흥미를 갖게 하는 것이다. 이 최초 접촉의 목적은 가맹계약을 하려는 것이 아니다. 가맹안내서에 흥미를 갖고 본부를 방문하든가, 사업설명회에 참석하여 상세한 이야기를 듣고 상담에 응하게 하는 것이다.

그렇다면 흥미를 불러일으키고 본부에 내점하게 하는 무기가 되는 가맹안내서는 상세한 내용이 기재되어서는 안될 것이다. 본부시스템을 전혀 알지 못하고 교육도 받지 않은 가맹희망자에게 지나치게 상세한 가맹안내서는 오히려 〔이 사업은 너무 어려운 것이 아닌가?〕 하는 의구심을 불러일으키기 쉽다. 지나치게 자세한 내용은 본부의 이야기를 더 이상 들을 필요가 없어 본부 스텝과 상담의 기회를 갖지 못하게 할 수도 있다. 문자로 기록된 내용도 중요하나 인간은 서로 만나서 대화를 나누는 과정에서 신뢰감을 더 할 수도 있음으로 가맹희망자가 가맹안내서를 보고 흥미를 느껴 본부 스텝과 상담을 하도록 하는 역할만 할 수 있도록 작성되어져야 한다. 이와 같이 가맹안내서는 간결하게 사업의 특징과 내용을 알 수 있도록 작성되어야 하고, 그 다음 본부 스텝이 이 희망자를 만나서 설득하는 기회를 만들도록 유도하는 역할만 하면 충분하다고 본다.

(5) 가맹점 모집광고매체의 선택과 활용법

5-1. 명확한 업무결정과 광고매체코스트의 분석

(1) 개발이익과 광고비용의 배분

새로운 프랜차이즈체인 시스템을 개발하면 실패한 경우를 제외하고는 개발에 따른 기본적인 이익이 발생한다. 이 이익은 크게는 수억원에서 수천만원에 이르고 적게는 수백만원에 불과한 경우도 있다. 물론 프랜차이즈업종에 따라 개발이익은 차이가 있다. 소매업, 서비스업 중에서 기계류를 중심으로 한 판매사업은 사업전개가 빠름으로 이를 프랜차이즈사업으로 전개할 때에는 3~4년 안에 크게 성장하는 업종도 있지만, 컴퓨터관련 기기류 판매업 또는 참고서적 판매업 등과 같이 단기간에 지나치게 경쟁이 격화되어 개발이익이 최소화되는 업종도 있다. 그러나 대체적으로 프랜차이즈본부를 개설하면 일정한 개발이익이 확보된다. 물론 이러한 개발이익에는 가맹금, 주방기기 판매이익, 인테리어대금 차익금, 기타 교육비 등이 포함된다.

예컨대 1일 매상고 500,000원 정도의 소규모 점포로서 개발초기 약 10점포의 가맹점을 개설하였다면 다음과 같은 개발이익은 예상할 수 있는 것이다.

① 가맹금

      10점포 점포당 3,000,000원 합계 30,000,000원

② 식자재 차인이익

      10점포 월간매상고 10×15,000,000＝150,000,000의 15%

                                  ＝22,500,000원

③ 인테리어 주방기기개발이익

      인테리어투자 50,000,000원

      주방기기 및 비품 40,000,000원 합계 90,000,000원

      이익률 3%

      90,000,000원×10점포×3%＝27,000,000

④ 교육비   300,000원

⑤ 개발수익금 합계   약 79,800,000원

여기서 각종 개발비용을 제외한 것이 개발이익이다. 이는 물론 극히 단순 계산 내용이다. 모든 점포가 1월 1일 동시 개점하여 12월까지 10점포가 12개월 영업한 판매고로 계산한 것이나 실제로는 이런 경우가 없을 것이기 때문이다. 인건비, 실험실습비, 사무용품비, 사무실임대료, 전력수도 등 광열용수비, 교육비, 전화통신비, 교통비, 광고선전비 등의 여러 비용을 합하면 개발이익을 초과할 수도 있다. 그러나 보통은 프랜차이즈본부시스템 개발시에 최소한의 개발이익이 확보될 수 있기 때문에 누구나 관심을 갖고 창업을 생각하고 있으며 또 그만큼 일확천금을 꿈꾸는 무자격 사업가도 흔히 발견되는 것이다.

그러면 이러한 개발이익이 발생하는데도 많은 체인본부가 창업 후 극히 단기간에 전업·폐업하는 이유는 무엇일까? 많은 체인본부는 창업 초기에는 신문지상에 대대적 가맹점 모집광고를 하거나 프랜차이즈 전시회 등에 과감히 참가한다. 그러나 결과는 비참할 정도로 겨우 1~2개의 가맹희망자의 문의만 있을 뿐이다.

투하된 비용에 비해서 너무나 초라한 결과를 보고 대부분의 체인본부는 더 이상 대중매체를 이용하지 않게 된다. 따라서 광고매체 선정방법과 비용책정을 함

에 있어 개발이익의 범위와 본부의 고정비를 연계하여 생각해볼 필요가 있다. 현실적으로 개발이익이 있기 때문에 신문광고비가 과다하거나 가맹점 모집실적이 저조하여 가맹본부가 경영부실에 빠지는 경우는 적으며, 대부분의 경우 창업초기의 본부 고정비 설정에 문제가 있기 때문에 본부가 부실에 빠져버린다고 판단된다. 프랜차이즈 개발이익을 정리하면 다음과 같다.

개 발 이 익			
매체 코스트 10~20%	개발 코스트 (인건비 등)	창업코스트	개발 순이익

　위 표에서 매체비용을 개발순이익의 10~20%로 설정했을 때 대부분의 개발이익은 개발인건비, 개발실험실습비 및 기타 창업실무비가 차지하게 된다. 여기서 개발이익을 확보하여 프랜차이즈 창업이 성공적으로 이루어지게 하려면 이러한 고정비 축소를 연구하고 개발목표를 명확히 하여 업무의 불확실성으로 인해 발생하는 손실을 최소화하는 방법을 연구해야 할 것이다. 경영주 혼자서 모든 업무를 추진하면 인건비는 거의 필요하지 않겠지만, 업무진행은 제대로 이루어질 수 없을 것이다. 개발에 임해서는 개발이익과 고정비와의 균형을 항상 체크해가야 한다. 차츰 고정비가 팽창하면 계속해서 3건, 4건의 점포개발이 이루어지지 않으면 안 된다. 개발 건수에 맞추어서 광고비도 증가하면 좋으나, 광고예산이란 매체의 기준이 있기 때문에 증가시키거나 축소시키는 작업이 쉽지 않다. 요컨대 최소의 비용으로 어떤 매체를 이용하여 프랜차이즈점포를 개발할 것인가가 포인트가 될 것이다. 신문지상에 대대적으로 광고하거나 프랜차이즈 박람회에 참가하여 많은 비용을 투하하였지만, 투하한 비용에 비례하여 효과를 얻는 기업은 아마 많지 않을 것이다. 이와 같이 대상이 분명치 않은 광고는 초기 창업업무에 있어 신중히 다루어야 할 문제로 떠오른다.

　어떤 직장인 대상의 설문조사에서 〔돈버는 사업이 있다면 독립하고 싶은가?〕라고 질문했더니 연령별로 차이가 있겠지만 50% 이상이 "예"라고 대답했다. 〔기회가 오면 독립하겠다〕라는 층은 90% 이상이었다. 현재 기업의 구조조정이 계속되고 대학졸업생의 취업이 바늘구멍을 들어가기보다 어려운 사회적 여건임으로 독립창업에 대한 직장인들의 갈망은 대단히 높다. 이러한 계층을 A계층이라고 하

자. 그 다음 항상 무엇인가 독립하여 개업할 사업이 없는가를 찾고 있는 계층도 있다. 이 계층에서 욕구가 조금 높아지고 회사도 부도위험이 있는 것 같고 보너스도 나오지 않는다. 금년이야말로 독립하고 싶다는 층을 B계층이라고 한다면 지난달 회사를 그만두었다는 계층을 C 계층이라고 구분했을 때 FC본부는 이러한 흐름을 분석하여 A, B, C 계층 중 어떤 계층을 타깃으로 할 것인지를 정하지 않으면 개발 자체가 제대로 이루어질 수 없을 것이다. 위의 세 가지의 경우 개발의 타깃은 어느 계층일까. 그것은 B와 C 계층이다. 우리나라의 경우 FC에 대한 피해가 아직은 많지 않아서 많은 사람들이 가맹점으로 독립하여 생계를 꾸려가려고 생각하고 있으나, 선진국에서는 FC에 가입한 많은 사람들이 실패한 사례를 보아왔고 또 프랜차이즈본부의 정보가 많이 노출되어 있어 각 가맹본부의 실력차이를 쉽게 판단할 수 있기 때문에 광고효과는 더욱 미미하게 나타나기도 한다.

(2) 광고와 점포개발의 효과

가맹점의 개발에는 광고매체의 힘, 본부의 영업력, 거기에 체인의 시스템 구축수준이 필요하다. 최종적으로는 FC사업을 보좌하는 본부스텝이 어떻게 노력해서 가맹점을 개발해 가느냐에 달려 있는 것이다. 개발을 강화하는 도구로서 필요한 것은 물론 영업력과 매체의 효과이다. 그러나 영업부 스텝진 만이 가맹점 개발에 노력하면 되는 것이 아니고, 사무실 직원이든 누구든 다같이 개발요원이 되어 전력투구해야 하는 전사적(全社的) 마케팅이 필요하다.

예컨대 가맹희망자의 자료청구에 대하여 우편업무 처리, 전화를 받는 자세 등 여러 가지가 스무스하게 이루어질 필요가 있다. 회사전체가 하나의 시스템으로 정립되어 일사불란하게 기능적으로 움직임으로써 가맹점 개발이 가능한 것이다. 아래의 표는 매체의 반응도를 체크한 사례다. 이것은 프랜차이즈본부가 행한 여러 가지 모집활동 광고를 거저 막연하게 종합적으로 파악할 것이 아니라 매체별로 파악해봄으로써 소구대상을 확실하게 찾을 수 있으며 이 소구대상에 대한 집중적인 정보전달업무를 강화함으로써 가맹사업희망자의 확대를 기할 수 있다. 체크방법은 잡지의 경우 1개월 단위로서는 판단하기가 어렵다. 상담하여 가맹계약까지는 시간이 걸림으로 3개월 정도의 사이클을 합계해야 정확한 파악이 가능하다. 같은 광고라도 어떤 매체는 반응이 있으나 어떤 매체는 전혀 반응이 없는 케이스도 있다. 그래서 다음과 같은 방법으로 계산하는 것이 어떨까라고 생각한다. 그러나 무료광고에 해당하는 publicity도 있음으로 광고반응 체크를 확실한 수치로 나타 내지 못하는 경우도 있다.

〔매체광고 성과표〕 2008년 월~월 〈3개월간 합계〉

	매체이름	횟수	금 액	상담 건수	신청 건수	계약 건수	매체 코스트	비 고
잡지 신문①	○○○일보 ◎◎◎ 식당잡지 식품신문 합 계							
박람회 전시회②	프랜차이즈 박람회 ww 전시회 합 계							
기사 소개 불명③	기 사 소 개 불 명 합 계							
초합계①+②+③								

※ 기입시 유의사항은 전시회·박람회의 출연료, 직원인건비·숙박비는 불포함.

5-2. 자료송부와 가맹예상자의 개발방법

(1) 가맹희망자 리스트

가맹희망자를 만나는 경우 그 사람들의 리스트를 몇년간 관리하는 것이 좋은가 하는 문제가 발생한다. 개업희망자는 사업을 결정하는데 거의 최소 1년 이상 검토 한다고 생각된다. 문의가 있어 자료를 송부한다. 그 후 3개월 정도 지나면 다른 메시지를 송부한다. 그 기간의 사이클을 만들어 관리한다. 그러한 기간을 나타내 는 것이 3/3, 6/6, 12/12라는 수치이다. 점검기간을 연장하여 가는 방법을 반드시 실행하여야 한다.

업무가 미숙한 가맹본부는 가맹희망자에게 한번 보낸 가맹안내서를 똑같은 내용으로 수회에 걸쳐 같은 사람에게 보낸다. 그보다는 〔가맹뉴스〕라던가 〔점포견학회〕를 개최한다는 내용이 담긴 체인본부의 동정 등 가맹안내서와 전혀 내용이 다른 자료를 송부하여야 한다.

가맹희망자에게 우편물을 보낼 때에도 주의하여야 한다. 보통은 우체국에 가지고 가서 일률적으로 〔요금별납〕의 도장만 찍어서 보낸다. 생각하기에 따라서는 상당히 무성의하게 보일 수도 있다. 기록된 주소도 본부의 컴퓨터에 입력된 자료에서 일괄적으로 추출한 것을 그대로 프린트하여 보낸다. 사람에 따라서는 자기의 정보를 타인이 관리하는 것에 대하여 저항감을 가질 수도 있다.

이것을 정성스런 육필 글씨로 주소를 기록하여 보낸다면 상대는 그 성실성을 인정할 것이다. 보통 100매의 주소를 쓰는데 2시간 정도면 충분하다고 한다. 감정 없는 무미건조한 컴퓨터 프린트보다는 인간의 감정이 들어있는 손으로 기록한 편지봉투는 당연히 본부의 신뢰감을 높여 줄 것이다. 송부하는 내용은 대량 인쇄물이라도 최소한 보내는 사람의 이름은 육필로 기록하는 방법으로 자료를 송부하는 정성도 보여주어야 할 것이다. 흔히 경험하는 바이지만 연말에 연하장이나 크리스마스 카드를 받아 보면 대량 인쇄된 내용에 보내는 사람의 이름까지 인쇄된 것을 그대로 보내는 사람들이 많다. 받는 사람의 입장에서 고맙기는 하지만 약간은 씁쓸한 감이 일어난다. 이와 같은 기분과 감정을 가맹희망자가 갖도록 해서는 안 될 것이다.

(2) 정성이 함축된 자료 송부

앞으로 각 FC본부간에 치열한 경쟁이 예상되고 개업희망자는 간단하게 체인본부 선택을 바꿀 수 있는 환경이 도래할 것이다. 〔김 교수께서 추천해주어서 가맹하려고 한다〕 또는 〔김 교수가 추천하기 때문에 싫다〕라고 하는 경우도 있을 것이다. 극히 사소한 일로 인해 가맹본부를 결정할 수도 있다. 예컨대 가맹본부 사장의 인품이나 대응하는 본부 담당자의 태도를 보고 간단히 가맹본부를 변경하거나 선택하는 것이다. 전화를 받을 때도 담당자가 바로 사업설명을 하는 적극적인 자세로 대응하면 거기에 호감이 가서 가맹하는 사람도 있다. 지방의 어떤 사람은 어떤 본부에 가맹한 이유가 전화연결이 바로 되어 정보를 들을 수 있어서 가맹했다고 말하기도 한다. 한두 번 전화하였으나 계속 통화중이거나 전화기에서 1번은 총무, 2번은 개발팀, 3번은…하는 응답소리가 복잡하여 바로 전화를 끊어버렸다고 하는 사람도 있다.

또한 어떤 사람은 사업설명회에 갔으나 본부의 책임자로부터 어떤 이야기도 들을 수 없어 자세가 적극적으로 열심히 일하지 않은 것 같아 다른 체인점과 상담을 하려고 한다고 말하기도 한다. 이것은 단순히 영업부서만이 점포개발을 해서는 안되고 전 사원이 이 업무에 함께 전력투구하여야 한다는 것을 단적으로 보여주는 사례가 될 것이다. 가맹희망자는 자신의 전 재산을 투자하여 인생을 거는 것이다. 이들의 자료청구 요청에는 세밀한 주의가 필요하다. 위에서 설명했지만, 컴퓨터에 입력된 자료에서 추출하여 요금 별납이라는 인쇄된 봉투에 넣어 보내는 것은 바람직하지 않다. 예쁜 기념우표를 준비해서 육필로 쓴 봉투에 넣어보내는 성실성을 보여주어야 한다. 그런 일은 습관화되면 조금도 어려운 일이 아니다.

(3) 계약까지의 표준적인 성과

세상에는 장사를 하려는 사람, 독립해서 생계를 꾸려가려는 사람이 많이 있다. 예를 들면 구조조정으로 직장을 사직한 사람이 장사를 시작하려고 한다. 그러면 어떻게 해서 그런 사람을 찾으면 좋은가? 그 효과적인 방법의 하나가 광고매체이다. 광고매체는 사업을 하려는 사람을 찾는 역할을 담당하기 때문이다. 따라서 가맹희망자를 찾는 수단으로서 매체를 찾지 않으면 안 된다. 매체에 금전을 지출하지 않는 한 FC개발은 쉽게 이루어질 수 없다. 여기서 우선 가능성이 있는 타깃을 찾아서 설득하는 작업이 개발업무의 시작이다.

개발이 순조롭게 이루어지는가 아닌가를 개략적으로 추정하는 계산방법이 있다. 그 계산방법에 의해 업무를 추진해 가면서 이 표준수치와 비교해보는 방법을 생각해보자. 본부에서 보낸 안내서를 받고 그 반응이 10건이라고 하자. 그 가운데 본사를 방문하여 사업설명회에 참가한 것이 그것의 50%, 그리고 실제 계약한 것이 그 중에서 50%라면 최종적으로 10명 중 1.25인이 계약을 한 셈이 된다.

반응에서 계약까지의 과정비율			
반 응	면 담	신 청	계 약
10 명	5명	2.5명	1.25명
100%	50%	50%	50%

이 수치는 무점포 FC여부 또는 성숙시장에 진입한 사업인가 아닌가에 따라 그 비율이 다를 것이다. 매체에 의해서도 변화가 있고 광고의 표현에 의해서도 차이가 발생할 수 있다. 중요한 것은 응모율이 낮을 때 어떻게 해서 가맹희망자를 증가시키는가 하는 문제다. 이러한 응모율을 높이는 것이 경영의 안정성에 연결된다. 그렇기 때문에 어느 정도 매체비용이 높아도 경영의 안정성을 유지하기 위해 매체광고를 진행한다. FC의 경우 가맹점이 증가해야 로열티가 입금되기 때문에 일정수의 가맹점포가 있으면 경영은 충분히 성립된다.

5-3. FC용 매체선정과 매체예산 수립방법

(1) FC 매체의 선정방법

FC가 활용할 수 있는 매체에는 다음과 같은 것이 있다.

① 독립·경영다각화 전문지 ········· 우리나라에는 이러한 잡지나 일간지가 거의 없다고 할 정도다. 그러나 일본의 경우는 월간 비즈니스, 월간 프랜차이즈, 독립왕(獨立 王), 기업통신(起業通信) 등이 있다.

② 비즈니스 전문지 ······················· 일본의 경우 상업계, 벤처링그, 음식점경영, 월간식당, 월간음식점경영 등이 있고, 우리나라의 경우 월간식당, 식품저널, 월간창업과 프랜차이즈 등이 있다.

③ 업계·일반신문 ·························· 외식경제신문, 한국경제신문, 매일경제신문, 내외경제신문. 일본의 경우 일본경제신문, 요미우리신문 등이 있다.

④ 비즈니스 박람회·전시회 ········· 프랜차이즈 박람회, 전시회 등이 있다.

이러한 매체 중에서 자기 체인본부에 가장 적합한 매체를 선정해서 박람회 등에 맞추어서 광고하는 것이 좋다.

외국의 경우 소매업, 서비스업의 FC로 독립하려는 사람은 전문지(예컨대 일본의 경우 일본요리인 스시(壽司)에 관한 전문지가 별도로 있을 정도다) 등을 매체로 이용하여 가맹점모집공고를 하며, 일반 가맹희망자들도 업종·업태별 전문지를 보고 가맹본부를 선택하고 있다. 일본 외식업계에서는 일반적으로 생업형 소매업, 서비스업의 FC로 독립하려는 자를 타깃으로 하는 경우 독립·다각화전문지를 선택하고 있다. 외식의 생업형은 음식관계의 잡지, 개업자금이 많은 법인의 경우에는 일경유통신문과 상업계(商業界) 등의 비즈니스 전문지를 이용하고 있다.

그러나 어찌되었던 하나의 광고로 많은 반응을 기대하기 어려우며, 많은 반응을 불러오는 매체가 반드시 FC점포개발의 가장 좋은 매체대상은 아닌 점은 미리 이해해 두어야 한다.

(2) 잡지광고의 원고작성

광고용어로서 순광고(純廣告)와 기사광고(記事廣告)의 2가지가 있다. 많은 쪽은 물론 순광고 쪽이다. 그러나 최근에는 문장으로 소구하는 기사광고가 증가하고 있다. 그 이유는 사업내용을 설명해서 가맹희망자를 설득하기 위해서이다. 사업이 성숙단계에 이르면 유사한 광고문안을 여러 인쇄매체로부터 접하게 되는 투자희망자에게 타사와 다른 표현을 하지 않으면 새로운 사업이라는 이미지를 환기시키기 어렵기 때문이다. 그렇기 때문에 반응을 증가시키기 위하여 순광고 쪽이 좋을지 모른다. 이미지 면으로 소구하면 구체적인 내용을 알기 어렵고 자료청구를 요구한다. 여기에 반해서 기사광고는 영업의 핵심은 잘 파악되나 문의 건수는 떨어지는 경향이 있다.

그러나 일반적으로 기사광고 쪽을 대부분의 체인본부가 행하고 있다.

사례 1

사례 2

　기사형의 광고로 사업내용을 알기 쉽게 설명하고 그 메리트가 어디에 있는가를 찾아보자. 단순히 가맹점 문의건수를 증가시키려면 그것은 그렇게 어려운 문제는 아니다. 내용을 세밀하게 작성해서는 안되고 어떤 사업인가를 문의하지 않을 수 없도록 하는 표현방법을 사용하면 된다. 예컨대, 〔돈버는 비즈니스! 5,000만원으로 창업!〕〔무경험인 귀하도 쉽게 성공할 수 있다!〕라는 막연하고 일반적인 표현을 쓰면 사업내용을 자세히 알려고 전화가 걸려온다. 그러나 그러한 방법을 사용하면 소구대상의 많은 부분을 차지하고 있는 계층 즉 어디 좋은 사업거리가 없는가 먼 장래를 대비하여 지금부터 천천히 준비해야지 하는 사람들로부터는 많은 전화만 걸려 올 뿐 가까운 시일 안에 생업을 시작해야 하는 꼭 필요한 대상으로부터 전화는 많이 걸려 오지 않는다. 투자에 많은 조사를 하고 신경을 쓰고 있는 사람들은 막연하게 느껴지고 애매한 표현의 광고에는 관심을 갖지 않기 때문이다. 그래도 개발업무에 능숙한 담당자가 상담하면 가맹자를 약간은 유인할 수 있을지 모르나 좋은 결과로 연결되기는 어렵다.

그러한 의미에서 앞에서 말한 B계층을 유도할 수 있는 문안을 작성하면 가장 효율성이 높은 광고가 될 것이며 좋은 결과를 얻을 수 있을 것이다.

예컨대 어느 정도의 대상이 있다고 판단되면 순광고로 사람을 많이 모집하고 투자 의욕이 많은 사람들에게는 그 분위기에 맞는 소구를 하는 것이 좋으나, 반대로 이러한 사람들은 개점 후 트러블을 일으킬 가능성이 높다는 점도 유의해야 할 것이다.

(3) 매체코스트의 파악

매체에 따라서는 초기반응은 30개였으나 계약은 겨우 1건 정도밖에 안 되는 경우도 있고, 반응이 10건이라도 면담이 5건밖에 오지 않는 것은 매체에 문제가 있으며 또는 광고의 표현에 문제가 있을지도 모른다.

매체비용의 표준치라는 것이 있다. 최종적으로 한 사람의 가맹점을 획득하기 위하여 사용하는 매체에 대한 비용이 있다. 매체코스트는 일반적으로 개발이익의 20%정도인 것이 바람직하다. 여기서 매체 선정에 대한 업무와 코스트를 연계할 필요가 생기는 것이다.

예컨대 매체비용이 생계형 음식점 FC는 25,000,000원 이내, 대형음식점은 50,000,000원 이내 등의 일정한 표준치가 있다. 물론 이에 대한 구체적인 연구는 아직 우리나라에는 없는 것 같다. 최근에 국내소비가 위축된 영향도 있었겠지만 FC본부의 도산을 자주 보게 되는데, 그 중요 요인은 역시 개발이익의 크기에 있다고 본다. 어느 정도의 이익을 얻지 못하면 매체비를 조달할 수 없다. 가맹본부가 도산하는 예가 많은 것은 창업개발이익으로 인건비등 본부고정비와 가맹점 모집을 위한 매체비용을 감당할 수 없었기 때문이다. 다음 도표는 FC점포 전개 연수와 성숙도에 따라 매체코스트가 변화하는 모양을 도표화한 외국의 자료이다. 이 역시 표준치의 하나이지만 영업의 내용에 따라 매체코스트가 상당히 다르게 나타난다. 그래프에서 보는 바와 같이 창업초기에는 매체코스트가 높게 나타난다. 가맹희망자는 최초에 모집광고를 눈으로 확인하고 수개월이상 주저하는 경우가 많다. 잠깐 광고를 봄으로서 해당 브랜드의 이미지는 머리에 남아 있게 된다. 매체의 입장에서는 가능한 화제성이 많은 기사를 게재하고 싶은 것이다. 따라서 새롭게 눈에 띄는 광고를 체크해서 취재를 하고 기사화하는 경우가 많다. 어찌되었던 광고비가 지급되어야 광고를 게재할 수 있으며, 편집자의 눈에 들어야 무료기사로 지면에 게재될 가능성이 높게 되며, 이렇게 기사광고가 나오게 될 정도면 결과적으로 매체코스트가 낮아지게 되는 것이다.

① 가맹희망자의 흥미도에 따른 매체코스트

그러는 과정에서 회사명이나 영업의 내용이 상당하게 사회에 침투되어 있으면 (우리나라의 경우 도입역사가 오래된 FF나 FR인 겨우 사회적으로 너무 알려져 있음으로 이미 매스컴의 새로운 대상이 되지 못하고 있는 것과 같다) 이제까지 취재를 해오던 잡지사 등에서 취재대상으로 삼지 않으며 새로운 대상이 아니기 때문에 Publicity 효과도 떨어지는 것이다. FC본부는 수없이 많으며 가맹희망자는 어느 본부를 선택하든지 자유다. 그렇기 때문에 가맹희망자는 여러 곳의 본부를 찾아 자기의 적성에 맞는 업종을 선택하는 업무를 그치지 않는다. 그러면 개업희망자는 FC본부를 어떻게 해서 선택하는 것일까?

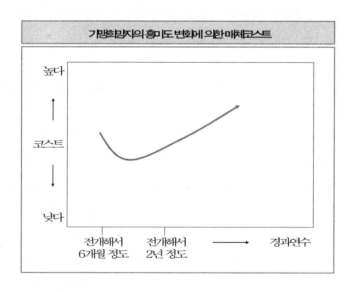

어떻든 자기가 살고 있는 주거지 인근에서 점포를 조사하고, 자기가 가장 흥미를 갖게 되는 FC본부를 선택해서 개업하려는 경향이 강하다. 그런데 여기저기 많은 업종·업태의 점포가 개점을 계속해 가면 경쟁의 원칙에 의해 가맹자의 이익은 악화된다. 그러한 상관관계가 위의 곡선과 같은 모양으로 나타난다. 그 사업이 새로운 것인가 어떤가에 따라 가맹희망자의 흥미도수가 변화하는 것이다.

(4) 매체예산의 수립방법

자금조달과 예산을 합리적으로 시행하지 않으면 FC사업 전개가 잘 이루어지지 않는다. 모든 사업의 창업이 그러한 양상을 나타내지만, 자기자금을 최소화하고 타인자금으로 영업이 가능한 것처럼 오해되고 있는 FC사업은 초기 자금계획수립이 정확해야 성공할 수 있는 사업이다. 특히 FC사업이나 컨설팅사업은 광고를 하지 않으면 가맹점이나 컨설팅의뢰자가 증가하지 않는 속성이 있는 사업이기 때문에, 사업이 어느 정도 진행되어 시스템이 정착되고 지명도가 높아지면 가맹점모집광고보다 이미지광고나 상품광고, 판촉이벤트 광고를 해서 가맹희망자를 넓혀갈 수 있지만, 사업초기에는 매체광고는 가맹점포 증가에 절대적인 필요수단이 된다. 하나의 가맹점을 개점해서 대체로 7,000,000원에서 10,000,000원의 개발이익이 발생하고 그 가운데 10~20%를 광고예산으로 전환시킨다면 매체광고비는 보통 1점포당 700,000~1,000,000원이 된다.

5개 점포를 개발한다면 매체광고비는 3,500,000~5,000,000원 수준이 될 것이다. 이렇게 보면 자기 기업의 가맹점포 개발현상과 예상수치를 알 수 있고 1점포당 개발이익금을 알 수 있음으로 가맹점모집 광고비의 사용한도를 어느 정도 계상할 수가 있을 것이다. 이러한 기본사항을 무시하고 능력에 맞지 않는 매체선정과 매체비용의 과다로 초기부터 자금난에 허덕이다 폐업하는 사례는 너무나 많다.

1점포획득에 필요한 광고비가 700,000원이라면 연간 10점포를 획득하기 위한 예산은 단순계산으로 10×700,000원, 즉 7,000,000원이 된다. 우선 이 예산을 풀 사용하여 광고를 실시한다. 그리고 상황을 본다. 아무리 나빠도 2~3건 정도는 계약을 하게 될 것이다. 가령 3건을 계약하게 되었다면 1점당 광고비가 2,330,000원(7,000,000,000÷3=2,330,000) 소요된 셈이 된다. 이것은 과다한 광고비 지급이 된다. 광고의 표현에 문제가 있던가, 매체선택에 문제가 있던가, 영업방법에 문제가 있는 여부도 체크되어야 할 것이다. 기업의 노하우라는 것은 경험을 통해서 반성하고 수정해서 변화를 기도한 결과 탄생한 것이다. 실패를 두려워해서 어떤 기도를 하지 않는 것은 진보할 수가 없다. 지나치게 비용을 두려워해서 전혀 광고를 하지 않는 체인본부가 있어서 하는 말이다. 이제 개발이익과 매체비용의 한계를 수치로 풀이해보자.

가령 15점포를 목표로 매체광고를 실시해서 3점포를 획득했다면,

개발이익   3점포×7,000,000원＝21,000,000,000원

매체광고비   15×700,000＝10,500,000원임으로 아직 10,500,000

원의 개발이익은 남아 있다. 다음에는 이 광고를 조금씩 증가해서 FC점포전개 스피드를 빠르게 할 수 있을 것이다. 여기서는 본부 고정비는 일단 제외시킨 방법이다.

광고를 해도 한 건의 문의도 없을 수 있다. 불안한 마음이 일어나겠지만, 하나의 가맹점에서 얻어지는 이익전부를 사용해서라도 가맹점을 증가시키기 위해서는 과감한 광고시행을 해야 한다는 신념이 필요하며, 초기 자금계획 수립 시에 점포 개발이익이 최소화한 상태라도 광고를 일정기간 실시한다는 자신감이 필요하고, 브랜드 시스템의 기술수준을 높여 가야 한다. 어떻게 시작만 하면 그럭저럭 유지되어 갈 것이다 라는 식으로 생각하고 과대광고를 행하였으나, 그 비용이 개발이익 이상이 되어 도산하는 기업은 개발이익과 매체비용의 한계를 생각하지 않고 무계획적으로 가맹사업을 전개한 케이스의 기업이다. 본부의 영업실적이 어느 정도 정상궤도에 진입하면 연간광고 예산을 수립해서 광고를 정기적으로 행하는 것이 좋다

개발목표×1점포당 광고비예산＝연간 광고비예산

가맹점 1점포당 광고비책정은 과거 실적을 기준해서 책정하면 좋을 것이다.

CHAPTER

08

가맹점 개발업무

FC개발영업은 크게 나누어 3가지의 유형이 있다.

첫째는 가맹희망자를 본사에 방문하게 해서 개업상담을 하는 방법

둘째는 사업설명회를 개최하여 상담하는 방법

셋째는 상대회사 또는 자택을 방문하여 상담하는 방법이다.

이 3가지 방법 중에서 하나를 선택해서 가맹점 개설영업을 한다. 여기서 좀더 구체적으로 이러한 방법을 실시할 때보다 효과적인 방법을 찾아보기로 하자.

(1) 가장 효율이 높은 것은 사업설명회에 의한 영업이다

사업설명회는 본부 브랜드가 어느 정도 파워를 가져야 실시할 수 있는 방법이다. 그렇기 때문에 연간 10점포 미만의 가맹점 개설에는 사업설명회를 개최할 의미가 없는 것이다. 그만큼 본부의 파워가 있어야 이러한 개발영업이 필요하다.

일반적으로 가맹희망자로부터 전화가 있으면 자료를 송부한다. 본부까지 가맹희망자의 발걸음을 옮기게 하는 것은 대단히 어려운 문제다. 최종적으로 면담해서 사업설명을 하고 가맹하는 동기를 부여하지 않으면 더 이상 상담이 진행되지 않는다.

그러한 업무의 가장 간단한 방법의 하나가 사업설명회이다.

사업설명회의 개최일은 정해진 일자는 아니다. 따라서 사업설명회에 참가해야

하는 나름대로의 이유를 상대에게 전달해야 한다. 어찌 되었던 회장까지 오게 하는 것이 중요하다. 또한 〔간다〕라는 것은 Push전략과 Pull전략에 차이가 있다.

필자가 외식사업컨설턴트로 일할 때 많은 사람들로부터 컨설팅자문요청을 받았는데, 처음에는 서울이고 지방이고 구분 없이 본인의 비용으로 현지출장을 갔다.

대부분의 사람들이 〔한번 현장을 보고 의견을 내주십시오. 컨설턴트의 설명을 듣고 사업을 시작하겠다〕라는 말을 한다. 이렇게 해서 컨설팅 수임계약을 한 경우가 아주 드물었다. 왜냐하면 부동산을 가진 사람들이 막연하게 건물을 신축해놓고 어떤 업종을 경영할까, 어떤 업종을 입주시키면 좋을까 생각 끝에 수소문하여 컨설턴트를 찾는 것이다. 타인의 금전과 시간소비에 대하여 무관심한 사람들이거나 자기점포의 영업성에 대한 여러 사람의 의견을 듣고 불안한 마음을 없애기 위해서, 그리고 자기만의 이익을 위한 단순한 질의를 하기 위하여 컨설턴트를 초청하는 경우가 대부분이었다. 따라서 이런 경험을 한 뒤에는 막연히 이렇게 요청하는 사람들의 자문에는 일절 응하지 않았다. 사업을 결심한 사람은 자기가 판단하기 어렵다고 생각되는 내용을 자문받기 위해서는 열심히 컨설턴트를 찾아나설 것이기 때문이다. 창업의 결심도 하지 않은 사람들에게 아까운 시간을 내주는 어리석은 짓은 더 이상 할 필요가 없었다. 〔제가 시간이 없어 그러하니 꼭 선생님께서 한번 방문해 주십시오〕라고 요청하는 사람, 비서를 통해서 〔내일 몇 시에 만나 줄 수 없는가?〕라고 문의하는 사람은 십중팔구 창업의 결심을 하지 않은 상태에서 자기편의를 위해 남의 시간을 도적질하는 사람이다〔저희 사장님께서 사업에 바빠서 그러니 선생께서 저희 사무실을 방문해주시겠습니까?〕 사뭇 애원하는 사원도 있다. 사장으로부터 필자로 하여금 자기 사무실 방문을 성사시키도록 엄명(?)을 받았는지 모르겠지만 현재의 사업에 바빠서 컨설턴트의 사무실조차 방문할 수 없다면 어떻게 신규사업을 할 수 있다는 말인가? 그러한 사람들에게는 정중하게 방문을 거절한다.

〔사업에 그렇게 바쁘신 분이 전력투구해도 성공여부가 불확실한 이러한 신규사업에 투신할 수 있는가? 실패하기 쉬우니 신규사업추진을 권할 수 없다〕라고 말하곤 했다. 처음 현장에 가보면 부동산을 가진 소유자들의 첫 마디가 〔여기에 무슨 음식점을 운영해야 할까요?〕와 〔그러면 매상은 얼마나 올릴 수 있을까요?〕라는 한심한 질문을 하는 사람들이 90% 이상이다. 이런 사람들은 거의 스스로 외식

업을 자영하거나 가맹점으로 가입하지 않을 사람들이다. 남을 배려하지 않고 자기만을 생각하는 이런 성격의 소유자는 서비스업으로 결코 성공할 가능성이 없다. 서비스는 그야말로 남에게 베푸는 것이므로 자기만을 생각해서는 수준 높은 곳에 도달할 수 없는 것이다.

자기 점포부터 보러오라고 하는 사람에게는 [일단 사업설명회에 오셔서 이 비즈니스가 어떤 것인지 파악하고 귀하가 이 영업에 흥미를 갖게 되고 이 사업을 시작해 보겠다는 결심을 하면 우리들 스스로 점포를 방문하여 기본적인 조사에 임하겠다]라는 의사를 분명히 해야 한다.

한 건 건지겠다(?)는 조바심으로 이런 요청에 응하여 현지에 출장가면 아까운 시간만 소비하고 어떤 결과도 얻지 못한다.

저명한 일본의 한 외식업컨설턴트는 가맹희망자를 사업설명회장에 오게 해서 그 현장에서 플레이하는 방법을 권장한다. 본부의 스텝진을 절대로 가맹희망자의 점포현장에게 가지 않도록 회원사를 지도한다고 한다. 본부경영자가 직접 현장에 나가 면담하면 좋으나 사원을 방문하도록 하는 것은 전혀 다른 결과가 나올 수 있기 때문이다.

[사장님은 가맹점을 개척하기 위하여 지방에 출장갔습니다]라고 말하며 자주 외출하는 사원이 있다. 사원으로서 신규개발 자료가 없음으로 초조한 기분을 이해 못하는 바는 아니나, 밖으로 나다니는 것보다 실제 손을 놓고 언제 걸려올지 모르는 문의전화를 기다리는 것이 나을지도 모른다. 그러할 때 [초조해 하지 말고 상대의 문의를 기다려라. 상대를 방문하지 말라]고 말하는 전문가도 있다. 문의전화가 없으면 엽서라도 1매 작성하여 몇 달 전에 문의가 있었던 희망자에게 보내는 것이 좋을 것이다.

[Push전략]과 [Pull전략]을 아주 다르게 해석하는 사람이 많다. 상대의 장소에 가서 설득할 수 있을 만큼 역량이 있으면 좋으나, 그러한 고급 설득력을 가진 자는 경영자나 임원 급이 아니면 무리다. 가맹할 것인가 하지 않을 것인가는 상대와 대화 중에 후각적으로 알게 된다. 경험이 적은 사원이 가맹희망자를 방문한 결과 [사내에서 검토 중에 있어 나중에 결론을 내려 연락하겠다]는 말을 듣고 그대로 보고하면 경영자는 그것을 믿고서 [다음달에는 4건 정도가 가맹신청을 하러 오겠군] 하며 마음속으로 기분 좋은 계산을 한다.

〔그 건은 어떻게 되었어?〕〔아직 결론이 안나왔습니다. 시간이 걸릴 것 같습니다. 그렇지만 문제없습니다. 사장님〕 이렇게 하여 가맹희망자로부터 전화문의도 적어지고 진행되고 있는 업무도 없음으로 조금이라도 맥이 있을 듯한 가맹희망자가 있는 곳에 계속해서 날아가는 것이다. 그러나 현장에 가는 것보다는 가맹희망자가 본부를 방문하게 하는 것이 좋다. 가맹희망자가 시간과 교통비를 할애하여 본부를 방문하였기 때문에 가맹하는 확률이 높아지고 그만큼 확률이 높은 사람만 대화하게 되기 때문에 소수 인원으로 효율성 높은 개발업무가 이루어질 수 있는 것이다.

경우에 따라서는 가맹자료를 요청하는 사람에게 자료를 보낼 때 1매당 얼마의 대금을 부담시키는 본부도 있다. 투자를 하려는 사람이 이 정도의 비용부담을 꺼리거나 좋은 기분을 갖지 않는다면 그 사람은 분명히 투자하려는 것보다 그저 참고자료수집을 위해 자료를 요청한다고 보아서 대금청구를 하는 기업이 있다. 좋은 어프로치인가 아닌가를 결론내기 전에 한번쯤 검토해 보아야 할 방법이 아닐까고 생각된다.

FC본부로서는 좋은 방법이 될 수 있다. 상대가 비용이 소요되는 일에 대하여 어떤 반응을 보이는가에 따라 가맹의지가 강한가 약한가를 판단할 수가 있을 것이기 때문이다. 사업설명회라는 것은 우선 상대에게 시간과 금전을 부담시키는 것이다. 상대가 일부러 본사를 찾아왔기 때문에 상당한 수준으로 가맹할 기분을 갖고 있다고 볼 수 있다.

본부에 언제 내방해도 좋으나 그것만으로 상대에게 흥미를 줄 수 없다〔이번 달은 ○○일에 설명회가 있습니다〕는 말을 함으로써 본부에 오게 하는 이유를 만들어주게 되는 것이다. 과거 목표로 한 고객리스트를 갖고 있는 FC본부는 그 리스트를 버리지 않고 뒷날 사업설명회 등에 사용해야 한다.

(2) 개발 현장의 일정한 업무순서

보통 사업설명회는 2시간 정도 본부가 준비한 브리핑을 하고 몇 개의 질문을 받고 가맹자료를 주는 것만으로 마친다. 대부분 여러 사람이 모여 있음으로 질문을 못하고 그냥 돌아가 버린다. 본부나 가맹희망자 모두에게 아까운 시간이 아닐 수 없다. 일본의 외식컨설턴트인 오노씨는 이 방법에 반대의견을 제시하고 있다. 오노씨는 아침 10시부터 오후 5시까지 사업설명회를 한다고 한다. 상대의 구속시간이 길지만 나름대로의 이유를 말한다.

"독립개업희망자의 10명 중 3명은 나의 이름을 알기 때문에 오전 중에 돌아간다." 〔오노 선생의 이야기만이라도 듣고 싶어왔다〕고 말하기도 한다. 그러나 이런 사람들은 좋은 결론을 내는 대상이 될 수 없다. 설명회를 장시간 계속하는 것은 인간관계를 만들기 위해서다. 거의 초대면의 사람들이기 때문에 〔이 회사의 사업은 어떻습니까, 가맹해도 될까요?〕라는 말은 하지 않는다. 낯익은 사람들은 〔가맹하고는 싶지만 자금이 문제야 ……〕라는 이야기도 하나, 초대면에서는 그런 이야기는 하지 않는다. 장시간 면담과정에서 다소의 인간관계가 구축된다. 식사시간도 휴식시간도 가능한 함께 하면서 대화를 나누도록 마음을 쓴다. 장시간 대화하면 〔어떤 사람이 문제 있다〕 〔어떤 사람이 나쁘다〕 라는 판단이 가능하다. 그래서 사업설명회를 마칠 때쯤에는 〔이 사람은 A급〕〔이 사람은 B급〕이라는 랭킹을 매길 수 있다.

이것이 사업설명회의 코스다. 장시간 접촉하면서 상대의 반응을 알게 되면 상대가 본부를 신뢰함으로 최종단계까지 이야기를 종결시키기 쉽고 한번으로 끝마칠 수가 있다. 결국 가맹신청서에 기록하기도 한다. 그래서 그 후 일주일 후에 기간을 정해 두고 500,000원 정도의 신청금을 지급하도록 전달한다. 물론 계약이 성립되지 않으면 환급하는 조건으로 하며, 신청금 지급자에게는 일반가맹자보다 본부지원의 폭을 더 넓히는 내용도 전달한다. 그리고 설명회가 끝난 후 2~3일 후 신청을 하지 않은 사람들에게는 전화로 〔저의 회사 사업설명회에 참석해 주셔서 대단히 감사했습니다. 무엇인가 질문사항이 있을 것 같아서 전화했습니다〕라고 말한다. 보통은 이러한 사업설명회 참가대상자 10명중 5명 정도의 신청을 받는 시스템을 채택하고 있다. 물론 이런 사업설명회 방식을 취해도 상대가 복수인가 한 사람인가에 따라 다른 결과가 나올 수도 있다.

(3) 개별면담과 설명회의 권유방법

사업설명회에 참가시키는 데도 일정한 코스가 있다.

A사가 사업설명회의 대상자를 좁혀서 설명회에 참가하도록 전화를 하였는데 참가율이 저조하여 그 이유를 조사하였더니 전화시에 사업설명회의 중요 내용을 전부 설명했다고 한다. 이것은 전화 거는 시간도 문제이고 전화방식에도 문제가 있다고 본다.

전화로 권유하는 것은 상대의 흥미를 유도하여 설명회장에 오도록 하는 것이 중요하다. 그것을 전화로 사업내용 전부를 설명하였음으로 사업설명회 참가의 의미가 없어진 것이다.

면담하기 전에는 자세한 설명을 해서는 안되며 결론을 유도해서도 안 된다. 사업설명회나 본사의 개별면담은 사업을 이해시키기 위한 대화의 장이며 인간관계를 만들기 위한 장이다.

가맹안내서도 전화도 설명회도 본사에 오게 하기 위한 수단이 되어야 한다. 우선 가맹희망자에게 흥미를 갖게 하는 것이 목적이며 사업의 핵심을 설명할 필요는 없다.

A사의 FC안내서가 A4용지 1매의 양면을 사용하는데 그치는 것은 위에서 설명한 추가적인 흥미와 관심을 갖게 하여 사업설명회에 사람들을 오시게 하기 위한 방법의 하나라고 한다. 본부가 두꺼운 안내서를 만드는 경우도 있으나 그렇게 되면 일부러 사업설명회에 참가하는 의미를 잃어버리게 될 수도 있다. 비용이나 효과적인 면에서 한번쯤 검토해 보아야 할 내용이다. 요컨대 준비과정에서 행하는 모든 업무는 상대편에게 흥미를 갖게 하는 것이 기본목적이다. 전화에서의 이야기도 마찬가지다.

section 2) 고객 앙케트의 활용   FRANCHISE

다음의 고객 앙케트는 C회사에서 실제 사용한 샘플이다.

이것은 사업설명회에 참가한 사람을 대상으로 한 내용이지만, 이를 개인 면담에서도 같이 사용할 수 있다고 생각한다. 본부에 가맹희망자가 방문할 때 기록하여 접수하도록 하는 것이다. 기록방법이나 내용도 여러 가지로 연구가 필요하다. 부동산의 소유유무를 알지 못할 때에는 그러한 난을 설정하는 회사도 있다. 법인의 경우에는 서식의 포맷이 다름으로 주의할 필요가 있다.

앙케트에 설문내용에서 기록되어서는 안 되는 것이〔개업자금은 얼마나 준비하셨습니까〕〔개업시기는 언제쯤으로 생각하고 있습니까〕라고 하는 부분이다. 이 난에 관한 대답은 거의 하지 않는다. 예컨대 50,000,000원 이하의 난에 체크했지만 실제로는 35,000,000원밖에 자금을 보유하지 않은 사람도 있다. 그럼으로 상대가 편하게 기록할 수 있는 내용이 좋을 것이다. 개업시기항목에는 하나 더하여 〔조건이 준비되는 대로〕라는 항목을 추가한다.

사업설명회 개최시에는 즉석에서 종결에 들어가거나, 스텝진이 적을 때에는 미처 필요한 조처를 취하지 못하는 경우가 있다. 그렇기 때문에 이러한 포맷을 고려한 것이다.

고객 앙케트(사례)

★이번에 참가하신 목적은 무엇인지요? ① 신규사업으로서 ② 현점포의 복합화 ③ 현점포의 리뉴얼화 ④ 탈샐러리맨 ⑤ 기타
★현재 구상중인 사업은 무엇인지요(복수회답 가능) ① 중고게임CD 등의 FC　　② 기타의 FC(　　) ③ FC 이외(　　)
★폐사의 어떤 점에 흥미를 갖습니까? ① 영업이익이 높다 ② 사업의 착안점, 장래성 ③ 시스템, 노하우신뢰성 ④ 기타
★폐사의 가입에 임해서 검토사항으로서 거론되어야 할 사항은 무엇입니까? ① 초기투하자금이 많다 ② 매상고가 예상대로 달성될지 불안한 점 ③ 좋은 입지나점포획득이 어렵다 ④ 신규이므로 취급하는데 불안해서 ⑤ 기타 (　　)
★초기준비자금(차입포함) ① 2억원 이내 ② 2억~4억원 이내 ③ 4억~6억원 이내 ④ 6억원 이상
★건물 ① 있다(임대　　평) ② 있다(자기건물　　평) ③ 없다
★개업예정시기 　　년　　월경 점포예정
기타 질문사항이 있으면 기록해 주십시오.

※ 금일 폐사 체인사업설명회에 참가해 주셔서 대단히 감사합니다.

희망자를 사전에 체크하는 것은 이용하기 쉬운 리스트를 만들 수가 있기 때문이다. 면담시에 우선순위를 만들 수 있고 가맹하려는 사람들부터 상담에 들어갈 수가 있다. 이럴 때 이러한 앙케트가 필요하다.

법인중심의 앙케트

회 사 명	업 종	사 원 수	대 표 자

주 소		전화번호 ( )	담당자 이름 ( )

참가자 이름	이 름	연령	전화 번호
주 소			
직 업	○직장인 ○자영업 ○회사임원 ○무직 ○아르바이터 ○기타		

★저희 체인사업의 어떤 점에 관해 흥미를 갖고 계십니까?
○사업의 신규성 ○개업자금의 적절성 ○사업시스템 ○기타(   )

★저희 체인의 가맹에 있어서 어떤 점에 유의하겠습니까?
○작업면 ○고객개척 ○인재확보 ○수입면 ○기타(   )

★개업에 있어서 준비가능한 자금은 얼마나 되는지요?
○20,000만원 이하 ○40,000만원 이하 ○1억원 이하 ○1억원 이상

★개업시기는 언제쯤으로 예정하시는지요?
○가까운 시일내 ○3개월후 ○6개월후 ○1~2년후 ○개업시기를 구체적으로 생각 안함.

지금까지 어떤 사업을 검토해 보셨는지요?
○지금이 처음 ○(등)

기타 질문하실 내용이 있으면 기록해주십시오.

협조해 주셔서 감사합니다.

③ 사업전시회(박람회) 등의 활용법　FRANCHISE

3-1. 박람회(전시회) 참가 예상자의 조사

박람회(전시회)는 대단히 중요하다. 그러나 성과가 제로(zero)에 가깝게 나올 수도 있다. 박람회 등은 실은 간단한 것이다. 성과가 나올 때에는 거의 틀림없이 나온다. 경우에 따라서는 박람회 등의 참가가 인쇄매체보다 비용이 더 적게 소요될 수도 있다.

박람회에는 다른 매체와 크게 다른 점이 있다. 여기서는 사업을 PR하는 것은 좋지 않다. 박람회 등에 나갈 때에는 반드시 다음에 실시 예정인 사업설명회에 유도하려는 목적이 제1의 목표가 되어야 한다. 아름다운 도우미 여성을 두 사람정도 채용해서 부스 앞에서 자료를 배부하게 한다. 자료를 배부함으로써 아무런 결과가 박람회에서 얻어지지 않아도 좋다. 이것이 다른 점포확보방법과 크게 다른 점이다.

또 하나는 박람회라는 것은 여러 종류의 사람들이 온다. 독립하려는 사람도 있고 사업다각화를 목적으로 오는 사람, 잡지사 기자 혹은 은행의 조사원도 있다. 그것을 자세히 조사하지 않으면 안 된다. 반드시 누가, 어느 계층이 부스 앞을 통과하는지 면밀하게 분석하여 그에 따른 대응이 필요하다. 하루에 1,000명 혹은 2,000명이 부스 앞을 통과하는 것은 의미가 없다. 흔히 프랜차이즈 박람회에는 여러 계층의 사람들이 온다. 조사목적으로 오는 사람, 동업자도 올 수 있다. 그러한 사람들에게 누구에게나 같은 이야기를 한다는 것은 결과적으로 아무 것도 얻기 어렵다. 잘 판단해서 사람을 선별해서 대화를 진행하여야 할 것이다.

선별방법으로서는 우선 15분 정도 사업관계를 이야기해본다. 그 후 자기점포의 영업에 흥미가 있는지 없는지에 관해 이야기를 듣는다. 무점포영업의 C부스에 가서 이야기를 들은 사람이 다음은 P부스의 다른 업종에 가서 이야기를 듣는다. 전혀 다른 업종인데도 말이다. 그런 사람들은 부스 하나하나를 전부 이야기를 들으며 배회하고 있다. 단순한 관람자일 뿐이다. 그래서 계속해서 들어오는 고객에게 15분 정도 설명하고 흥미가 있는가 없는가를 들어보면 흥미가 없다고 말하고 다음으로 가버린다. 15분 시간은 너무 아까운 것이다. 조금 흥미가 있다고 말하는 사람들에 대해서는 〔실은 내주 사업설명회가 있다. 어떻게 참가하시겠습니까?〕라고 권유해 본다.

〔그날 스케줄은 아직 알 수 없으나....〕라고 대답하든가, 〔또 다음 기회도 있음으로 이 사람에게 말해주세요...〕라고 말할 뿐이면 더 이상 요청하지 말고, 〔가볼 예정이다〕라고 말하면 그런 대상자는 반드시 앙케트에 기록하게 하고 설명회의 일시를 다시 한번 말하며 잊지 않도록 강조하고 설명회 2일전에 다시 한번 전화로 설명회시간, 장소, 중요 교통편, 주차장이용 방법 등을 말하며 참가를 유도한다.

3-2. 고객의 흐름에 맞춘 접객

A사의 경우 박람회장에서는 앙케트를 돌리지 않는다. 대부분의 체인본부에서는 앙케트를 작성하여 제출하는 사람들에게만 자료를 제공하고 있다. 그러나 A사는 거의 직접 한 사람 한 사람씩 자료를 직접 전달하면서 〔이야기를 해보실까요?〕라고 대화를 유도하는 식으로 방법을 달리하고 있다.

면담하는 사람 수가 적으면 한 사람 한 사람 설명해주지만, 사람 수가 많으면 개발담당자들이 나누어 면담하도록 하고 있다. 개발담당자는 캐주얼하게 입은 사람을 노려야 한다고 말하고 있다. 정장을 한 사람은 은행관계자나 기업의 종업원이 많다. 정말로 상대방의 직업을 빨리 물어 보아야 한다. 박람회나 전시회에 오는 사람들은 대체로 같은 방향에서 흘러옴으로 가령 아래 도면의 왼쪽에서 흘러가는 방향이 있다면 대체로 부스에 의자가 놓여져 있으나 거기에는 앉지 않는다. 부스는 잡지의 광고와 같다고 생각하고 주목을 받게 꾸밀 필요가 있다. 그렇기 때문에 부스의 구성을 할 때에는 가까운 곳에 인사하는 것을 잊어서는 안 된다.

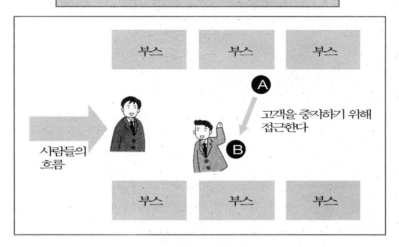

우선 의자에 앉아서는 안되고 A의 위치에 서 있도록 한다. 고객은 왼쪽으로부터 주위를 보아가면서 움직임으로 자기들의 부스를 본다고 생각되면 A의 위치에 있는 사람은 B의 위치로 이동한다. 최종적으로는 고객이 부스의 앞에까지 오면 B의 위치로 이동해서 그 고객의 흐름을 멈추게 한다. 그리고 그 사람의 옆에서 말을 건다.

〔오늘은 어디서 오셨는지요?〕〔성내동에서…〕〔아 그렇습니까? 독립개업을 하실 의향이십니까?〕라고 상대의 의사를 묻는다. 자신의 일을 묻는 상대에게는 대답을 한다. 이쪽의 사업이야기를 해도 〔응, 운수업인가? 나는 흥미가 없어요〕 등으로 표현하는 사람도 있다.

따라서 반드시 상대의 관심에 대해서 먼저 이야기를 걸어야 한다. 관심을 갖는 일에 대해 이야기하면 상대와의 친근감이 생겨 더 깊은 이야기로 연결된다. 자기 회사 이야기만을 하면 흥미가 없어져서 상대는 비켜가 버린다. 상대의 이야기를 듣고서 발을 멈추고 조금씩 사업에 관한 이야기를 서서 하게 된다.

이때 바로 앉으시죠 하고 권해서는 안 된다. 앉으라는 권유는 상대에게 저항감을 불러일으킬 수 있기 때문에 주의를 요한다. 5분 정도 이야기를 한 뒤 상대가 연장해서 이야기를 할 기분이면 "좀 앉으시죠"하면서 앉기를 권하고, 상대가 의자에 앉으면 같이 의자에 앉아 "어떻습니까? 흥미를 느끼십니까?"라고 문답을 나누면서 이야기를 진행시킨다. 돌아갈 때 자료에 흥미를 가지면 제공하도록 하는 것이다. 흥미가 없는 상대에게 언제까지 좌석에서 이야기를 하는 것은 의미가 없다.

section 4 개발담당자의 역할과 자질   FRANCHISE

4-1. 개발담당자의 영업방법

가맹점 모집담당자는 본부의 시스템을 판매하는 영업요원임으로 자기회사의 업무에 통달해야 하고 가급적 점포운영 경험이 많은 사람이 좋다고 생각된다.

〔우리 점포의 영업은 아주 어려워요. 그리고 아직 돈도 크게 벌지 못한다〕라고 말하는 영업사원은 없을 것이다. 그런데 지나치게 달콤한 말만 해서는 상대가 경계심을 강하게 갖게 된다. 그 사업의 좋은 점을 설명하고 나쁜 점을 물으면 확실하게 대답해 주는 것이 좋다. 무엇을 포장한 듯이 말하면 상대는 의심을 하게 된다.

〔실패한 가맹점이 있습니까?〕라고 물으면 〔예, 이유는 확실히 있지만, 이러한 상태에서 실패한 가맹점은 한 건이 있습니다〕라고 반드시 말해야 한다. 그것을 〔우리 본부에서 실패한 가맹점은 한 건도 없다〕라고 말하는 것은 거짓말이다. 꼭 해서 안 되는 것은 기존의 가맹점을 소개해 달라는 말을 할 때 소개하지 않는 본부다. 이런 본부에 대해서는 개업희망자로부터 가맹점상담을 받으면 〔그런 본부엔 가맹하지 않는 것이 좋다〕라고 말하는 컨설턴트도 있다. 점포개발 담당자는 자신의 회사 결점을 폭로할 필요는 없겠으나, 개업희망자가 질문을 하면 사실 그대로 확실한 상태를 대답해야 한다. 지금은 아직 초기단계이기 때문에 많은 이익이 발생하지 않거나 적자상태에 있는 점포가 있지만, 현재의 성장률로 미루어 보아 1년 이내에 많은 성과를 기대할 수 있다는 등의 기업의 의욕 등에 관한 내용도 숨김없이 말할 필요가 있다.

〔현재 창업초기단계에서 약 60%의 점포는 흑자, 약 20%는 손익분기점상태, 그리고 나머지 10%는 적자인데, 개업한 지 6개월 미만에서 8개월 미만의 점포가 대부분입니다〕라고 확실한 통계까지 제시하며 대답하면 오히려 신뢰를 얻을 수 있을 것이다.

◆ 부적격 점포개발담당자

〔자, 잘해봅시다!〕라고 적극적으로 말하지 못하는 사람은 개발담당자의 자질이 없다고 본다. 이러한 사람은 사업설명회에 참가신청을 받는 업무조차 싫어한다.

자질이 부적절한 영업사원은 가맹희망자에게 가맹신청서를 보여주지 않은 상태에서 상담에 임한다. 열 사람에게 가맹을 권유해도 전원 "예"라고 말하지 않는다. 거절당하는 일에 잘 견디며 인내할 수 있는 사람은 그렇게 많지 않다. 따라서 점점 〔자, 잘해봅시다〕라고 말하지 않게 된다. 이러한 소극적인 사람은 점포개발 담당자로서는 실격이다. 상대에 대해서 여유를 보이지 않는 사람도 잘하지 못한다. 일방적으로 자기 말만 해서는 상대의 불안이나 관심사를 이해할 수 없다. 상대의 관심사와 불안해하는 점을 이해해서 거기에 알맞은 내용을 답하도록 하는 것이다. 〔부진점포가 있습니까?〕라고 질문이 있을 때 결코 이러한 이유로 공격적인 응답을 해서는 안 된다. 마음으로 공격해야 한다. 상대는 아무 것도 알지 못하고 질문하므로 전혀 자기회사 내용과 상이한 내용의 질문을 할 수도 있고 때로는 불쾌하게 생각되는 질문도 하게 된다. 그러나 이를 이유로 공격적인 대답을 해서는 안되며 확실하게 사실대로 답하는 것이 중요하다. 진실한 말로 답하지 않아서는 안 되는 것이다. 가벼운 기분으로 말하는 것이 포인트이다. 〔어떻습니까? 잘해봅시다〕라고 말하면 〔조금 기다려 주십시오〕라고 대답이 온다. 가볍게 말하면 가벼운 기분으로 답해도 됨으로 이것은 여성을 설득할 때도 당연히 같은 방법을 사용해도 좋다고 생각하는 점이다. 가맹희망자를 사업설명회에 오게 하기 위해서는 반드시 입으로 목소리를 내어 설득해야 한다. 그렇게 하지 않으면 절대 오지 않는다.

또한 설명회에서 적극적으로 대화를 하며 〔가맹해서 한번 같이 돈 좀 벌어 봅시다〕라고 말하지 않는 한 상대도 〔그래요, 가맹하겠습니다〕라고 말하지 않는다.

가맹시키도록 하는 것과 계약하는 일은 별개의 문제라고 생각하고 있다. 신청서를 받아 가맹의사를 결정하도록 할 때까지가 개발담당자의 업무이다.

자금부족 등으로 잘 가맹하지 않는 개업희망자에 대해서는 〔이런 사람은 트러블이 일어날 것 같음으로 가입을 중지하는 것이 좋다고 생각합니다〕라고 경영자에게 보고하는 것이다. 단, 그 경우에는 개발담당자의 독단으로 선별하지 않는 것이 바람직하다. 가맹희망자와 사장의 판단의 척도는 다름으로 멋대로 개업희망자를 선별하는 것은 곤란하다.

연수참가신청서 사례

○○주식회사 귀중

년   월   일

○○○ 연수참가 신청서

이번 ○○연수회에 참가합니다.

연수에 임해서 예약확보를 위해 일금 100,000원(가맹계약시에는 가맹금에 충당)을 지급합니다.

입금처 : ○○○은행 ○○지점
계좌번호 123456576
계좌명 ○○○사

성 명		생년월일	년 월 일	
주 소		전화번호		
개업예정지	제1후보지		제2후보지	
기혼·미혼		어린이 유( )명 무		
자금계획	자금계획	원	차 입 금	원
연수예정일			미 정	수강인수	명
숙 박	희망한다. 희망하지 않는다		숙박인수	명
옵 션				
가맹계약예정일		년 월 일		

4-2. 개업희망자의 심리상태의 확인과 종결업무

(1) 상대의 불안을 없애는 것이 개발담당자의 업무

A 컨설턴트는 사업설명회를 마친 후 개업희망자기 많기 때문에 두 사람 동시에 그럴듯한 설명을 한 적이 있었는데, 이야기를 마치고 〔질문이 있으신지요?〕라고 물으니 한 사람은 〔없다〕라고 대답했고 다른 사람은 〔선생 말씀하는 것이 상당히 유창한데 혹시나 속이는 것은 아닌가 생각된다〕라고 답하는 사람도 있었다고 가맹희망자의 불안심리에 관한 경험을 말한 적이 있다. 점포개발담당자의 중요한 업무는 사업설명회나 개인상담을 할 때 상대의 불안을 모두 없애버리는 일이다. 장시간 이 업무를 하게 되면 개업희망자가 어떠한 질문을 할 것인가를 알고 여유 있게 대답해 주어야 한다. 그러나 너무 정확하게 대답하면 개업희망자는 오히려 거짓말을 듣지 않았나 하는 감을 받게 된다. 따라서 아주 능숙하게 대답하는 것도 문제가 될 수 있다. 가맹희망자가 갖고 있는 불안을 감지하여 이를 없애 주는 방향으로 대화를 진행하고 질문내용에 대답하는 것이 가장 중요한 것이다.

보통 가맹희망자는 다음과 같은 불안을 갖고 있다.

① 본부(본사)에 대한 불안

본부가 폐업하거나 부도가 나지 않을까 하는 불안이다.

② 자기 스스로 이 사업을 감당할 수 있을까 하는 불안

체력이나 경영센스도 있으나 불안을 갖고 있는 사람이 있다. 이런 타입은 외식 영업 경험이 없는 사람들이다.

FC란 상품구성을 파는 동시에 사업의 노하우만 가르쳐 주고 경영노하우는 가르쳐 주지 않는다. 자금의 사용, 사람의 관리법, 의욕을 갖게 하는 방법 등은 가르쳐 주지 않는 것이다. 그런 점에 문제가 있다.

그들은 여기에 불안감을 갖는다. 본부로서 경영의 노하우를 설명하지 않음으로 그들은 장부의 정리방법, 사람의 배치방법 등에 항상 불안을 갖고 있다.

③ 자기사업 성공여부에 대한 불안

〔FC에 가맹해서 영업을 함으로써 열심히 일하려고 결심은 하였는데, 막상 전혀

돈이 모아지지 않으면 어떻게 하나....?〕라는 걱정에 빠져 있고 〔최근 거의 모든 가맹점들이 업종 구분 없이 적자라고 하는데 이 본부는 어떨까?〕하고 생각하는 경우가 너무나 많다.

여기서 조심해야 하는 것은 개업희망자의 거의 모두가 본부에 대하여 불안을 맞대 놓고 질문하며 부딪치는 일은 없다는 점이다. 가맹희망자는 본부담당자에게 〔귀하의 회사는 괜찮아요? 폐업하지는 않겠지요?〕라고 묻지는 않는다. 상대에게 실례가 되기 때문이다. 그러면 정말로 듣고 싶은 것이 있지만, 듣지 못함으로써 불안감이 남아 있게 된다. 그 점을 잘 관찰하여 설명하는 것이 개발담당자의 역할이다.

(2) 가맹희망자의 불안 해소방법

① 본부에 대한 불안해소법

가맹희망자가 갖고 있는 〔본부가 부도가 나지 않을까? 주변에 보니 본부가 부도나서 가맹점포가 폐업하는 경우가 많은데...〕라는 불안을 어떻게 해소할 것인가?

개업희망자의 불안을 해소하지 않은 채 결론을 내리려하면 상대는 피하려 할 것이다. 불안을 품고 있는 상대에게 〔자, 해볼까요〕라고 말해도 〔어른과 상의해보고..〕 〔지인과 상의해보고...〕 등의 이유를 대면서 면담장소를 떠난다.

불안해소법에는 여러 가지가 있으나, 회사의 개요를 설명하고 종업원은 몇 명인지를 설명하는 방법도 있다. 본사를 둘러보게 하는 방법도 있다. 직접 말이 아닌 형태가 있는 것을 보이면 조금은 불안이 해소될 수 있다. 자사빌딩의 경우에는 〔십년 전에 건축했다〕고 처음부터 확실하게 말하는 것이다. 그러한 설명을 하지 않았기 때문에 상대는 불안해하는 것이다(우리 업계의 전문가이며 경험이 많으신 K선생이 기업 전체의 자문을 하고 계시며, 특히 장기 경영전략을 잘 지도하고 있습니다)라는 등의 구체적인 사실도 설명해 준다.

② 자신이 이 체인의 영업을 감당할 수 있을까에 대한 불안

사람에 의한 영향이 큰 영업은 어떤 것이던 사람의 실력에 대한 초기의 신뢰성 문제가 있어 불안이 높게 된다. 친구나 친지가 아닌 이상 쉽게 타인의 이야기를 믿을 수 있는 사회가 아니기 때문이다. 이 불안을 어떻게 해소시킬까?

우선 〔이런 사람들이 영업을 하고 있다〕라고 가맹점의 프로필을 소개한다. 자신이 개발한 가맹점의 프로필을 머리에 새겨두고 있고 그것을 활용하는 방법이다. 그것도 개업희망자와 같은 조건, 같은 수준의 가맹점이라고 생각되는 사람들 중에서 선발하여 예컨대 은행의 관계자가 권유한 가맹희망자라면 〔여기의 농업지점장이 노후의 준비로 개업했다. 직장을 그만둔 후 창업한 사람이라면 〔이분은 ○○그룹부장 출신인데, 탈 월급쟁이를 위하여 개업하였다〕라고 설명하면 좋을 것이다.

최근의 경제환경은 독립개업희망자를 양산시키는 환경이 되었다. 그 특징은 의욕이 넘치는 젊은 세대, 영업에 자질을 갖춘 직장경험자가 적지 않다. IMF사태 후 불어닥친 각급 기업의 구조조정, 특히 금융기관의 흡수합병, 각 기업의 산업구조 재편성 진행 등으로 직장을 떠난 사람들이 증가하였고, 특히 신정부가 들어서면서 행해질 개혁바람은 기존 조직에 상당한 변화가 어디서고 일어날 것으로 보여지며, 어느 정도 시간이 지나면 회사나 직장을 그만두고 창업 독립하려는 사람들이 많아질 것이다. 능력 있는 사람일수록 이런 불안정한 시기에 조직을 떠나는 경우가 많다.

따라서 이러한 사람들이 가맹대상이 된다. 또하나의 특징으로서는 최근 독신자가 증가한다는 점이다. 그들은 밥만 먹을 수 있으면 그것이 좋고 나쁨을 떠나서 무엇이든지 할 수 있다고 생각함으로 사업의욕이 그렇게 강한 편은 아니다. 이러한 사람들은 크게 돈을 모은다는 것보다 생활의 한 방편으로 독립사업을 택하는 것이다. 사업의욕이 강하지 않은 사람들은 안전성을 우선 생각하기 때문에 리스크가 적은 가맹점을 선호하게 된다.

따라서 본부로서는 그들에게 〔본부의 영업이 적자가 되는 것은 없으며 대신 가맹점도 안전성이 있지만 크게 돈을 모을 수 있는 사업이 아니다〕라고 말하는 것이 좋다.

③ 성공여부에 대한 불안감해소법

그다지 말을 많이 하지 않는 성격의 소유자가 점포개발담당자로 적합할지 모른다. 작은 소리로 가만가만히 말하는 개발담당자가 일반적으로 개발성적이 높다고 한다. 개업희망자는 〔돈을 벌 수 있겠습니까?〕라고 물으나 도대체 어느 정도의 금액이 〔돈버는 것〕이 될 것인가?

연간 1억~2억원의 이익이 있으면 〔돈벌었다〕라는 기분이 되고 밥을 먹을 수 있게 되는 것인가. 사업이란 실적위주라고 아무리 입으로 말해도 상대가 납득하지 않는다. 〔우리 사업은 좋다〕라고 아무리 설명해도 본인은 납득하지 않는다. 그러면 어떻게 해서 자기본부의 영업이 돈을 모을 수 있는 사업이라고 증명할 수 있을까?

여러 가지 패턴이 있으나 하나는 점포의 실적을 보이는 것이 효과적이다(이것이 가맹점의 최근의 판매일보다)라고 판매데이터를 보여서 숫자로 설득하는 것이다. 기존의 가맹점을 소개하는 것도 좋을 것이다. 그렇게 하면 상대는 확실히 납득한다. 단, 노골적으로 보이면 〔날조된 데이터가 아닌가?〕라고 의심하기도 한다. 따라서 데이터를 보일 때에는 일원단위까지 보이게 한다. 입으로 말해서는 신용하지 않기 때문에 그 정도의 세밀한 배려가 필요하다.

(3) 외부자원의 활용

여러 가지를 상황에 따라 활용하는 것이 영업을 잘하는 사람의 수완이라고 생각한다. 인적 자원도 정보자원도 부족한 때에는 외부의 자원을 활용하는 것이 중요하다. 앞에서 기술한 바와 같이 자기회사를 보여주는 것도 활용의 하나다. 기존의 가맹점을 보게 하는 것도 활용이며 매출 데이터를 자세히 보여주는 것도 활용의 하나이다.

활용을 자유롭게 행하지 못하는 가맹점 모집담당자는 수준이 낮은 사람이다. 〔우리는 부진점포가 1점포도 없다〕라는 말만 해서는 안되고, 역시 실적을 보여 주어야 한다. 불안을 해소하기 위하여 〔자신〕을 최대한 활용하는 것이 바람직하다. 영업담당이 경영자에게 개업희망자를 대리고 와서 〔이번에 이분이 적극적으로 가맹을 검토하려고 함으로 소개합니다〕라고 말하면 사장은 힘차게 〔함께 잘 해봅시다〕라고 말한다.

점포개발담당이면 이렇게 사장도 활용한다. 본부 경영자라면 어느 정도는 신용할 수 있으므로 가맹하려고는 하나, 영업을 잘 몰라 불안한 사람들은 본부의 경영자에게 의지할 수밖에 없다. 더구나 그들은 그 사업이 좋은가 나쁜가 장래 어떻게 될지 예견하는 능력도 없다. 본부경영자를 단 몇 분간 만나보고 〔이런 사장이면 사람을 속이지는 않을 것이다〕라고 판단하고 가맹하는 것이다. 본부경영자와 악수하는 것만으로 태도가 변한다. 따라서 본부경영자가 〔나에게 맡겨주세요. 최대한 귀하가 성공할 수 있게 하겠다〕고 말하면 거의 가맹계약에 이르게 되는 것이다.

CHAPTER

점포개발조사 및 건물조사방법

 효율적인 건물조사방법

FRANCHISE

1-1. 가맹자와 함께 건물을 찾는 방법

　　FC의 경우 점포를 구하는 장소가 대체로 본부로부터 원거리에 있다. 가맹점이 지방에 있는 경우가 많음으로 점포물건도 지방에서 찾지 않으면 안되며, 거의 전부가 가맹자 자신이 점포를 찾는 것이 일반적이다. 점포물건을 가맹점에서 직접 찾게 할 때에는 우선 어떤 입지조건과 어떤 로케이션이 가장 적절한가를 명확히 해서 상대에게 전하여야 한다. 그런데 대부분의 체인이 메뉴중심으로 시스템을 구성하고 가맹희망자가 점포를 확보한 뒤 가맹하러 오는 경우가 많음으로 소규모 체인본부를 보면 확실한 점포선정 컨셉이 없는 경우가 많다. 이것이 우리나라 음식점체인의 부실원인의 하나가 되고 있다.

　　〔편의점이 인근에 있던가, 이면에 신흥주택지가 있어야 한다〕는 등의 조건을 붙여서 전문적인 조사를 하게 할 필요가 있다. 우선 기초적인 통행량조사 등은 시간과 금전이 필요함으로 기초조사를 가맹자에게 시키는 것이 기본이다.

　　과거의 경험만으로는 적절한 로케이션이 설정되지는 않음으로 그 설정조건을 명확히 하고 그러한 장소를 찾아내도록 의뢰한다. 해당되는 건물이 있으면 건물사진을 촬영하게 하고 지도를 첨부하여 본부로 보내도록 한다. 그 단계에서 본부가 현지로 확인작업을 하러 간다. 당연한 이야기지만 자료를 보고 현지에 가보면 좋은 건물이 아닐 수도 있다. 경험 없는 사람이 조사한 것임으로 부적절할 수도 있으며, 그 지역에서 제일 좋은 건물을 찾아내지 못하는 경우가 많다. 그러나 그 정도의 수고는 반드시 행하여야 한다.

본부의 개발담당자가 출장하여 부동산소개소의 자료에서 좋은 물건을 찾아내는 것도 무리라고 생각된다. 특히 외식점포의 물건탐색은 대단히 어렵다. 좋은 물건 정보는 그렇게 간단히 손에 들어오지 않는다. 그러나 미리부터 가맹희망자에게 물건을 찾도록 하여 어느 정도의 물건이 있다면 본부에서 현지에 출장하여 〔이러한 물건입니까? 이러한 장소입니까? 저런 장소에 입지하는 것이 좋습니다. 함께 찾아봅시다〕라고 가맹희망자와 함께 조사하도록 한다. 물건을 찾지 못해도 가맹자에게 적절한 건물에 대한 지식과 이미지를 어느 정도 전달하게 되며 좀더 알맞은 물건을 찾는데 도움을 주게 된다. 이러한 방법으로 가맹희망자를 훈련시키는 것이다. 가맹자에 따라서는 건물조사가 제일 중요한 작업이 되기 때문이다.

1-2. 건물정보의 제공으로 가맹의지 확인

옆에서 보면 가맹의사를 내보여도 정말로 사업을 시작할 것인지 아닌지를 판단하기 어려운 케이스가 있다.

〔N사장은 하겠다고 말은 하지만 신청금 300,000원도 납입하지 않고 있는데 어떻게 될까?〕라고 생각할 때가 있다. 그러나 〔어쩌면 할지도 모른다〕라고 생각될 때에는 최후의 수단이 있다. 물건(物件)정보의 제공이 그것이다.

정말은 건물의 로케이션이 나빠도 좋은 것이다(귀하의 희망에 가깝고 좋은 물건이 나왔으니 함께 보러 가시겠습니까?)라고 말해본다. 그때 상대의 반응이 〔아니오, 좋습니다〕라고 말하면 가맹을 거의 검토하지 않는 것으로 판단한다.

〔보기는 봅시다〕라고 말하면 끝내버린다. 그리고 〔아니오, 도면만이라도 좋지 않겠습니까?〕라고 말하면 오차나 음료를 마시면서 이야기를 진행하면 좋을 것이다. 그렇게 되면 상대가 정말로 가맹하여 사업을 시작하려고 하는지를 판단할 수 있다.

1-3. 점포의 평가방법

지역의 부동산정보를 찾아낼 때 Fax로 〔이런 점포를 구한다〕라고 데이터를 보내면 바로 정보를 손에 넣을 수 있다. 그래서 해당물건이 있으면 점포인 경우에는

〔건물조사표〕를 제출하게 할 필요가 있다. 사업이란 〔사업의 내용〕〔환경〕〔사람〕 등의 3가지가 갖추어져야 함으로 아무리 확실한 현장조사를 하고 정보를 제공해서 영업장소를 선정해도 반드시 성공하는 것은 아니다. 특히 사람의 문제가 큰 외식업종은 〔사업내용〕과 〔입지〕만으로 성공하는 것이 아니다. 그러나 가맹희망자는 자기능력 이상의 점포 로케이션을 생각한다. 좋은 물건이 아니면 영업이 성공하지 않는다고 생각하기 때문이다. 〔건물조사표〕를 사용하였으나 먼 지역에 건물이 있을 때에는 현지까지 출장가지 못하는 경우가 있다. 여러 가지 데이터를 가져야 하고 경쟁점포를 전화대장 등에서 조사하는 등 기본조사를 해서 〔여기 정도면 될 수 있다고 생각한다〕라고 보고를 한다. 그래서 〔만약 좋으시다면 조사에 들어가니까 조사신청금을 납부 요망합니다〕라고 통보한다. 그러할 때 결과가 나올 수 있다.

동일업종인 경우 대표적인 업종의 경쟁점이 인근에 있는 경우 경쟁점조사도 하지 않으면 안 된다. 사진을 촬영하여 그것도 첨부한다. 이미 실시하고 있으리라고 생각하고 있으나 〔평점〕이라는 방법이 있다. 예를 들면 8에서 100이라는 단계가 있다. 여기에 출점하면 어떨까? 여기는 무슨 특징이 있다. 여기는 이렇게 하면 보완할 수 있다던가 하는 점을 수치화하여 합한 것이 평점이다. 그러나 어떤 평가점을 내놓아도 반드시 출점한다고 볼 수는 없으나, 가맹희망자에게는 절대적인 신뢰를 얻는 방법이며 본부의 출점 실패율을 줄이는 노하우가 된다. 장기간의 실적에 의한 정밀도 높은 평가점수 산출방식은 기업의 수준을 저울질하는 중요 요소라고 볼 수 있다.

〔이 로케이션은 출점을 중지하는 것이 좋다고 생각하나, 이렇게 하면 어떨까 생각합니다. 어떻게 생각하십니까?〕〔이 정도의 조건이면 반드시 출점을 하라〕고 시사한다. 그래서 책임을 회피하는 것은 아니지만 판단은 상대에게 위임한다. 그렇게 하면 대체로 가맹자는 출점을 결정하고 〔조금 정상궤도에 오르는 것이 늦어질지 모르나 최대한 반년 정도 고생하면 매상은 안정권에 들어갈 것이다〕라고 설명을 해서(전단지 등의 판촉은 여분을 두고 계속적으로 실시해주세요)라는 식으로 말한다. 여러 가지 방법이 있다고 생각되지만, 여기서 중요한 것은 객관성의 문제다. 오랫동안 점포개발에 종사해온 경험으로 80% 정도는 맞춘다. 그러나 개관적인 데이터를 제시하지 않으면 사람들은 거의 납득하지 않는다. 좀더 확실한 데이터를 만들어 설명하는 것이 정상적인 코스다. M사는 이전에 99%의 확률로 신규점포

매상예측을 한다고 말해왔다. 그러나 그 당시는 경쟁점이 적었기 때문이었다. 이 것이 중요하다. 경쟁이 격화하면 과거의 성공한 잣대로 매상고 예측을 하면 그 정확성의 확률이 낮아지거나 실패할 수밖에 없다. 매상고가 높아질 확률은 어디까지나 이론적인 표현이지 매상고는 예측보다 낮아지는 것이 일반적인 흐름이다. 또한 물건평가에 빼놓을 수 없는 것이 점포 앞 통행량 조사가 있다. 주의할 것은 점포 앞 통행량이 해당점포 매상고에 직결되는 것이 아니라는 점이다. 통행인의 구성 및 보속(步速), 경사도 주동선인가 보조동선인가 시계성(視界性) 등 여러 요인에 의해 차이가 나겠지만, 여하튼 점포 앞 통행량의 다소는 해당점포 매상고에 영향을 주는 중요한 요소가 되는 것은 사실이다.

통행량은 FF 등의 점포나 소형 저단가(低單價) 점포의 매상요소로서 중요하다. 그러나 고급 한정식이나 FR점포, 에스닉 점포 등은 통행인이 많은 복잡한 지역이 반드시 유리한 것은 아니라는 점은 확실히 알아야 한다. 요컨대 자기체인의 입지에 맞는 컨셉을 명확하게 하는 것이 중요하다. 통행량을 조사할 때 사용하는 양식 샘플을 소개한다.

현장입지조사표 사례

입지의 비율			체크 항목	평 가				비 고	평점
교외	시가	주택지		a 100점	b 80점	c 60점	d 40점		
10	4	5	1. 교통통행량(자동차)	3만대 이상	1.5~3만	5천~1.5만	5천 미만	C	2,4
3	10	5	2. 교통통행량(사람)	1.5만 이상	5천~1.5만	2천~5천	2천 미만	B	8,0
7	3	5	3. 전면도로모양	편도2차선 이상	편도2차선	편도1차선	차선없다	C	1,8
8	2	3	4. 반대차선에서 진입난이도	아주 쉽다	조금 어렵다	어렵다	할 수 없다	A	2,0
8	4	3	5. 발견인식의 난이도	아주 알기 쉽다	알기 쉽다	겨우 안다	알기 어렵다	A	4,0
2	10	8	6. 인근정거장승차인수/1일	5만 이상	1~5만	3천~1만	3천 미만	A	10,0
5	2	3	7. 지형적으로 집객방해물건	없다	문제없다	3km 이내 있다	1km 이내 있다	A	2,0
4	5	2	8. 주변시설(상가 등)	20점 이상	10~20점 이내	5~10 이내	5점포 미만	A	5,0

10	2	5	9. 주차계수(매장평수÷주차대수)	3 미만	3~4 미만	4~5미만	5 이상	A	2,0
2	3	5	10. 주차대수	20대 이상	10~20 미만	5~10미만	5대 이하	B	2,4
2	5	4	11. 플로어 시설	1층	1층과 2층	2층	그 외	A	5,0
3	3	3	12. 점포면적비율	좋다	그런대로 좋다	좀나쁘다	나쁘다	A	3,0
4	3	2	13. 진입경로	좋다	〃	〃	〃	A	3,0
4	4	2	14. 복합아이템수	4	3	2	1	D	1,6
4	3	2	15. 반경 3km 이내 경쟁평수(1점포당)	20평 미만	20~50 미만	50~100 미만	100 이상	C	1,8
3	5	3	16. 반경 1km 이내 경쟁점포	없다	5미만	5~10 미만	10 이상	B	4,0
9	5	8	17. 반경 3km 이내 인구	8만 이상	6~8만	3~5만	3만 미만	C	3,0
2	5	5	18. 반경 1km 이내 인구	5만 이상	3~5만 미만	1~3만 미만	1만 미만	C	3,0
5	7	6	19. 학교수(반경 3km 이내)	8	6	4	2	B	5,6
5	4	8	20. 인구 증감	4%이상	2~4% 이내	0~2% 이내	0% 이하	B	3,2
2	6	2	21. 야간인구	증가	약간 증가	변화없다	감소	A	6,0
6	6	6	15~25세 인구비율	15% 이상	12~15% 이내	10~12% 미만	10% 미만	A	6,0
	합계								84,8

위 조사표는 하나의 샘플이다. 우리나라의 FC체인에서도 자기 나름대로 점포개발 매뉴얼이 있어 점포로케이션 선정을 합리적으로 집행하는 경우가 있다. 그러나 불행하게도 중소규모 체인에서는 소위 영업사원이 자기의 직감과 경험에 의하거나 가맹희망자가 점포를 개발한 뒤 거꾸로 가맹본부에 대해 가맹점개설을 해줄 것을 요청해서 개점하는 경우가 대부분이다. 이 때에도 합리적인 적합성판단을 하지 않고 인근 점포와의 경쟁문제나 분쟁소지만 없으면 개발이익만을 고려해점포를 개점하는 것이 일반적인 경향이라고 본다. 그래서 개점과 폐점을 되풀이하다가 어느 시점에서 소리도 없이 사라져 버리는 체인본부가 많은 것이다.

점포 앞 통행량 조사표(사례)

기후(　　)　　　　　　　　　　　　조사일시　　년　　월　　일(　　요일)

시　간	10분간 통행량	시간당 통행량	통행인의 특징
09：00~11：00			
11：00~12：00			
12：00~13：00			
13：00~14：00			
14：00~15：00			
15：00~16：00			
16：00~17：00			
17：00~18：00			
18：00~19：00			
...			
21：00~22：00			
합　계			

조사방법

85~100점	최　적
70~84	적　당
69 미만	불가＝

　　그러나 선진국의 우수한 체인본부는 점포개발 요소항목을 전산 데이터에 입력하여 두고 각종 통계자료를 동원하고 현장의 상황을 그대로 입력하여 개점 적합성 판정을 위한 데이터를 추출하기도 한다. 시간과 비용이 소요되지만 적어도 경쟁 사회에서 개점 실패율을 줄일 수 있는 이러한 시스템의 개발이 필요하다고 이 시스템의 정밀도가 높은 것이 가맹본부의 신용도를 높게 되고 그것이 바로 점포개발 증가에 연결된다고 본다.

조사요원이 매시간별로 점포 앞 왕복통행인, 전면도로 통행인을 체크한다. 계수기에 의해 한 사람이 여자 한 사람이 남자를 체크한다. 도로 건너편 통행인도 참고로 체크해서 경험치에 의해 매상고 구성비율을 감안 점포 앞 통행 수와 합산한다(예컨대 전면도로의 폭이 20m 미만일 때 도로 건너편의 통행인의 고객화 비율이 점포전면 통행인의 25%라고 설정되어 있다면, 동일 시간대 도로 건너편의 통행인이 500명이면 125명(500의 25%)의 추가인원을 점포전면 통행인수에 포함시키는 식의 방법). 또 통행량조사는 시간대별로 실시하는 외에 토, 일요일, 휴일과 평일의 조사일을 별도로 정하여 예컨대 금, 토, 일 또는 토, 일, 월요일로 구분하여 평일과 휴일을 모두 조사하여야 한다.

그리고 위 표에서 본 바와 같이 1시간을 계속 조사하기보다 조사인원을 줄이기 위해 동일시간대 점포 앞 10분, 도로 건너편 10분씩, 또 500m, 1km 떨어진 위치에 10분씩 20분씩 조사하여 6을 곱하면 1 시간대의 개략적인 통행량을 파악할 수 있고, 한 사람이 4개 지역의 자료를 조사할 수 있는 장점도 있다. 경우에 따라 30분을 조사한 뒤 2를 곱하여 1시간 통행량을 산출하기도 한다.

1-4. 경쟁점포 조사방법

매상고 구성요소는 여러 가지가 있다. 동선도로, 건물의 모양, 대지의 모양, 시장의 크기, 건물의 시계성(視界性), 기업의 브랜드력, 기업의 역사, 판촉방법, 경쟁점의 파워, 상업성 유도시설 등 여러 요인 등이 그러한 요소이다. 그 중에서 경쟁점의 존재는 점포개발시 참고하여야 할 중요한 변수의 하나다.

우선 출점 후보건물 주변에 가서 얼마나 많은 경쟁점포가 있는가를 육안과 상업자료로서 확인해야 할 것이다. 경쟁상대의 메뉴종류, 가격대, 서비스방식, 점포규모, 고객층의 구성, 매출규모, 종업원 수, 판촉방법, 기타 개업연수 등의 요소를 조사해서 신규 개점시 이에 경쟁하여 승산의 가능성 여부를 판단해야 할 것이다. 경쟁이 적을 때 성공하였던 개점요소가 경쟁이 격화하면 변경되는 것도 유의해야 할 것이다. 즉 개발의 잣대가 시간의 경과에 따라 바뀌어진다는 점에 유의하여야 한다.

경쟁하여 이길 가능성이 없다면 출점을 포기하도록 하여야 할 것이다. 경쟁점보다 위치나 규모가 불리한데도 점포 수 확보만 노려 개점한 뒤 폐점에 연결되거나 영업실적이 부진하면 트러블이 일어나거나 개인의 재산상의 손실은 물론 가맹

경쟁점조사표(사례)

경쟁점포 조사표

조사일시 :　　　년　　　월　　　일
조 사 자 :

점포명		건물거리
소재지		(　　)km

건물사진

점포형태	○단독건물　○쇼핑센터　○빌딩내　○기타(　　　)
위 치	○사업지역　○주택가　○로드사이드　○오피스가　○학원가　○기타

점포의 개요	매장면적(　　　)평　　　　　주차장(　　　대) 점포전면 이미지(　　　　　　　　　　　　　) 종업원수 (　　　　명) 서비스면(　　　　　　　　　　　　　　　)		
상품구성	메뉴이름	가 격 대	상품의 볼륨	비 고
비 고				
조사자소감			종합랭킹 A　B　C

본부의 대외신뢰도가 추락하여 가맹점 개발에 영향을 줄 수도 있다.

경쟁점을 조사할 때에는 당연히 본부의 담당자가 현장에서 경쟁점을 조사하여야 하나, 후보건물이 원거리에 있고 지역에 익숙하지 못하여 곤란한 경우도 있어 미스가 발생할 수도 있다. 조사지역의 지도와 동사무소, 시청 등에서 기초조사자료를 찾아내고 지역의 정밀한 조사에 임한다. 조사요원은 가맹희망자와 협의하여 지역의 대학생 아르바이터를 채용 일정한 교육을 시킨 뒤 2인 1조로 조사팀을 편성하여 경쟁점을 조사시킨다. 경쟁점의 위치를 지도에 표시해 보면 조사대상 건물과의 거리, 동선(動線), 상업성유도시설과의 근접성, 도로에서 바라본 시계성 차이 등을 파악할 수가 있다. 이러한 조사는 대단한 기술이나 경험이 없어도 본사에서 필요로 하는 데이터만을 조사함으로 파견된 본부직원이 아르바이트생을 간단히 교육하여 바로 실시할 수가 있다.

1-5. 입지가 아무리 좋아도 예측대로 매상이 오르지 않는 점을 주지시킬 것

가맹점이 본부에 소송을 제기해서 승소한 경우가 거의 없는 것은 위 제목과 같은 포인트가 있기 때문이다. 가맹점은 소송할 때 본부를 철저히 공격한다. 가맹점이 공격하는 점은 〔영업의 구조=상품력과 영업의 실행방법〕 등이다.

본부에 대한 험담은 영업 그 자체에 대한 험담이 아니다. 그에 대응하여 본부는 가맹점을 비난한다. 경영주의 표정이 어둡고 점포상태가 불결하고 고객에게 인사도 하지 않고 판촉도 전혀 시행하지 않으며 일을 열심히 하려는 모습이 전혀 없다고 반론을 편다. 가맹점은 철저히 본부를 비난하고 본부는 가맹점을 비난한다. 더디어 진흙탕 싸움을 하게 된다.

재판관은 쟁송의 원인을 알 수 없다. 입지도 좋고 열심히 하려는 자세도 있는데 업적이 올라가지 않는다. 인과관계가 복잡함으로 재판관은 업적부진의 원인이 어디에 있는지를 판단하기가 어렵다. 성공과 실패의 확률은 숫자만으로 분석할 수 없다. 장사란 그렇게 단순한 것이 아니기 때문이다. 영업의 내용이 동일조건이고 환경이 동일조건이라도 매상고가 동일한 결과가 나오지 않는다. 기차 안에서 동일한 제품을 판매해도 평균매상고가 30% 많은 판매원이 있다. 왜 이 판매원은 동일조건에서 타 판매원보다 높은 매상고를 달성했을 것일까. 이 판매원은 천천히 걸어가면서 판매를 한 것 뿐이다. 어떤 경우에 기차여행을 하면서 객차내 판매원으로부터 음료를 구입하려고 하면 그는 판매하는 시늉만 하고 바쁜 걸음으로 그냥 지나치기 때문에 물건을 구입하지 못한 경험이 있다. 판매 웨곤을 끌고 가는 판매원의 경우는 그래도 속도가 느려 구입이 가능하지만, 가끔 무슨 소리인지 모르게 외치면서 두 팔로 판매할 상품을 안고 바쁜 걸음으로 객석을 통과하는 열차 내 판매원은 왜 그런 불필요한 행동을 하는지 이해 못할 때가 있다. 무엇을 구입하려고 생각하는데 벌써 저 만큼 지나가 버리는 것이다. 이와 같이 기차라는 동일공간에서 동일한 고객을 상대로 장사를 해도 결과는 크게 차이가 발생한다. 가맹점의 영업도 이와 유사한 점이 있는 것이다.

1-6. 확실한 계산근거에 의한 매상예측

아무리 좋은 입지를 선택해도 판매가 예상대로 올라가지 않는 경우가 있다. 이것을 분명히 명심하여야 한다. 즉 가장 좋은 상권이 가장 좋은 입지가 아니며 다른 업태에 최선의 입지가 자기체인에 가장 좋은 입지가 아니라는 점이다. 입지조사를 〔점포의 주변을 죽 둘러보는 것〕만으로 실시하는 허술한 시장조사방법으로 판매고 예측을 하였기 때문에 예상과 다른 결과가 나오는 것이다.

많은 점포를 개점해온 경영자가 오랜 경험으로 판단하여도 틀리게 될지도 모른다. 그런데 가맹점은 무경험자다. 나름대로 본부의 정립된 원칙에 의해 건물을 조사하여 확실한 자료를 제출함으로써 가맹점을 납득시킬 수 있는 것이다. 매상고 예측수치는 건물조사결과에 기초해서 행해진다. 수치 산정방법은 업종·업태에 따라서 여러 가지로 나타난다. FF업종은 점포 앞 통행량을 기초로 입점률을 곱하여 내점객수를 산정하고 여기에 객단가를 곱하여 예상매출을 산정한다.

통행량×입점률×객단가＝평균매상고

또한 일상 구매품(생선, 식품과 생활잡화 등)과 선택구매품(양복, 핸드백 등)은 대상으로 하는 상권(1차, 2차, 3차로 거리로 구분할 필요가 있다)이 다르다. 업종에 따라서는 상권내의 세대수를 산출하고 상권을 3개로 구분하여 시장셰어를 설정, 1세대당 1년 간의 소비금액을 곱해서 매상고를 산출하는 방법이 있다. 요컨대 입점률이나 상권구분은 가맹본부에 따라, 업종·업태에 따라 다른 방법을 채택하

고 있다

예로서 식품, 잡화의 체인이라면 매상고 예측은 다음과 같다.

〔**계산식**〕

① 1차상권내 시장점유율(%)×세대수×소비금액＝1차상권내 매상

② 2차상권내 시장점유율(%)×세대수×소비금액＝2차상권내 매상

③ 3차상권내 시장점유율(%)×세대수×소비금액＝3차상권내 매상

연간 매상고는 ①＋②＋③의 합계액이 될 것이다. 이 경우 1세대당 소비금액을 구하는 방법은 생활용품의 경우는 통계청의 가계조사표를 사용하는 경우와 업계단체 등의 조사자료를 참고로 한다. 이러한 기준을 적용하는 데이터가 없으면 독자적으로 기존점포의 판매데이터에서 소비금액을 작성한다. 즉 기존 점포 상권의 인구 1인당 연간 매상고를 참고로 한다.

예컨대 A지역의 인구가 50,000명이고 해당지역의 자기점포 판매고가 연간 300,000,000원이면 이 지역의 인구 1인당 자기체인점포의 소비액은

300,000,000÷50,000명＝@6,000원이 된다. A지역의 소비자 1인당 자기체인점 구매액을 계산하여 새로 조사한 건물이나 지역조사의 결과가 위의 A지역의 기조사내용과 유사한 수준이라면 A지역의 소비자 1인당 자기점포 구매액을 곱하여 연간 판매예측을 하는 방법이다. 이와 같이 가맹희망자에게 본부 나름대로 계산근거를 명시하여 판매예측 내역을 제시하여야 신뢰를 하게 된다.

건물물건 조사자료는 확실한 내용을 제출하도록 한다. 일반적으로 매상예측, 경쟁점 조사표, 후보건물의 입지, 점포진단표, 상권지도, 투하자본계획서, 손익계산서 등이다.

section 2 해당건물 물건의 투하자금계획서와 손익계산서의 작성

2-1. 투하자금 총액은 간략하게 핵심을 정리

투하자금은 점포의 후보지가 결정되지 않으면 예상금액이 나올 수 없다. 점포의 형태와 평수에 따라서 내외장 건축비와 집기, 설비의 투자금액이 크게 달라질 수 있으며, 또한 손익계획도 똑같이 월 임대료를 알지 못하면 경비계산을 할 수 없다.

여기서 문제가 되는 것은 투하자금의 범위를 어느 정도의 개략적인 수준에서 예측해도 관계없으나 어떻게 빠르게 예상하는가의 문제이다. 왜 그러냐하면 가맹 희망자의 총예산은 한계가 있기 때문에 아무리 좋은 물건이 나와도 예산이 맞지 않으면 물건을 임차할 수가 없기 때문이다. 또한 하나하나 세밀하게 투하자금을 세밀하게 계산하다가 시간을 놓치게 되면 그 점포는 타인이 임대하게 될 수도 있기 때문에 투하자금 계산은 바로 그 자리에서 추정치가 산출될 수 있도록 일정한 방식이 정립되어 있어야 할 것이다. 이것은 어느 정도의 출점경험이 있으면 다소의 위험이 있어도 바로 자기자금의 범위를 계산할 수 있기 때문에 가능한 작업이며, 이를 기초로 바로 임대계약에 임할 수 있게 된다. 그래서 물건의 조사내용도 나쁘지 않고 무엇인가 자금에서 문제가 없다고 판단되면 가맹점오너의 결단을 촉진하고 물건을 잡을 수 있는 것이다.

보통은 물건을 1주일 정도 조사하여 기초작업을 완료하면 착수금을 입금하지 않고 점포 확보를 추진할 수 있다. 이 기간에 정식으로 투하자금의 범위를 산출할 수 있다. 건물주와의 교섭에서는 점포보증금 범위결정도 중요하나, 매월의 월세와 공동경비 등도 확실히 해서 계약을 해야 한다.

개점 후 채산성 확보여부는 고정비의 대소가 크게 작용하기 때문이다. 인건비 다음으로 큰 것이 점포의 월 임대료이며, 특별한 경제적 변화가 없는 한 이 임대료는 시간이 지날수록 인상되는 경향이 있으며, 더구나 초기 자금의 한계로 보증금이 부족하여 이것을 월 임대료로 환산하여 계약함으로써 과다한 월 임대료를 지급하게 되는 경우가 있는데, 이는 계속 채산성을 악화시키는 요인이 될 수 있음으로 가능한 조달할 수 있는 자금범위에 알맞은 임대보증금을 결정하고 월세는 최소화시키는 방법으로 계약함이 좋다.

2-2. 투하자금 예산서의 작성방법

가맹점의 승인과 의지를 확인하고 물건을 잡을 때에는 재빨리 투하자금의 예산서를 작성하게 된다. 여기서 중요한 것은 가맹점의 투하자금 범위를 확실히 할 필요가 있다는 점이다. 자금부족을 초기영업실적에서 처리하려고 설비나 기타 필요한 자금을 장기간 외상으로 처리하려는 가맹점도 있음으로 이 점을 주의하여야한다.

자금이 부족하기 때문에 이것을 빼달라, 저것을 나중에 하면 안되는가라고 말함으로써 쓸데없이 시간만 소비하던가, 본의 아니게 기능상 이상한 점포를 만들게 된다. 극단적인 예이지만, 겨울철 점포공사를 할 때 여름에 필요한 에어컨까지 설치할 필요가 있는가 없는가 하는 문제도 생각하여야 한다.

최근에는 에어컨이 온풍기 겸용임으로 큰 문제는 없겠으나, 여름철이 왔을 때 갑자기 기온이 상승하는 경우 점포온도가 올라가서 고객에게 큰 불편을 줄 수 있고, 한번 나쁜 인상이 고객에게 심어지면 많은 고정고객을 놓치는 결과도 초래한다. 더구나 미리 준비하지 않고 하절기게 임박하여 에어컨을 설치하려면 성수기이기 때문에 알맞은 기종이 없거나 재고가 부족하여 에어컨 발주 후 설치까지 수주일이 소요되고 또 에어컨 가격도 상승하며 설치작업으로 점포영업에 지장을 줄 수도 있음으로 가능한 창업초기에 필요한 설비는 전부 일괄하여 구비하는 것이 좋다고 판단한다. 가맹점의 예산을 확실히 파악하지 않으면 본부와 관련 업체에 불필요한 고통을 가져다 줄 수도 있기 때문에 주의를 요한다. 예산이 초과되어 가맹점으로부터 자금회수가 어려운 케이스도 발생할 수 있기 때문이다.

가맹점의 초기 투하자금 작성방법을 아래의 표에서 살펴보기로 하자. 작성방법은 간단하므로 설명은 생략하고 가맹점의 형편에 맞는 자금조달방법을 파악해서 업무를 추진한다.

1. 가맹금, 초기 조달상품 등의 내역

항 목	적 요	금 액
① 가맹금		10,000,000원
② 연수비	2명	300,000원
③ 보증금		15,000,000원
④ 초기물품대금		9,000,000원
합 계		37,000,000원

2. 점포 취득비 항목

	적 요	금 액
① 보증금		50,000,000원
② 중개료		450,000원
합 계		50,450,000원

3. 설비, 비품, 집기

항 목	적 요	금 액
① 내외장 공사대금		31,500,000원
② 간판전체		9,000,000원
③ 진열비품	별첨견적서	3,000,000원
④ 점내 POP물	별첨견석서	500,000원
⑤ POS기기	별첨견적서	2,000,000원
⑥ 음향기기	견적서 참조	5,000,000원
⑦ 주방기기	별첨견적서	15,000,000원
⑧ 설계비		2,000,000원
합 계		68,000,000원

4. 오픈 제비용

항 목	적 요	금 액
① 판촉비		2,000,000원
② 이벤트비		2,500,000원
③ 아르바이터 급료		1,000,000원
④ 기타 예비비		3,000,000원
합 계		9,500,000원

5. 자금조달계획

총투자예상액		164,950,000원
조 달	① 자기자금	100,000,000원
	② 리 스	34,000,000원
	③ 상호신용금고	30,950,000원

2-3. 예상손익계산서의 작성

(1) 매상고

점포물건 조사를 기초로 한 매상고의 예측은 앞에서 설명한 기업 나름대로의 기본방법에 의해 추정하고 초년도, 2차연도 이후는 일정한 신장률에 의해 추정한다.

(2) 매출원가

본부의 기본 룰에 의해 추정한다.

(3) 인건비

본사의 기본인원 배치표에 의해 점포규모별 예상인원 편성표 및 기존점포 임금 베이스를 참고하고 아르바이터 급료는 본부의 기준 시간급 지급방법을 적용한다. 여기서는 가족경영이라고 보고 원칙적으로 가족경영의 경우 경상이익이 가족인건 비를 포함하여 계상한다.

(4) 리스료

리스회사와의 계약에 의해 책정된 금액을 연도별로 적용률을 사용하여 금액을 계산한다.

(5) 점포 제경비

전기·수도·가스 비용은 기존 점포의 평균금액을 적용한다.

(6) 지급이자

금융기관에서 대출받을 때의 조건에 의한 이자를 지급한다.

(7) 감가상각

별도로 규정이 없으면 정액법을 적용하는 것이 무난하다.

추정손익계산서(사례)

	월평균	1차연도	2차연도	3차연도	4차연도	5차연도
매상고	30,000	360,000	367,200	374,540	382,030	389,680
상품원가	12,000	144,000	146,880	149,820	152,810	155,870
인건비						
식품판매익	18,000	21,600	220,320	224,730	229,220	233,810
판촉비	2,630	31,500	31,500	31,500	31,500	31,500
임대료	2,150	25,800	25,800	25,800	25,800	25,800
리스료						
점포운영비	600	7,200	7,340	7,490	7,640	7,790
기타경비	300	3,600	3,670	3,750	3,820	3,900
로열티	900	10,800	11,020	11,240	11,460	11,690
광고선전비	600	7,200	7,340	7,490	7,640	7,790
지급이자	460	5,500	4,580	3,670	2,750	1,830
감가상각비	880	10,600	10,600	10,600	10,600	10,600
경비합계	8,520	102,200	101,860	101,530	102,120	100,910
영업이익	9,480	113,800	118,460	123,200	128,010	132,900
누 계			232,260	355,460	483,470	616,360
차입반제	1,530	18,330	18,330	18,330	18,330	18,330
경상이익	7,950	95,470	100,130	104,860	109,670	114,560

　　상기 손익계산은 재무제표 규정에 정한 양식도 아니고 일반기업체에서 사용하는 손익계산서 양식도 아니다. 다만, 외식업 가맹희망자가 투하한 자금이 향후 5

년간 얼마 정도의 이익을 발생시킬 수 있을지를 약식으로 검토하기 위한 자료로 이용하면 되는 것이다.

위 표에서 산출된 경상이익에서 오너의 생활비를 처리한다. 즉 생계형의 소규모 외식점포의 경우 경영주의 급료를 별도로 계산하여 비용처리를 하지 않음으로 경상이익 전부가 경영주의 급여가 되는 셈이다. 또한 각 항목의 상세한 명세서를 반드시 첨부하여 계산근거를 보이면 신뢰를 더 높일 수 있다.

CHAPTER

10

교육시스템 구축〔사례중심〕

실무편에서 프랜차이즈의 실무에 관한 제반 항목을 전부 설명을 한다는 것은 무리라고 생각한다. 특히 매뉴얼항목의 실무사례는 너무나 방대한 내용임으로 이를 실무편에서 전부 다룰 수 없어 몇 가지 사례만 제4장 매뉴얼편에서 취급했다. 업종·업태와 체인본부의 기능에 따라 실무방법이 다르고 다양함으로 여기서는 조직, 마케팅, 구매, 관리, 광고선전 부분의 실무는 창업론이나 외식경영론 등에서 다루는 게 좋다고 생각하여 본서에서는 이를 생략하고 교육부분에 대한 실무관계만 기술해 보기로 한다.

외식산업이 people business라고 하는 것은 인재의 중요성을 강조한 것이며, 더구나 외식 체인경영에서는 교육 그 자체가 개발이며 마케팅이며 서비스이기 때문에 인재의 중요성은 아주 크다고 본다. 외식체인을 운영하려는 본부는 반드시 창업시의 기초교육과정, 영업중의 중간교육과정, 영업정책의 변화에 따른 수시교육과정 등을 설정하여야 하고, 또 본부와 점포의 중간에서 교육과 감독, 협조를 이끌어내는 SV(supervisor)의 역할이 중요하며, 이들에 의한 점포육성 프로그램, 점포의 아르바이트 전력화 교육 등 여러 단계의 교육과정을 준비해야 한다. 요컨대 우수인재를 확보하기 위하여 교육이 필요하며, 교육을 충실히 이행하기 위하여 본부의 교육 커리큘럼, 교육시설, 교재 및 교육용 각종 기자재, 우수한 교육요원의 선발 등이 무엇보다 중요하다.

우리나라의 상당수 외식체인기업에서 행하는 교육행태를 보면 초기 창업시에 조리교육 정도를 실시하는 것으로 교육은 마치며 중간교육은 거의 실시하지 않고 있다. 시장여건의 변화, 경쟁의 격화 등으로 창업초기 또는 개업당시의 교육수준으로는 경쟁에서 살아 남을 수 없는 여건이 도래하였는데도 전혀 보충교육을 실시하지 않고 있으며, 초기창업 교육도 환경변화에 관계없이 몇 년 전에 사용하든 교재로 교육을 계속하고 있는 경우가 대부분이다. 개선과 변화가 없는 기업이 살아남을 수 없는 것은 당연하다. 왜 상당수 외식체인 본부가 신나게 출발은 하였으나 중도에 문을 닫는가 하는 것은 다른 이유도 있겠지만, 결국은 이 교육시스템의 중요성을 인식 못하고 조리방법 교육이나 행하고 점포 개점 수 확장에만 몰두하여 영업을 해왔기 때문이라고 생각되기도 한다.

section 1 외식체인의 교육목적   FRANCHISE

외식체인의 교육목적은 개인의 능력과 기술의 향상에 있다.

외식경영은 전문가집단에 의해 각 파트별로 전문적인 업무를 행하는 것이다. 예를 들면 조리담당은 본부의 메뉴개발이나 점포에서 직접 조리를 담당한다. 이 전문적인 업무를 일반조직에서처럼 이렇게 조리하라, 이 자재 배합을 더 포함시켜라 하는 식의 지시를 할 수 없다. 세밀한 업무는 대부분 전문집단에 의해 집행된다. 따라서 이 전문집단의 수준을 향상시키기 위하여 개인의 업무개발능력을 함양시키는 내용과 전문기술을 연마하여 그 수준을 향상시키는 과목의 교육이 필요하다. 또한 이를 실시함에는 연령, 교육수준, 해당기업 근무연수, 현장경험의 차이 등을 고려하여 각 집단에게 적절한 수준의 교육을 시행함이 좋을 것이다.

그러면 이러한 전문가들의 중요한 기술을 평가하는 가장 중요한 기준은 무엇인가. 그것은 말할 것도 없이 리더십의 문제이다. 보통은 통솔력이나 지도력이라고 말하고 있지만, 외식업에서는 이 리더십이 조금은 다른 의미로 해석되고 있다. 리더십이란 바꾸어 말하면 권위라고 할 수 있다. 부하가 존경하고 복종하는 권위이다. 다른 사람의 능력을 존중하고 그 상사의 의도대로 행동하는 상태가 이루어지는 것을 의미한다. 따라서 부하가 존경하고 복종함으로써 동료로부터, 선배로부터, 상사로부터 존경받고 복종받는 상태로 자기를 무장하는 것이 권위이다. 요약해서 말하면 상사의 능력의 일부분보다 훨씬 뛰어난 상태로 부하가 노력해서 도달하여야 하는 수준이 권위이며 리더십이라고 말할 수 있다.

다시 말하면 상사는 부하를 최종적으로 어떤 분야에서도 자신과 동일한 수준 혹은 그 이상으로 끌어올릴 수 있도록 교육할 수 있는 능력이 우선 요구되는 직분인 것이다.

여기서 교육이란 교육담당자의 업무와 책임이 아니고 그는 다만 교육계획, 교육효과 측정, 그 진행에 관해서 책임을 지는 것이지 교육수준을 높이고 철저한 교육이 이루어지도록 투자하고 결심을 하는 것은 어디까지나 경영자의 몫이다. 조직전체가 경복하여 경영자의 결정에 일사분란하게 따라와 줄 때 그 경영자 혹은 상사는 권위를 인정받으며 리더십을 갖추었다고 볼 수 있으며, 단순히 전문가이기 때문에 이런 권위가 발생하는 것은 아니다.

② 외식업에서 필요한 능력 FRANCHISE

체인스토어 경영능력에 관해서는 다음과 같은 6가지 요소를 고려한다.
① 개인의 소질(적성)
② 개인의 지식(기술력)
③ 개인의 교양(도전력)
④ 개인의 경험(순환보직의 경력)
⑤ 개인의 의욕(자기 자신의 인생계획)
⑥ 개인의 리더십(개인의 인간적 권위)
이 6가지 총체적인 힘이 개인의 능력이 될 것이다.

이 여섯 가지 능력에 대하여 개인의 적성, 개인의 기술력, 권위문제는 기업이 그 필요성을 알 수 있도록 하여야 하고 개인의 교양과 개인의 경험에 대하여는 기업측에서 가장 확실하게 본인의 능력을 높이는 문제를 여러 가지 방법으로 교육함이 필요하다. 그리고 개인의 러더십에 대해서는 회사측에서 조언하는 것밖에 다른 방도가 없다. 개인의 적성이외의 모든 요소는 후천적인 것이기 때문이다.

거의 모든 외식프랜차이즈 기업이 조리매뉴얼이나 서비스 매뉴얼을 만들어 이를 창업초기에 프랜차이즈 가맹점에 교육하는 것으로 교육업무를 다하는 것으로 생각하고 있는데, 인재육성은 개인의 능력을 나타내는 이와 같은 6가지 요소를 기업이 어떻게 지원하고 교육하여야 수준을 높일 수 있는지를 항상 염두에 두고 교육시스템을 정립해 가야 한다.

다음에는 이 능력요소 외에 기술향상을 위한 5단계 내용을 설명한다.

기술의 5단계는

① 오퍼레이션(operation)

② 컨트럴(control)

③ 매니지(manage)

④ 매니지먼트(management)

⑤ 애드미니스트레이션(administration)이다.

이를 도표화해서 설명하면 다음과 같다.

1. operation(20대) 　① 스스로 작업을 할 수 있다. 　② 기업이 채택할 수 있는 제안을 할 수 있다.
2. control(20대) 　① 작업의 변화가 가능하다. 　② 수자를 변경할 수 있다.

3. manage(30대) 　① 작업활당이 가능하다. 　② 교육을 할 수 있다.	3. head(적어도 30세 이상) 　① 기능이 숙련된다. 　② 수치를 유지할 수 있다.

4. management(40대) 　① 시스템창조가 가능하다. 　② 수치에 대한 책임을 질 수 있다.
5. administration(50대) 　① 5년 후의 위치를 현재의 위치에서 판단할 수 있다. 　② 토털효과로 제반사항을 판단할 수 있다.

여기서 한번 더 생각하여야 하는 것은 연대별로 자기 육성테마가 다르다는 점이다.

20대는 작업과 동작과 이론을 생각하고 실행될 수 있는 것(manage), 30대는 과제에 도전할 수 있는 것(control과 manage), 40대는 수치책임을 담당할 수 있고(management), 50대부터는 기업의 장래대책 수립이 가능하도록 자기육성 테마가 있어야 한다.

section 3 교육정책의 기본 　　　　　　　　　　　FRANCHISE

3-1. 교육의 단계

　　미국의 유명한 CIA대학에서는 블럭식 교육이라고 하여 몇 단계의 교육코스를 정해두고 매단계별로 코스의 내용을 전부 마스터해야 다음 단계로 이동하는 방법을 채택하고 있으며, 우리나라에서도 우송대학교 외식조리과에서 이 시스템을 도입하여 학생들을 지도함으로써 많은 효과를 얻고 있다고 한다. 외식체인기업에서도 교육과목과 교육과정을 설정할 때 이 방법을 채택하면 좋다고 생각된다.

　　교육적 효과를 증대시키기 위해서 첫째는 외식체인에서는 맨투맨식으로 완전히 지도함을 목표로 하여야 하는데, 그렇게 하기 위해서는 두번째로 확실한 단계별 교육을 행하여야 한다. 위의 블럭식 교육시스템처럼 하나의 직무를 마스터한 뒤에 다음단계로 이동하는 것이다. 세번째는 직무와 직위의 목표를 명확히 하고, 네번째는 효과측정을 상사와 스템진이 반드시 행하는 것이다. 이렇게 하기 위해서 교육단위 기본 프로그램이 명확하지 않으면 안된다. 그래서 다섯번째로 지식과 경험에 대해서 부족을 발견하고 그것을 보충하는 방식을 취한다.

교육과정구분(사례)

ADMINISTRATION	SPECIALIST	TRAINEE	WORK(ALBEIT)
1. 결정업무	매니지먼트	실력으로 권한과 직무를 위탁받는다.	점포 일선작업
2. 진실한 승부	연구의 연속	하드적인 노력을 쌓아간다.	부드러우나 확실히
3. 생활전체	사는 보람	일하는 보람	생활의 일부
4. 주7일제	주6일 80시간	주6일 60시간	주5일 40시간 (주3~4회 계15시간)
5. 교육비전액 투입	개인별교육비 중점투입	직접교육비의 일부투입개시	소속상사에 의한 교육
6. 개발책임제	수치책임계약제	상사로부터의 의무직무 청부	명령에 의한 교육의무제

M사의 단계별 교육목표(사례)

직 급	교육프로그램	트레이닝 목표수준
P/A 파트타임 아르바이터	• 적극적인 도전정신 함양 • GCS○○의 기본지식 습득 ↓ 〈정확한 오퍼레이션〉	〈정사원〉 ↓
사 원 채 용	• 리더에의 도전 • 수치관리 • P/L	〈어시스턴트매니저〉↓
어시스턴트매니저	• 신입P/A의 지도 • QCS의 연출 • 매니지먼트 • 노무관리 ↓ 〈오퍼레이션의 응용력〉 〈점장으로서 자질향상〉	〈리더로서 점장을 목표〉↓
점 장	• 종합트레이닝 • 인재육성 • 인재매니지먼트	〈SV에로 의욕 강화〉↓
SV 슈퍼바이저	SV의 단계 • 업적평가 • 점포평가 • 인재육성	〈필드컨설턴트〉↓
FC 필드컨설턴트		운영부장, 영업부장목표

C사의 교육과정 구분(사례)

1. 교육정책의 기본항목
   ① 적성검사
   ② 교양교육계획(기초지식교육) (＋자기육성계획)
   ③ 지식교육계획(OFF－JT＋읽고＋듣고＋보는 것)
   ④ 경험교육계획(OJT)
   ⑤ 평가척도 변경계획(＋카운슬링)
2. 교육추진을 위한 필수제도
   ① 교재제공제도(작업매뉴얼 포함)

② 자격시험제도(사원, 트레이너, 스페셜리스트)
③ 트레이닝제도
④ 리포트콘쿨제도(전원참가형제도)
⑤ 자발적 연구회조성제도
⑥ 사내보 정기발행제도
⑦ 통신교육제도(우리회사 자체교육제도)
⑧ 신상필벌제도
⑨ 교육비중점 배분제도(각 부서에 배분하는 것이 아니고 전사일체화 사용계획)
⑩ 세미나 파견계획
⑪ 견학, 시찰, 실습파견제도
⑫ 대학, 전문대 학습 또는 파견조성계획(장학제도)
⑬ 동기생합숙제도
⑭ 시스템개혁중심 서클조성계획
⑮ 외국현지시찰계획

3. 효 과
① 업무의 일관성　　　　　② 매니지먼트 가능성
③ 중점 실행가능성　　　　④ 전문가 그룹 증가

위 두 표는 각계층별 조직생활의 형식과 교육목표 근무양태의 예를 든 것이다. 이 표들에서 보여주는 것과 같이 교육은 신입사원교육 및 창업초기 교육만 해야 하는 것은 아니고 전체 기업의 성장과정에서 연령별로 적절한 교육이 필요함을 나타내 보이는 내용이다.

우선 경영층은 모든 업무를 최종 결정하는 책임이 있는 계층이며 그의 생활은 하나하나가 진정한 승부의 세계에 있다. 그는 생활 전체가 조직과 연결되어 있어야 한다. 점포개발 및 새로운 업태 및 사업의 개발에 대한 모든 책임을 담당하는 계층이며 주 7일 전체가 조직생활과 연결됨으로 개인적 생활을 기대하기 어려운 계층이다. 따라서 이들을 위한 교육비는 어떤 것이든 전액 투입되어져야 한다. 외식조직에서 경영층은 24시간 근무한다는 자세가 아니면 성공하기가 사실상 어려운 것이다. 물론 인간이 기계가 아닌 이상, 가족이 있고 종교가 있는 이상 아무리 외식업이라도 위와 같은 근무형태는 사실상 존재하지는 않을 것이다. 그러나 외식기업의 경영층은 다른 업종과 달리 경영층이 이러한 정신과 마인드로 점포경영에 임하여야 한다는 점을 잊어서는 안될 것이다.

구체적인 기초교육일정표〔사례〕 FRANCHISE

〔사례 3〕 F사의 기초교육과정

	10:00~10:30	10:40~12:00	12:10~13:00	13:10~14:00	14:10~15:40	15:50~16:20	16:30~17:20	17:30~18:00
1일	교육일정 소개 (이한동부장)	프랜차이즈 기초원리 (이승만이사)	중 식	식자재 및 기타 자재의 종류 및 배송방법 등	접객서비스 요령 (이일웅과장)	인허가 및 기초세무 지식(총무부장)	사업기초 컨셉 (김일성대리)I	개점일정 협의
2일	매뉴얼설명	소스 및 기기사용법	중식	솥밥류식자 재준비작업	솥밥류조리 실습	솥밥류조리 실습	솥밥류조리 실습	다운작업 정리정돈
3일	상동	상동	중식	상동	상동	상동	상동	상동
4일	매뉴얼설명	탕류 및 비빔밥조리 실습	면류 및 비빔밥조리 실습	중식	면류조리 실습	낙지불고기 조리실습	낙지불고기 조리실습	상동
5일	매뉴얼설명	전골류조리 실습	중 식	매뉴얼설명	해물탕조리 실습	해물찜조리 실습	해물탕, 해물 찜조리실습	상동
6일	서비스실습	서비스실습	중식	정리정돈	수료식 및 간담회	부서장 협의	부서장 협의	

〔사례 4〕 M사의 파트타임아르바이터 트레이닝 프로그램(채용계획에서 채용까지)

	준 비	채용 계획	모 집	면 접	채 용	불 채 용
구체적인 매뉴얼	파트타임에 관한 조사와 그 현황분석 ↓ •신채용활동매뉴얼(신입액션매뉴얼)	•단기적인 채용프로그램 •작성법 이직자를 예측한 프로그램 채용활동계획 (신입액션칼렌더)	•효과적인 모집방법과 그 포인트 •모집광고의 작성 포인트 •P/A응모자접수의 문제점 •효과적인 P/A 응모자전화수신부 •P/A획득가능한 새로운 기법	•면접의 책임자 •면접계획	•채용의 결정 원칙적으로 즉결 채용결정은 전화로 본인에게 •응모자의 입사의지가 확인되면 본사 출두일시를 알린다.	•불채용의 결정 그 사람의 능력에 기준한 것이 아니고 주관적인 감정이나 인간성에 의한 판단은 안된다.

활동계획과 포인트	현상의 문제점 1. 매년 P/A의 확보가 어려운 가운데 효과적인 사람확보 방법은 2. 모집시의 문제 연령제한 3. 채용한 P/A의 전력화문제와 정착문제	1. P/A의 연간 모집계획 2. 월간채용계획 3. 담당책임자임명 4. 예산계획 〈사전채용계획체크리스트〉 •계획 •적정P/A의 확보 •면접 •점포이미지 •고용관리의 적정화	1. 시간급 2. FC이미지 구축 3. 근무시간의 유연성 〈왜 P/A가 전연 모집되지 않는가〉 신입사원활동이란 어떻게 해서 응모자를 발견하는가? 신입모집활동의 6단계	〈질문사항〉 1. 업무의 기준 2. 적응성 3. 일할 의욕 4. 스케줄의 확인 〈면접체크리스트〉 〈평가〉	채용통지서 (채용계약서) 친권자승낙서	•불채용시의 주의점 방법과 태도

[사례 5] 파트타임아르바이터 트레이닝 프로그램(오리엔테이션에서 해고까지)

	오리엔테이션		스케줄잉·캐어프랜	트레이닝
구체적인 매뉴얼	•오리엔테이션의 중요성 오리엔테이션이란? •오리엔테이션매뉴얼	P/A와 피플비즈니스 •이직률이 낮아지고 일할 의욕이 높아진다. 생산성이 향상되는 신기술이란? 더좋은 커뮤니케이션 더좋은 동기부여 더좋은 카운슬링 정착률 문제를 커뮤니케이션에서 생각한다. 좋은 커뮤니케이션이란 긍정적인 환경 ↓ 동기=높은 기준 운영 질높은 P/A와 질낮은 P/A를 카운슬링기술에서 연구 카운슬링의 6단계	•P/A 워크스케줄작성법 •P/A캐어프랜시스템화 운영조직과 인재육성 〈리더십을 갖는 P/A의 육성의 길〉 •트레이닝 플로어 차트 •랭크별 기준표 •랭크별 오퍼레이션목표 •스케줄의 중요한 포인트 1~6단계 •스케줄 관리자의 커뮤니케이션 •확실한 오퍼레이션 습득 •SHIFT에 의한 P-/A의 육성 ↓ 〈트레이닝시스템의 구축〉 •캐리어패스 프랜, 급여결정기준 •트레이닝기록카드 ↓ 시간급과 랭킹 UP	•능력랭크별 트레이닝의 대응 (예) •신입P/A트레이닝 프로그램 ↓ •상급코스트레이닝 프로그램 단계·항목·내용·포인트(목표), 평점, 트레이닝 시간 등

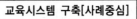

활동 계획	• 오리엔테이션의 포인트 1~4단계 • 준비와 확인 • 기본적인 업무내용 • 기본적인 확인사항 • 점포견학 • P/A취업규칙 • P/A관계서류 • P/A노무상담		

	근무평가	퇴 직	해 고
구체적인 매뉴얼	〈근무평가〉 • 기간과 회수, UP수와 손익계산표 • 시간급 개정방법과 순수 ①~⑩ • 현장에서 시급개정의 작업순서 ①~③	퇴직카드	해고통지 해고사유서, 보관
활동계획	〈올바른 실시〉 목적 • 중요커뮤니케이션 툴 • 업무의 수준개선 • 목표지향 • 시간급 UP	〈일주일전에 예고하도록 한다〉 〈장기간의 노고를 따뜻하게 위로한다〉 • 이제부터는 일류고객 • 긴급시에 수시 P/A로서 수고가능 • 최후의 급료지급일자확인	• 해고의 이유........원인은 대부분 부정행위 ↓ 확인 ↓ 해고 • 그러한 케이스에 대처 • 해고시에 체크리스트

[사례 6] M사의 기초연수 커리큘럼 및 기간

일정	8:50 10:00 11:00 12:10 13:00	14:00 15:00 16:00	17:00 (17:25) 18:00 (18:30)	19:00 20:00
1 요일	집합	신입사원주의사항 / 서류제출 계좌개설 교통비정산 기타 / 연수생활과 주의사항 입사식과 연습	석식	자기소개 숙소배정 보험 등 / 숙소
2	입사식 / 중식 / 이동	오리엔테이션 개강인사. 주의사항 스케줄(커리큘럼 설명) (훈련센터) / 회사개요 •그룹소개 연혁·업계 규모, 회사조직	석식	사내규정 종례 / 종례 / 숙소
3	〈사회인, 사원으로서의 매너와 몸가짐, 복장단정에 대하여〉 •학생생활에서 사회생활로 변화인식 •몸가짐 자세(앉는 자세, 예의) •인사 •비즈니스매너의 중요성 〈중식〉 •언어사용 전화응대 •사내방문 •내객대응 •외식산업과 서비스마인드(교본, 비디오, 롤플레잉, 강의 등)		석식	계속 / 종례 / 숙소
4	•기업이념 •고객본위시스템 •QSC의 기본이념 •번쩍번쩍작전 / 중식	〈케이스스터디〉 조직인으로서의 발상과 사고방법 / •숫자쓰는 법 •글자쓰는 법	석식 / 종례	숙소 오늘의 복습·숫자연습, 문자연습
5	〈퀄리티〉 •우리회사의 Q란 무엇인가? •맛있는 메뉴란 무엇인가? / 중식	Q(퀄리티), 그룹미팅 고객이 바라는 Q는 무엇인가? 발표	석식 / 종례	상동
6	〈클린리니스〉 •번쩍번쩍작전에 대해서 / 중식	클린리니스, 그룹미팅 고객이 희망하는 클린리니스란? 청결한 점포만들기 위한 작업은? 발표	석식 / 종례	상동
7	〈메인트넌스〉 •하우스키핑 •번쩍번쩍작전 메인터넌스편 / 중식	〈메인터넌스〉 •발주율(부품, 비품) •메인터넌스매뉴얼의 활용법	석식 / 종례	숙소 오늘의 복습
8	〈POS실습〉 •POS기능설명 •POS기능의 포인트 / 중식	POS실습 •일상업무에서의 활용법 •트러블대처법	석식 / 종례	상동
9	〈서비스〉 •고객만족도를 높이기 위하여 / 중식	•서비스 케이스스터디(그룹미팅) •귀하들의 서비스란 무엇인가? 발표	석식 / 종례	상동
10	〈학습종료자료정리〉 / 중식	•팀발표자료작성	석식 / 종례	상동
11	〈팀별 발표〉 / 중식	〈파이럿점포연수 오리엔테이션 •발주관리와 원자재취급요령 •파이럿점포의 제반 롤교육	석식 / 종례	상동
12	파이럿점포에서 기본실습 〈중식〉	•팀별나누어 그릴, 프라이어, 서빙에리어, 세일즈에리어, 각스테이션 순환실습	석식 / 종례	복습
13	파이럿점포체험실습(9일간) 〈중식〉	(그릴, 프라이어, 서빙, 세일주의 각에리어실무)	석식 / 종례	복습
14	조회 / 종합테스트 / 수료식 및 개인면담 / 중식	발령 / 숙소정리		

〔사례 7〕 중급관리자 연수 커리큘럼

(테마) 역할 분담 / 일정	계획업무의 프로지향 (통계에 대한 종합책임) 제1일	지역에 사랑받는 점포를 목표 (점장자신의 역할) 제2일	선택되는 시대의 대응방법 (제1부점장으로서 기대되는 역할) 제3일	점포 P/L관리 (제2부점장으로서 기대되는 역할) 제4일	점장에게 요구되는 리더십(매니저 육성에 대한 총괄책임) 제5일	새로운 결심 (자산관리자)
8:50 ~9:00	조회	조회	조회	조회	조회	조회
10:00 11:00 12:00	(연수를 개시함에 임하여) •3년후에는 L기업을 능가하자 •신화 창조, 개혁 방침의 확인 •새로운 식문화창조, 새로운 컨셉의 결의	•L사의 아성은 붕괴되는가? -프로모션계획의 추진방법 -고객육성원리- •일정스페이스에서의 전쟁	본부와 점포의 협력체제 -부가가치의 창조- •고객을 싫어하지 말아야!	•자신이 독자적으로 행하는 점포진단법 〔계수〕에 기초한 점포진단법 •숫자를 잘 읽는 힘을 양성하자 •눈에 의한 점포진단법 -상상에 의해 평가를 하지 말 것- 인스펙션평가법	연료가 없다! 떨어지고 있다! -그룹디스커션- •역할분담과 책임체제란 무엇인가? •미팅이란? •3명의 매니저먼트란 무엇인가? (매니저간의 역할 분담)	(메인터넌스관리에 기대하는 일) -제1부점장의 역할- 주방기기, 기구의 관리 1. 비부품관리 2.정기메인터넌스의 관리 (점장에 요구되는 자산관리)
중 식						
14:00 15:00 16:00 17:00	〔계획업무의 프로지향〕 참모가 없는 전쟁은 반드시 패한다. •매상계획을 달성하기 위한 조건 -역할분담과 책임체제- 먼저 목표치 설정을... -평균화, 지수화활용- 1일 예산계획을 수립하는 방법 -정책매상고의 수립-	(프로모션계획의 수립방법) •전국캠페인의 연출계획과 참가율관리 CR활동계획과 카드회수율 관리 "타깃을 묶는다" -타임마케팅전략-	(메이트육성계획) 연간SHIFT계획에 요구되는 육성스케줄 관리와 목적 〔SHIFT관리〕의 목적과 노동생산성 지수의 관리 〔SHIFT표〕의 조립방법 - 배분효율, 배치효율 -	3개의 장표에 의한 점포운영 시간대 오퍼레이션 관리능력 〔운영계획을 진행하기 위한 조건〕 매니저에 대한 본 실력의 세계 1. 시간대 체크표 체크표활용법 2. SHIFT표활용법 3. QSC체크표활용법	종합적인 리더십상 -문제해결형 인간형 점장에 요구되는 7개의 얼굴- "일하기 쉬운 환경만들기" (테마1) 사원간 미팅의 운영 (테마2) 점장이 만든 "일하는 환경"에 따라서 점포 육성은 70% 성공한다	중간 관리자연수에 참가해서 -2분간 스피치- 함께 걸어가자! -수료식-
석 식						
19:00 20:00	〔판매정책과 매상계획〕 희망매상고로 초라한 점장의 고민 -점포판매정책은 -월간운영계획서	〔세일즈활동의 추진방법〕 인센티브프로모션에 의한 어프로치의 의미 고객에게 무엇을 기대할 것인가? -세일즈실천트레이닝	(오늘 대화한 메이트의 추진방법) 모티베이션에 의한 어프로치의 의미 메이트에 무엇을 기대할 것인가? -실천 트레이닝	〔점장에 추구되는 노력〕 "경쟁화의 파도를 타기 위하여" VTR "어느 경쟁점장의 의의" 지금, 매상고를 신장하기 위하여 무엇을 반드시 생각하여야 할까?	(정리) 사람을 움직이게 하는 테크닉	

위의 사례에서 보여주는 것처럼 기업은 각자 자기의 컨셉을 가장 확실하게 실행하기 위하여 여러 가지 훈련 및 교육 스케줄을 수립하여 이를 집행하고 있다. 각 교육과정에서 필요한 것은 교육목적을 충분히 달성할 수 있는 교제와 교육장비와 교육시설이다. 이것을 기본적으로 확보하지 않고 단순히 이론교육만 시키거나 외부강사를 초청하여 강의를 하는 것으로 교육을 다한 것으로 생각하여서는 안될 것이다. 개점일자에 억지로 맞추다보니 기초교육이 전연 되지 않은 상태에서 개점한 뒤 점포오퍼레이션이 제대로 이루어지지 않아 고객으로부터 외면당하는 점포가 의외로 많다. 오늘날 소비위축으로 많은 외식체인이 고전 중에 있으나, 영업이 호조를 보이고 있는 체인을 보면 역시 교육에 많은 투자를 하여 서비스와 점포오퍼레이션이 잘 이루어지고 있는 점포라는 점을 다시 한번 인식할 필요가 있다.

〔사례 9〕 교과내용

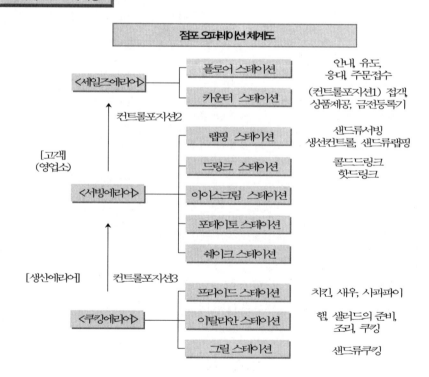

1. 점장의 오퍼레이션 컨트롤

생산 에리어에서 세일즈 에리어까지 상품과 서비스의 흐름을 QCS의 기본을 유지하면서 밸런스 좋은 작업이 이루어지도록 행동한다.

2. 오퍼레이션 컨트롤 포지션

① 퀄리티 컨트롤.......균일한 고품질 상품의 제공유지
② 클린니스 컨트롤.....청결 감에 빛나는 점포유지
③ 서비스 컨트롤.........친절하고 진심 어린 대응의 유지

3. 점장의 역할(1)

1) 업무목표 : 점포에 적정한 이익을 가져오게 하기 위하여 효율을 추구할 수 있을 것. 그렇게 하기 위해서

① 끊임없이 지역사회와의 커뮤니케이션을 유지, 고객과의 대화를 행할 것(고객화의 달성)

② 내점한 고객에도 만족을 주도록 하는 일(QSC달성)

③ 스토아 매니저간 의견통일, 우수 메이트와의 커뮤니케이션 강화(일할 분위기 조성)

2) 업무의 종류

고객관리 ············ 1. 매일작업내용(플로어 오퍼레이션, 클레임처리, 공조온도, 화분관리)

　　　　　　　　 2. CR활동(판매계획, 판촉활동계획, 평일·휴일고객수체크, 상권조사분석, 내점객조사분석, 경쟁점조사, 객단가체크)

판매관리 ············ 1. 매일작업내용(쿠킹오퍼레이션, 서빙오퍼레이션, 카운터 오퍼레이션)

　　　　　　　　 2. 매상목표달성(1일 목표 예산, 전국 캠페인 참가, 개별 판촉의 실시)

재고관리 ············ 1. 매일작업내용(입고, 반입, 선입선출, 온도, 갈리부레이션, 폐기, 정리정돈)

　　　　　　　　 2. 계획관리(계획발주, 구성비, 계절지수, 캠페인지수, 로스관리, 월간 재고관리, 품질관리, 제품폐기)

위생관리 ············ 1. 매일작업내용(주방, 플로어, 점포주변, 세정살균, 몸청
　　　　　　　　　결상태)
　　　　　　　　2. 계획관리(위생검사, 비품집기, 분해조립, 정상운전, 클
　　　　　　　　　린니스 메인터넌스) 보건소, 살균 및 바퀴벌레 및 쥐제거)

메인터넌스 ········ 1. 매일작업내용(기기)
　　　　　　　　2. 계획관리(건물외장, 인테리어, 정기점검, 예비부품, 보
　　　　　　　　　수수속)

안전관리 ············ 1. 방범, 방화(가스취급, 담배꽁초처리, 창호관리, 부상처
　　　　　　　　　리, 강도예방)
　　　　　　　　2. 안전(소화기, 교통사고, 닥터청소, 숙소생활, 안전장치
　　　　　　　　　점검, 산재수속)

노무관리 ············ 1. 매일 컨트롤(표준 SHIFT, 픽크시의 대처, 트레이닝)
　　　　　　　　2. 메이트관리(쉬프트계획, 육성계획, 면접, 채용, 리더메
　　　　　　　　　이트육성, 평가·시급)
　　　　　　　　3. 사원관리(쉬프트, 미팅, 근태, 직무분담, 평가, 승격시험)

금전관리 ············ 1. 매일작업내용(레지스타갭〈차이〉, 레지스타배치효율, 당
　　　　　　　　　일거스럼돈, 당일매상
　　　　　　　　2. 계획관리(매상금, 거스럼돈, 월간레지스타 금액차이대
　　　　　　　　　책, 입금전표확인, 소액현금관리, 메이트 급여, 현금출
　　　　　　　　　납부, 열쇠보관)

사무보고관리 ······ 1. 쿠킹쉬트(재반수속용지, 업무용서류용지 등)
　　　　　　　　2. 보고 장표류(매출금보고서, 전표류 집계, 경쟁사 대항보
　　　　　　　　　고 등)
　　　　　　　　• 매일집행업무…SHIFT책임자가 하여야 할 업무관리········
　　　　　　　　　점포매니저가 여러 분담하는 업무
　　　　　　　　• 계획관리········점포매니저가 여러 가지로 분담하는 업무

L사의 스테이션별 OJT실시예

	제1단계(학습준비를 하게 한다)	제2단계(실행해보인다)	제3단계(해보도록 한다)	제4단계(가르친 뒤를 살펴본다)
내용	신입사원트레이닝 목표를 명확히 갖게 한다. 예컨대 ① 정확한 작업(스테이션별, 주방기기의 조작, G수관리, 순서) ② 스테이션별 청결유지 ③ 밝은 태도 등의 기초지식	상대의 능력, 업무의 내용에 따라서 순서, 주된 단계, QSC의 포인트, 이유를 어떻게 해서 상대에게 알리는가가 제2단계의 요점이다.	제2단계에서 설명한 순서, 주된 업무처리단계, QSC의 포인트, 이유 등의 이해를 상대의 능력에 따라 몇 회로 나누어 확인해 보는 것이 제3단계의 요점이다.	트레이너의 목표달성도를 정확하게 전달하고 재트레이닝의 필요성을 구체적으로 해서 명확히 하는 것이 제4단계의 요건이다.
DJT 순서	1. 좀 여유있게 한다. 　가. 요점을 말한다. 　나. 바쁜모양을 보이지 않는다. 　다. 급하게 일하는 모습을 보이지 않는다. 　라. 함께 일하는 친구를 소개한다. 2. 지금부터 일할 스테이션을 설명한다. 　가. 확실히 천천히 이야기한다. 　나. 스테이션의 특징을 설명한다. 3. 업무에 대한 지식을 확인한다. 　가. 알고 있는 정도를 질문확인 　나. 불필요한 경쟁심을 일으키지말 것 　다. 올바른 집행방법대로 하면 안전하다는 것을 강조할 것 　라. 바로 발견할 수 있어서 안심감이 생기도록 한다. 4. 업무를 알려는 기분을 갖게 한다. 　가. 잘 작업된 제품의 상태를 보게한다. 　나. 그 스테이션과 전체의 관계를 설명한다. 　다. 그 스테이션이 갖는 의의·역할을 설명한다. 5. 정확한 위치를 알려준다. 　가. 틀리지 않는 위치를 알린다. 　나. 작업이 잘보이는 위치를 연결시킨다.	1. 중요한 작업단계를 하나씩 하나씩 말하고 듣게 한다. 　중요한 작업을 하나씩 해보인다. 　중요한 작업을 하나씩 써서 보인다. 　가. 하나의 표준서피드로 해보인다. 　나. 손작업으로 해보이지 말 것 　다. 틀리는 작업은 절대금지 　라. 간단하고 명확한 용어사용 　마. 전문용어는 반드시 설명을 할 것 2. QSC의 포인트를 강조한다. 　가. 중요한 과정과 포인트를 확실히 알게 한다. 　나. 포인트를 강조하기 위해 몸짓을 한다. 　다. 포인트를 강조하기 위해 악센트를 붙인다. 　라. 포인트를 강조하기 위해 반복해서 설명한다. 　마. 작업순서에 표시된 포인트는 전부해본다. 　바. 질문하는 정도에 따라 이해도를 확인한다. 　사. 질문(왜 그렇다고 생각하는가?) 3. 이해할 수 있는 정도를 확인하면서 진행한다. 　가. 땀을 흘린다, 노한다, 자기만족에 빠지지 말 것 　나. 습득이 불충분하면 다음으로 미루지 말 것 　다. 특히 클린니스는 중요함.	1. 해보게 해서 틀리면 수정한다. 　가. 상대가 하는 것을 정확한 위치에서 본다. 　나. 정확한 작업방법과 틀리면 바로 중지하고 수정하게 한다. 　다. 틀려도 화를 내거나 질책해서는 안된다. 　라. 틀리는 것이 많을 때에는 1시간에 1건씩 수정한다. 　마. 할 수 있도록 몇 번이고 해보도록 한다. 　사. 틀리는 원인을 질문한다. 　아. (이렇게 하면 좀더 잘할 수 있다)고 말한다. 　자. (이렇게 하면 실패하지 않는다)고 말한다. 　차. (이렇게 하면 좀더 안전하게 할 수 있다)고 말한다. 　카. (이렇게 하면 좀더 쉽게 할 수 있다)고 말한다. 　타. (이 부분이 아직 10분안에 안되네요)라고 말한다. 　하. 잘 알았으니 다음단계로 넘어가요. 2. 행하여가면서 작업을 설명하게 한다. 3. 한번도 해가면서 QSC의 포인트를 말하게 한다. 4. 잘안되는 부분, 코치가 필요한 작품은 될 수 있을 때까지 몇 번이고 하게 한다.	1. 업무에 연결시킨다. 　가. (그러면 이 작업을 해보세요)라고 말한다. 　나. (그러면 주의해서 해보세요)라고 말한다. 　다. 스피드는 좀더 정확히·정중함을 강조한다. 2. 알지 못할 때에는 질문받는 자를 설정해둔다. 　가. (잘모를 때에는 우선 나에게 질문하세요)라고 말한다. 　나. 자신의 위치를 가르쳐준다. 　다. 필요가 있으면 대리자를 가르친다. 3. 몇 번이고 체크해서 잘되는 점을 칭찬한다. 　가. (작업의 정확성을 체크하는 것은 ○분후에 한다)고 말할 것 　나. (작업의 스피드를 체크하는 것은 ○분뒤에 한다)고 말할 것 　다. 체크후 잘되면 칭찬한다. 4. 질문하는 사람을 향할 것 5. 점점 지도하는 시간을 줄여갈 것 　가. 구체적인 목표를 선정해서 숙제를 줄 것 　나. 개인별 육성계획을 지원할 것 6. 다음 스테이션으로 이동

위에서 사례로 설명한 교과내용은 M사의 대졸신입사원의 기초교육과정의 교과내용 중 교육담당자들의 업무에 관한 내용을 정리한 것이다.

체인본부는 이러한 자세한 교과목 편성표와 실시방법을 세밀하게 정리한 뒤 교육에 임해야 교육적 효과를 얻을 수 있으며, 그것이 결국은 개점 후에 점포의 운영을 잘 되게 할 수 있다는 것임을 이해해야 할 것이다. 출점만을 목적으로 필요한 교육도 마치지 못하고 개점한 경우 미숙한 조리나 운영으로 점포가 성공하기 어려우며, 입지나 여건이 좋아 초기에 많은 고객이 내점해도 계속해서 본부의 지도를 요구하는 경우도 발생하기도 하며, 결국은 시간이 지남에 따라 메뉴의 질, 서비스자세, 점내의 매끄럽지 못한 서비스 등으로 고객의 계속적인 이탈만 일어나게 된다. 그리고 한번 떠나간 고객을 다시 오게 하는데는 많은 시간과 금전, 노력이 필요하다는 것을 알아야 한다.

필자는 흔히 창업교육시에 이렇게 교육의 중요성을 강조한다.

〔하루 영업하고 폐업하려면 교육은 필요 없을 것이다. 그리고 수년 혹은 수십년 앞을 전망하면서 수많은 자금을 투자하여 점포를 개점하는데 며칠 개점이 늦어진다고 무슨 문제가 있으며 손실이 발생하겠는가? 한시간 먼저 가려다가 일생을 먼저 마치는 자동차운전자가 되지 말고 제발 천천히, 확실하게 교육한 뒤 고객맞이에 문제가 없다고 확인한 뒤 개점하자.

〈steady and slow〉 이것이 외식점포 창업준비작업에 임하는 자세여야 한다〕

SV에 의한 점포지도사례(점포체크리스트)

평가 : 완벽하다 1점, 최소한 지켜야 할 수준 0점, 불만족 −2점

번호	체크사항(점포전체에 관한 사항)	평가
1	입구부근 도로의 청소상태는 깨끗하다.	
2	간판이 파손되지 않고 불이 꺼져 있지 않다.	
3	벽이 부서져서 더럽지 않고 점포외부도 깨끗하다.	
4	출입구는 깨끗이 청소되어 있다.	
5	출입구 바로 앞에 쓰레기가 떨어져 있지 않고 깨끗하다.	
6	입구 또는 점포안 전구가 끊어져 불이 안 들어오는 전등이 있다.	
7	주차장도 정기적으로 청소하고 쓰레기가 떨어져 있지 않다.	
8	점포 내에 술병이나 식자재가 어지럽게 쌓여 있다.	
9	점포 안 천장 등에 거미줄이 없다.	
10	의자 테이블 아래 쓰레기, 음식찌꺼기가 없다.	
11	바퀴벌레 등 해충이 한 마리도 안 보인다.	
12	방석이 더러워져 있지 않다.	
13	장식품은 깨끗하게 청소되고 잘 닦아져 있다.	
14	벽이나 유리창은 깨끗이 닦아져 있다.	
15	화장실의 비품은 바로 보충하고 있다.	
16	공중전화는 고장난 상태가 아니고 주변이 깨끗이 정리정돈되어 있다.	
17	금전등록기 주변은 잘 정리정돈되어 있다.	
18	점포 내 POP, 벽걸이 POP 등은 더러워지거나 파손되지 않았다.	
19	냉난방은 어느 좌석에서도 효율적으로 가동되고 있다.	
20	우산꽂이는 깨끗하게 정리되어 적정한 위치에 놓여 있다.	
21	화분과 관상식품은 잘 관리되고 있다.	
22	테이블이나 의자가 삐걱거리지 않는다.	
23	점포구석에 쓰레기나 먼지가 쌓여져 있지 않다.	
24	뒤쪽의 문도 깨끗이 청소되어 있다.	
25	창고의 정리정돈은 잘되어 있다.	
	소 계	

	서비스 태도 기술 접객용어 구사 등	
1	전직원이 원기 있게 일하고 있는 모습이다.	
2	신발은 지정된 곳에 가지런히 잘 정리되어 있다.	
3	유니폼은 깨끗하고 몸에 맞게 착용하고 있다.	
4	손톱은 길지 않고 깨끗하며 매니큐어를 하고 있지 않다.	
5	언어사용은 정중하고 활기 있다.	
6	고객이 부르면 언제나 예! 하고 확실하게 대답한다.	
7	손은 잘 씻고 있다.	
8	바로 바로 물건을 잘 정리하고 있다.	
9	고객을 맞이하는 요령을 잘 터득하고 있다.	
10	신규고객이 어색하지 않게 잘 응대하고 있다.	
11	주문을 처리하는 방법을 잘 알고 있다.	
12	요리운반을 잘하고 있다.	
13	계산대에서 고객을 기다리게 하지 않는다.	
14	계산이 순서대로 스무스하게 잘 이루어지고 있다.	
15	고객이 식사완료 후 퇴점시에 깔끔하게 처리를 하고 있다.	
16	담배재떨이 교환은 정식으로 또 제때에 이루어지고 있다.	
17	청소방법을 잘 알고 있다.	
18	요리제공순서 등 고객에 대한 배려를 충분히 하고 있다.	
19	제품설명을 제대로 하고 있다.	
20	영업시간 및 영업에 대한 설명을 제대로 하고 있다.	
21	점포나 회사의 제반규칙을 잘 알고 있다.	
22	입구주변 포스타 노랭 쇼케이스 등을 잘 관리하고 있다.	
23	사담을 하지 않고 활기있게 움직이고 있다.	
24	비품 등의 정리정돈을 잘하고 있다.	
25	조명 냉난방시설을 잘 관리하고 있다.	
	소 계	

	점포운영	
1	개점시간을 준수하고 있다.	
2	개점시에 준비가 부족한 부분이 있다.	
3	직원의 배치가 적절하게 이루어지고 있다.	
4	테이블 위의 소스나 조미료 기타 준비물이 잘 관리되고 있다.	
5	메뉴 북이 더러워지거나 찢어지지 않았다.	
6	점장의 지시가 적절히 행해지고 있다.	
7	종업원은 점장의 지시에 잘 따르고 있다.	
8	화장실체크는 정기적으로 행하고 있다.	
9	테이블 청소용 다스타는 빈번하게 교환하고 있다.	
10	종업원의 긴급한 결근에 잘 대처하고 있다.	
11	기다리고 있는 고객을 잘 관리하고 있다.	
12	우산 등 잃어버린 물건을 잘 관리하고 잘 처리하고 있다.	
13	예약에 대한 매뉴얼을 만들어 잘 시행하고 있다.	
14	금전관리 책임자를 정하여 잘 관리하고 있다.	
15	매일 영업의 결과를 잘 알고 있다.	
16	항상 판촉을 연구하고 이를 잘 시행하고 있다.	
17	종업원교육과 동기부여의 방법을 연구하고 잘 시행하고 있다.	
18	조례는 언제나 확실하게 정확한 시간에 시행하고 있다.	
19	종업원의 지각이나 결근이 없다.	
20	클레임은 문제없이 잘 처리하고 있다.	
21	고객이 없어도 폐점시간을 준수한다.	
22	도난 등 안전대책을 마련하고 있다.	
23	매일 판매일보를 작성하고 있다.	
24	매월 매상고를 체크해서 결과를 분석하고 있다.	
25	화재, 정전, 대설, 폭우 등 긴급상항에 대한 대책을 잘 수립하고 있다.	
	소 계	
	총 합 계	

위에 예시한 SV의 현장체크 포인트 Sheet는 현장의 잘못을 지적하기 위하여 제작된 것이 아니고 이를 기초로 하여 더 우수한 점장과 직원이 되도록 하는 교육 용으로 활용되어져야 한다. 이 체크표는 SV가 직접 작성하여 전장과 토익를 하고 부족한 점은 몇 개를 정한 뒤 다음 방문시까지 수정을 하는 방식으로 차츰 차츰 수준을 높여 가는 교육을 행하는 것이 원칙이다. 잘못을 지적하여 질책만 해서는 점포관리자 육성이 잘 이루어질 수 없음으로 지적된 사항을 점장이 납득하도록 설명하고 점장이 수정 가능한 수준을 스스로 결정하도록 하여 SV의 차기 방문시 까지 약속한 수준까지 수정이 이루어지게 함으로써 점포의 제반관리가 더 높은 수준으로 향상되어 가는 것이다.

다시 한번 강조하지만, 교육은 교육담당자의 업무가 아니고 경영자의 몫이라는 것을 인식하고, 기업이 계속적으로 생존해 가려면 교육투자가 절대적으로 필요함 을 인식하는 것이 제일 중요하다.

〔참고문헌〕

1. 신경향 외식산업경영의 이해(2001, 김헌희), 백산출판사.

2. 외식창업실무론(2002, 김헌희), 백산출판사.

3. Principles of Food, Beverages and Labor Cost Control(1999, Paul R. Dittmer. Gerald G. Griffin). John Willey & Sons, Inc.

4. Restaurant Management(2001, Robert Christie Mill), Prentice Hall.

5. チェーンストア經營의 原則과 展望(2001, 渥美俊一), 實務敎育出版.

6. Business Database Marketing(2001, 江尻弘), 중앙경제사.

7. 매뉴얼 작성방법의 실제(1999, 일본 프랜차이즈협회), 프랜차이즈협회.

8. 2002프랜차이즈 연감(2002, 한국프랜차이즈협회), 新大陸出版.

9. チェーン能力開發의 原則(2002, 渥美俊一), 實務敎育出版.

10. 외식프랜차이즈 성공전략(1999~2003, 김헌희), 월간식당.

저자 소개

■ 김 헌 희

· 경북 포항시 청하 출생
· 고려대학교 경영학과, 우송대학교 국제경영
  외국어 대학원 졸업
· (주)롯데리아 창설멤버, 총괄이사 역임
· 한국외식정보(주) 컨설팅 사업본부 컨설턴트
· 서울특별시 식품산업기금 심의위원
· 사단법인 한국외식산업학회 회장
· 우송대학교 관광컨벤션학과 교수

〈논문 및 저서〉
· 외식서비스산업(한국마케팅연구원)
· 외식업판촉 이렇게 하면 성공한다(백산출판사)
· 외식산업 경영의 이해(백산출판사)
· 외식프랜차이즈 경영전략(백산출판사) 외
  논문 다수

■ 박 인 수

· 오산대학 전문학사
· 초당대학교 조리과학과 학사
· 경기대학교 관광대학원 외식경영학과 석사
· 경기대학교 관광대학원 외식조리관리학과 박사
· 한국외식산업경영학회 이사
· 한국산업인력공단 조리심사위원
· 프라자호텔 조리부 Chef 근무
· 대원과학대학 교수
· 현) 대전과학기술대학교 식품조리계열 교수

■ 조 성 문

· 경영학 박사
· 한국산업인력공단 조리기능사 시험감독위원
· 한국조리학회 이사
· 외식산업학회 회원
· 현) 오산대학교 호텔조리계열 교수

■ 성 기 협

· 세종대학교 호텔경영학과 졸업
· 세종대학교 대학원 석사
· 세종대학교 대학원 박사
· 서울, 경기지역 조리 실기시험(일식, 복어)
  감독위원
· 세종대학교 사회교육원 외래교수
· 세종대학교 한경대학교 외래교수
· 일본 동경 게이오프라자호텔 연수
· 서울프라자호텔 고토부끼 근무
· 한국외식산업학회 이사
· 조리기능인협회 이사
· 현) 대림대학 호텔조리외식계열 교수

사례로 본 외식프랜차이즈 경영전략

2003년 5월 30일 초   판 1쇄 발행
2018년 8월 15일 개정3판 3쇄 발행

지은이 김헌희 · 박인수 · 조성문 · 성기협
펴낸이 진욱상
펴낸곳 백산출판사
교 정 편집부
본문디자인 편집부
표지디자인 오정은

저자와의
합의하에
인지첩부
생략

등 록 1974년 1월 9일 제406-1974-000001호
주 소 경기도 파주시 회동길 370(백산빌딩 3층)
전 화 02-914-1621(代)
팩 스 031-955-9911
이메일 edit@ibaeksan.kr
홈페이지 www.ibaeksan.kr

ISBN 978-89-6183-012-6 93980
값 19,000원